空间是机器

——建筑组构理论

（原著第三版）

［英］比尔·希利尔 著

杨 滔 张 佶 王晓京 译

申祖烈 校

中国建筑工业出版社

著作权合同登记图字：01-2006-1647 号

图书在版编目（CIP）数据

空间是机器——建筑组构理论（原著第三版）/（英）希利尔著；
杨滔，张佶，王晓京译. —北京：中国建筑工业出版社，2008
ISBN 978-7-112-09952-8

Ⅰ. 空… Ⅱ. ①希…②杨…③张…④王… Ⅲ. 城市空间-建筑
理论 Ⅳ. TU984.11

中国版本图书馆 CIP 数据核字（2008）第 033098 号

Space is the Machine: A Configurational Theory of Architecture, 3e/Bill Hillier
Copyright © 2007 by Bill Hillier
Chinese Translation Copyright © 2008 China Architecture & Building Press

All rights reserved. No part of this publication may be reproduced or transmitted in any form or by any means, electronically or mechanically including photocopying, recording or any information storage or retrieval system, without either prior permission in writing from the publisher or a licence permitting restricted copying.

本书经 Professor Bill Hillier 正式授权我社在世界范围内翻译、出版、发行本书中文版

责任编辑：董苏华　孙　炼
责任设计：郑秋菊
责任校对：李志立　王　爽

空间是机器
——建筑组构理论（原著第三版）
[英] 比尔·希利尔　著
杨　滔　张　佶　王晓京　译
申祖烈　校

*

中国建筑工业出版社出版、发行（北京海淀三里河路 9 号）
各地新华书店、建筑书店经销
北京嘉泰利德公司制版
北京京华铭诚工贸有限公司印刷

*

开本：787×1092 毫米　1/16　印张：19¼　插页：4　字数：500 千字
2008 年 5 月第一版　2018 年 3 月第二次印刷
定价：89.00 元
ISBN 978-7-112-09952-8
　　　(31383)

版权所有　翻印必究
如有印装质量问题，可寄本社退换
（邮政编码 100037）

自从《空间的社会逻辑》一书于 1984 年出版发行以来，比尔·希利尔（Bill Hillier）和其伦敦大学学院的同事们一直在研究这个课题：空间如何在房屋和城市的形式及功能方面起重要作用。最为关键的成果是"空间组构"这一概念，即复杂系统中任意一关系取决于与之相关的其他所有关系。此外，还研发了新的技术并把它们运用在一系列广泛的建筑和城市问题之中。本书希望对这些工作进行部分总结，并借此阐明这些研究如何形成一种全新的建筑分析理论，在这种理论中，理解与设计建筑并重，且得以升华与融合。组构概念的成功创立将有助于人们理解建筑和城市的空间逻辑，也将影响到人类科学的其他领域，帮助我们解决这些领域中至关重要的组构和模式问题。

空间是机器
——建筑组构理论

"房屋是居住的机器……"

——勒·柯布西耶（1923）

"但是，我认为所有那些功能性的东西都已经被驳斥了。房屋不是机器。"

——学生

"你还没有理解。房屋不是机器。空间是机器。"

——尼克·戴尔顿（Nick Dalton）
伦敦大学学院计算机程序员（1994）

目 录

中文版序 ··· v
致谢 ··· xi
导言 ··· xiii

第一部分 理论导言 ··· 1

第一章 建筑给房屋增添了什么？ ······································· 3
第二章 呼唤分析性的建筑理论 ··· 26
第三章 不可言表的技术 ·· 46

第二部分 不可言的规律 ··· 85

第四章 城市作为出行的经济 ··· 87
第五章 建筑会引发社会问题吗？ ······································· 109
第六章 时间作为空间的一方面 ··· 138
第七章 可见的学院 ·· 156

第三部分 建筑领域的规则 ··· 177

第八章 建筑是一门组合艺术吗？ ······································· 179
第九章 基本城市 ·· 217

第四部分 理论的综合 ··· 237

第十章 空间是机器 ·· 239
第十一章 理性艺术 ·· 259

索引 ··· 283
译后记 ··· 298

中文版序

我满怀欣喜地,甚至还有一些激动,接受邀请为《空间是机器》中文版作序。《空间是机器》英文版第一版由剑桥大学出版社于1996年出版。基于早期《空间的社会逻辑》(剑桥大学,1984年出版)中关于社会与空间的新理论,这本书提出了关于建筑与城市化的新理论,其核心思想是空间组构的概念(一组整体性的关系,其中任意一关系取决于与之相关的其他所有关系——译者注),即空间的句法。它向我们展示了如何通过分析建筑物内外的空间模式,我们可以重新理解人类生存中社会与空间的互动关系,进而在建筑物与城市之中,我们可以重新领悟形式和功能的相辅相成。在此之后的十年间,这两本书开启的研究领域得到了快速发展,体现在如下两方面:空间句法作为研究方法揭示了建筑物与城市中的"深层次结构";它正成为一种设计手段,给建筑与城市设计带来了实证性与预测性阐释的新风气。最新的统计表明空间句法在75个国家的400多个高校中得到积极的使用,同时它也被运用到各种尺度的设计之中,甚至是城市总体空间规划之中(Karimi et al, 2007)。

然而,1996年以来世界发生了许多变化。最为重大的事件是中国成为一支崛起的经济力量,同时我们也看到了中国城市的空前发展。在这史无前例的发展规模中,这两本书中关于社会与其空间构成的关系需要重新审视。但是,这两本书的目的是以新的方式使得科学思维与实证方法能够应用在上述问题的研究中而不论其规模的大小,值得庆幸的是整个"空间句法"学科中的这些基石看来仍然坚实牢固。即便从那时起,空间句法的研究方法就已变得更为精细,理论也由此变得更为复杂,然而这门学科的理论与方法基础仍然坚如磐石。

尽管11年前《空间是机器》建立的基础是非常坚实有力的,我认为在这篇序言中还需要回顾一下空间句法理论及其方法论中某些重要的新成果。比如,美国亚特兰大的佐治亚理工学院的约翰·皮泊尼斯(John Peponis)与他的同事们于1997年和1998年先后在《环境与规划B》上发表了三篇关于几何基础的论文(Peponis et al 1997, Peponis et al 1998a, b),以及伦敦大学学院的高级空间分析中心的迈克·柏迪(Mike Batty)发表了两篇关于图论基础的论文(Batty, 2004a, b),对于空间句法的理论基础,它们都有着永恒的价值。我本人也发现了物体的摆放与构形对其环境空间有系统性的影响,而且也能用数学方式表达出来,我期望这个发现也将是同等重要的。这些影响对于理解城市形态(Hillier, 2002)以及人类空间认知(Hillier, 2007)都是很重要的,我也希望这能让我们更为整体地理解这两个领域之间的关联。

就方法论而言,不少研究机构提出了大量的句法性分析的新方法。在伦敦大学学院,最重要的成果是阿拉斯代尔·特纳(Alasdair Turner)在Depthmap软件中发展了关于视线的"句法性"分析(Turner & Penn, 1999; Turner et al, 2001),以及基于线段的轴线图分析,其中包含了角度、实际路程、拓扑距离的权重因素。这种轴线分析方法源于饭田真一

（Shinichi Iida）的开创性研究以及他的 Segmen 软件，随后它才被运用到 Depthmap 软件中。正是这种更为复杂的、分解性的轴线分析方法使我们可以验证人的运动受几何与拓扑的空间关系引导，而不是由单纯的实际路程因素所决定的；此外，我们还可以澄清为什么可以用数学方式预测空间布局对人车流的强大影响（Hillier & Iida, 2005）。其他关键的方法论研究还包括戴尔顿关于角度分析的原创性研究（Dalton, 2001），目前这已经在 WebMap 以及 WebMapatHome 的软件上得以运用；也包括巴西珀那姆布克大学的费格雷多（Figueiredo）和阿莫里姆（Amorim）在 Mindwalk（Figueired & Amorim, 2005）软件中关于"连续线"的分析，其中他们根据某个角度阈值将彼此相交的多条轴线合并为一条线；也包括皮泊尼斯（Peponis）与他的同事们在 Spatialist 软件中关于空间连接度的分析，这可参考上一段提到的三篇论文；其他重要的软件开发主要关注空间与其他城市因素的关联，比如与土地利用模式或者密度的关联，其中较为著名的为斯德哥尔摩皇家理工学院的马科斯（Marcus）与他同事开发的场所句法（Place Syntax）软件；布鲁塞尔强音设计公司的斯蒂根（Stegen）开发的 Sequence 软件；空间句法公司的斯特兹（Stutz）、吉尔（Gil）、弗里德里希（Friedrich）以及科拉斯迈耶（Klaasmeyer）开发的 Confeego 软件。

在更为基本的理论层面上，我个人研究了空间、不同规模的人车流以及用地模式之间的相互作用关系。目前可以确信，这种研究把城市作为自组织系统，正在朝着设计层面理论的方向发展，它的构想非常精确，足以胜任设计实践。该理论分为两个部分：一方面，它阐明了城市空间形态是如何通过空间法则来构成的，这些法则将城市中特定空间模式的突现与其他因素联系起来了，比如认知、社会以及经济等因素；另一方面，它说明了这些突现的空间模式是如何影响人车流分布，进而由此影响用地模式，同时也伴随着反馈与倍增效应，这一过程形成了城市的基本形态，即各级城市中心相互联系而形成的主干网络，而它又交织在以住宅为主的背景空间网络之中。对该理论的出现具有重要意义的是《作为过程的中心化》这篇论文（Hillier, 1999），它说明了局部空间的构筑过程本质上是依据实际路程来完成的，而空间网络具有更大尺度的几何与拓扑特性，它们相互作用的机制才形成了城市演进的过程，由此生成了城市中心以及次中心，整个过程遵循着网络自身的逻辑，当然，每个中心或者次中心本身也受其他中心或者次中心的影响。

所有这些空间句法理论的发展表明了它不仅仅是对交通模型的补充，而且极大地丰富了模拟城市的传统方法。句法模型与那些传统模型具有完全不同的概念基础，也寻求解释不同的事物，然而它们彼此共生，相得益彰。我们未来的研究重点应该是它们之间的相互关系。实际上，佩恩（Penn）对车流进行了空间组构性的原创分析（Penn et al, 1998），沿着这个方向，空间句法公司的查拉地亚（Chiaradia）和瑞福特（Raford）等已经发现了空间组构性因素有助于对其他空间网络进行深入分析，比如自行车网、公共汽车网、地铁以及铁路网等。

空间句法也与更多的空间研究团体更紧密地联系在一起，体现之一就是他们之间的争论：空间句法的基本理念包括诸如城市被模拟为轴线网络，以及在较大尺度的分析中只考虑拓扑与几何因素，而不考虑欧基米德距离因素，等等，这些在多大程度上具有理论的正确性与方法论的可行性？对于各种质疑，诸如对轴线图是"主观的"，或者其计算应该考虑实际距离等等，我们从句法的角度都给出了完整的回答。特纳（Turner）等阐明了最少轴线的图（其中允许随机选择那些在句法上等价的轴线）是可以严格定义的（2005），而且它也是具有理论研究价值的客观对象，比如最近的研究表明它们具有分形的特征（Carvalho & Penn，2004）。同样，我们也清晰地回应了对于句法不考虑实际路程的批评，根据空间的功效而言，这只是一个尺度的问题。在上文谈到的论文（Hillier，1999）中，我提出了在完全局部的尺度下，空间按照实际距离的方式运作，也许这反映出，在这种尺度之下，人们在复杂的空间中可以合理而精确地判断实际距离，因此要在这种尺度中精确地分析并预测空间功能，实际距离的因素就必不可少；然而，在非局部的尺度下，空间的功效反映出人们依据道路相连的几何特征，而不是根据实际距离去引导自身在城市格网中行走运动，因此在这种尺度下采用实际路程作为变量去作预测是不正确的（Hillier et al，2007）。

自从1996年以来，在建筑物内部空间研究中，空间句法的运用已经取得了很大进展，这不仅仅表现在剑桥大学出版社推出了第三本关于空间句法的书，即朱莉安·汉森（Julienne Hanson）的《家与住宅的解码》（1999），而且体现在佩恩与他的同事们所作出的杰出成就之中，他们研究了复杂建筑中的空间形态与功能，特别是关于工作环境下空间设计与创新的研究具有较大的影响。虽然从严格意义上来说，史第曼（Steadman）的研究不属于空间句法的范畴，但是他通过澄清几何、建构以及环境的限制，原创地完成了关于建筑形态枚举的工作（Steadman，1998，2001），他不仅回答了《空间是机器》中对枚举方法的质疑，而且提出了新的空间枚举方法，这也应该被空间句法研究所采纳。

基于这些理论与方法的发展，以及不同领域的交流，目前空间句法的研究正朝着跨学科的方向迅速发展。2003年，茹斯·康罗伊·戴尔顿（Ruth Conroy-Dalton）与克雷格·齐姆林（Craig Zimring）编辑了《环境与行为》专辑，整理了2001年亚特兰大空间句法国际大会上关于空间句法与认知学的论文。此后，2006年不来梅大学举办空间认知大会，其中一整天是关于空间句法与认知学的研讨会，参与度很高，目前这个会议的论文专集也已经出版了（Holscher，Conroy-Dalton & Turner，2007）。空间句法与认知科学的关联已经成为了句法研究的一个成熟分支。与此同时，伦敦大学学院的劳拉·沃恩（Laura Vaughan）与她的同事们率先推进了空间句法与社会学之间的结合，《规划发展》的专辑［Vaughan (ed.)，2007］展示了空间句法在社会分隔与排斥的空间研究中的运用。

空间句法一方面与认知学更加紧密地联系着，而另一方面与社会学密切关联，这就促进我们去关注核心课题：城市的本质及其功能。在最近《城市设计》第100期中，我提出了四个关键问题（Hillier，2006）。首先是部分与整体的问题：城市中个性鲜明的局部地区与突现的城市整体之间的关系是什么？过去，众多的城市是如何将其局部的场所感与其整体感结合在一起的？更好地去理解局部与整体的关系也许是一种途径，它可以解决城市快速发展中所遇到的核心问题：分散的大规模开发首先赋予了城市各个局部地区以特征，形成了拼花状的形态模式，它最终是否会整合成为一个可以识别的城市整体，就如同伦敦在19世纪所经历的过程？或者在某种程度上，这种发展模式是城市化的结局？对此研究的一个重要贡献来自中国清华大学与英国伦敦大学学院的杨滔。基于荷兰代尔夫特工业大学的瑞德（Read）以及英国的戴尔顿（Dalton）的工作，他提出了一种分析街道网络的新方法，可以识别城市网络中不连续的空间聚集，它们的边界与不同规模的实际地区的边界相吻合（Yang and Hillier，2007）。这种"网络地区化"概念也已经通过另一种研究方法得到证实

(Hillier et al, 2007)。

第二个问题是人车流与场所的关系。几十年以来,受交通工程的影响,同时也受建筑学中对局部可识别性的偏好的影响,城市被认为是各种场所通过人车流通道相互联系而形成的系统,这就暗示了人车流与场所的分离。目前,我们明白了人车流是场所的本质所在,而且场所的活力完全来自它们是如何根植于更大尺度的城市空间模式之中的。

第三个问题是活力与安全的关系。这包括两个方面:社会弊端与犯罪。对于社会弊端,我们是否应该把社会不良现象集中到大片区域中,还是分散到一个个小而明确的局部地区内?抑或从长远来看,如同许多传统城市那样,某种空间混合方式的效果是否会更好?这些都是关键的问题。对于犯罪,关键的是选择开放,还是封闭的环境。我们寻求安全是否需要把市民隔离在一个个空间封闭的孤岛之中?或者如同传统街道体系中,自然发生的人车流以及人们同处同一空间能够成为抑制犯罪的最好方式,这是否保证了更多的安全?同时,我们(Hillier & Sahbaz, 2007)在论文中阐明了空间句法是如何成为一种崭新且更为精确的基本方法,由此可以研究建成环境对犯罪模式的影响。

上述三个问题可能将引出第四个问题,即21世纪早期关于城市化的大问题:失去了自组织过程,城市将会荒芜,然而这种自组织过程与有意识地规划和设计之间的关系应该是什么?空间句法的研究表明了当城市演进了几十年,甚至几百年,伴随着文化上多姿多彩的变化,它们的空间网络将会变得精细而复杂,与各种功能模式密切吻合。其中的关键是定义城市:城市是居住空间背景下各级城市中心相互联系而构成的空间网络。在上文也提到了这一定义,这就是我们二十多年来句法研究的结果。这表明无论你身处何处,你都不会远离某个较小的中心,离某个更大规模的中心也不会太远。不管对于北京还是伦敦,这种城市演进的网络模式都是适用的;不管对于城市可持续发展,抑或城市日常生活中的舒适和便捷,这种网络式的演进应该算是自然而然的过程。

总之,在普遍意义上,空间句法正成为城市与空间研究中充满活力的范式,不仅与其他研究方法整合得越来越好,而且在不断地扩展它的研究范畴与规模。然而,对理论与方法的真实检验就是它在实际设计与规划工程中的运用。对此,空间句法有限公司的贡献不可估量。在提姆·斯通纳(Tim Stonor)的带领下,该公司的基础业务就是提供空间设计与规划的咨询,它在广泛的实际工程中检验了理论与方法,其中也包括很多著名工程。目前,空间句法公司对许多工程的空间设计都有着关键的影响,其中当然包括特拉法加广场改造〔与诺曼·福斯特(Norman Foster)合作〕,以及诺丁汉的老市场广场改造〔与古斯塔夫森·波特事务所(Gustafson Porter)合作〕,这两个英国最著名的广场经过改造之后形成了新的使用模式,获得了巨大成功。其他建成的工程还包括伯明翰的布林德利开发区、伦敦的交易广场和佛立特广场以及千年桥等。在千年桥工程中,空间句法公司不仅证明了这座桥为何会被充分地使用,而且阐述了它将给泰晤士河两岸的地区带来多大的长期社会与经济效益。同样,空间句法也对那些没有采纳句法建议的工程颇感兴趣,这是由于这些工程中出现的问题在设计过程中空间句法曾经给予过明确的预测。

如果空间句法能够被谨慎而负责地使用,那么它显然能够作为一种设计与规划的工具而起作用。空间句法在较小尺度的规划与设计中获得了成功,这就使得它作为基本方法目前正越来越多地被运用到城市局部的空间总体规划之中,甚至整个城市的空间规划之中,因此也形成了一种模拟城市的新方法。我们逐步意识到城市的句法模型是对传统模型的补充，且具有两大优势。首先，句法模型可以让设计师或者规划师在同一个模型中跨越所有不同城市尺度进行工作，因此一方面的分析可以发现宏观尺度下人车流网络与其用地模式的效应，而另一方面的分析可以识别城市局部格网中的微观属性以及用地潜力。第二，研究中采用模型来调查并理解城市是如何运作的，相同的模型也可以用于设计与规划，以此模拟不同的设计与规划策略或者方案的可能效果，这样就可快速地发现不同策略的长期效应。

高校与其附属公司的关系应如何组织？空间句法有限公司提供了一种尝试。虽然空间句法有限公司有其自身的研究，但是也保持了与高校研究机构的密切交流，把问题反馈给高校，同时也测试高校的新想法与新技术。合作不仅仅停留在战略研究的层面上，而且在必要时会深入到具体工程之中。这种高校与公司的合作经验让我们都确信：在该领域内，即使最基础的研究也不能脱离实践中提出的需求与问题。很多理论发展是由实践工程中遇到的问题所激发的，同时，实践工程也提供了完美的早期测试平台，可将研究想法变成可靠的运用技术。最近，伦敦大学学院与空间句法有限公司共同再版了《空间是机器》的英文电子版，这是理论与实践相结合的一个象征，这同时说明过去十多年中，高校与商业世界的密切合作取得了长足发展。

比尔·希利尔
2007 年 9 月 15 日

参考文献

Batty, M. (2004) A New Theory of Space Syntax, Working Paper 75, Centre for Advanced Spatial Analysis, UCL, London: available from WWW
at http://www.casa.ucl.ac.uk/working_papers/paper75.pdf

Batty, M. (2004) Distance in Space Syntax, Working Paper 80, Centre for Advanced Spatial Analysis, UCL, London: available from WWW at
http://www.casa.ucl.ac.uk/working_papers/paper80.pdf

Carvalho, R., Penn, A. (2004) "Scaling and universality in the micro-structure of urban space." Physica A **332** 539-547.

Dalton, N. (2001) "Fractional configuration analysis and a solution to the Manhattan Problem." Proceedings of the 3rd International Space Syntax Symposium, Georgia Institute of Technology, Atlanta, GA, 7-11 May 2001.

Figueiredo, L., Amorim, L. (2005) "Continuity lines in the axial system." Proceedings of the 5th International Space Syntax Symposium, Technische Universiteit Delft, the Netherlands, 13-17 June 2005.

Hanson J (1999) *Decoding Homes and Houses* Cambridge University Press, Cambridge.

Hillier, B. (1999) "Centrality as a process: accounting for attraction inequalities in deformed grids." *Urban Design International* **4** 107-127.

Hillier, B. (2002) "A theory of the city as object." *Urban Design International* **7** 153-179.

Hillier, B., Iida, S. (2005) "Network and psychological effects in urban movement." In Cohn, A. G., Mark, D. M. (eds) *Spatial Information Theory: COSIT* 2005, Lecture Notes in Computer Science number 3693, 475-490, Springer-Verlag, Berlin.

Hillier, B. (2007) "Studying cities to learn about minds: how geometric intuitions shape urban space and make it work." *Environment and Planning B: Planning and Design* (forthcoming).

Hillier, B., Turner, A., Yang, T., Park, H. T. (2007) "Metric and topo-geometric properties of urban street networks: some convergences, divergences and new results" Proceedings of the 6th International Space Syntax Symposium, ITU, Istanbul, Turkey, 12-15 June 2007.

Penn, A., Hillier, B., Banister, D., Xu, J. (1998) "Configurational modelling of urban movement networks" *Environment and Planning B: Planning and Design* **25** 59-84.

Penn, A. and Desyllas, J. and Vaughan, L. (1999) "The space of innovation: interaction and communication in the work environment" *Environment and Planning B: Planning and Design*, 26 (2) 193-218.

Peponis, J., Wineman, J., Rashid, M., Kim, S. H., Bafna, S. (1997) "On the description of shape and spatial configuration inside buildings: convex partitions and their loca properties." *Environment and Planning B: Planning and Design* **24** (5) 761-781.

Peponis, J., Wineman, J., Bafna, S., Rashid, M., Kim, S. H. (1998) "On the generation of linear representations of spatial configuration." Environment and Planning B: Planning and Design 25 (4) 559-576.

Peponis, J., Wineman, J., Rashid, M., Bafna, S., Kim, S. H. (1998) "Describing plan configuration according to the covisibility of surfaces." *Environment and Planning B: Planning and Design* **25** (5) 693-708.

Steadman, J. P. (2001) "Every built form has a number." Proceedings of the 3rd International Space Syntax Symposium, Georgia Institute of Technology, Atlanta, GA, 7-11 May 2001.

Steadman, J. P. (1998) "Sketch for an archetypal building." *Environment and Planning B: Planning and Design*, 25th Anniversary Issue, 92-105.

Turner, A., Penn, A. (1999) "Making isovists syntactic: isovist integration analysis." Proceedings of the 2nd International Space Syntax Symposium, Universidade de Brasília, Brasilia, Brazil, 29 March -2 April 1999.

Turner, A., Doxa, M., O'Sullivan, D., Penn, A. (2001) "From isovists to visibility graphs: a methodology for the analysis of architectural space." *Environment and Planning B: Planning and Design* **28** (1) 103-121.

Turner, A., Penn, A., Hillier, B. (2005) "An algorithmic definition of the axial map." *Environment and Planning B: Planning and Design* **32** (3) 425-444.

Vaughan, L. (ed.) (2007) Progress in Planning (The Spatial Syntax of Urban Segregation) **67** (4) (in press).

致　谢

　　首先感谢在这些年来为此书最初的构想和研究作出了巨大贡献的众多朋友和同事们，特别是朱莉安·汉森（JULIENNE HANSON）博士，艾伦·佩恩（ALAN PENN）和约翰·皮泊尼斯（JOHN PEPONIS）博士。他们每个人的贡献都非常巨大而影响深远，以至于我无法具体对他们一一道谢；感谢尼克·施普·戴尔顿（NICK 'SHEEP' DALTON）建议了本书的书名，并研究开发了出色的软件，这些软件分析的成果提供了本书中有目共睹的插图；感谢马克·戴维德·梅杰（MARK DAVID MAJOR）对文字和图片的策划以及不辞辛苦地不断完善；感谢米托·加百利拉（佩图尼亚）·雅克斯库斯托［MYRTO-GABRIELLA（PETUNIA）EXACOUSTOU］的校读、批评，以及对最终稿的重大帮助和润色；感谢巴特雷特学院（BARTLETT）院长派特·欧·沙利文（PAT O'SULLIVAN）教授特许我六个月的休假，这缘于在1992年我提出将会完成此书，感谢当他得知我无法按时完成之后所给予的帮助；感谢工程和物理科学研究委员会持续地提供了科研经费；感谢众多的贡献者，特别包括提姆·斯通纳（TIM STONOR），凯文·卡瑞迈（KAYVAN KARIMI），碧翠斯·德·坎普斯（BEATRIZ DE CAMPOS），徐建明（XU JIANMING），戈登·布朗（GORDON BROWN），约翰·米勒（JOHN MILRER），泰德·格莱捷斯基（TAD GRAJEWSKI），莉娜·塔索斯构诺格罗（LENA TSOSKOUNOGLOU），劳拉·沃恩（LAURA VAUGHAN），马蒂尼·德·马赛尼亚（MARTINE DE MAESSENEER），贵杜·斯迪庆（GUIDO STEGEN）和张华宇（音译）（CHANG HUA YOO）（完成第一版伦敦轴线地图的人）；感谢巴特雷特学院研究生院的硕士生们和博士生们一直持续进行着思想活跃的研究；感谢菲利普·史第曼（PHILIP STEADMAN）教授，汤姆·马库斯（TOM MARKUS）教授和迈克·柏迪（MIKE BATTY）教授这些年来不断地学术支持；感谢斯坦厚普地产公司（STANHOPE PROPERTY PLC）的斯图亚特·利普顿（STUART LIPTON）以及他的小组为我们提供的真实发展计划，他们为设计项目的研究提供了众多机会，我从他们那儿汲取到非常多的知识。还要感谢伦敦城市更新联盟的戈登·格雷厄姆（GORDON GRAHAM）、南岸雇佣者集团、切尔斯特菲尔德产业（CHESTERFIELD）、奥雅纳事务所（OVE ARUP AND PARTNERS）和彼得·帕伦布（PETER PALUMBO）；感谢那些邀请我们的公共团体，他们应用了我们的研究为他们的项目出谋划策，其中包括英国公共卫生服务部、英国铁路公司、英国航空公司、英国电力公司、教育科学部、诺丁汉社区技术部、伦敦克罗伊登及卡姆登区（LONDON BOROUGHS OF CROYDON AND CAMDEN）、泰特博物馆。还感谢那些邀请我们一起工作的建筑师事务所，特别是诺曼·福斯特事务所（SIR NORMAN FOSTER AND PARTNERS）、理查德·罗杰斯事务所（RICHARD ROGERS PARTNERSHIP）、泰勒·法瑞尔事务所（TERRY FARRELL AND COMPANY）、SOM建筑设计事务所（SKIDMORE, OWINGS AND MERRILL）、尼古拉斯·格雷姆肖建筑师事务所（NICHOLAS GRIMSHAW AND PARTNERS）、班尼特事务所（BENNETTS ASSOCIATES）、SW建筑事务所（SW ARCHITECTS）以及阿凡帝建筑师事务所

（AVANTI ARCHITECTS）。感谢希拉·希利尔（SHEILA HILLIER）教授和马萨·希利尔（MARTHA HILLIER）被迫忍受着我在家中进行了非正常的长时间工作；感谢凯瑟琳（KATE）、夏洛特（CHARLOTTE）、本·希利尔（BEN HILLIER）一直以来把她们这位不太负责任的父亲当成好朋友，并一直给予支持；感谢那位从我家里盗窃了计算机以及其中前四章稿件的小偷，他及时阻止了我过早发表一些未成熟的想法；感谢罗斯·肖薇－泰勒（ROSE SHAWE-TAYLOR）、卡尔·豪（KARL HOWE）、艾玛·史密斯（EMMA SMITH）、苏珊·贝尔（SUSAN BEER）和剑桥大学出版社的琼斯·迪克逊（JOSIE DIXON）；最后感谢最能容忍我以及持续支持我的伦敦大学学院（UCL）。我还要承认在图8.11的微小误差可能会对一些读者造成理解上的困扰，这些误差发现得太迟以致无法及时更正了。

导　言

　　1984 年，剑桥大学出版社出版了我与朱莉安·汉森一起合著的《空间的社会逻辑》，其中我创立了一项新的空间理论，即空间是社会生活的一部分。从那时起，这一理论的发展趋于成熟，它逐步成为一个关于房屋和城市空间本质和功能研究的大课题。我们还开发了计算机软件，把"空间句法"的分析工具以及图形再现和输出结合在一起，供研究人员和设计师使用，同时，这一理论在建筑和城市设计领域内的应用范围也不断扩大。在这段时间内，有关空间句法的文章、研究报告以及特别报道大量涌现，许多大学的论文引用了"空间句法"的理论和研究方法，而且在世界许多地区兴起了空间句法的研究。它们已经逐渐渗透到更为多样化的学科中，例如对于考古遗址和医院设计的分析中。

　　在此期间，许多理论问题也取得了进展。随着电脑信息表达和空间分析这些新技术的发展，空间句法理论也有了很多重大突破。在这些研究中，最为关键的成果是"组构"概念逐渐进入舞台中心。简而言之，组构意为一组关系，其中任意一关系取决于与之相关的其他所有关系。由此概念发展了"组构分析"的技术（各种"空间句法"技术就是"组构分析"的范例），它使得城市和建筑设计中似是而非的"模式想法"得以明晰化，尤其重要的是，它也量化了一个老道理："如何把事物组织在一起"是关键的。

　　这自然引出了关于设计哲学的一种清晰论述。在建筑和城市设计中，形式和空间都应从关键的组构角度来考虑，这是由于将不同部分放置在一起以此形成一个整体的组合方式，远远比那些将其中任何部分拿出来单独研究更为重要。实际上，为科研所开发的组构技术能够轻而易举地得以转化，从而用来支持设计实践中的实验性尝试和模拟预测。这种理论和实践的结合正是遵循了建筑理论中的历史传统，即不仅试图将建筑形式作为理性分析的对象，还尝试在建筑实践中检验这些理论分析。现在，我们与传统方法的区别仅仅在于计算机的出现，它使我们可以为理论性的设计想法带来更为精确和广泛的测试。

　　本书希望把组构分析在建筑和城市理论问题中运用的一些最新进展编撰成册。组构理念出人意料地成功，它抓住了建成环境中形式和功能的某些内在逻辑，这也意味着可以立刻将这种想法扩展到其他一些具有相似问题的领域中，即那些将组构的描述和量化视为关键问题的领域，不仅包括认知心理学的某些方面，而且还可以包括社会学本身，这将非常有用。目前许多学科对组构理论感兴趣，这让我们很受鼓舞。这就如同前十年的研究工作主要致力于建筑和城市设计中组构分析的发展以及技术的测试，我们希望在未来的十年中看到不同学科的合作，使大家认知到组构理论的重要性，并且看到组构理论的新成果发挥有效作用。

　　本书的直接背景是建筑学及其相关领域正在进行的理论争论。回顾建筑学的发展，我们很容易发现，尽管在 20 世纪人们对于建筑理论给予了很大的关注，不可否认建筑理论对建成环境产生了巨大影响，但是最近十年的建筑理论正在经历两大致命弱点所造成的阵痛。其一，大部分理论带有非常强烈的规范化色彩，但是缺乏分析，因为它们都过多地侧重于告诉设计师房屋和环境应该是怎么样的，却很少论述它们究竟是怎么运转的。结果，虽然建筑理论已经深深地影响了我们的建成环境，有时是正面的，有时却是负面的，但是它们对于增进我们对于建筑的理解却帮助甚微。

其二，目前广泛地流行着一种构筑建筑理论的发展趋势，即所有建筑理论都是从其他学科借鉴想法和概念。因此，建筑学的话语被一系列的舶来品所主宰，首先是来自工程学和生物学，然后源于心理学和社会科学，随后又从语言学和符号学中借来，最近大多理论又来自文学理论。上述众多学科理论的每一项都有其可取之处，因为它使建筑学得以参与到更为广泛的学术性讨论之中。但是所有这些都有一个代价，即建筑学本身作为一个学科，它的内部发展少有人问津和关注。由于这种回避，建筑学不断地忽视了20世纪广泛而密集的实验性建筑实践中众多需要反思的教训，于是建筑学逐渐成为一部隐秘的历史，最近建筑发展现状中的一些关键性问题被隐瞒了，人们似乎觉得它们过于痛苦而不愿再提及。

本书希望通过寻求一种真正的分析性和自洽性的建筑学理论，以此来纠正这一偏见，即基于其他学科的概念且过于规范化的理论。换言之，我们所希望建立的建筑学理论应该建立在对房屋与建成环境直接调研的基础之上，而这些研究所得到的概念又能反过来引导建筑学理论的发展。在20世纪末我们所需要的指导性原则包括如下几点：更深入地理解建筑现象；这些现象是如何对人们生活产生影响的；怎样将它与建筑设计创造的各种可能相联系；以及如何将它与建筑设计中想像力的运用这一关键问题相联系。

综上所述，本书关注于房屋和城市是什么样的，它们为什么是这样的，它们是如何运作的，它们是如何通过设计而产生的，以及它们又有哪些不同之处。本书中"理论"一词并非指通常建筑学意义上的那些规则，一般认为如果遵循那些规则就能保证建筑的成功等等，相反，本书的"理论"是指哲学和科学语境下的理论，它来自我们对于这个世界理解的抽象。就我们看来，一种建筑学的理论应该加深我们对于建筑现象的把握，而且只能在我们透彻了解现象之后，才能虚心地建议一些可能的设计原则作为设计构思和创造的基础。因此，这样一种理论首先应是分析性的，然后才是规范性的。它的基本作用是探究我们观察和感受建筑的困惑，因为我们并不理解我们看到了什么，体验到了什么。虽然我们可能会非常强烈地察觉到一栋建筑可能很有问题，或者很好，但是我们却鲜有形成这些主观判断的建构性基础。因此，本书希望寻求一种对建筑学理论内容的理解。

本书分为四个部分。第一部分是理论导言，主要解释建筑学理论中所有最为基本的问题：什么是建筑？什么是建筑中所需要的理论？第一章是"建筑给房屋增添了什么？"，本书的重要概念将在给建筑下定义的过程中加以阐述。在此，论述的重点在于房屋除了具有保护身体的功能之外，它们还体现了两种社会性功能：作为我们居住和活动的空间结构，以此来构成日常生活中的社会组织；以人们可见的物质形态结构或者元素来再现社会组织。因此，房屋的社会维度在本质上是具有组构性的，而且它体现了人们在潜意识和直觉中运用组构进行思考的思维习惯，这与我们使用语言相类似，我们会直觉性地运用语法和语意结构进行思维。我们的思维会非常有效地进行组构性思考，然而，正因为具有这样的思维模式，我们发现理性地谈论和分析事物的组构将会非常困难。一般而言，组构是"不可言的"，换言之，虽然我们会在很多时候非常积极地使用它，但却不知道应该如何谈论它，或者在一般情况下都不会谈论它。在民居的空间布局和形式方面，组构（或不可言表的想法）

所发挥的作用就如同语言中的语法，即它们暗示和操纵着表面的元素，这些表面元素在语言中可以是一个词或是一组词，在建筑物中即是房屋的元素和几何的对位关系。在地方性文化中，民居建造行为通过空间与形式的模式再现了文化。这就是民居很少会"犯错"的原因。相对而言，建筑设计是有意识的思考且反省那些空间上以及形式上不可言的组构，它会在各种组构的可能性中进行选择，而不仅仅局限于复制特殊的文化组构模式。从本质上说，建筑是对房屋中不可言表的方面进行某种推测性或抽象性的思考。正因为如此，建筑也是对房屋的社会和文化内容进行同样类型的思考。

第二章是"呼唤分析性的建筑理论"，将讨论建筑学理论中是否需要分析性理论。本质上，建筑学理论尝试用理性的分析把空间和形式中不可言的直觉性内容规范化，并建立一套原理来指导方案的选择，现在所需要的指导原则是文化性的，它们不再如传统民居中的那些原则能够自动生成其作用。建筑理论不仅是分析性的，如同它们总是依赖于"人是怎么样"的那种推测，而且也是规范性的，它们要说明这个世界应该是怎么样的，而不在乎这个世界是怎么样的。这意味着在建筑理论中，建筑可以成为既有创造性又富实验性的东西，但是它们也可能犯错。因为理论可能是错的，建筑师需要有能力在实践中评价他们的理论有多好，因为理论上错误的重复（我们可以在很多现代主义的住宅工程中看到这些错误）将不可避免地剥夺了建筑设计的自由发挥。因此，我们需要一种真正分析性的建筑理论，不带偏见地调研所有无法言表的建筑风格，而不是偏重于这种或那种特定的不可言表的风格。

第三章是"不可言表的技术"，它概括了建筑师进行理论学习的基本要求：对空间和形式中不可言表的直觉内容进行中立的描述和分析，它不再对特定形式的组构加以简单而富有偏见的阐述，这不同于以往很多建筑理论。这一章将指出规律和理论的重要不同之处。规律是一种现象的重复，要么是明显的类型形式，要么是在时间维度上恒定的事件。规律是表面现象中的模式。而理论是试图建立解释规律产生原因的模型。每种科学理论是建立在它的规律基础上的。社会科学比较薄弱的原因并非是由于它们缺少理论，而是因为它们缺少规律，这些规律是需要理论解释的，也是验证理论的主要对象。因此探索建筑学中分析理论的首要任务是寻找规律。"不可言表的技术"的首要目的就是展开此项工作。

本书的第二部分是"不可言的规律"，首先列举了许多研究，它们运用"不可言表的技术"分析那些控制建筑的各种变量，以此建立空间组构和建成环境的功能之间的规律。第四章是"城市作为出行的经济"，报告了一项非常重要的研究发现：假设在其他影响因素相同的情况下，城市网格中的人车运动是由网格本身的组构造成的。这样，我们将以一种全新的视野来看待城市网格的结构，以及这些结构与城市功能的相互关联。事实上，城市网格和人车运动之间的关系蕴涵在城市形态的许多方面：土地利用性质的布局（例如商业和居住用地的分布）、犯罪的空间模式、城市中不同密度地区的演变，甚至局部与整体的城市结构。城市网格与运动的基本关系产生了如此深远的影响，以至于城市在本章中被抽象为"出行的经济"：城市网格所引导的人车运动，通过倍增效应，导致了城市中混合使用的密集模式，这恰好是城市在空间上成功的特征。

第五章是"建筑会引发社会问题吗？"它讨论了建筑如何会导致这些问题。本章着重于住宅区的研究，通过使用组构分析、集中观察以及社会数据，揭示了许多过度复杂以及布局不良的住宅区内部空间（包括低层住宅小区）是如何导致"虚拟社区"（即由空间设计而创造的以及通过人的运动而实现的自然而然的共现和共识的系统）的缺乏，而这又导致了空间中反社会行为的出现，而这往往是形成"衰败社区"的第一阶段。因为在此过程中，空间的作用是创造了一种混乱的以及不安全的空间使用模式。当这种模式被察觉和经历的时候，我们就有可能认识到建筑如何与社会过程相互推动，从而造成社会衰退。从某种意义上而言，不恰当的空间设计导致了混乱的空间使用，于是才形成了社会衰退的第一个表症，这种表症甚至在任何真的衰落发生前就已经出现了。在某种意义上，我们认为社会表症会加速社会疾病的产生。

第六章是"时间作为空间的一方面"，它思考了另一个存在于不同城市形式之间的基本差别：即那些服务于社会生产、分配和交换需求的城市和那些服务于社会再生产需求的城市（如政府、重要社会机构和行政机构）之间的差别。我们研究了一系列"奇怪的城镇"，结果显示它们是如何在各自的空间属性中与那些第五章中谈及的"正常"城镇相悖的。我们检验了这些城镇中详细的空间机制，并提出了一种"基因类型"。我们试图解释为什么这些"社会再生产城市中"倾向于构筑这些奇特的空间类型。

第七章是"可见的学院"，转而论述房屋的内部空间。本章先建立了一种关于室内空间的普遍性理论，它借鉴了聚居地分析的成果，然后重点介绍了一系列房屋的研究。这些研究中显示了存在于"长模型和短模型"之间的关键差异。长模型指那些受规则强烈主导和管理着的空间，因此它保留或维护了既定的社会地位和关系；而短模型是指那些超越或改变这些约定俗成的社会关系和地位的空间。长短模型的概念允许社会关系和空间组构通过类比的方式得以概念化。宗教仪式是一个长模型的社会事件，因为在仪式过程中所有发生的事情都被规则所左右，而且宗教仪式往往通过时间生成某个精确的空间关系以及运动轨迹，这就是所谓的空间"长模型"。派对聚会是一种短模型的事件，因为它的目的是为了在空间中打乱参与者之间既存的人际关系，从而形成新的人际关系，这意味着我们必须通过运用空间的"短模型"来让社会规则的支配力以及影响力最小化。在长模型中，空间的构筑是支持规则，而且行为规范也必须支持这种规则。在短模型中，空间逐渐演变，从而构成并最大化人们在空间中相遇的机会。

本书的第三部分讨论了"建筑领域的规则"，运用前文提到的规律来重新思考建筑学理论中最基本的问题：在无数种可能的情况之下，如何限制纷繁复杂的空间组合方式从而最终创造出建筑物中的真正空间？在第八章"建筑是一门组合艺术吗？"中，我们提出了一个"分隔"的普遍理论。这个理论说明了空间系统的局部物理变化总是或多或少会影响到全局组构。从局部到整体的过程中由某些空间法则所控制，这些空间法则也是建筑物形成的基础。通过所谓的"普遍功能"，这些从局部到全局的空间法则与真实建筑的演变相联系，暗示了人们使用空间的最基本方面，即人们占有空间并在空间中移动。在这个普遍性的层面上，功能作为一种过滤器，它限制了空间的可能组合，也使得所有建筑空间设计有了共同之处。普遍功能是所有可能性和真实建筑之间的"第一层过滤器"；第二层过滤器是建筑所需满足的文化或运作程序方面的要求；第三层过滤器是独特的布局以及特有的表达形式，使得某栋建筑物和其他建筑物能够区别开来。正是通过了上述三层过滤器，可能的建筑成为了真正的建筑。因此，如果我们不理解其中的任何一层，我们也就无法解读形式与功能之间的关系。总而言之，如果缺乏了解普遍功能的知识以及它在空间上的暗示，我们就不能理解所有建筑物在其空间结构上的相似实际上是受人们如何使用空间的影响。

在第九章的"基本城市"中，普遍功能和三层过滤器的理论被应用到城市里，以表明聚居地的生长在多大程度上受这些基本规则支配。一个新的计算模型技巧被称为"全视线分析"，它把空间概念化为一个拥有无穷密集的线距阵，其中包含了所有可能的空间结构，它显示了在城市形态中，从最局部到最整体的所有可见规律是如何由相同的内在过程生成的。我们提出了一个基本的聚居过程，其中特定的文化类型只是一个参数变量。最后，研究表明了这个基本的聚居过程在本质上是如何通过从少数几个空间概念而发展形成的，而这些概念都具有几何学的本质。

本书的第四部分是"理论的综合"，它总结了第一部分提出的一些问题、第二部分揭示的规律以及第三部分建议的法则，重新诠释了建筑理论中的两个核心问题：形式与功能的问题，以及形式与意义的问题。第十章"空间是机器"回顾了建筑学中形式与功能的理论，并试图剖析它是如何被错误地解释的：即形式与功能的问题是如何通过一种无法解决问题的方式而建立起来的。随后，这一章又提出组构的范式是如何重构这个问题的，以此我们不仅可以重新理解房屋中形式和功能之间的关系，而且我们还能理解房屋是如何以及为什么成为"社会客体"的，以及事实上它在人类社会的实现和延续过程中起着强有力的作用。

最后，在第十一章"理性艺术"中，组构的概念被运用到建筑师的设计之中。本章回顾了以往关于设计过程的模型，以此揭示了如果缺乏组构的知识以及不可言表的直觉概念，我们无法理解设计过程中的内在思想活动。我们提出了一种全新的基于知识的设计模型，其中组构是核心。我们认为因为设计是一种组构性的过程，而且它表现出了组构性的特征，即局部的变化使得整体发生变化，所以设计必须是一种自上而下的过程。这并不意味着设计是不可分析的，也不代表我们不能进行研究性的设计。我们认为即使仅仅依赖关于组构的知识也能支持设计过程，这种知识在本质上是一种理论性的知识。这来源于以下观点：那些试图通过自下而上的设计方式来支持设计师的方法和体系都必将不能成为一种说明解释性的体系，它们可以创造出特定的建筑特征，却无法深化对建筑的普遍理解。

为了探求一种分析性而非规范性的建筑理论，对一些读者而言，他们可能会感觉本书暗示了某种将建筑的艺术转为科学的企图。然而，这并非本书的目的。更好地科学地理解建筑是为了表明建筑作为一种现象，它可以被科学地理解，然而这并不说明作为一种实践的建筑不是一门艺术。相反，书中非常清晰地阐明了为什么建筑是一门艺术，以及这门艺术的本质和局限之处。建筑之所以是一门艺术，是由于在很多关键的层面上，尽管它的形式可以通过科学的手段被分析，以及从而被理解，然而它的形式只能在非常有限的意义上用科学的方法描述出来。建筑是由规则支配的，但并不是由规则决定的。被规则所支配的并不是单栋房屋的形式，而是一种可能性，最终的形式在一系列可能的形式中被选定。这就意味着从提出问题发展到解决方案的过程中，那些起支配作用的规则所具有的影响力不是直接的，而是间接的。规则蕴藏于房屋普遍的空间和物质形式之中，也位于它们的"基因"之中，而不在它们的表象之中。

因此，虽然建筑同时拥有技术和审美的内涵，但是它并不是由一部分艺术与一部分科学合成的。建筑既是一门艺术，也是一门科学，这在于它既需要我们理解科学时所依赖的抽象过程，同时也需要我们理解艺术如何被创造的具象过程。建筑师作为科学家和理论家，他们寻求建立空间和物质形式的规则；而借由这些规则，建筑师又作为艺术家，就可以进行创作。简单而言，建筑中的科学性大于艺术性体现在创造建筑空间和形式所用的原始材料要比艺术家使用的材料具有更加复杂的功能，这些建筑功能对社会生活的方方面面有着巨大影响，这远大于那些构成艺术品的原始材料的功能影响。因此，不可否认建筑师设计了我们生存的空间，并以此将建筑的科学性融入到建筑的艺术性之中。

也许这样说有点奇怪：寻求对建筑学的科学理解竟然未能得出建筑是一门科学的结论。然而事实就是这样。最后的分析阐明如下的观点：在建筑学理论中，建筑被理解为一种充满无数可能性的系统，建筑理论就是解释这些可能性是如何受制于一系列的法则，即将这些可能性与人类生活的可能空间相联系的法则。只可能在这个层面上，建筑与语言是相似的。语言经常被天真地认为是如下几方面组成的：字典中的一组词语和意义以及语法中的句法规则，这些规则也许使得词语可以被组合成为有意义的句子。然而，语言并非是这样的，而且支配语言的规则并不是那样的。这点可以从简单的事实中看到：如果我们将字典中的词取出，并用正确的语法将它们组合成语法正确的句子，事实上，几乎所有的句子都是无意义的，而且它们并不是合乎逻辑的句子。语言的结构是那些限制词语组合可能性的规则，通过这些限制才能形成有意义的言语。因此，语言的这种规则并不能告诉我们说什么，而是规定可说的结构和限制。正是在这些限制之下，语言才成为形成我们个性以及创造力的基本途径。

从这个意义上说，建筑的确类似于语言。建筑领域的规则并不是告诉设计师该做什么，而是限制组合的范围，并使之结构化，从而引导设计师如何在规定的限制范围内设计建筑。如同语言一样，从这种限制结构中筛选出来的建筑物，其多样性超乎想像。然而如果没有这些规则，建筑就不会是人为之作，就如任何毫无意义的但是句法正确的词串也非人类的语言一样。

就建筑理论而言，我们终于不再期望依靠哲学或科学来理解建筑，而是可以基于建筑学自身的本质来理解建筑。此书最根本的观点是建筑学是一门具有理论自洽性的学科。建造行为提出了这样的问题，即物质世界的形式和我们生活方式之间的问题（就如任何考古学家知道尝试着从历史物质遗址中寻求一种失落的文化一样），这个问题不可避免既是哲学性的，也是科学性的。建筑物是最日常的、内涵最广泛的、体积最大的且受文化影响最大的人工品。房屋的建造行为暗示了文化传统的传播，通过习俗和惯例回答了上述的问题。然而建筑则需要明确而理性地提出这个问题，创造性地解决这个问题，从而建筑才会最有可能成为一门艺术。在这个意义上，建筑将抽象的想法应用在房屋之上，因此，它甚至把理论应用在房屋之上。这就是为什么建筑学必须最终包含分析性的理论。

第一部分
理论导言

第一章 建筑给房屋增添了什么?

> 视觉印象,由光和色的差异所产生的影像,它是我们对于房屋最为基本的概念。我们凭借经验将这一影像重新诠释为一种形体存在的概念,这就界定了房屋内的空间形式……我们一旦将视觉的影像转译为被实体包围的空间概念,我们即从房屋的空间形式来解读它的目的。我们随之把握了……它的内容,以及它的意义。
>
> ——保尔·弗兰克尔(PAUL FRANKL)

界定建筑

什么是建筑?有一点很清楚:如果需要恰当使用这个词,我们必须能够将"建筑"同"房屋"区别开来。既然房屋是更为基本的词语,那么接下来我们必须阐明从何种意义上建筑高于房屋。我们的定义必须明晰建筑到底给房屋增添了什么。

最为普遍的"添加"理论是建筑给房屋增添了艺术。在这种分析中,房屋是一种基本的实践性与功能性的活动,而建筑则在此基础之上叠加了一种艺术观念,这一观念在尊重实践和功能的同时,却不受制于这两者。其中最激进的说法是建筑加在房屋之上的东西是实践上无用的,功能上多余的。[1] 最为通常的说法是工匠们建造了房屋,而建筑师添加了风格。

从人们谈论"建筑"时所流露的"真正所指"来看,上述的这些观点存在严重的问题。最为明显的是这样界定建筑是根据蜕化的常识,即建筑仅仅是加在房屋上的一层表皮。即使我们认可眼前的建筑就是这样的,也绝不能照此定义建筑应该是这样的。建筑师相信,业主们也大体赞同这种理念:建筑是一种关注整体房屋的方法,也是一种最深入探究房屋内涵的手段。如果建筑被定义为一种附加物而忽视了房屋的主要内涵,那么建筑将是房屋的一种附加,而不是高于建筑物。与之相反,它的内涵会大大减少。如果我们批评建筑的存在仅为如此的话,那么我们其实暗示了建筑应该比房屋有更多的内涵。这样,我们又回到了文章起始处——对于定义的追寻。

与验证上述观点同样困难的是要找到一栋纯粹以实践性和功能性为目的的房屋。无论我们在哪里寻找房屋,我们总会先意识到它的风格与外表。我们可以在技术简单的原始社会找到一些非常惊人的案例,在那儿我们并没有发现技术的简单就意味着文化内涵的简陋或风格的匮乏。恰恰相反,我们发现通过多样化的风格,房屋和聚居形式成为最基本的文化表达之一,虽然大多数是令人费解与多变的。[2] "没有建筑师的建筑"描述了这个发现,它肯定了"建筑"作为一种存在的确是超越和高于"房屋"的,即使是在没有建筑师参与的情况下。[3]

正是对日用普通房屋丰富文化内涵的认识,使得罗杰·斯克鲁顿(Roger Scruton)在他的《建筑美学》一书中力图为建筑解决定义问题。他认为,既然所有的房屋在美学和目的性上都带有先入为主的看法，那么，既有的房屋都应被看作是建筑。[4] 斯克鲁顿寻求将"建筑"重新整合到"房屋整体"之中。在他看来，我们曾经在建筑中所找到的所有都可以在我们日常生活的普通民居中找到，至少就初始形式而言是这样的。因此，"即使当建筑师怀有确定的'美学'目的，对于一个漫不经心的旁观者而言，可能他们那些精心的设计，即希望'看上去正确'的想法，只是自己的一厢情愿而已，例如餐桌旁桌椅的摆放、餐巾的褶皱、书籍的排列。"这就促使他得出这样一个定义："建筑基本上是一种民间的艺术：首先它的存在是作为每一个普通人都可以参与的一种排列过程。"[5]

这一定义的困难在于它恰恰导致错误地区分了两个基本点：一方面的例子是两次世界大战之间由房地产商不断重复建造的英国郊外住宅，它们具有精细的形式与空间规则；另一方面的例子则是帕拉第奥（Palladio）或勒·柯布西耶（Le Corbusier）的作品。这两位建筑师的作品在形式和空间组织方面极具原创性，而根据斯克鲁顿的定义来看，这些方面应该是先注重文化的延续性和复制性。依此看来，与这些主要的建筑创新大师的作品相比较，斯克鲁顿对于建筑的定义更适合我们熟悉的英国房地产商开发的民居住宅。

那么，如果我们喜欢英国两次世界大战之间的民居更胜于帕拉第奥和勒·柯布西耶的作品，这也是无可厚非的，但是建筑一词的通常用法看似也不可能从这个方向上找到答案。相反，斯克鲁顿的定义又似乎正好将我们引向了错误的方向。建筑看似恰巧不是以文化延续为主，而是对创新的一种偏爱，而斯克鲁顿的对于民居的专注看来是走向了它的对立面。这更多地告诉我们如何区别日常普通房屋与更为激情澎湃的建筑。

建筑是一种物品还是一种活动？

那么我们应该从何处入手来寻找建筑超越于房屋的定义呢？从字面意义来看，我们得到的启发太少且会遇到更多的困难。"建筑"一词看似意为一个物品，又是一种活动。一方面，它似乎暗示了具有某种外加"建筑"特性的房屋；另一方面，它又似乎描述了建筑师的工作，造屋建房的某种方法。这一双重的意义给建筑的定义提出了非常严肃的问题。如果"建筑"既指物品的特性，又指活动的特性，那么哪一个才是"真正的"建筑呢？定义显然不能涵盖这两个方面。物品特性似乎毋需创造它们的活动也依然存在，而活动的存在也不用依赖它们的产物。那建筑"究竟"是一个物品，还是一种活动呢？看来，它必须是两者取其一。

然而，当我们单独验证每个定义时，我们很快就会陷入自相矛盾的困境。让我们首先来检验建筑本质上是一个物品的概念，这是可以在某些房屋中而不是所有房屋中发现的必然属性。假设这就是建筑"本质上"是什么的话，那么我们可以说房屋复制品因其同样具有建筑的特性也应成为建筑。但是我们在这个想法前遇到了难题。具有建筑特性的房屋复制品本身似乎不是建筑，它们只是建筑复制品。当然，我们通常不会期望凭借一个蓄意的复制品获得一个建筑的奖项。相反，如果这样，我们会被认为是不称职的，或者至少是荒谬可笑的。

那么在复制品中我们到底失去了什么呢？从定义上看，缺少的东西不可能是房屋的特性，因为在原件与复制品中这些特性是相同的。不合格的因素必定在于复制行为中。复制的行为使得具有建筑特性的房屋本身不再是建筑了。这就意味着在复制品中缺少的东西与房屋无关,而与房屋的创造过程有关。由此,复制从某种重要的意义上来说就不是"建筑"。即使我们始于建筑是房屋的属性这种论断,然而"从客观上来说",复制品的问题还是表明了建筑毕竟还隐含了某种活动,而这种活动是在复制行为中无法找到的。

那么复制建筑的行为中缺少了什么呢?它只能是在复制行为中所抛弃的东西,即"创造"的意图,创造并不是简单地复制建筑。缺少创造性意图,房屋似乎不能被称为建筑。因此让我们把缺少的东西称为"创造性意图",并试图把它作为建筑定义的焦点。我们可以按照以前的方式来试图检验这个想法。让我们假设有这么一个建筑师,虽有雄心却毫无天分,他极力希望建造一栋建筑,那么是否出于这种意图,他的作品就自动成为建筑了呢?它是否能够成为建筑完全在于他的想法是否被认可为具有建筑气质,而不在于作品是否合格。实际上,这是极为常见的建筑评判思维。许多有抱负的建筑师的方案经常被同行视为如出一辙的不切实际。评审委员会郑重地给出理由:"我们理解你的想法,但是我们不认为你成功地设计了一栋建筑。"这些判断是如何作出的呢?答案只有一个:只要参考一下那些被认为是建筑师设计的房屋的客观特性,那就显而易见了。

这样看来,通常的评论与日常实践把我们引入了一个循环论证。如果参考已有建筑的实际属性来定义建筑,那么创造性意图就不能成为建筑定义中的关注焦点,就如同从创造性意图的角度来定义建筑的话,上述建筑的实际属性也同样不是其中的关注点。然而,建筑似乎同时包含创造性意图和实际属性。看来建筑的定义只能同时是一件事物与一种活动,既具有房屋的某些特性,又具有生成这些特性的某种过程。作品与过程看来不是独立的。在判断其是否是建筑的时候,我们应该注意作品的特性和作品成形的知性过程。

这种观点乍一看可能很奇怪。因为它违反了常识,即事物的特性是独立于其形成的过程的。然而这的确反映了人们是如何谈论建筑的。建筑话题,不管出自外行还是来自评论家,它们通常都把建成作品和建造过程混为一谈。例如,我们总会听到类似这样的评论:"这一独创性的方法解决了……的问题",或是"这是一个很巧妙的细节",或是"这是一种大胆的空间组织构思","我喜欢这个建筑师处理……的方法"等等。以上的每种评论同时针对房屋的客观属性与建造房屋的创造性心智过程。虽然在建筑定义中作品与过程怎么都不太可能相互依赖,但事实上,两者确实是互相依存的。在描述建筑体验的过程时,我们不仅仅描述了物品的属性,而且还说明了形成这些物品的思维过程。只有当我们同时看到两者的存在,才会称其为建筑。

我们日常推理事物的方法与我们合情合理地谈论建筑的方法之间存在着某些矛盾。我们甚至会说有关建筑的概念表现了主体和客体之间的某种混淆,因为判断一栋房屋是否是建筑的过程,似乎同时建立在物质的"客观"属性上,又建立在产生这个物质的"主观"过程上。那么,我们可能会顺理成章地认为,进一步的分析将会显示这种关于建筑学的奇怪想法是不合理的,而且从更为严谨的定义上说,作品与过程、客体与主体都是能够也应该被分开的。

然而事实上,我们会找到相反的结论。当我们探索建筑是什么以及它给房屋增加了些什么的过程中,我们将会发现作品与过程、主体与客体的不可分性恰恰是建筑的本质所在。虽然我们理性地期待两者是可分的,但这种想法遇到了障碍。建筑同时是作品也是过程,它既是物品的特性,同时也是活动的特征。因此,当我们欣赏或定义建筑的时候,我们才能真正看到或认为我们看到了这种双重性。

那么,作品与过程之间显而易见的相互依赖性是如何经由建造行为而成为建筑的呢?为了理解这一点,我们首先要知道那些声称比建筑更简单的房屋是什么,而且我们必须把它同时作为物品与过程来理解。只有这样才能让我们看到什么才是建筑的显著特征,以及它是如何介入物品与过程之中的。为了让这一观点更为清晰,以下的论述将分为两步。第一,我们将把房屋看作物品,以便进一步提问:既然房屋作为物品,而建筑又仅仅在此基础上附加了一些东西,那么房屋到底是什么?第二,如果我们将房屋也看作过程,然而在房屋上附加了一些东西的建筑过程与之相较,究竟这两种过程有什么不同?

那么什么是房屋呢?

"什么是房屋?"这一问题容易导致两种简单化的倾向。首先,因为房屋具有功能目的,我们可以通过论述它们的功能目的来定义它们。第二,一定存在某种简单的原始目的性以作为房屋的本源,而这一本源也因此成为房屋的一种延续性本质。第一个简化是一个逻辑上的错误,第二个则是历史性的错误。两者最为基本的相似点都归结为房屋本质上是"庇护所"这一论述,除此之外,当然还有其他共同点。

以上两种简化倾向的产生都是因为功能目的被看作先于物品之前,因此,从某种意义上而言,功能目的成为对物品的解释。但是,从逻辑上说,功能性的定义是荒谬的。因为从功能的角度来定义房屋将产生某种混淆,被视为物品的房屋与其他能提供或确实提供了相同功能的物体将无法被区分开,例如,树、帐篷、洞穴和阳伞都能提供庇护功能。功能的定义同样也是不诚实的。那些将房屋定义为一个庇护所的人早已在脑海中想像了一个房屋,但是这种画面是隐晦的,以致他们从未意识到定义的不精确性。如果我们说"房屋是一个庇护所",那么我们想像了一座房屋,并认为它就是作为庇护所之用的,这样我们就用功能来"解释"了房屋。功能的定义看似正确,这仅仅因为它们把对物品的模糊概念隐藏了起来。这使得下定义的人无法意识到定义中的不精确性。即使功能被认为是物品独一无二的特性,通过物品功能给物品下定义也是无法令人满意的,因为我们永远无法确定这一功能对于物品而言是否必然是惟一的,抑或这是物品惟一的"本质"功能。

从历史的角度来看,所有的证据都否定了上述两种倾向。如果我们思考一下非常简单的原始社会中的房屋现象,就会发现其中最显著的东西之一就是房屋通常具有多重功能:它们基本的构架提供了避风遮雨的庇护所,它们某种空间布局服务于社会关系的组织与活动的安排,它们提供了摆放物体的场所,它们的室内外体现了丰富的美感与多彩的文化等等。在我们所掌握的证据中,很难找到历史的或人类学的证据来否认房屋本质上是多功能的。

从另一方面而言,我们也没有任何理由可以解释为什么会期望它们是单一功能的。除了那些荒谬的论点坚持认为人类一直过着洞穴生活直至新石器时期(大约从10000—12000年以前开始),此后人类把洞穴作为房屋的原型。[6] 有证据表明可能至少在30万年以前,人类就创造了可识别的房屋。[7] 我们不知道如何将这些房屋的久远年代与语言的古老程度作比较，但是毋庸置疑的是两者的演变历史都是漫长的，而且当我们试图从社会或文化现象的角度来理解两者的复杂本质时，推测的历史本体论与任意一方都是毫不相关的。也许从某种程度上来说，因为我们推测存在着某个时期，庇护是所有房屋拥有的惟一功能，所以我们才会将房屋定义为庇护所，这种推测有助于我们理解房屋中社会文化的复杂性，就如同语言起始于指手画脚和咕咕哝哝的想法对理解语言结构和功用的理论一样有用。

然而时间并不是导致房屋文化多样化的惟一因素。房屋作为一个物体，在本质上是复杂的，这使其自身倾向于文化上的多功能与多样化。只有通过把房屋作为物品来理解其复杂的本质，我们才能逐步理解它趋于多功能的自然倾向。在最基本的层面上，房屋是用物质材料形成的或多或少固定的形式，其结果是创造了与周边环境不同的室内空间。于是，房屋至少是从物质与空间两方面改变了其产生之前的那片场地。我们会看到这种转变的物质和空间的方面都已具有了社会价值，并为进一步发挥这一价值提供了机遇，因为建筑的物质形式可以通过其构件的形状以及装饰而被赋予更多的文化意义；而空间形式则可以通过概念化或物质性的分隔布局使其更为复杂，这就给社会活动和社会关系提供空间模式。

然而，即使在最原始和简陋的状态下，这种物质与空间的基本转变对人也有影响，其"功能"效果是复杂的。而只有一部分复杂效果在"庇护所"理论中得以提及：即如果没有房屋的保护，人们会暴露于周围环境之中，那么会感到不安全的威胁，这些来自严酷的气候条件、有害的物种或令人厌恶的动植物。当我们说房屋是"庇护所"的时候，其实是说它对于身体是一种保护。为了成为"庇护所"，一栋房屋必须有稳固结构，以此创造一个保护性的空间。房屋的物质形式能起保护作用，而受到保护的是空间。一般而言，房屋具有与身体相关的功能，因为房屋拥有可以容纳身体的空间以及某些让身体受到保护的物理特性。

然而，即使建造庇护所这样最简单的行为都比对它最初的设想还要复杂得多。通过建造来围合一个空间，它不仅要在物质上与周围环境区别开来，而且还要在逻辑上或者类别上区别开来。我们运用一些类似于"里"与"外"这样的词来确认这一点。这些词语反映了一种逻辑性本质，它们表示关系概念，而不是简单的物质性事实。这种逻辑性概念的"突现"是根据边界的界定这种更基本的物质性事实，其中"突现"的逻辑关系可以简单地表达为"内"和"外"之间相互依存。一个暗含着另一个，即我们不能创造一个只有内而没有外的空间。这样的逻辑可以用直接的类比来解释：画定一条界线的过程就如同认定一个种类，因为当这样做的时候，我们已经含蓄地对所有不属于这个种类的事物进行了认定，即已经暗示了这个种类的补集；同理，当命名内部空间的时候，我们已经暗含了所有的外部空间，因此外部空间是内部空间的补集。逻辑学家们绘制维恩图示（用圆圈表示集合与集合之间的关系）支持了上述类比，这些图示用一个圆圈表示一种概念，这儿的逻辑确定可类比于在真实空间中限定边界。

正如罗素（Russell）所指[8]，关系、特别空间关系，它是非常令人匪夷所思的东西。它们看似"客观的"存在，如同罗素（Russell）的例子，"爱丁堡在伦敦的北边"，但是我们不能像指明那些"真正存在"的实体那样直接指出这种关系。如罗素所言，我们必须接受"关系如同它所关联的术语，它并不依赖思想，而是属于一个独立的领域，思想可以理解它，却不能创造它"。我们不得不接受他接下来的论述：关系"既不存在于空间中，也不存在于事件中,既非物质也非精神,但它是某种东西"。

关系的"客观性"以及"组构"(更为复杂的关系构成)的"客观性"将会是贯穿本书始终的主题。然而,即使在修建活动中设定边界这样最简单的层面上,事情仍然较复杂。划定边界中的逻辑区分同样也是社会意义上的区分,因为内外的区分是由一个有权力设定这种区分的社会个体做出的,这种区分不仅在创造边界与受保护的空间的物质建造过程中得以认同,而且还存在于这个区分所产生的逻辑结果之中。这里用"权力"来表达是最好不过的了。划一个边界不仅意味着一种物理上的分隔,而且还是领域或者被保护空间的社会性隔离,它表明在那个领域内个体或群体所创造与拥有的特殊权力。于是,逻辑上的区分和社会意义上的区分是从建造庇护所这样的行为中产生的,即使这不是它们的本意。我们可以说:房屋建造的基本行为在这种社会性思想中是复杂的,而且这种物质性分隔也影响了社会关系的构成。

如同这些逻辑上复杂的例子,边界所隐含的社会意义上的复杂性究其本质是关系。事实上,正是复杂关系中的逻辑产生了社会意义上的差别,正是通过这一过程,房屋也首先反映并影响了社会关系。由于形式之间的基本关系以及空间之间的基本关系被运用到房屋建造之中,使房屋由服务于生物人的物品转变为社会性与文化性的物品。最简单的建造过程创造了基本的形式与空间的复杂关系,这种复杂关系是所有空间关系属性的源泉,并且通过这些空间关系属性,房屋最终成为了社会性物品。

房屋主要通过以下两个途径使其社会意义明显超过了物质功能:其一,将空间设计为可运行的社会性模式,产生或限制一些社会认可的而且规范化的相遇与回避模式;其二,把物质形式与界面规划为体现文化或者审美特色的模式。因此,最基本的房屋形式中所具有的形式与空间的基本二元性也在复杂的房屋形式中得以延续。通过精心布局空间,社会领域被构建为生机盎然的生活环境;而形式的建造体现了社会意义上重要的认同感与冲突感。从上述两方面而言,房屋从服务于人的基本形式与空间出发,创造了更为复杂的模式。正是通过各种可能的模式,房屋立即可以构筑以及再现社会和文化的存在,因而它也同时成为社会和文化的存在基础。

我们可以用一个基本图表来概括房屋作为物品的本质(图1.1)。它的要点在于房屋即使在其最基本的层面上都体现了两种二元性,即物质形式和空间形式之间的二元性,以及物理功能和社会文化功能之间的二元性。两者之间的联系在于社会文化功能来自用模式的方式表达形式与空间,换言之,我们将在下文中用组构的方式表达形式与空间。现在我们必须更加谨慎地用组构来解释形式与功能,因为这不仅将成为我们论述房屋本质的关键,而且也是讨论建筑如何从房屋中产生的关键。

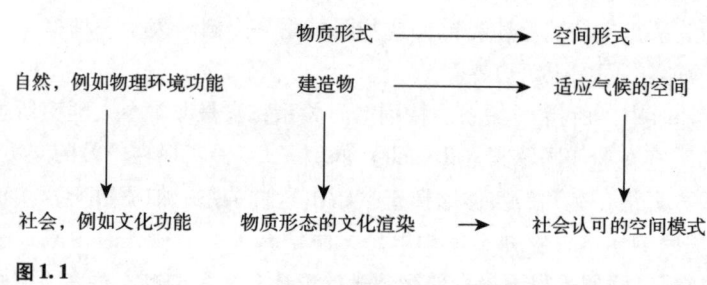

图1.1

让我们从一个耳熟能详的房屋物质形式开始：多立克柱。当我们观察多立克柱的时候，可以看到底座、柱基、柱身、柱头等等，也就是一个构筑物。这些部件一个接着另外一个，它们之间的关系利用并服从自然重力定律。然而这不是我们看到的全部。遵循重力定律的柱子部件之间的关系总是存在的，不管它是否符合"多立克柱式"的关系。例如，如果我们把多立克的柱头换成一个爱奥尼的柱头，其结构上的影响微乎其微，但是"多立克柱式"将不复存在。

那么，什么是多立克柱式呢？很清楚，它不是一种结构类型，因为我们可以在组装时用非多立克的部件来代替，而不对其结构产生任何影响。我们必须承认多立克柱式其本身并不是一套物理关系，虽然它依赖这种关系。多立克柱式是一种组织方案，在特定的关系次序下，某些精心设计的部件位于其他的部件"之上"或者"之下"，这种次序产生于结构，但又不仅仅囿于结构。相反，我们在多立克柱式中所发现的"之上"和"之下"的概念看似来自建造行为中"突现的逻辑"，就如同"内"和"外"是构筑物质边界的"逻辑突现"那样。于是，多立克柱式就成了一种逻辑式构造，一种建立在物质构造之上的逻辑式构造。通过分析逻辑性的多立克柱式，对于物理上相互依赖的系统，我们从它简单的视觉效果转移到了它的可理解性上。多立克柱式是我们理解的一种组构特征，它超越了可见的物理上的相互依存，存在于物质形态的某种关系的表达之中，但是通过这种表达，它超越了其物质性。下文将会论述到，从可见的向可理解的转变过程是我们体验房屋与建筑的最基本过程，它甚至是房屋与建筑之间最基本的差别。

房屋的空间模式详细地描述了突现的基本逻辑，也来源于物质性的房屋建造行为。就多立克柱式而言，它建立在自然规律之上（如同某些学者曾尝试求助于生物学的"强制性"理论诸如"领域理论"来解释建成环境），但却无法由这些自然规律来解释。空间关系布局的起源在于下述两方面：其一，人类头脑中秩序化的能力；其二，在社会关系通过空间得以体现的时候，其中就蕴含了空间布局的能力。从空间与形式角度来看，我们找到了房屋中的分界点，一方面是服务于人的物理本质，虽然其中带有一种原始状态的本质关系；另一方面是更为精细的组构本质，而后者与集体精神和社会体验有关，而与生理人或者个人体验无关。从简单空间走向空间组构，也就是从可见的走向可理解的过程。

然而，空间本质上是比物质形式更难讨论的话题，有如下两个原因。第一，空间是空的而非可触摸的东西，因此它服务于生物人的本质不是明显的，而且也不可能把它想当然地当成一件物品（见第十章中对于这个假设的详细论述）。其二，从定义上来看，相互关联的空间常常是无法一览无遗的，需要从一个空间到另一个空间的移动来感受到整个空间。也就是说，空间中的那种关系性对我们来说是很难一眼就体验到的。因此，我们必须暂时不把空间作为一种现象来讨论，而是着重于我们应该如何克服在谈论空间时所遇到的这种困难。我们将分两步走。首先，我们会先讨论空间在多大程度上可以被看作一个客体，即独立的"自在之物"。这是由于很多人不清楚空间的地位，也不知道它在多大程度上可以被当作一个独立的物品，而不是简单地被看成物质部件排列组合而产生的副产品。其次，我们将把空间作为组构来探讨，这是由于只有把空间看成组构，我们才能发现空间对房屋和建成环境的形成以及它们运作产生了最强而又独立的影响。

关于空间

从某种重要性而言，空间是房屋的一个客观属性，即可以独立地将其描述为物质性的东西，但这是非常不明显的。我们对于空间的许多常识不是将空间作为独立的个体，而是把它与那些不是空间的实体联系在一起。例如，即使在那些对空间感兴趣的人看来，"空间"的概念通常被转译为"空间的利用"、"空间的感知"、"空间的产生"或者"空间的理念"。在所有这些常见的表达中，通过将空间直接与人类活动或目的相连而使之被赋予了含义。从社会科学中常用的空间概念来看，诸如"个人空间"和"人类领域"，也是把空间与人绑在一起，而且并不承认空间的存在独立于人的因素之外。在建筑学中，空间的概念有时不直接与人联系在一起，但是表达为如下概念，"空间等级"和"空间尺度"等，我们仍然发现空间很少被完全独立地描述着。例如，"空间围合"的概念对于空间的描述就依靠了物质形体，而非将空间定义为自在体，这就是建筑上描述空间的一个非常普遍的例子。

所有这些概念都表明了将空间概念化为一个自在之物是困难的。偶尔，这种困难还以非常极端的方式表达出来。例如，罗杰·斯克鲁顿认为空间的概念是一种分类学上的错误，这个错误是由那些狂妄的建筑师造成的，他们没有理解空间不是一个自在之物，而仅仅是物质实体的对应面，即由房屋所留下的空余。对于斯克鲁顿而言，田野中的空间与教堂中的室内空间不言而喻是相同的，除了教堂内部装饰表面使其室内空间看起来与众不同。他争辩道，所有关于空间的讨论都是错误的，因为这就与我们把房屋简化成物质实体来讨论没有什么两样。[9]

实际上，即使在实践上这也是一个很奇怪的观点。非常简单，空间是我们在房屋中所使用的，也是我们所出售的。没有一个开发商会出租墙体。墙体营造了空间，而且还耗费了金钱，但是空间却是可出租的商品。那么为什么斯克鲁顿会被空间这个概念所困扰呢？依我看，斯克鲁顿在犯一个经验性的错误：他深受西方哲学传统的影响，这是他的安身立命之本，而他又恰巧写了一篇杰出的有关西方哲学的序言，那么他必然会犯这个错误。[10]

在西方文化中，关于空间的主流观点大约有一种我们可以随便称之为"伽利略 - 笛卡儿"（Galilean-Cartesian）的哲学。这个观点是首先从笛卡儿（Descartes）全面而清晰的理性学说中产生的。[11]他认为物质客体的第一属性是它们的"外延"，即它们可测量的属性，比如长度、深度和宽度。因为外延可以被测量工具所量化，而这是不依赖人的因素，外延可以被看作物体毋庸置疑的客观属性，与"第二"属性如"绿"或"好"是不同的，后者看似在某种程度上建立在与观察者相互交流的基础之上。

如果外延是物体最基本的属性，那么它也就几乎等价于物体所坐落的空间的第一属性。正如笛卡儿所说："通过审视，除了实体从长、宽、高三个维度延展开去，我们没有在实体的概念中发现其他任何东西；而且这也构成了我们脑海中的空间，不仅是指实体，而且还指所谓的真空。"[12]换言之，当我们将物体从它占据的空间中移走之时，它的外延仍然存在，那就是空间的一个属性。空间因此可被概括为外延，或没有物体的外延。笛卡儿又论述道："在空间中……我们将外延归结为一种基本单位，因此，从某个实体所占据的空间中移走实体之后，我们不认为那个空间的外延也被移走了。"[13]

循着这个推理，空间可以被看作外延的普遍抽象框架，它与被定义的实体属性相对应，于是它成为占据空间的物质实体的可度量背景。这种关于空间的观点对我们大多数人而言是非常自然的，可以说是常识的推断。遗憾的是，一旦从这种角度来看待空间，我们注定不能理解它是如何在人类事务中起作用的。从文化与社会的角度而言，空间从来就不简简单单地是我们物质存在的固有背景。它是社会与文化如何构成真实世界的一个很关键的方面，通过这种构成，社会与文化被构筑成我们的"客观"现实。空间不仅仅是一个构筑社会文化形式的中性框架，而且它完全融入了社会文化形式之中。人类行为并非简单地在空间中发生，它有其自身的空间形式。偶遇、聚集、回避、互动、居住、教导、用餐、协商等并不仅仅是发生在空间中的活动，而且它们自身构成了空间模式。

正因为如此，房屋与建成环境中的空间组织成为了文化在物质世界中得以实现的基本方法之一，而且因此，在通常情况下房屋可以在它们的空间形式中体现社会想法。我们这么说并不暗示空间对社会的决定主义论，而只是简单而言，空间总是有可能被体现在某种社会过程的空间意象之中。然而，问题是，这究竟是如何具体发生的？这些空间结构又是怎么样的呢？

空间作为组构

有一点非常清楚。偶遇、聚集、回避、互动、居住、协商并非个人特征，而是由一组人或者说集体形成的模式，或者说组构。它们依赖一种设计好的模式，即共同出现和共同消失。从这种意义上而言，我们建造房屋与环境的目的中几乎没有一项不是"关于人的组构"。原则上，我们会期望人与空间之间的关系（如果有的话）会在空间的组构层面上找到，而不是在单个空间的范畴上。常识就可支持这一点。单个空间对人类的活动几乎不加限制，除了那些大小与形状上的限制。在大多数合理的空间中，人类的大部分活动是可以开展的。但是空间与社会之间的关系并非存在于单个空间的层面上，或个体的活动上，它存在于人的组构与空间的组构之间的关系中。

为了理解这是怎么发生的，首先，我们必须从原则上理解空间的组构与人的组构可以相互影响。让我们来看一些简单的假设例子。两个概念性的"庭院式"房屋如图 1.2a 和图 1.2b 所示，在第一列中，图中的黑色代表了通常房屋的物质实体；在第二列中，黑色代表了对应房屋的空间布局。两栋"房屋"基本的物质结构和单元分隔是相似的，而且每栋房屋中两两单元都是相通的，具有相同数量的内部和外部开口；所不同的是每个单元的入口位置不同。但这就足以证明一点，即从一群人如何使用空间的角度而言，它们的空间模式或者"组构"是非常不同的。由入口分布而形成的可达性模式最为关键。从这点看来，一个"房屋"平面是一个近乎完全的单一序列，仅仅在终点处有最少的分支；而另一个却是在中心性较强的空间周围到处分叉。

在上述例子中，可达性的模式基本上不会由于房屋结构或气候条件不同而产生较大的差异，即房屋中服务于生理人的方面对可达性模式影响较小，特别是如果我们假设有相似的外部开窗方式，而且所有面向庭院的墙上都开有窗，那么这种影响就更小。然而，如果平面布局作为一个家庭的室内空间来使用，可达性的模式就会导致非常不同的使用情况。例如，如果让一个以上的人来使用一组单一序列的空间会遇到非常大的困难，因为它不区分任何公共性或私密性，反而会导致可能的冒犯。从另一方面而言，分叉的模式提供了一套确定的公共性与私密性之间的可能关系，而且尽量避免侵扰。这种差异本身就存在于空间模式之中，而且会被运用于人类活动的整套模式之中。空间布局本身就提供了一系列的限制与可能。这样就提供了一种可能的解释：建筑的空间可能受制于限制性的规则，虽然这些不是决定性的规则，但是这些规则却可以在形态学的范畴内解读房屋中形式与功能之间的关系。

从第三章起，我们将会以数学方法把这些模式的属性表达出来，从而可以在空间模式与人们的活动模式之间找到明确的关系。然而，在我们开始研究数字之前，有一个直观的方法可以很有效地来捕捉上述两种空间模式之间一些关键的不同。我们称之为调整图，或者J-图。假设我们处于一个空间内，它被称为图示的出发点，然后用一个圆圈和一个内部十字来表示它；继而，把所有其他空间用圆圈来表示，可达关系用连接圆圈之间的线来表示；于是，把所有与出发点直接相连的空间平行排列在出发点之上，并画上与出发点连接的线段，这些都是距离出发点"一步拓扑深度"的空间；然后相隔同样的距离，在这些"一步拓扑深度"的空间之上，我们画上与它们直接相连的空间，形成一排"二步拓扑深度"的空间，并把它们与一步拓扑深度的空间相连，以此类推。有时候，我们不得不画一些长且迂回的线来连接位于不同拓扑深度的空间，但是这无关紧要，因为连接本身才是关键的。这个图示的规则在于如果空间布局处于同一平面上，当我们绘制各个空间之间连接时，必须保证连接线不能相交。[14]

最终的J-图是一张从某一个特定点出发的所有空间的"拓扑深度"的图示。图1.2a和图1.2b中第三列显示的就是相应的空间结构的J-图，它们以外部空间作为出发点空间而绘成的。我们马上就可以看到第一个是"深树"的形式，而第二个是"浅树"的形式。"树"意味着连接线的数量比被连接的单元数量少一个，因此在图中没有一个具有回路的环。即使对这两个图中所示的树形有差异，可是所有的树共有一个特征，即从一个空间到其他任意一个空间只有一条路线，这是与房屋功能密切相关的属性。然而，在有"环"的地方，调整图也能很清晰地用"拓扑深度"的属性来表现它们，用一种很简单又清晰的方法指明它们是什么，即从模式中的一个部分到另一部分可供选择的其他路径。随之，在图1.2c表示了这样的假设案例，它建立在与上述两个图示相同的基本"房屋"之上。

我们不一定要把房屋的外部空间当作出发点空间，尽管它是一种特别有用的方法，但这仅仅是一种看待房屋的方法而已。我们当然可以选择从其中任意一空间出发来调整图示，而且这将告诉我们从这点出发看到的空间是怎么样的，同时也考虑到了深度与环的属性。当我们这样做的时候，可以发现一个关于房屋与聚居地空间布局的事实，即空间模式不仅表面看起来不同，而且当我们从不同的空间位置来观察空间的时候，空间模式事实上就是相异的，这是简单而非常重要的观点，以至于其本身可能就是人类空间组织的最关键之处。图1.2d显示了三个概念性的J-图，它们看上去各不相同，但是事实上它们三个仅仅是从不同空间位置出发而绘出的同一个空间布局的不同调整图示。拓扑深度与环状的属性只有在不同组构的空间中才能变得非常不同。正是通过这些差异的出现以及分布，空间才成为一种强有力的基本要素，使得文化在房屋与聚居地的形式中得以传递，并且空间成为了建筑的探索与创造的一种有力工具。下文我们将论述这是如何达到的。

第一章 建筑给房屋增添了什么？

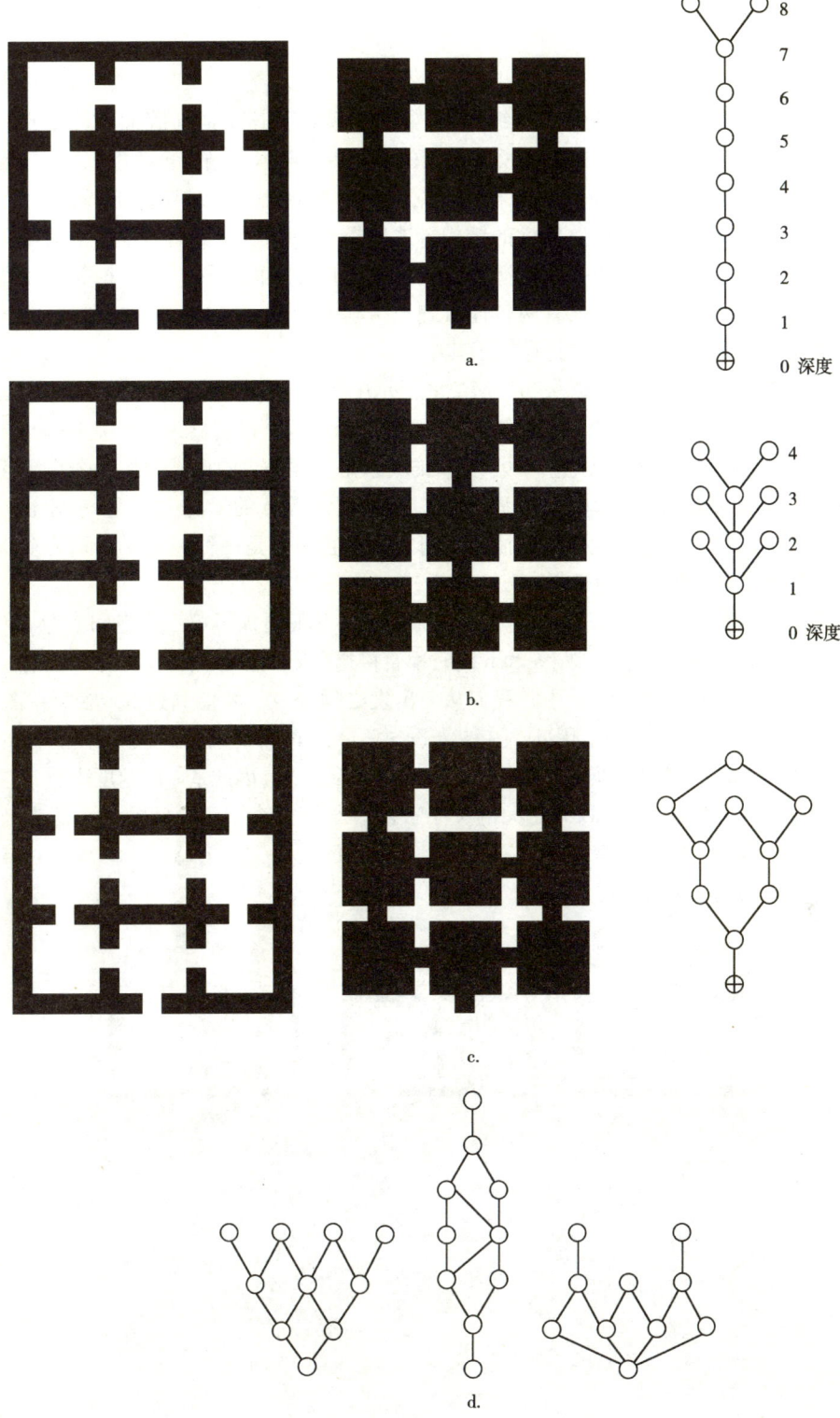

图 1.2

正式定义组构

首先，我们需要更正式地定义"组构"。如同"模式"这个词（我们不使用它，这是由于相对于我们在大多数空间布局中所感知到的，它更意味着可循的规律性），组构看似一个强调复杂系统的整体而非局部的概念。直觉上，它看似意为一组存在于事物间的关系，而其中所有事物又依赖于某种整体性的结构。这里提出一个正式的却尽量简单的定义：对于两个空间，如果我们把空间关系定义为它们之间任何形式的连接，比如相邻或互通，那么根据这两个空间中任意一个或者两者连接到至少其他第三个空间的方式，它们之间的上述关系就会发生了变化，组构就是存在于其中。

这个听起来奇怪的定义可以从如下简单的图示中得以解释。图 1.3a 显示了一个被分隔成两个小室的一个单元，小室 a 和小室 b，两者间有个门洞。很明显，这个关系是非常正式的"对称"，即室 a 对于室 b 与室 b 对于室 a 的关系是一样的。同理，如果两个小室互相毗邻而互称为邻居的话，这种邻居关系也是对称，即如果 a 是 b 的邻居，那么 b 一定也是 a 的邻居。这种"对称"是遵循代数原理而非几何定义，它明显是一种 a 与 b 之间关系的客观属性，而并不依赖于我们如何选择出发点来看这一关系。

现在我们来看图 1.3b 和图 1.3c，在这两张图里，我们增加了第三个空间，即 c（它实际上是室外空间），在图 1.3b 中，a 和 b 同时都直接通向 c，但是在图 1.3c 中，只有 a 才与 c 直接相连。这意味着在图 1.3c 中，我们从 c 出发必须经过 a 才能到达 b，然而在图 1.3b 中，我们从 a 或 c 都能到达 b。因此，在图 1.3c 中，从 c 的角度来看，a 和 b 是不同的，从 c 出发必须经过 a 才能到 b，但是从 c 出发不必经过 b 到达 a。因此从 c 的角度来看，这种关系是非对称的。换而言之，a 和 b 之间的关系被两者与第三个空间之间的关系而重新定义了。这是一个组构上的差异。组构是一系列相互依赖的关系，其中每一个关系由它自身与其他所有关系之间关系所决定。

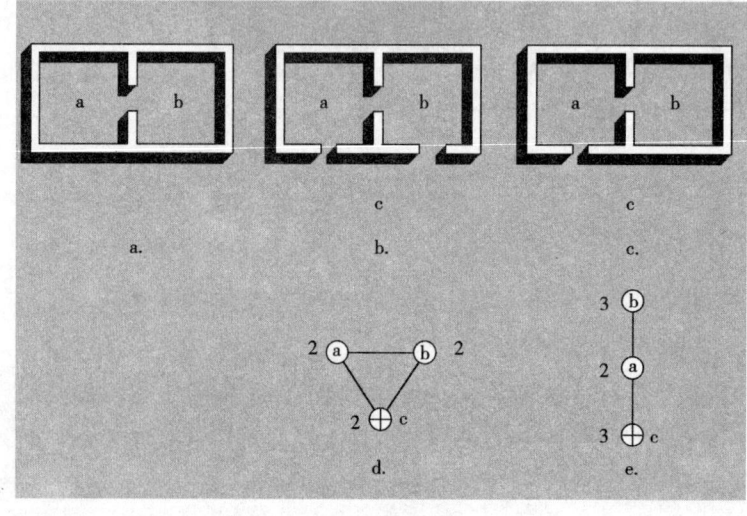

图 1.3

现在，我们比较清晰地展示了这种组构的差异，并通过 J - 图的运用可以澄清它们的本质，如图 1.3d 和图 1.3e 所示，分别对应于图 1.3b 和图 1.3c。与图 1.3a 相比较，图 1.3e 中的 b 空间和 c 空间根据相对位置而各自都获得了"拓扑深度"，这是由于现在它们之间的关系是间接的，而且仅仅在 a 存在的前提下才存在。在 J - 图中每个空间旁的数字表明了这种关系，即显示了从每个空间距离其他两个空间的总拓扑深度。相反，图 1.3d 获得了一个"环"而连接了所有的三个空间，这意味着每一个空间都有一条备选的路径通向其他每一个空间。无论从哪个空间开始，图 1.3d 的结果都是相同的，然而在图 1.3e 中，b 和 c 从哪点来看都是相同的，但 a 是不同的。

以客体形式呈现的社会

让我们运用组构这个概念，以及其两个关键的空间变量即拓扑深度与环，以此试图从房屋空间形式的角度来解析文化和社会的含义。图 1.4a、图 1.4b 和图 1.4c 中，左边是三个法国住宅的底层平面图，与之紧邻的右侧是从室外空间出发的 J - 图，其中外部空间被作为一个单独空间，而同一行中最右面的三个 J - 图分别从三个不同的内部空间出发而绘制。[15] 在以外部空间为出发点的 J - 图中，我们可以看到虽然住宅中几何形态差别较大，但是它们的组构却存在着很大的相似性。这点可以从标有 sc 的空间中非常容易地辨别出来，即客厅空间，它是主要日常起居的地方，也还包含厨房的功能，并可用来接待访客。在每一个例子中，我们可以发现客厅位于所有非平凡环上（平凡环是指两次经过同一空间的环路）；它都直接与外部空间相连，即它位于整栋住宅中拓扑深度为一的位置上；并连接了起居空间与其他和妇女家务有关的空间。

客厅还有一个更主要的特征，它源于它和整栋住宅的整体空间组构之间的关系，如果计算一下我们从客厅到其他所有房间的拓扑深度的总和，我们会发现从客厅到其他房间的拓扑深度总和最小，也就是说它的拓扑深度比其他所有空间都要浅。这个度量的普遍形式[16]称为整合度，它可以被运用到任何组构空间中：空间在整个系统中的拓扑深度越浅，空间整合度越高，反之亦然。这说明这三栋住宅中每个空间都可以被赋予一个"整合度值"。[17]

一旦我们作完上述分析，就可以提出如下的问题：住宅中不同的功能如何被"空间化"的？也就是它们是如何蕴藏在整体空间的组构之中的？这样做，我们发现了非常普遍的现象，即不同功能通过不同的方法使其空间化，这通常可以用"整合度"分析清晰地表达出来。在这三栋法国住宅中，例如，我们在不同功能的空间中找到了某种整合度次序，客厅总是最整合的，这点可以从每个平面图右侧的 J - 图中看到。如果这三栋住宅的所有功能都按照每个空间所得的整合度值来排列，从最整合的空间开始，从左向右依次为：客厅比走道整合（即对比其他所有空间而言拓扑步数最少），走道比室外空间整合，以此类推。在一定范围内，这些空间整合度差异的排列次序存在一些相同之处，那么我们可以说住宅中不同功能的空间化途径存在一个相同模式。我们把它们共同的模式称为"差别基因型"，因为它们所指的并不是形式的表象，而指的是潜藏在空间组构之中并且蕴含在空间组构与生活模式之间的深层结构。[18]

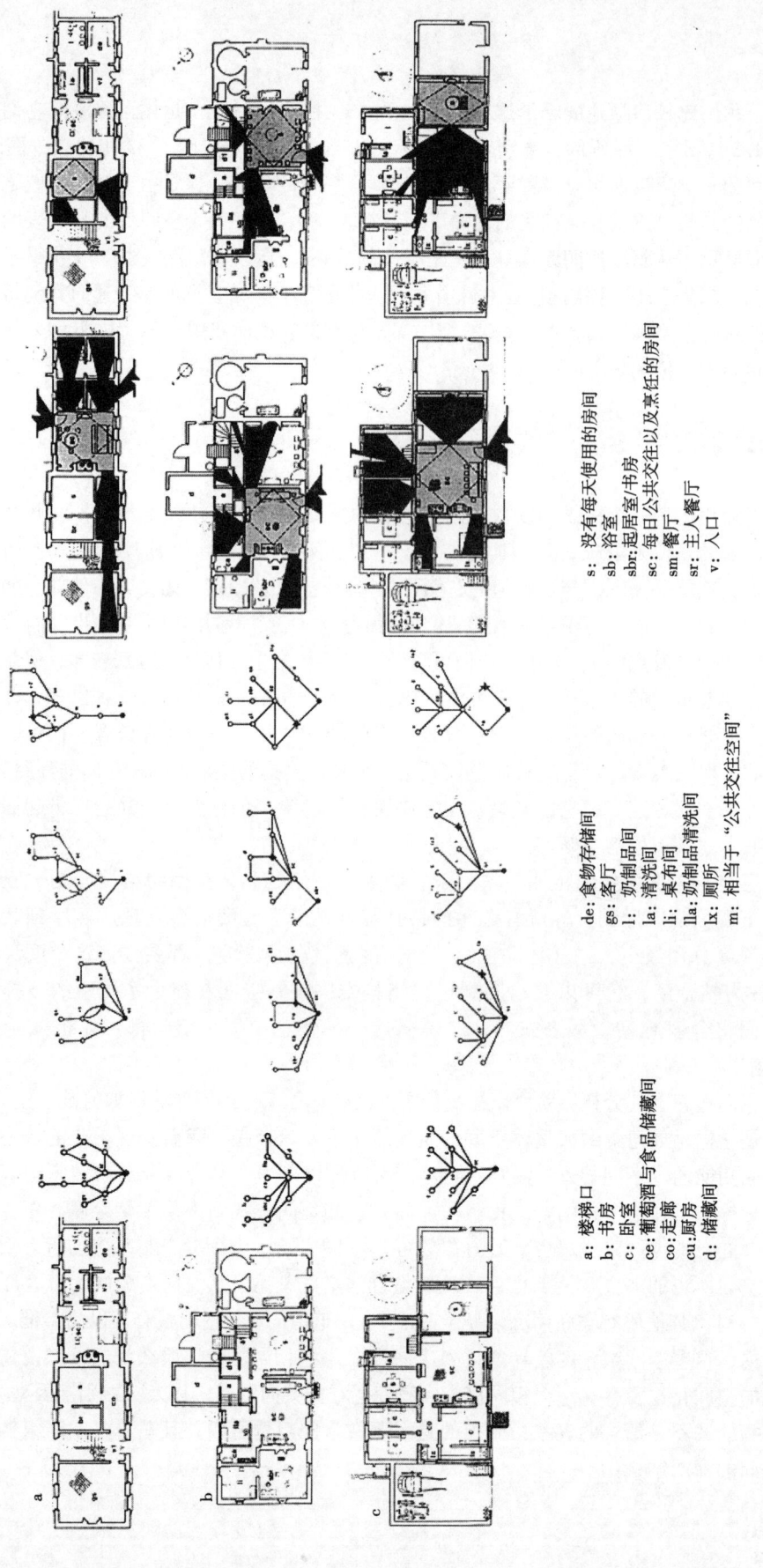

图1.4

上述的结果来自空间之间的可达性分析。那么对于穿越空间的可视性关系又是怎样的呢？图 1.4 中右半部的三排图首先在每个客厅与起居室中标记了一个菱形的视域，它是通过连接房间中每一面墙的中心点得出的，这样自然就覆盖了房间中一半的空间，然后显示了从（虚线标记的）菱形空间向门外看去的所有可见的空间。在大多数的西方文化中，空间使用大都集中在这一菱形的空间中，角落一般都被用于存放东西。这一图示表明在每一案例中，客厅较之起居室而言具有更大的视域范围。换言之，在住宅中的可达性分析中，每个房间的空间与功能存在差别，它同样也存在于可视性的分析中。这些可视性的差异也能成为量化的统计分析的基础。

这种方法允许我们从住宅的平面中找到与住宅的社会和文化功能直接相关的组构特性。换而言之，通过空间组构，文化上所决定的模式被植入了房屋的物质和空间的"客观性"中。根据住宅空间组构关系可以分析空间与功能，并且可以寻找不同案例的共同点，以此我们可以看到房屋是怎样将普遍的文化倾向通过空间形式传递出来的。现在的问题是为什么这样？这个过程到底是怎么样的，以及什么会随之而产生呢？

组构不可言的特性：有意识的思考与无意识的想当然

上述问题的答案将带我们进入讨论的重点，即组构不可言的特性。不可言表意味着我们不知道如何去谈论它。在建筑学中，关于空间组构或者形式组构讨论的困难看来总是一个建筑理论的边缘问题。但是我认为这是个中心问题，而且是人类生活中更为普遍的问题之一。

让我们对组构的一些不可言的特征做更进一步的探索。在图 1.5 中所示的四组元素中，每一组都是一系列不同的"东西"，但是被放在或多或少的整体"组构"中。人的意识会毫不费力地看出组构是相同的，虽然构成的"东西"是各异的，这意味着我们能非常容易地识别出一个组构，甚至即使我们无法赋予它一个名称，即无法将它分门别类，当然我们

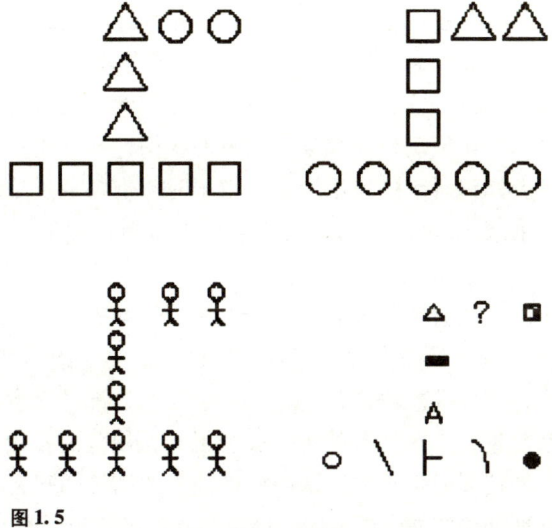

图 1.5

有可能试图用已知名称给组构分类，类似"L形"或"星形"。然而，我们可以在没有已知名称的前提下辨识出同样的组构，这表明了我们认出与理解组构的能力先于命名。

事实上，人类的直觉非常擅长于识别组构，但是组构却不容易被分析出来。我们可以不加思索地辨识出组构，就像在日常生活中不用经过大脑思考就可以轻易使用组构那样，但是我们不知道我们认出的是什么，我们也并没有意识到我们使用了什么以及怎样使用的。没有语言可以用来描述组构，即我们没有任何方法可以说出它是什么，虽然我们已经理解了它。这个问题在房屋与建筑中尤其明显，因为两者都可以用空间和形式的组构来影响我们所生活的这个世界。但是这个问题不是仅限于建筑。相反，在大多数文化和社会行为中，这一问题在某种程度上也是存在的。例如，在使用语言的时候我们能够意识到词语的存在，而且相信在说话和聆听的时候我们在运用词语。然而，我们能使用语言，这仅仅是由于我们掌握了语言组构规则，即句法和语义规则，它们保证了词能组合成有意义的句子，但是我们在运用这些规则时是无意识和不自觉的。因此，在语言中我们可以分辨出有意识的想法，即那些词语和它们所代表的意义，与我们无意识的想当然，即控制我们如何运用词语来表达意义的句法和语义规则。我们有意识的词语就像物质实体，它们存在于有意识的层面上。我们无意识的想当然是隐藏的结构，它具有组构规则的本质，因为它们告诉我们物质实体是怎么组合起来的，而且它们是在意识层下面起作用的。这种"无意识的组构性"看似已盛行于很多社会领域，其中我们采用规则来规范社会行为，例如，餐桌上的礼仪或玩游戏，它们对于我们而言都是时空的活动，但是它们被赋予了秩序和目的，因为通过潜在的"无意识"的组构性规则才能支持这些活动的发生。虽然组构不可见，但是我们认可它的重要性，并称其为一种知识。我们会说"掌握了如何举止"或"通晓了一种语言"。

我们可以称这种知识为"社会知识"，并且注意到，这种知识的目的是创造、安排时空活动以及让时空活动变得可理解，通过这些活动我们认识了日常生活中存在的文化。我们当然必须小心地区分这种社会知识与那些在学校和大学中所学的知识，因为后者的目的是为了帮助我们理解世界，而非告诉我们如何在社会中行事，因此它们可以称之为分析性的或科学性的知识。分析性的知识就其本身而言是不干扰世界的本来面貌（虽然它们的结果未必如此），因为它的目的是为了理解这个世界。分析性的知识是我们学到的所有抽象原理，即将时空的现象有意识联系起来的原理——我们可能称之为"组构性"。当我们获得和使用这种知识的时候，我们已经意识到了其中的原理。因此，通过把抽象作为中介，我们掌握了具象。而在社会知识中情况恰好相反，抽象的组构性知识是通过创造和经历时空事件的过程而获得的。社会知识所起的作用恰恰是由于时空现象通过抽象的原理整合成为有意义的模式，而其中的抽象原理又是蕴藏在日常行为习惯之中的，并且从不需要被刻意提及。[19]

尽管它们的功能不同，社会性的知识与分析性的知识均来自同样的要素：一方面，两者都是关于时空现象的知识；另一方面，两者都通过抽象的"组构性"结构联系起来的。但是在社会性的知识中，抽象的想法非常稳定，以至于它们都是无意识的共识，以此创造了真实的世界中的时空现象，于是抽象的想法成为了行为规范的基础；而在科学性的知识中，我们只是试图稳定地把握时空现象，从而使得抽象的结构明晰化，以此来解释时空现象，从而批判性地来验证抽象结构，必要的时候还需要重建这些结构。

这可以完全用图 1.6 来清楚地解释。这两种知识之间的差别主要在于抽象想法在多大程度上处于有意识的层面上，因此这就存在不同的风险。自然科学的整体目的是在理解时空事件时把抽象的"无意识的想当然"推向风险境地；然而在社会知识中，如果"知识"被提升到有意识的层面上，那么它们的整个目的也可能变得很具风险性，因为它们的功能是被用来规范性地创造这个社会的。然而很显然，社会性知识的抽象结构仍然可能与科学知识一样成为有意识的概念。简而言之，这就是"结构主义"的过程。结构主义者的方法论的精髓是提出如下问题：我们是否可以为一个系统（如语言）建造一个由抽象原理构成的模型，并使其"产生"所有应该发生的时空事件？这样一个模型就可以成为一个系统的理论。比如，这可以用来"解释"我们直觉的感觉，即一些一连串的词语是有意义的句子，而另一些则大多数不是。结构主义很像在把一台计算机的输出结果作为需要解释的现象，并试图去找出是什么样的程序产生了这样的结果与现象。结构主义是调查社会知识中无意识的组构基础，即它是调查社会文化行为中不可言的直觉。

	抽象原则	时空事件
社会的知识	规范、法则、理念	演讲、社会行为、空间、理念
分析的知识	理论、假设、范式	"事实"、现象

图 1.6

房屋借助人造物作为文化的传媒

一方面，当建造和利用空间时，我们无意识的思维方式中具有组构性质；而另一方面，这种思维方式在社会性知识形成中发挥着作用。从这两方面来说，通过房屋和聚落形成的空间和形状模式是不可言表的典型例证。如前所言，其中最普遍的例子就是居住。家居空间根据其受制于社会性知识的程度而具有多种形式，但是通常它都可以根据如下复杂的社会规范来加以归类，例如，应具有什么样的空间？如何标识它们？它们的界线如何限定？它们如何相互连接和依次排列？在空间中什么样的活动聚在一起，而什么样的活动分散开来？什么样的个人或哪种类型的人拥有什么样的权利？它们如何被装饰？什么样的物件应该在空间里陈列出来以及如何被展示？这些模式对不同文化群体来说是不相同的，但是始终不变的是当我们在处理这些家居空间模式的时候，我们都是下意识的，甚至如果不被问及的话，我们根本不会意识到这些规则的存在。一般而言，我们仅仅在遇到另外一种不同的文化模式形态的时候，才会意识到自己文化模式的特色。

然而在较为普遍的现象中，家居空间是惟一最为精深又复杂的例子。在所有层面上，所有类型的房屋与聚居区都主要是在组构不可言的直觉中孕育出来的，正是通过这样，房屋以及所有类型的建成环境都成了玛格丽特·米德所称的"经由人工制品的文化传媒"的一部分。[20]这一传播大都通过这些环境中空间与形式的组构而产生。例如，我们有意识地认为房屋是物质的、或它是空间客体，也有意识地认为它们的局部，如柱子或房间，也是物质或空间的一部分。但是当我们通过无意识的组构媒介来看待"房屋"的时候，它其实是作为一个整体被认知的，因为当我们想到一种特别类型的房屋，我们不仅有一张关于这栋房屋的清晰画面，而且同时还意识到这栋房屋所带来的复杂的空间关系。房屋作为一种空间，也同样是一种有意义的形式，它具有组构属性，而且因为它们具有这种属性，所以它们最为重要的社会与文化特质是不可言表的。正是通过这种不可言表的特性，房屋的社会本质被传递；因为正是通过组构，空间与形式的原始要素才被赋予社会意义。我们可以说，房屋的社会属性是组构性的，这可以从以下两方面来看：因为房屋是空间的组构，它被设计成为有秩序的空间，至少可以约束并规范社会关系的某些方面；其次，通过房屋的形式创造了某些组构类型，于是一些类似文化的"意义"得以传递。

房屋作为一种过程

那么这又怎能帮助我们辨明建筑与房屋之间的区别呢？当然，我们注意到目前的出发点不是认为房屋仅仅是建筑之前的那种实践性与功能性的物体，而是认为它是建筑之前的那种借助人造物进行文化传播的复杂例子。当然这并不意味着具有同样类型和文化的房屋是彼此相同的。相反，民居在个案层面上普遍地体现了巨大的差异，差异如此之大以至于我们不得不质疑是否有一组案例可以代表一种普遍民居风格，无论是从形式或空间上而言。

定义建筑的关键点首先在于：我们需要理解民居的建造者是如何成功地把房屋作为一种复杂关系的结构来传递文化的，同时创造出了一栋独一无二的房屋。我们不必舍近求远地去寻找答案。普遍结构与外表多样的结合正是我们所找寻的，在这种情况下，我们按前面论述的方式驾驭并运用社会性知识，即在不可言表的层面上，复杂的组构想法支配了我们在表层上处理时空事物的方式，同时作为一种结果，组构的想法在真实世界里也得以实现。在房屋的语境中，我们处理建造构成房屋的空间与形式要素，如果这个过程是在不可言表的组构思维方法中开展的，那么组构就约束了形式与空间的布局，于是这种建造过程恰好促使了潜在的普遍结构与多样化外表的组合，从而勾勒出一般民居建筑的特征。

为了理解在特定案例中这是怎样发生的，我们可以利用亨利·格拉塞（Henry Glassie）的杰作。[21] 格拉塞认为我们借用并改编了诺姆·乔姆斯基（Noam Chomsky）关于语言研究的一个概念，他称为"建筑的能力"。"建筑的能力"是一整套技能，它把形式和功能使用联系到了技术、几何以及操作性等，于是构成了"一种并非房屋是怎样建成的说明，而是房屋是怎样被思考的……开始像一个程序……一种类似于语法的方案，它包括一个纲要，其中一组组的规则被枯燥的注释不断地打断"。把它和语言做类比是恰当的。它认为民居建造者所使用的规则是不言而喻的，就如同那些支配语言使用的规则一样是想当然的。它们是建造者无意识的不可言的直觉，而不是有意识的思考，所以它们具有源于物质现实中某种程度的抽象性，而物质现实又是它们创造的。它们详细说明的并不是特殊性，反而是普遍性，因此民居建造者可能使用这些规则作为基础来进行某种有限制的创造活动，即试图用一种新方法来诠释这些规则。

格拉塞的想法中隐含着"建筑的能力"，它提供了一套关于房屋应该如何被建造的标准规则，因此一栋民居复制了一种已知的能被社会所接受的模式。拥有同一社区文化的建造商所建造的住宅之所以看起来是合适的，这是因为它们运用了标准规则，以此定义了适合这个社区的建筑能力。由此，房屋成为了"借助人造物产生的文化传媒"的一个自然部分。通过与众不同的建造方法，一个社区的社会性知识的特色就被复制出来了。因而，通过一系列充分详述的指导规则，房屋建造的物质过程成为一种手段和方法，即那些称之为文化的直觉模式通过房屋的物质和空间形式得以传递。房屋中不可言的方面恰好是作为我们所期望的模式而被转化：它被作为在物质建造中所蕴含的直觉模式。

那么，什么是建筑？

为了理解房屋，我们必须把它理解为既是一个产品，也是一个过程。然后，我们就可以回到原来的问题：建筑到底给房屋增添了什么？通过解开房屋的文化和认知的复杂性，我们会最终看到结果。无论建筑是什么，它在某种意义上必须跨越一个过程，借此文化上认可的直觉将被烙刻在房屋的空间和物质形式上。那么，在何种意义上房屋是可能"跨越"这种过程的呢？

事实上，答案蕴含在问题的形式之中。房屋遵循不可言的形式与空间的组构方式，形成了文化与社会的产物，而一旦这种组构方式不再被当作下意识遵循的规则，并且被提升到有意识的比较思维的高度，其中还产生了一部分创造性的目的，那么建筑就产生了。我们认为建筑的出现就是一种心智觉醒的结果：我们的建造并不是文化的自动生产，即无意识地重现我们文化中空间与物质的表现形式，而是有意识地、批判性地认知存在于物质与空间形式中的文化的相对性。建造是由于我们已经意识到了我们需要知性地选择，因此我们的建筑是会给这些选择提供理由的。然而在民居中，建筑中那些不可言的直觉成为了定式并且自然地流露出来，而在建筑中这些不可言的内容成为自省抽象以及创造性思考的对象。设计师实际上是一位组构的思想家。建筑所关心的事情正是"不可言的直觉性"组构思维方式，虽然它在民居中是无意识地控制了组构性的最终表现形式。这种论述并不意味着设计师不思考物质实体，而是说设计师同时也有意识地思考组构。

因此，建筑的本质存在于房屋，这并不在于它文化上的能力，也不在于这种能力将房屋中不可言的内容通过社会性知识的形成而构成一种特定文化，而是存在于一种放之四海皆准的能力之中，这种能力的获得是需要通过针对大多数的而非特定的文化进行普遍的形式对比研究，而且还需要通过这种研究达到一种文化创新而非文化复制的高度。在房屋不可言的内容中，只有当我们看到了形式与功能的抽象对比之时，房屋才会成为所谓的建筑。这就是为什么建筑的概念看来自身就蕴含了两个方面：创造出来的物品与这个创造过程中所发生的知性过程。

我们也许可以说建筑以事物归类的形式存在，这是由于不仅在不可言的范畴内事物需要某种系统性的归类（此处想借用一位同事在考古学记录中回顾建筑之初时所用一个极好的用语）[22]，而且在同样的范畴内事物还需要某种类似于理论上的分类。在某种重要的意义上来说，建筑如何超越房屋就如同科学如何超越制造和生产的实际工艺。建筑通过对形式和功能原则性的理解，把对于建构上可能性的抽象方式引入到房屋的建造中。因此建筑中创新的必要性是建筑的本质，就像我们不应批评科学家的创新愿望，我们也不应该对建筑师的创新冲动加以指责。无论是建筑还是科学，它们都合乎社会法则，即它们能得到社会认可而被命名。两者都以理论的领会作为基础，从已有的解决方案迈向将来的可能方案，建筑是向新的现实努力，而科学则向新的理论架构前进。

当知性的选择与判断是基于解决可能性的概率知识，那么它将超越文化而成为普适原则。而这种选择与判断就相当于系统性地归门别类，也就是我们在判断某栋房屋是否是建筑。从这个意义上来说，建筑就是一种归类的实践活动，同时也体现在归类的结果之中。当我们判断某栋房屋是建筑的时候，我们对这栋房屋不仅仅进行了系统性的归类思考，即在普遍的各种建筑可能性的范围内对其形式作抽象比较，而且能够成功地完成这种知性的选择与探索。

因此，建筑不仅是一个物体，还是一种活动。从物质的形式而言，我们察觉到了建筑这类事物是系统性地存在的。从建成的情况而言，我们可以判断不仅仅任何房屋都试图成为建筑，而且如果我们倾向于认为它是建筑，那么它就更可能是一栋建筑。我们现在可以发现为什么定义建筑会如此之难。这是因为定义建筑是通过抽象且普遍性的思维去掌握建筑中不可言的直觉内涵，同时也是一种有意识的心智活动，以及一种我们在事物中理解到的属性。正是因为我们发现了这种思维被客观地记录在事物之中，我们才称其结果为建筑。

很显然，在这种分析中建筑并不依赖于建筑师，但是可以存在于我们通常所说的民居之中。某种程度上而言，民居在基因型的层面上显示了抽象反思和创新，因此我们有证据认为民居中存在着建筑。这并不意味着如果个体民居中具有表象型的创新，它就应该被认为是建筑了。这种表象型的多样性是非常普遍的，它是受到文化上不可言表的规范限制而形成的。只有当创新以及随之而来的抽象反省改变了那些蕴含在民居外表中的规范之时，我们才会察觉到在民居的传统之中还存在着抽象与比较性想法，因此这也是建筑化的思想。因此只有在民居发生巨大变化的时候，我们才开始意识到民居传统中的这类建筑化想法，此时一类新的民居就形成了。这就是民居与建筑经常相互转化的原因。现存形式、民居或其他什么的复制品并不是建筑，因为这一过程并不需要运用抽象比较思维，但是在创造新形式中，对乡土形式的利用也可以称为建筑。

建筑在某种程度上存在，这是由于它在不可言的直觉中创造了新的建构基因，即对于那些同一风格内的控制规则进行了多样化的革新。这类创新的前提是意识到新的可能性，但是这些可能性不是仅仅存在于当代文化认知之中，而是同时存在于一些规则之中，它们控制了什么是建筑意义上的可能。因此，建筑的特征并不来源于不可言的结果之中，而是来自那些不可言的方法之中。这样的结果不是固执地拒绝理解房屋的文化内涵，而是掌握建筑意义上的多种可能的潜力，以此作为一种探索人类生活、建筑空间以及物质环境之间的互动。在建筑的创造行为中，可能的空间与形式组构是创造者工作的原始材料。

因此，如同任何有创造力的艺术家那样，建筑师必须通过知性探索，力图了解这些原始材料的局限性和潜力。如果没有这些探索，立即就会有明显的危险。在民居中，赋予房屋社会特征的形式与空间模式通过部件的操作和组装被重新创造。我们可以说在这种情况下，形式和空间模式与功能模式（简言之，形式功能关系）是事先就知道的，而且仅仅只需要再创造而已。因为建筑的本质是把房屋的各种模式与它们所依赖的社会性知识分离开来，所以房屋的这些模式将会变得不确定了，特别是它们与其导致的社会后果之间的关系就不可预测了。

既然在建筑中那些不可言的形式与其最终产品之间的重要关系事先是不知道的，那么建筑需要在一种新的且更为普遍的形式中重塑那种限定上述关系的知识，而这种知识在民居中却很常见。因为建筑是一种创造性的行为,那么其中必然有某些方面是社会性知识结构中的那些无意识的思考。既然建筑是基于各种可能形式的普遍比较,那么这种知识不能简单地只关注特例。它必须涵括一系列可能的案例,如果可能,它应包括所有的案例。包含这种知识只有一个名称,那就是理论性知识。我们在下一个章中将会看到所有的建筑理论尝试提供关于建筑不可言表的原理性知识,即通过解释这些不可言的直觉而使之成为可以谈论的知识。如果没有这种知识,建筑学可能会成为一门危险的艺术,在21世纪中就曾见过。

图1.7中已归纳了从房屋跨越到建筑的过程。其中暗含着一个道理:虽然我们知道建筑与房屋之间的差别,但是它们之间没有明确而严格的界线。两者可在任何时候互为彼此。如果用一个更为广阔的视角来涵盖两者,我们可以说在房屋的进化中存在着两种方法:服从传统,或追求创新。一旦房屋中那些不可言的直觉得以创新,房屋中就包含了建筑;而一旦建筑失去了这种创新,建筑就成为了房屋。因此,民居的创新可以纳入建筑的范畴,但是民居形式的复制就称不上是建筑。因为建筑不仅仅是完成了什么,而是它完成的方式。

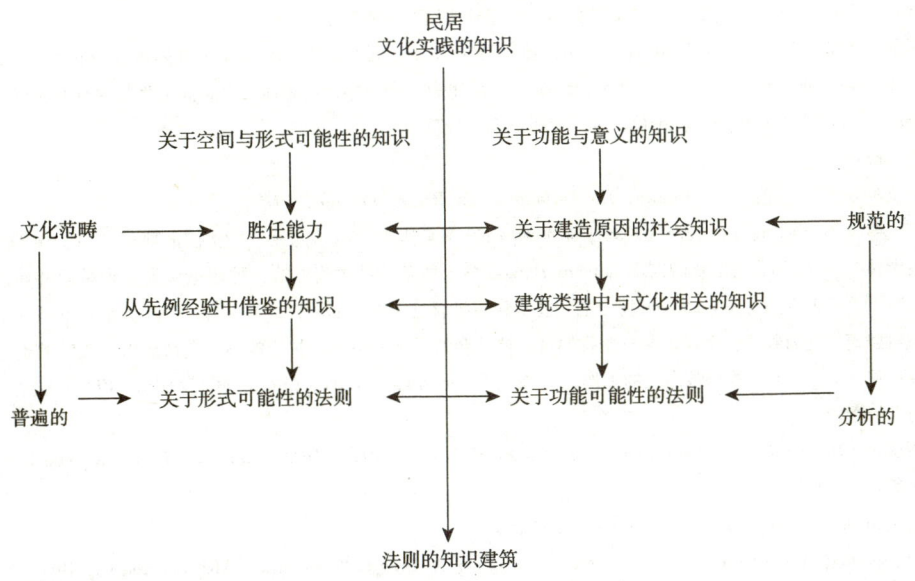

图 1.7

建成环境中不可言表的组构维度从文化复制被带入到自省抽象以及对多种可能性的抽象探索之中,正是这种过程成为从规范性迈向分析性、从文化束缚通往普遍性的途径,后者意味着所有的可能性都是开放的,而不是民居范畴内的简单的排列组合与表象型的创新。同样,这条道路也是知识思想从文化准则升华为理论抽象之路。

因此,我们可以强烈地感觉到建筑需要理论。如果建筑没有理论知识,那么它将继续依赖社会性的知识,更糟糕的是,建筑恰恰很可能以伪装成理论知识的社会知识为基础,这将是格外危险的,因为建筑是在不可言的直觉范畴内进行设计建造的,而且社会也通过这一范畴借由房屋得以表达出来。[23]建筑因此会永远无法参与到理论辩论之中,而它的本质需要与理论思辨相联系。因为建筑是把自省抽象的思考运用到房屋的直觉维度之中，而且正是通过这些维度我们的社会与文化在本质上才会不可避免地相互依存，所以建筑是一项关于房屋的理论。因此，在下一个章节中我们会思考什么是我们认为的建筑理论。

注释

1. J. Ruskin：*Seven Lamps of Architecture*，London 1849，第一章。
2. 目前，有关民居作为文化的文献资料很广泛，并在迅速增加。其中全面涉及此项研究的有 Rudovsky's *Architecture Without Architects*，1964；Paul Oliver's *Shelter and Society*，Barrie & Rockliff，The Cresset Press，1969 年及其后续研究 *Shelter in Africa*，Barrie & Jenkins，London，1971；Amos Rapoport's *House Form and Culture*，Prentice Hall，1969；Labelle Prussin 在一个区域内对民居比较进行了经典评论，*Architecture in Northern Ghana*，University of California Press，1969；Susan Denyer's *African Traditional Architecture*，Heineman，1978；and Kaj Andersen's *African Traditional Architecture*，Oxford University Press，1977；加上更早期的人类学经典研究，如 C. Daryll Forde's *Habitat, Economy and Society*，Methuen，1934。对于特定文化的研究文献现在更是数不胜数，同样对于特定文化和区域内的建筑研究文献也不胜枚举，但是至今还没有英文版问世。在最近对于民居的研究中，对我最重要的文章是（迄今对本文最具影响力的文章）Henry Glassie 的著作，特别是他的 *Folk Housing in Middle Virginia*，University of Tennessee Press，1975，在本文中被反复引用，有些较明确，有些较含蓄。
3. 同样如经常被提及的"工业"建筑。例如，在 J. M. Richards，的 *An Introduction to Modern Architecture* 中，Penguin 于 1940 年把 Thomas Telford's St Katharine's 码头描述为"那个年代简单而又高贵的工程师的典型建筑作品"。
4. Roger Scruton，*The Aesthetics of Architecture*,. Methuen，1977。
5. 如上，p. 16。
6. 最近这种观点的重述见 S. Gardiner，*The Evolution of the House*，Paladin，1976。
7. 举例说明见 Sir Banister fletcher's *A History of Architecture* 最新版本（第十九版）中史前的部分（由 John Musgrove 教授编辑），这一部分是由我的同事 Julienne Hanson 博士所著。对建筑史的一种评论认为直到最近世界建筑史才反映了真正古老的房屋。Hanson 博士的一些资料本身就是了不起的著作，若再普及一些，它将不仅完全改变我们对建筑历史的看法，而且也会改变我们对人类社会的看法。Hanson 博士的参考文献给出了关键的论述，但是我也建议 R. G. Klein 的非常杰出的著作，*Ice Age Hunters of the Ukraine*，Chicago and London，1973，这是一个很好的入门读物。
8. B. Russell，*The Problems of Philosophy*，Home University Library，1912，Oxford University Press，paperback，1959；第九章"宇宙世界"。
9. R. A. Scruton，*The Aesthetics of Architecture*，p. 43 et seq.
10. R. A. Scruton，*A Short History of Modern Philosophy*：*from Descartes to Wittgenstein*，ARK Paperbacks，1984。
11. R. Descartes，The Principles of Philosophy，第二部分，Principle X in *The Philosophical Works of Descartes*，Cambridge University Press，vol. 1，p. 259。
12. Descartes，Principle XI，p. 259。
13. Descartes，Principle X，p. 259。
14. 拥有这种特性的图被称为"平面"图。任何在一个水平面上的空间布局，作为可达性关系的图解，受制于二维平面。
15. 这些例子来源于位于诺曼底的十七栋住宅的研究，这项研究是为了 the Centre Nationale de Recherche Scientifique 而展开的，在 *Environment and Planning B*，*Planning and Design* 1987，vol. 14，pp. 363 – 385 中发表了'Ideas are in Things'一文。这篇文章构成了更为广泛的研究的基础资料之一，见 J. Cuisenier，*La Maison Rustique*：*logique social et composition architecturale*，Presses Universitaires de France，1991。
16. 图中"标准化"公式为 $2(md-1)/k-2$，在从一个元素出发所获得的总拓扑深度的计算中，这个公式使得计算可以避免元素个数的影响，此处 md 是从出发点元素到其他所有元素的平均拓扑深度，k 是元素个数。这个量度在 P. Steadman, *Architectural Morphology*, Pion, 1983, p. 217 中有所讨论。这一量度首次在 Hillier et al., 'Space Syntax: a new urban perspective' in the *Architect's Journal*, no 48, vol. 178, 30. 11. 83 上发表。对于其理论基础以及它在空间中的重要性，都有着广泛的讨论，见 Hillier and Hanson, *The Social Logic of Space*, Cambridge University Press, 1984。这个量度在理论上消除了系统中元素数量的影响。然而，在真实的建筑和城市中，存在着另一个问题：由于实践和经验性的原因（在第九章中会全面展开讨论），在房屋或者聚居地逐渐扩建的过程中，拓扑深度会相对变小。因此，第二个"经验性的"标准化公式需要考虑这一点。这个公式在 *The Social Logic of Space* 中已列出，在使用中被证明是可行的，但是被广泛地讨论着，如 J. Teklenberg, H. Timmermans & A. van Wagenberg, 'Space syntax: standardised integration measures and some simulations', *Environment & Planning B: Planning & Design*, vol. 20, 1993, pp. 347–357. See also M. Kruger, 'On node and axial grid maps: distance measures and related topics', paper for the European Conference on the Representation and Management of Urban Change, Cambridge, September 1989, Unit for Architectural Studies, University College London.

17 此处还有一个量度变量，它被称为"差异指数"，表达了这些差异程度上的深浅，'Ideas are in Things' 一文首次提出这个变量，在脚注 15 中被引用。

18 此处需要注意的是对比本文的案例论证，'Ideas are in Things' 一文所采用的技术要复杂得多。实际上，我们在案例中发现了两种基本的类型，这在更大程度上与性别有关，而非其他因素。这篇文章的一个新版本将在 J. Hanson 的《*The Social Logic of Houses*》中被发表，Cambridge University Press 即将出版这本书。

19 在第七章中有较多的篇幅对这些问题进行论述，虽然为了一个略微不同的目的。

20 Margaret Mead, *Continuities in Cultural Evolution*, Yale University Press, 1964, Chapter 5.

21 例如：Henry Glassie, *Folk Housing in Middle Virgina*.

22 J. Hanson 计划为 *Encyclopaedia of Architecture*（McGraw-Hill, New York）而写，但至今还未发表。

23 在随后的章节中，特别是在第六章和第十一章中，我们将发现这究竟是怎么发生的，而且它的结果是什么。

第二章　呼唤分析性的建筑理论

建筑师需要理论吗？

在前一章中，建筑被定义为对房屋的空间与形式中那些不可言表的或者组构性的方面进行自省抽象。在民居传统中，这些方面都是由一种文化中那些无意识的思维方式所控制的。在建筑中，这种无意识的常识升华为有意识的思考，于是房屋中空间和形式组构不再是一种基于文化的自发性复制品，而成为了一种需要探索与想像的对象。

从这个定义出发，建筑是需要不懈追求的，而不是现存的。有意识地思考空间与形状模式之中的原则，以此让房屋体现文化，或者塑造出可能的方案以形成新的文化（既然建筑必然对文化发展加砖添瓦，而非减少），这乃是一项创造性的脑力劳动。它不仅需要将头脑中的模式与组构概念化，而且也需要对这些概念进行比较与自省抽象。这就是为什么建筑既是一项富于想像、也反映现实的事业，它通过质疑已有的各种原则以及新的可能性，从而更新或者至少完善有关房屋的社会性知识的内涵。

建筑理论是这种思考的最终目的。任何建筑理论都是通过运用概念、语汇或数字来描述建筑物的形式或空间组构方面的内容以及它们如何影响建造目的，从而试图将建筑中不可言表的方面用语言表达出来。从某种意义上而言，理论起源于建筑出现的那一瞬间，即房屋中的空间和形式组构、它们的经验体会和功能内涵等不再来自那些在建造过程中代代相传的社会性知识。一旦房屋不再受已有建造文化传统的完全束缚，我们就需要某种建筑理论作为依据去支持创造性的建造行为，于是也就需要对于房屋的空间和形式组织进行更为普遍的理解，而非仅仅局限于某种单一的建造文化中。

这并不是说创造性的建筑依赖建筑理论，绝对不是。然而，建筑是对我们生活的这个物质世界的抽象思辨，因此，建筑研究中的自省抽象将会形成理论，如果它不是理论的话，那么至少也是类似于理论的想法。对于理论的需求在建筑演变过程中会变得更为强烈。当建筑真正实现自我的时候，这是最需要理论的时刻，在这个时刻，我们可以自由探索关于建筑物形式与空间的各种可能性，从而满足人类对房屋的要求。

然而，事实上，虽然理论是建筑学中一个必要的方面，但这并不意味着所有的理论对建筑都有正面的影响。相反，建筑对于理论的依赖带来了一种新的风险：即理论可能是错误的，甚至是毁灭性的错误。在建筑学中，现代主义是历史上最为雄心勃勃和包罗万象的思想，然而它的"错误"已经被反复地讨论着，这至少可以看作是一种理论的失败，甚至在某些人看来，这是建筑理论中心思想的失败。

结果，在20世纪晚期，涌现了不少关于建筑理论的新问题，这些问题也是有关建筑本身的问题。建筑是否真的需要理论？或建筑理论仅仅只是一种建筑实践活动中矫饰的副产品？如果建筑的确需要理论，那么它们是什么样的呢？它们是否类似科学理论呢？或者它们是否是一种服务于建筑的特殊理论？如果建筑理论可能是错的，并有明显的负面效果，那么它们是否也可以是正确的？我们怎么能将建筑理论变得更好？最为困难的是：怎样才能使建筑作为一种创造性的艺术被整合到理论学科中呢？难道更好的理论一定会导致建筑创造自由的消亡，所以这两者是相悖的吗？

本章中得出的答案是：我们一旦接受了建筑理论的研究对象是建筑物和建成环境中不可言表的（即组构性的）关于空间与形式的直觉性内容，那么只有学会把建筑物和建成环境作为不可言表的对象来研究，这种理论才能得到发展。为了形成关于建筑中不可言表的普遍性理论，我们必须首先建构关于不可言表的知识体系，它承认建筑中不可言表的内容是一种现象。这当然与当今多数建筑理论的研究方向是背道而驰的，其他理论往往试图通过借用其他学科领域的一些概念，或通过深思与推理来建立理论。

然而，在建筑物和建成环境中有关不可言表的第一手研究成果将会产生一种新的理论：一种建筑的分析理论，即在用理论规范指导设计师之前，首先试图将建筑作为一种现象来分析与理解。我们认为建筑的分析理论是建筑自治的必然结果。如果没有分析性理论的保护，建筑不可避免地会受制于越来越多的外界限制，这些强制性的限制只会用社会固有的思想意识取代建筑本身的创造性。为了维持建筑进步所依赖的创新自治，分析性理论是必要的。

建筑理论仅仅是建造工人的规则吗？

在着手构筑这种分析性建筑理论之前，我们必须首先回顾一下建筑学中关于理论的探讨，以免被一些较为普遍的误解所迷惑。建筑理论的确具有一种非常独特的形式，但是这种形式却与它的外在表象大相径庭，重要的是我们不能用这种外表掩盖了它们的真实本质与目的。

让我们先来看看一位著名的建筑理论评论家的观点，也许颇有神益。1977 年罗杰·斯克鲁顿（Roger Scruton）在《建筑美学》[1]中不仅仅批判了建筑现代主义及其学术思潮，而且非常蔑视那种把建筑视为一种理论的想法。他在一项脚注中说道："建筑理论通常应该只是建筑实践者的肢体动作，不适用于用语言来表达"。在其他地方，他说得更加直白：不存在也不可能存在任何建筑理论。那些所谓的建筑理论仅仅是 "……一些指导建造工人的规则"。这些规则虽然可以成为有用的金科玉律，却不能构成真正的理论，因为它们不是普适的，仅仅是在它们形成之时被标榜具有普适性。[2]

乍一看，斯克鲁顿似乎很正确。除了现代主义等极个别的例子，我们常常将建筑理论与建筑师个人联系在一起。当我们想到帕拉第奥（Palladio）或勒·柯布西耶（Le Corbusier）的建筑理论时，我们会把它当作一种基本的普遍风格，或者一种设计方法的普遍原则。似乎不言而喻，这些原则不是普适性的，而且这种想法甚至导致了一种悖论。如果顺着这种思路走下去，建筑学中普适性的规则将会把建筑变得千篇一律以及亘古不变，而最终将会变得枯燥无味。

然而，建筑理论是否仅仅是保证建筑成功的一项规则呢？科学家会觉得这是在误用"理论"这个词。对于科学家来说，理论是一种理性的框架，它试图描述这个世界中存在的法则，而非提出一系列导则去规定这个世界应该是怎么样。虽然科学理论帮助我们改造了这个世界，但这仅仅是因为它们首先客观地描述了这个世界，而没有涉及任何关于世界应该是如何的观点。科学的精华在于它的理论是分析性的，而非规范性的。它们描述了这个世界是如何的，而非规定它应该是什么样的。

那么，我们可以设想这正是建筑理论和科学理论之间的差异，即科学理论是分析性的，它是用来理解事物是什么样的，而建筑理论则是规范性的，它是用来告诉我们应该怎么做的？这似乎有点道理。如果建筑就是关于这个世界应该怎什么样的，而非它实际怎么样，那么建筑理论就应该旨在表达这种愿望，而非现实，这是合理的。然而，仔细思考一下，事实不是这样的，也永远不可能是这样的。我们承认建筑理论一般以规范性的面孔出现，但是在更深的层面上，它分析性的本质并不比科学理论少。

例如，这儿有两个理论，即阿尔伯蒂（Alberti）的比例理论[3]和奥斯卡·纽曼（Oscar Newman）的"防御空间"的理论[4]，虽然无论从中心观点，还是内容上，它们都互不相关，然而两者都是讲述成功设计的规则，因为这两本书的基本目的都在于指导实践者设计建筑，而不是像斯克鲁顿那样解释我们体验建筑的本质。然而，如果我们仔细阅读它们，我们发现这并不是这两本书的全部。广而言之，在每一本书中，规范性的内容都是建立在清晰的分析性理论之上的。阿尔伯蒂的比例理论本质上是基于毕达哥拉斯定义的基本数学形式[5]以及自然形式的原理和头脑感知之间的某种巧合，这是可以证明的，比如音乐中和声与简单数字比例之间存在对应关系。阿尔伯蒂认为，如果建筑遵循在自然界中所发现的数学原理，那么它就会再现自然形式的和谐感与可理解性。同样的，纽曼的"防御空间"建立在"人类领域感"的基础之上，即为了防御其他物种的攻击，某些物种具有建立自身领地的遗传性本能，推论到人类，无论是个体（我认为这是错误的），还是群体，也应该具有这种本能。纽曼认为，如果建筑师运用"领域理论"的原理来设计空间，那么这将会遵循了我们人类自然的生物本能。[6]

值得注意的是，在这两种理论中，他们提出的设计导则被认为是建立自然法则之上的。在两种理论中，规范性内容显然依据分析性内容。仔细想想，所有其他建筑理论或多或少都是这样的。在这个世界上，任何关于应该如何制造某些产品的理论在逻辑上必然需要一些前提依据，这些依据往往类似于这个世界是什么样的以及如果我们进行操作，它又会如何反馈。其实，仔细审视就会发现建筑理论总是属于此类情况。我们总是发现在一个前提的框架中早已设定了有关设计师应该做什么的规则，而这个框架描述的就是世界是怎么样的。有时候这个框架被非常明确地提出来了，并建立在一个特定的科学或准科学的基础之上，如我们前述的两个例子。有些时候它是非常模糊的，仅仅反映了当下流行的世界观，例如许多最新的建筑理论都建立在一种时髦的假设上，即"任何东西都是一种语言"，所以设计师可以也应该遵循语言学的原理进行设计，以使他们的建筑"有意义"。

虽然表面上看建筑理论是规范性的理论，但是它一定具有大量分析性的内容，无论它们是被清晰或模糊地传达出来。事实上，面对一种建筑理论，我们的第一反应通常会把它和科学理论完全一样地去对待。当我们接触一个基于某种普遍性命题而产生的建筑设计规则时，比如说，有关某些比例体系的心理效应或某种空间布局引发的行为效果的命题，我们的第一反应就会怀疑它们，或者至少会通过对一些案例的回顾对它们加以检验。我们通常很快发现：那些自诩真实的普遍性命题和我们已知的案例大相径庭，于是我们就把这些已知案例引作这一理论的反证。换言之，我们看待建筑理论的方式与看待科学理论的方式其实是一样的：即我们会试图找出反例来驳斥这些理论的普遍性，用分析的方式看待它们。即使当某个普遍性的理论得以接受之后，我们也会倾向于用一种持续怀疑的态度来对待它，最多把它当成暂时的普遍真理，当然，我们也会应用这个理论，直至一个更好的新理论出现为止。

斯克鲁顿的错误在于他简单地把建筑理论看作一种规范性的条例。建筑理论不是也不能成为简单的规范，它至少是一种分析性与规范性的综合体，其规范性知识是建立在分析性知识基础上的。建筑理论中那些严谨的内容是通过分析得到的。如果分析性理论是错误的，那么房屋的建造目的也将不可能实现。因此，虽然建筑理论是关于这个世界应该是什么样的，但是我们首先得知道这个世界是什么样的。

设计理论

为什么建筑理论应该采用这种独特形式，既包括我们认为这个世界应该怎么样的，又包括我们相信这个世界是什么样的？答案就在建筑师的工作本质中，即设计。设计的本质是一种活动，它提出了各种问题，而建筑理论家们运用分析与规范性的理论形式对这些问题提出设计解决方案。为什么是这样的？我们必须首先对设计有些了解。

设计当然仅仅只是房屋建造过程的一个部分而已。"建造的过程"包括设计任务书的提出、概念化想法的建构、具体方案设计的组织、商讨和创造等以及方案不断的修改和细化，然后是建造、装配、管理运作等，最后才形成建筑物。乡土建筑过程当然较为简单，然而如果"设计"是必须的，那么这必然也是一种更加复杂的过程，或类似于建筑物的建造过程。设计并不能独立于这个庞大的建造过程而存在。相反，设计就需要这一过程。

那么，我们如何在建造过程中定义设计呢？首先，我们注意到一栋可以使用的房屋是建造过程的目标，但它只有在过程结束之时才会最终形成。这一过程的大部分阶段都只是围绕着房屋的代替物而组织的，这个代替物仅仅是一种抽象想法或形式不断变化的方案。它始于建造房屋的目的，接着变成了房屋本身的构想，而后成为了较为正式的概念方案，继而是一系列越来越深入的方案，然后是一套施工图纸，最后才是一栋房屋。对于大多数建造阶段而言，建造的复杂过程就是一个不断变化、不断清晰化以及不断物质化的过程。

设计始于对房屋的一个概念，它是探求、安装和再现这种可实现的房屋概念的过程。设计是建筑师的工作，虽然这不是他们的全部工作；而且设计也不仅仅是由建筑师完成的。然而，只有设计才能使建筑师做的工作（无论是否应该是建筑师做的）在建造房屋的过程中被确定下来。通过这个过程，方案的探索、概念化以及再现表达才得以被控制住。我们称其为"设计功效"，这样我们可以发现它是独立于设计者而存在的。

在建造过程中，设计功效有其存在的根本理由：因为在所有的建造阶段中（虽然对这些阶段有不同的划分标准），我们必须提前预测房屋的建成效果与运行情况，这就需要根据替代物（设计方案）来判断。设计功效基本上就是一个分阶段管理的过程，需要持续地管理不时变动的设计方案，最后才形成建成物，因此这个过程的每一个环节都是对一个不存在的建筑物进行构想，它们也许很独特（因为如果这些构思彼此完全相同，那就不需要设计了），但是我们需要尽可能地预测它们在技术、空间、功能及审美等方面的特征。

因此，在建造过程中，设计的功效一方面是为了寻求并创造设计方案，另一方面是为了预测那些根据方案而建成的房屋的运行情况。设计过程就反映了这两方面的活动。本质上，设计是一个创造方案、挑选方案以及修改并再创造方案的循环过程，那么这就需要根据一系列特定的建造目的来不断评估，比如美观、经济、标新立异、某些思想的表达、投资回报、功能合理以及数目众多而合理的户型等等。[7] 这些体现了设计过程的两种基本方面，可称之为创造性的过程与预测性的过程。在创造性阶段中，目的是为了设计方案的创新；在预测阶段，目的是为了预测方案是如何运行的，以满足设计目的。

一旦我们理解了设计过程中创造与预测的本质，那么就很容易理解建筑理论中规范性和分析性的内容是如何有助于设计的。理论可以被运用，而且也经常被潜移默化地或明确地运用在两种非常迥异的设计过程中：支持创造性过程；支持分析性的预测过程，如某种方案是否可行以及如何运作等。当然，这两个方面在思考过程中是不可分开的。理论中规范性的内容是指导设计师创造性地寻求解决方案，而分析性的内容是告诉设计师这些解决方案将会如何发挥作用。例如，如果你是设计帕拉第奥式样的建筑师，那么在设计的创造性阶段，你会寻找一种带有帕拉第奥建筑手法的形式和空间，如特定的围合式样的几何形、特定的对称平面和立面、某种特别的细部处理等等。如果你按照一种帕拉第奥的手法进行设计，那么你可以很自信地预测自己的最后成果就是帕拉第奥式样的建筑。如果你是纽曼式的设计师，那么你会寻求这样一些形式和空间的方案，如某种空间等级的组合、某种空间监视的可能形式、避免某些形式化的主题等等。同样的，你也会由此而很自信地创造出一种安全的布局环境。因此，理论指导我们如何在庞大而杂乱无章的方案中选择一个可能的方案，它也因此给予设计师以自信（当然，这种自信也可能会被完全误用），由此，最终建成房屋的本质和特性是可以从理论中得来的。

当然，理论的运用仅仅只是一种使设计程式化的方法。实际上，几乎没有一位设计师会承认他们的设计方案是从理论中获得的，而且许多设计师更是竭力试图否认这一点。然而，这并不意味着他们的设计不受到理论的影响。设计师们是在心照不宣地运用这些理论想法，而没有明确地表达出来。然而，这并非设计师恶意地这么做的，而是与设计中对于理论的需求有关，然而很少有人认识到这一点。举个例子，比如对于预测这个问题：设计师一旦创造出了一个设计方案，那么他就需要预测这个方案的形式与空间中那些"未知的不可言表的部分"是如何运作的，以及在建成后使用者的直觉体验是如何的。就逻辑而言，这种预测只存在两种可能的依据：已知的案例和理论原理。借用先例来预测就是通过对比已有的案例来进行预测；采用理论原理来预测则是借鉴已知案例的普遍性来进行推测。两者都非常注重经验，只不过前者是特例，而后者是普遍性的案例。

参考先例进行预测存在着两个问题。首先，建筑想法应该是创造一个建筑物，而不是简单地拷贝一个已有的建筑物。这就意味着设计中不能完全照搬先例。因此，先例仅仅只可以被零星地用在房屋的某些方面或部分。其次，既然从形式和空间上而言，房屋是复杂的组构体，而非简单部件的装配和集合，那么如果在新方案中采用了先例的某种特征或某一部件，这个特征或者部件也许就会因文脉的变化而不同，这一点从来没有被清楚地阐明过。在设计中利用先例是必要的，因为它为预测带来了牢固的依据，但是这是远远不够的，因为每一个新的方案会重新诠释先例中各个方面的文脉。因此,有必要在先例的使用中说明上述那些文脉。

至少,设计师将会被迫地运用部分建筑理论原理进行设计,这种必要性也是很大的。其实,建筑师在特定的理论范畴内进行设计是具有明显优势的,这是由于那些需要预测的设计问题早已存在理论之中了。指导方案设计的那些规范性概念同时也以分析性概念的形式出现,它表明如果设计师接受了这些理论规则,那么他可以预测建筑方案将会按自己的意图运作。规范性理论的分析性基础是体现在预测阶段,以确保建筑的成功。这就是为什么建筑理论会体现为规范性与分析性相结合的复杂形式。于是,一套统一的建筑理论就满足了设计过程中两大基本需求。

然而很明显,只有建筑理论中分析性的基础不是虚假的,上述这些优点才成立。如果它们没有真实地描述这个世界如何运作的,那么设计师的预测可能就是空中楼阁。在设计的创造过程中,一种不严谨的分析理论不会给设计师提出正确的限制条件,反而它会错误地引导设计师。这意味着设计师的预测很有可能会与建成后的情形相去甚远。这就是为什么劣质的建筑理论在建筑学中是非常危险的。[8] 它们使得设计看似很容易,但同时也使设计不可能成功。因此,这就是为什么建筑师需要基础坚固的分析性理论。

然而,这并不说建筑师仅简单地需要科学理论,以指导设计活动。建筑理论的双重运用是产生创造性的设计以及预测方案的效果,于是,我们可以得到一个非常重要的对比:艺术理论和科学理论之间的对比,此外,从某种意义上而言,我们认为建筑学需要的理论既是艺术的,又是科学的。

艺术理论与建筑理论是不同的,它不是分析性与规范性相结合的理论。它的目的是支持创造过程,也就是说它本质上是在探讨可能性。通过界定一条新的艺术道路,或者甚至界定一种全新的艺术形式,艺术理论扩展了可能的创造范畴。原则上,这儿不需要对理论类型的运用有所限制。艺术理论的作用不是提出一种普遍的艺术,也不是创立某种优于其他艺术的艺术,而是开创出更多的艺术类型。那么,艺术理论的本质在于它的原创性。它不必过多地考虑功能上或生活上的效果。它运用抽象思维仅仅是为了产生前所未有的艺术可能性。

如果建筑仅仅是一门艺术,它所需要的理论只会等同于画家或雕塑家所使用的理论:即对于艺术中可能性领域的探索与拓展。建筑作为一门艺术,它显然具有并且需要这种类型的理论。然而,这并非建筑理论的全部。建筑和艺术之间的差异在于当一位艺术家工作的时候,他或她直接与物质对象打交道,而且这个物质对象(如石头、颜料等)最终将成为一件艺术品。艺术家创作出来的是艺术品。然而建筑学不是这样的。一位建筑师并不直接在建筑物上工作,而是在建筑物的再现形式上工作,即设计方案。一项设计方案不是简单的一种建筑图画,而是一种可能的物质形式以及对应的某种社会性功能的图画,这种物质实体是可以被人们所体验、理解以及使用的。因此,一项设计方案不是建筑物本身,而是对建筑物的预测,而且它也是预测人们如何使用建筑物,虽然这种预测也不是很特殊的。这就是我们需要分析性理论的原因。而分析性理论类似于科学理论。科学理论是一系列普遍的、抽象的概念,以此我们可以理解并解释我们在这个世界上所经历的物质现象。它们是有关这个世界是怎么样的,而非它可能是怎么样的。因为建筑学是具有创造性的,它需要艺术中关于可能性的理论。然而，建筑学同样也是预测性的，它也需要关于实际情况的分析性理论。这两种理论缺一不可。

正是这种双重性的本质使得建筑理论非常独特。它需要拥有艺术理论中的原创性力量，同时也需要具备科学理论中的分析性力量。前者是探讨这个世界可能是如何的，而后者分析这个世界是什么样的。那么问题就产生了：如何才能有既具创造性又具分析性的建筑理论呢？一种很简单的回答即为：好的分析性理论很有可能成为好的关于可能性的理论。在科学与技术领域中，整个科学理论的运用实际上是建立在一个简单却又不明晰的事实上的：分析性理论并不仅仅简单地描述了这个世界是什么样的，而且还说明了这个世界之所以成为这样的限制条件。科学理论来自对于现存世界的实证研究。但是正是这种在理论上对现存世界的认识开启了一扇大门，它通往其他所有未知的新领域。

正是这种现实和可能性之间的重要联系，打开了一条通向分析性建筑理论的道路。但是在我们探索这条道路之前，我们必须首先仔细地再审视一下建筑理论，以便研究它们是如何被建构的，为什么它们也许最终可能会转向更加偏向分析性的理论，以及应该如何走向这条道路。

建筑理论的问题

建筑理论中存在一种最普遍的问题：在大部分情况下，它们都带有非常强烈的规范性色彩，同时又非常缺少分析性的内容。换言之，我们非常容易地运用它们来指导方案设计，但是我们常常不知道如何用它们来预测设计方案的建成效果。例如在方案设计时，现代主义理论是非常容易掌握的，遵循了它们的手法就可以满足规范性设定的那些目标。然而，问题是这些建筑手法并不是达到那些规范性目标所需的方法。在分析性方面，理论是非常薄弱的。它们并不涉及这个世界实际上是如何的这个问题。于是，规范性支配了分析性。

通过进一步解析什么是建筑理论以及它们如何起作用，我们就会看到这种规范性强而分析性弱的建筑理论究竟是怎样形成的。例如，让我们进一步地讨论两个建筑理论范例：阿尔伯蒂的与纽曼的理论。我们会发现它们都包括两个明显不同的部分：一个是在广义上的，即告诉建筑师通过建筑应该达到什么目的；另一方面是在我们也许称之为建筑技术方面的，即告诉建筑师如何去实现其意图。例如，在阿尔伯蒂的理论中，他认为设计的房屋应该使得人们感到和谐，因此建筑师应该在房屋设计中体现出自然界中的那些数学规律；然后他提出了计算比例的方法，并且可以通过建筑技术手法来实现。[9] 纽曼认为，建筑师应该致力于设计住宅周边的外部空间，这样居住者可以识别它们，并可以控制它们；然后他详细地说明了采用不同的空间等级就可以实现这一目的。于是，我们可以认为典型的建筑理论包括广义和狭义的建筑观点：广义的观点或称意图观点，它是为了建立一种建筑目标，而狭义的观点或称建筑技术观点是为了找到一种设计手法，以此设计师可以实现那些建筑目标。

广义与狭义观点的差别在于它们所讨论的对象。广义观点是针对那些泛泛而言的大概念，其中可能包含那些界定模糊以及不求甚解的内容。而狭义观点是针对建筑设计和体验的现实情况。一般而言，理论是关于真实世界体验的抽象论述，而在建筑理论中，广义与狭义观点恰巧位于理论讨论范围的两极。广义观点存在于哲学抽象的范畴中，它论述的是漫无边际的概念与猜想，有些模糊，有些清晰，但最终都只存在于人类思想的演进中。狭义观点存在于真实生活的直接体验的范畴内，它讨论的是日常经历的琐事。

从普遍性的角度而言，广义和狭义的观点也存在差异。广义观点倾向于成为普遍性的真理，这是因为它希望讨论那些普遍性的建筑属性，并试图用一种泛泛的方式来论述它，以便使其在不同的建筑语境中都是完全正确的。但是我们显然不应该把狭义观点视为具有普遍性的论述。[10]通常，狭义观点是阐述那些为了实现抽象目标的可能技术，但是它的目的不仅仅如此。仔细想想，这些狭义观点的确是建筑的技术手法，它们只不过是一种联系抽象和具象现实的工具桥梁。然而，只有其中的抽象部分可以是普遍性的。因此，我们不应该把实现抽象分析的工具当成抽象本身。

现在我们把这些广义和狭义观点以及设计的两个阶段所需要的理论对应起来：第一个阶段需要关于形式的各种可能性的想法，第二个阶段需要关于形式和功能之间关系的想法。广义和狭义观点都看似满足了上述的两种需求。狭义观点涵括了形式的可能性想法，它论述了构建性的技术与手法，理论家建议设计师可以采用这些技术手法进行设计以确保成功。以阿尔伯蒂理论为例，这意味着一套可行的比例系统，可以指导设计师进行建筑设计。在纽曼的例子中，空间等级的图示是设计师在空间设计中可以遵循的规范。然后，最终的形式和功能之间的关系的概念则在更加广义的哲学层面上表达出来。以阿尔伯蒂理论为例，广义的观点就是在阐释人类视觉形式的协调感体验，它以音乐的类比为基础。[11]在纽曼的例子中，广义观点是论述"人类领域感"及其他的空间内涵。[12]换言之，在这两个例子中，狭义的观点是非常狭窄的，而它指导了创造性的设计过程；然而广义的观点则是非常宽泛的，而它指导着设计师根据形式组构来预测建成后的功能效果。

建筑之所以为建筑，它们应在创新性上以及功能上都成功，然而当今大多数建筑理论却没有真正地解决这两点。在设计构思阶段，如果要将建筑的创造力发挥到极致的话，那么需要的是形式与空间组构的想法尽可能地不局限于特定的解决方案，让创造性的思路自由驰骋。而在预测阶段，既然关键点是在预测这个或者那个真实方案的功能性效果，那么需要的是特定形式的精确度。在构思阶段，需要的是抽象的或原创性的概念来开启各种可能性，这与艺术理论的道理是相通的，然而，这类建筑理论则只是提供了一些很狭窄的解决问题的模式，往往仅仅包括一些抽象的范例，如上文所提到的：特定的形式比例系统，或特定等级空间关系。在设计的预测阶段，设计师需要更加严谨的分析，这样才能预见这种或那种创新的形式如何发挥作用的，是否满足功能需求或人们的体验，可是这些建筑理论在这方面的论述都是泛泛之谈，缺乏严谨的分析。

换言之，这类建筑理论在需要宽泛论述的地方过于狭隘，在需要精确探讨的地方却含糊不清。当设计师需要创造性的建议来寻找可能解决问题的方案空间时，这些理论给他们的是具体的模型；而当他们需要用某些技术来预测某种特定方案的建成效果的时候，这些理论给他们是空洞的抽象想法。简言之，这就是多数建筑理论的问题所在。这也是在实际设计中理论的规范性是如何支配分析性的。我们所需要的是恰恰相反的建筑理论：在设计构思阶段，对于特定解决方案能够提供尽量普遍性的想法，使方案的可选择空间尽量地大；但是在方案预测阶段，能够提出尽量特殊而严谨的想法，使设计师有最大的能力对未知形式进行有效预测。这暗示了我们需要一种完全成熟的分析性理论，以在设计的创造性阶段提供抽象的而非特定的模型，而在测试阶段提供一种能分析表象的精确方法，而非含糊的普遍性道理。

究竟理论是什么？

我们怎样才能建立这种理论呢？首先，我们必须完全正确地理解了什么是分析性理论。这并非如查字典那样容易。实际上，从词源上说，很少有词比"理论"这个词更模糊不清的了。在古希腊语的词源中，动词 theoreein 意为"观看"，而从这一活动推理出的名词 theoremata 则并不出人意料地意为思考与推测。培根认为，理论简直就是错误，它是"被接受的哲学和教条体系"，而且它会在适当的时候完全由更好的东西来替代。[13]这个意思仍然反映在我们日常生活中。在日用语中，我们普遍认为"理论"是推测，没有"事实"重要，其充其量是在被事实证明前的一种暂时假定而已。在小说中，如果侦探一开始就对案例有一个未成熟的"理论"想法，那么故事的进展一般都会证明这是错误的。"仅仅只是一种理论"，这种说法往往清楚地表明理论并不会最终被"事实"证明，反而会被事实所替代。在这种意义上，理论体现了无可挽救的不确定性，而且构成了一种思维形式，试图用一种理论上安全的知识来取代自身。然而，在现代科学中，"理论"一词的用法是完全相反的，它表示对现象的最为深刻的认识。在以前缺少理论的学科领域中，类似进化论那样的成功理论往往是划时代的智力创新。针对不可直接观察的宏观与微观现象，已经形成了各种彼此竞争的理论，如大到宇宙起源的理论，或者小到物质粒子的理论，它们各执一词，构成了20世纪晚期思想史诗的一部分。

既然"理论"有这么多解释，又是这么定义不清，那么到底"理论"是什么？当然，这种模糊性不是源于理论这个词在语源上的变化不定，而源于理论的本质。理论存在于探索性思维之中，因为它们本质上是一种猜想。它们自身既不是记录观察到的现象，也不是描述现象中的规律。我们在现象中发现了规律，进而去假设这些规律背后的运转机制，对于这种机制的描述就是理论。因此，理论完全是概念性的，它具有一种必要的抽象本质。你无法看到一种理论，只能看到它的结果，因此你也无法检验理论本身，只能验证与之相符合的现象。当我们测试一种理论的时候，我们并不仅仅简单地证明构成理论的各个部分是否运行良好，且彼此正确相关，虽然我们确实这样做了。我们还要通过观察真实世界中的现象在多大程度上与这种理论相一致，最好与其他理论无关，这样才能检验理论。实际上，为了检测理论，我们需要跳出理论的框框。因此理论本身是不可观察的，也是不可体验的。这就解释了为什么那些最完美的以及最为持久的理论中最终还是存在猜想性的部分。

然而，即使我们接受了理论具有抽象性与猜想性的本质，我们还是没有消除理论中那些明显的不确定性因素。理论中任何一部分概念都不可能孤立地存在，相反，它们只能作为整个猜想性框架的一个部分而存在。只有通过整体框架而不是部分概念，我们才可能诠释我们对于这个世界的体验，并将获得的信息转化为知识。没有一个概念或一套概念可以凭空存在，每个概念都必须根植于更加宽广的命题或者假设之中，这些命题或者假设才能回答这个世界是如何，以及它是如何运作的。汤姆森·库恩（Thomas Kuhn）首先指出这些广义的框架就是范式。[14]

我们所谈论的理论既然如此不确定，那么它们又为何如此重要？如此有用的呢？为了回答这个问题，我们必须理解产生理论及其服务目标的背景。当我们注意到某种现象，并作出了某种假设的时候，理论就开始成形了。我们体验这个世界中将会获得某种浅层次的规律，这种规律的外在体现就是我们注意到的现象；而这种浅层次的规律暗示着现象背后的机制存在着深层次的常量，这就是我们的预想。

理论化的初始阶段（即规律的发现）是可以在语言中找到。语言中的词语对应着不同种类的东西，而非对应不同单个个体，这是基于一个假定：我们知道秩序和混乱之间的差异，即我们可以在物质世界中发现"结构性的稳定"[15]，这种稳定是完美界定的，并可以反复支持其命名。哲学家反复地注意到这些名字只是抽象的代名词，它掩盖了事物本身，于是，即使一个简单实际行为，如指向一件东西并叫出它的名字，都是依赖于先验的存在，这种先验不仅是指那些类型名称构成的一般性抽象，而且也是指这种抽象形成的框架体系，其中特定的抽象构成了其中一个部分。正如我们所知的，从索绪尔[16]起，这些框架在不同语言中是各自不同的，于是我们不得不承认名称不是对事物简单而中性的理解，而是概念化的工具，以此我们才创造一个有序的世界图景。名称产生了理解，而理解则衬托出业已由语言与文化赋予我们有序的世界图景，这就是理论的起始。

理论和语言一样，起始于同一个地方，在那儿我们从大量的经验中看到了许多规律性的东西。但理论更给我们增加了一个假设：既然规律性不可能是随机的产物，那么就一定存在某种秩序法则，它不仅存在于我们可见的而又有规律的现象中，也存在于产生这些现象的过程中。我们为什么要做此猜想尚不清楚，但它似乎言之有理：就像语言和我们认知世界的方式息息相关，理论化与我们在这个世界上的行为方式也紧密相连。例如，我们击石会冒火星，然后成火，从一个事件过渡到另一个事件的顺序不能用表面现象来解释，而是它暗含某种内在的过程，这个过程由我们的行为所激发。正如我们在世界上行动，这个世界就会产生规律性的反馈，然而我们会假设自己的行为并没有导致这些规律性的现象，于是我们认为它来自某种类似于我们行为的恒定过程。如果语言产生于我们在世界上的存在以及我们对它客观持久性的需要，那么，理论化则产生于我们在这个世界中的行为、行为对这个世界的影响以及理解行动与结果之间内在因果关系的需要。

因此，我们可以看到规律是理论的起点，但是它们不是理论本身。规律启动了理论化的过程，这是因为我们从规律的存在就可以推断出来某种恒定结构的存在，无论过程如何，就是这种结构产生了表面化的规律。理论关心的是那个过程的本质。更确切地说，理论试图模拟过程中的恒定结构，而这个结构是以表面规律性的形式存在的。那么，一种理论并非是一系列规律。规律是理论试图解释的对象，但是它们本身并不是理论。它们开启了对理论的探求，但是不是也不可能成为理论的终点。一种寻找"解释"规律的理论是一个独立实体，它不同于一系列的规律。

此外，虽然理论化从语言开始发展，力图探证产生表象规律的潜在过程，可是它并不始于一种虚空的概念或语言。它只源于应该产生它的地方，即思想与语言的演进，以及它们与"自然"体验到的时空现象的关系。因为思想和语言早已赋予我们一幅关于这个世界的图画，它至少在一定程度上反映了它的秩序，也可以解释它。我们不得不承认，当我们试图理论化的时候，我们对这个世界早已有一个想法。从许多方面来看，这个想法与理论非常相似，因为它可以使这个世界看似或多或少是彼此相关而有序的。不同之处是，这种类似理论的想法是我们从文化和语言中获得的，它反映的并不是一种产生表象规律的内在秩序，而是表象规律本身的一种秩序。例如，语言告诉我们"太阳升起来了"，它反映的是我们注意到的表象规律，而不是产生这种表象规律的内在过程。我们或许可以把这种日常现象看成"弱式理论"，这也许是实用的。然而，分析性的或科学的理论才是"强式理论"。它们寻求的是更加伟大的真理，因为它们寻求的不是为表象规律带来秩序，而是探索那种表象规律是如何从深藏于事物本质中的恒定必然性中产生的。

正规地定义简单的规则

　　因为表象规则是理论的研究客体，所以理论化的第一步是将概念正规化。实际上，存在一种非常简单易行的方法可以从现象中提炼出关于规律的想法，并把它作为纯粹的规律表达出来，独立于事物的整体性质之外。这种方法是将事物特征所在的真实空间转变为一种抽象空间，于是我们就可以非常清晰地了解这些特性。这需要我们熟悉的一项技术，即将物体所在空间替换为一种抽象的坐标系统，在这个系统中，轴线代表着那些可以成为规律的物体特征。因此一个坐标可能代表物体的高度，另一个代表长度，而第三个代表深度。这样，我们就可以在"特征空间"中用单一的点来代表任何拥有这些特征的物体。

　　一旦我们在特征空间中用点来表达事物的特性，而不是用其在真实空间中的那种具体特性来表示，那么我们至少就可以较简单地把事物特征精确表达出来，这就是我们所说的规律。例如，在一个特征空间内，如果多个可比事物具有两个以上的相似特征，那么代表这些事物的点会聚集在某一个特定的空间领域。就那些特性而言，性质空间中的这些聚集现象就形式地表达了事物的类型或等级这类概念。如果在特征空间中这些代表事物的点是随机分布的，即没有聚集现象，那么我们会认为这可能表示不存在类型，只存在个体，或者认为我们选择了错误的特征进行了分析。然而，如果我们发现了聚集现象，就可以推断事物形成了不同的类型，即我们认为一种特征的变化至少与另一个或其他几个特征的变化相关联。图2.1中上部两个图示表示了这一点。我们同样可以运用特性空间来形式化地表达下述的概念：我们所看到的规律并不存在于显而易见的事物的类别或等级中，而是存在于事物状态的变化次序中。由此，我们会问：当某个事物在一个维度上发生了变化，那么它会在其他维度上发生变化吗？如果是这样的，那么在特征空间内，规律本身会显示为一种事物分布的规律模式。这可以从图2.1下部的两个图示中看到。当我们看到这样一种模式的时候，我们会推断如果某些过程不是因果关系，那么至少可以说是规律性的协同变化在起作用，因为每次一个变量被改变后，通常另一个变量也会随之变化。

　　那么我们有理由说，关于类型的问题是关于相似性和相异性的问题，它也就是关于形式的问题：在特征空间中事物是否聚集在特定区域中？此外，有关因果关系的问题也是关于形式的问题：当事物在特征空间的某一个维度上变化的时候，它们会在另一个维度上变化吗？[17]以上两种论述都描述了表层现象中那些显而易见的规律，即以一种抽象的方式表示

第二章　呼唤分析性的建筑理论　　　　　　　　　　　　　　　　　　　　　　　　　　　　*37*

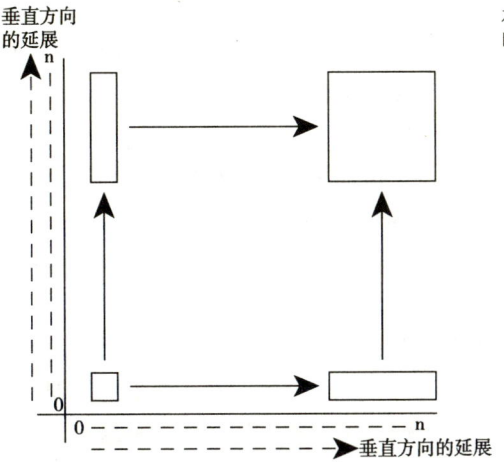

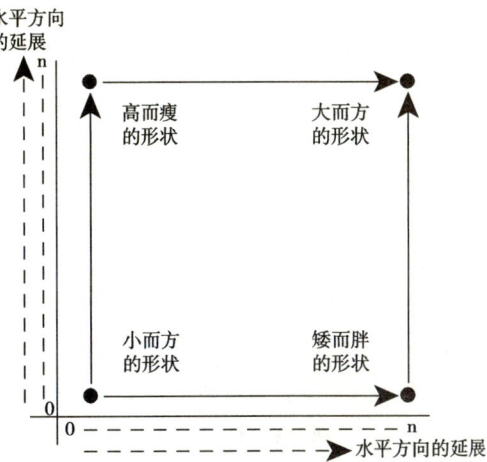

我们首先构筑一个坐标系统，纵轴代表垂直方向的延展，横轴代表水平方向的延展。然后，我们根据坐标来画空间形状。从左下角开始，我们先画一个正方形。当向上移动时，它会垂直延展，水平移动则会横向延展，如果它在垂直与水平坐标上都移动，它就会在两个方向上都变化。

由于横向与纵向延展的属性已经在轴线图中表现出来了，那么也可以用一些点来表示形状变化的空间属性，这种效果与左图中用实际形状来表达的是一样的。另外一些在坐标系统中没有体现的属性当然也就被省略了。这些点表示的仅仅是空间属性。因此，关于这些形状的类型与分类的概念也就可以用点阵来表示了。

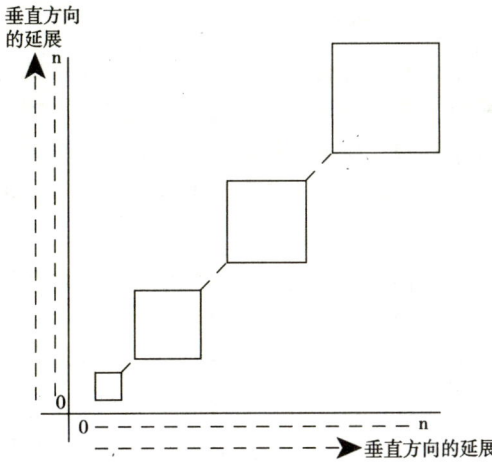

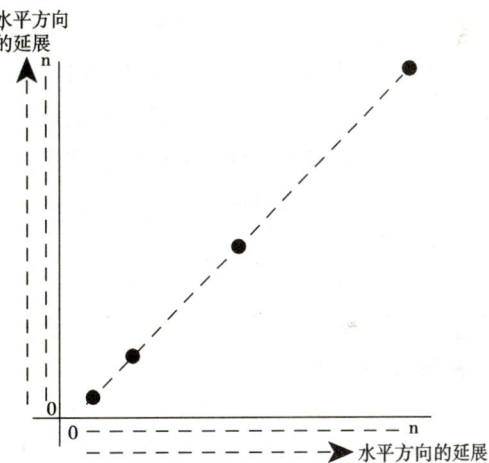

在上面的例子中，坐标空间中的图形表明了一个方向上的变化往往与另一个方向上的变化相关。这种变化之间的规则正是平面现象中的"因果关系"，一个变化看来会引起另外一个变化。但是图中显示的不是"因果关系"，而只是变化的相关规则。要"解释"这些规则就必须表明它们的必要性。

相关的变化也可以用属性空间中的点来表示。点的位置表示一个方向的变化总是与另一个方向的变化相关的。这种表示方法也被称为"散点图"。这些点形成从左下角到右上角的直线的趋势可以被称为"相关系数"，它在0与1之间变化，表明从一种变化推论出另一种变化的可信度。

图 2.1

了类型与因果关系。性质空间是一种控制形成相似性与相异性模式属性的工具。对于真实事物，无论它出现在何处，它所有的特性都是被展示出来了。然而，在特征空间内，只有选中的特征才被展现出来。当然，所有这一切都依赖于我们首先为特征空间选择了正确的特征。因此，我们永远无法知道如果在特征空间中没有发现规律，那么这是否表示这些现象中就没有规律。

然而，即使我们针对不同特性来进行很多实验，直至我们最终发现了聚集或共变现象，它们表明规律的存在，不论它们以何种抽象程度被表达出来，这些规律仍然停留在表象上。因此，我们仍然看到的是事物的表面，即展现在我们体验中的那些显而易见的规律。我们还没有看到理论，即产生那些规律的过程模型。我们所做的只是记录现象：把特性转化为一个坐标空间的维度，并在这个空间内用一系列点来定位物体，这样规律性的特征就被揭示出来了，因此，我们就可以很清楚地发现规律。这似乎是而且也就是一种基本的方法（或者说也许是一种基本的方法），它可以在一个客观而独立的框架内严格地记录下相似性与相异性，以及事物之间的不变联系。

那么，理论一词的意义可以更为精确。正如我们所说的，发现规律有一个先验背景，即众所周知的秩序和随机之间的差别；同理，理论化也有一个先验背景，即表象的规律暗含了表象下的一些系统性的过程，例如在某种意义上恒定不变的系统结构。一组相互独立的概念构成了一个系统，理论就是针对这些概念模拟那些不变的结构。理论是一个模型，因为它研究事物如何彼此相关才能产生表象的方式；理论也是抽象的，因为它通过系统本身之外的某些方式来代表这个系统。理论这个模型与一个物理学意义上的模型是不同的，因为后者仅是一件物体本身的小小拷贝，相反，理论是这样一种模型，它尽可能地抽象一个形式，而不承诺任何特定类型的再现或物化。既然理论试图抽象地再现现象的内在运作机制，那么从最为纯粹的形式上来说，它就是一种抽象的机器。

理论的巨大力量来自一个非常特别的性质，即一种我们业已触及的"抽象机器"的特性。因为理论是一种揭示现实过程的抽象工作模型，它也为可能性的猜测提供基础。理论实际上允许我们超越不断积累的现实体验，以及推测现实中的可能状态，使其与模型相匹配。正是这种现实与可能性之间的联系使理论有利于预测。"运用"一种理论实质上就是提出一个问题：建议的东西是否可能？

那么，如果认为理论是"解释"这个世界是怎么样，这种理解就太局限了。一种理论界定了现实中各种不同的潜在状态的不变因素。在原则上，一组特定现象的可能状态不可能都是现成的或已知的。然而，根据模型，理论可能可以预测某些不存在但又可以存在的可能状态。这是理论最大的优点，它给予了理论以无穷的力量，因此理论成为了人类思考以及创造的工具，也具有各种实际用途。然而，这种优点的大小显然取决于理论在多大程度上捕捉了从现实中"冒出来"的那些真实的不变量。但是这到底是怎么回事呢？一种抽象的理论怎么能捕捉到从现实中"冒出来"的真实呢？为了进一步说明，我们必须进一步知道理论是如何形成的，它们是如何运作的，以及它们是由什么构成的。

理论由什么构成？

首先，我们必须明白理论通常由各自独立的概念构成的一个系统，其中这些概念一般以两种表达形式出现：一般的词语和形式化的表达，有时后者以数学化方式出现。既然日常生活和日常语言同样也涉及概念，我们必须了解科学概念和一个非科学概念之间的区别。到底是什么区别呢？我们最好讨论形成语言和科学的基本概念，那就是秩序和无序之间的区别。

秩序和无序都是具有强烈的直觉意义。两者都有非常广泛的运用，以至于很难用任何真正明晰的方式来表述这两个术语的意思。两个术语，甚至与它们相联系的方法，都表达了对这个世界感知的复杂直觉。每个术语可以被运用在广泛的背景之下，而且它们表达的意义只能在口语或书面语的上下文中才能被正确理解。这是极其普遍的现象。直觉概念充斥在我们的语言中，也使得语言可以被理解，但是它们的含义丰富却不精确。因此，它们能被适用在大量不同的环境中，而且事实上，只有某个概念在一种特定环境中被使用，它的意义才会变得不模糊。

在科学中，正是这种多义性和不精确性受到了限制。虽然科学概念是用语言来表达的，可是相对日常语言中的概念，科学概念的适用范围是非常狭窄的。但是它们也更具有系统性，因为它们浓缩和表达了更多概念之间的关系。然而，科学概念虽然表达了更多的事物之间的联系，但是这是以缩小适用范围为代价的。"熵"这个概念就是一个极好的例子：它以一种系统的方式把秩序和混沌联系在一起，但是这种新的综合性概念只能适应于精确地描述系统性的关系。如果从秩序到混沌是一种连续的变化，那么一个系统中熵的高低表示了这个系统在这个连续变化过程中的位置。如同许多深刻而广义的科学概念，可以非常简单地来解释"熵"这个概念。然而，解释的工具不是词语，而是一个简单的模型。[18]想像有两个罐子，a 和 b，a 里盛了从标号为 1—100 的 100 个球，而 b 是空的，以及某种在 1—100 之间随机抽取一个数字的系统，例如，圆盘上有一个可以旋转的指针，它指向圆盘上任何一个数字的机会都是均等的。转动这根指针，当它指向某个数字，就找出那个数字的球，无论这个球在哪个罐子中，都是把这个球取出放入另一个罐子中，然后，尽可能多地重复上述过程。结果会是怎样呢？直觉上（这往往是正确的），我们会说每个罐子中都有一半的球。为什么呢？它的答案将会说明了熵是什么，以及它是如何被计算的。当指针第一次指向一个数字的时候，那个被选中的球从 a 移到 b 的可能性是 1，这是肯定的，因为所有的球都在 a 内；第二次，b 中的那个球回到 a 中的几率是 0.01，而另一个球从 a 到 b 的几率是 0.99；接下来，b 中的那个球回到 a 中的几率是 0.02，而另一个球从 a 到 b 的几率是 0.98。显然，当这个过程继续的时候，球从 b 回到 a 的可能性逐渐增加，而球从 a 到 b 的几率相应地逐渐减少。

当每个罐子都有 50 个球的时候，几率是相等的，所以这个系统也倾向于在小变化中保持稳定的状态。为了探究这个过程的原因，我们可以定义一个系统的微观状态，即罐子中的每个球的特定分布，以及一个宏观的状态，即每个罐子中特定的小球数量。显然，这个系统只有 200 种可能的微观状态对应着一种宏观状态，即任意一个罐子中只有一个球，而其他 99 个球在另一个罐子中。对于另外一种宏观状态，即两个球在一个罐子中，另外 98 个球在另一个罐子中，对应的两个球组合的微观状态，即 200×200 种可能性。接着，三个球在一个罐子中而另外 97 个在另一个罐子里的宏观状态对应着三个球的所有组合。换言之，当每个罐子各有 50 个小球的时候，对应这个宏观状态的微观状态的数量被最大化了，这是因为不在这个平衡点的时候，其中一个罐子中的球会比另一个少，于是就会对应较少的那些球的所有组合。

这就是为什么系统倾向于一半对一半的状态了。一半对一半（或接近一半对一半）的宏观状态将会存在更多的微观状态。换言之，系统倾向于具有最多的可能性。这也是极大熵的定义：即当一个系统的某一宏观状态对应着最大数量的微观状态，这个系统的熵会最大化。例如，当两种气体都随机地分布在一个容器内，那么在任何区域内，任何一种气体都不会占更大的比例。这意味着随机分布的宏观状态中存在更多的微观状态。罐子与小球模型是在统计学上再现了一个密闭容器中两种气体的混合过程，或对应着宇宙的渐变热寂现象，即当宇宙从它当今的不可能状态转变为它最可能的状态，那么热量或多或少就会在整个宇宙中平均分布。[19]

换言之，熵把秩序和混沌的想法结合为一个概念，但是它又更为精确而有条件地表达了这个世界。然而，它的意义不仅仅在此。这个概念也被一种形式化的数学公式和词语表达出来了，正是通过这种形式表达，概念与可观察的世界之间形成了某种联系。这种概念的双向解放，即一方面把概念重组为更加精确的相互依存的独立系统，另一方面经由形式表达，把它们同现实世界联系起来，这就是理论的实质。

因此，理论是由两种方面构成的：词语和形式化的表达。然而，两者都再现了概念。一种理论是概念组成的系统：一方面，它是由日常词语表达的，我们就能理解它，必然也带有不精确性；另一方面，数学形式把概念与现象联系起来，必然也带有极大的精确度。因此，理论就是帮助我们来理解这个世界，语言上的概念与我们的理解直接相关，而形式化的数学表达与现象直接关联。

利用语言与利用形式体系的这种双重关系把概念和我们的理解相连，又和现实世界相连，这就是什么是理论的核心。我们可以用一个图示清楚地表达所有这些复杂的关系，见图2.2。此图不仅表明了理论如何介入语言与真实世界之间的，而且也表明了科学是如何与哲学相联系的，哲学在整个图示中和科学部分重合。在整个图示中，语言和概念的演化位于左侧，时空现象位于右侧，而理论位于中央，它是概念系统与形式表达之间的联系。从中央向左看，理论经由概念体系推广为一般性的概念框架，即范式，然后推广为语言与想法的演化结构，这两者都是理论化所不可避免的语境和限制；从中央向右看，理论的形式化数学表达就是解释时空现象中的规律，这是理论的研究对象，再向右发展就是一般的原始性时空现象，其中没有形成任何部分规律，但是在研究理论的过程中需要随时考虑它们，因为这种原始现象可能与"抽象机器"所生成的理论上的现象是不一致的。

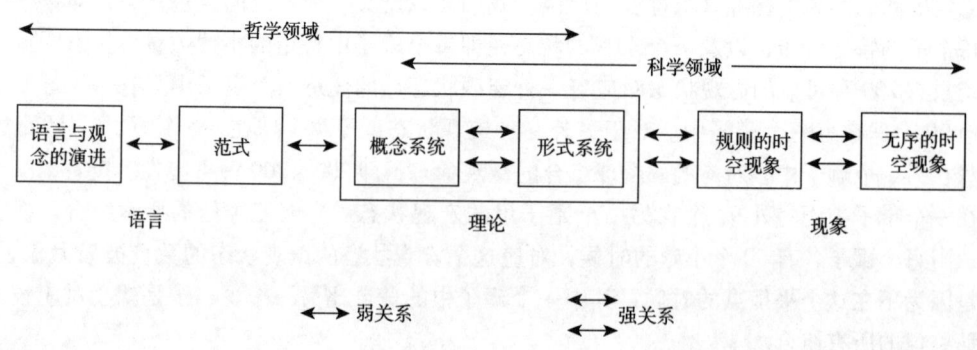

图2.2

我们认可的"科学"理论是有其历史鼻祖的,例如据说毕达哥拉斯信徒们的理论首先注意到了数字比例与自然形式之间的关系,然而,即使这些早期的理论探索了时空规律和形式化的表达之间的关系,已预示了一种现代意义上的理论,但是我们最好把它们看成是范型,而非完全成熟的理论。[20] 毕达哥拉斯主义(对我们曾经提到的阿尔伯蒂有影响)是对单一概念的一种概括,基于某些结论,它形成了一种世界观。这是一个合理的理论先驱,但是就其本身还不是我们所谓的理论。然而,这种过分概括的魅力依然存在,比如毕达哥拉斯主义的不同版本仍然流行着,并神秘地代替了理论。在整个20世纪中,这些神秘的替代物继续占据着建筑思考的前沿阵地。[21]

科学意义上的理论是来自范式和规律的,因为它们都由概念构成,这些概念都相互依存,形成一个系统,其中每个概念之间的关系都非常精确,而且形式化的技术或表达都可以证实那些概念系统暗含的规律在多大程度上可以从时空现象中探测出来。因此,科学理论需要三种特别强大的关系:概念系统中各种概念之间的关系;概念与程序化的测量技术之间的关系;以及这些程序化的技术与时空现象之间的关系。在图示中,我们可以说从"概念系统"指向现象的科学部分需要变得很强。

在图示中的另一个方向,即经由范式指向更为普遍的思想演进的方向,科学是也必然被认为呈弱势。这个方向倾向属于哲学范畴。哲学因为对理论的兴趣而与科学重叠,它又把理论带回到它们更广阔的概念群中[22],直至那些盛行于日常生活和社会实践的概念[23],但是哲学理论通常并不需要根据真实的时空现象进行严格的测试。科学和哲学在理论领域内是竞争对手,但是仅仅是因为它们是从相反的方向来关注理论的,结果是科学与哲学都包括了理论思考。然而,正是由于科学是在概念与现象之间来回摆动,所以它的理论最终处于一种令人费解的境地,即"解释"事物的直觉来自两个方面之间的关系,一方面是构成了理论的概念,另一方面是日常语言中"解释"这个世界的想法。在这种意义上,科学理论在心理上最可靠的,然而实际上它又最不可靠的,这是因为形成理论的概念返回到了日常生活中广义的概念系统之中。[24]

走向分析性的建筑理论

获得了这些定义之后,那么又怎么会有一种分析性的建筑理论呢?首先,我们需要清楚地知道一点:如果在建筑形式与空间构成的真实世界中不存在客观的规律,而且形式以及空间的组构与行为以及体验的结果没有任何联系,那么也就不存在建立一种分析性理论的基础。一种分析性理论的必要性和可能性与这种"不可言的规律性"休戚与共。

这意味着如果着手构筑一种分析性的理论,就必须首先调研不可言的规律性,如果它们是存在的,就将之明示。怎样才能做到这点呢?我们可能首先需要回顾一下,建筑理论是运用概念、词语和数字来描述不可言表的直觉,试图揭示一个或一些不可言表的规律。也许我们可以说建筑理论是力图创造一种"不可言的技术",这种技术可以处理那些我们难以言表的模式以及形式和空间的组构。至少在"狭义"的方面,建筑理论描述并指导了设计定案,因此在研究术语中,我们可以说一门建筑理论是控制建筑变量的一种尝试。

如我们前文所论述的,过去的建筑理论更多地是讨论规范,而缺少分析,这是因为其中那些不可言的技术仅仅只能描述某种类型的组构。这就是为什么在实际运用中它们只是偏好某种组构。举例来说，如果一种不可言的技术采用数字或几何比例的方式描述了比例系统，那它就不可能处理那些缺乏这种比例关系的组构形式，它只能描述那些具有这种比例关系的例子。如果试图把这种带有偏好的技术普遍推广，那么任何一种方式都可能扭曲事实，而非发现了一种新的规律。同样的，如果我们不可言的技术是一种表达空间层级的图示系统，那么这些技术也不可能有效地运用到大量缺乏层级关系的案例中。因此，这种技术对于调查普遍的空间模式是无用的。

我们可以说，如果一种不可言的技术是只是一种偏好（通常因为它就是一种偏爱的产物）某种特定的直觉，这种技术将不能成为有用的分析工具，因此它也不能被用来发现不可言表的规律。但是，这一缺陷的确指明了建构新理论的方向。为了发现不可言表的规律，我们需要不可言的技术来描述空间或形式模式（或令人信服地同时描述两者），这种技术并不是仅仅只适用于描述特定的空间或形式组构模式，它可以描述所有可能的模式。例如，它必须既可以描述那些缺乏几何规律的空间或建成形式的模式，又可以描述那些具有几何规律的模式。除非可以严格精确地做到这点，否则我们建立分析性建筑理论的希望将会非常渺茫。

下一个章将介绍这样一套不可言表的技术，它可用于分析组构，这套技术最初由称为"空间句法"的空间形式发展而来，现在又被拓展到组构的其他方面。在过去几年内，这些技术的运用具有两个基本目的：第一，房屋的空间与形式组构传承着文化，那么在多大程度上我们可以揭示它们的组构方面，并可以对其进行严格地对比分析；第二，通过这些比较研究以收集一批资料，这样将令关于建筑可能性的广义理论逐步发展成为可能。本书的剩余部分就是论述这些方面迄今为止所取得的成果。

正如我们将会看到的，针对建筑与城市系统，当这些技术被运用到空间与形式的模式分析中，无论新的发现是在何处被找到的，也无论它们以何种形式再现出来，这些发现都是建筑与城市模式中的不变量，它并不存在于事物的表面，而是蕴含在组构的本质之中。我们可以把这些不变量看成是深层结构或基因类型。每一种借由房屋的文化表达，无论作为一种特殊的房屋"类型"，还是作为一种特定的建筑民族形式，抑或房屋中的文化烙印，它们都是通过那些基因类型来体现的。例如，城镇与城市往往被看作是有组织空间的系统，它们拥有一种深层次的结构，而且在不同的文化中，这些结构是不尽相同的。同理，房屋作为有序的空间，也对应着不同功能，它也拥有深层的结构或基因类型。这些基因类型是或者再现了文化或类型上的不变量。这些当然不是普遍法则。它们至多只是"局限于文化中的法则"。每个社会以及社会中的每种功能都试图用建筑的形式表达它们自身，其中就存在不变的基因类型。

然而，当我们建构基因类型的合集时，我们逐渐开始发现另外一个层面上的不变量：基因类型中的基因。在建筑文化的多样性之中，存在跨越文化和类型的不变量。这些"基因类型中的基因"并不是局限于文化中的法则，而是一种永恒的法则，即普遍的人与普遍的人造物质世界之间的关联法则。它们是抽象的原材料，形成了建成环境中空间与形式中所有组构的可能性。正是而且只有在这个永恒的层面上，我们才能建构出一种真正的分析性理论。这些可能性将在第八章和第九章中探讨。

作为艺术与科学的建筑

如果这项理论研究最终取得成功的话（当然这不是一本书所能及的，本书只是蹒跚地迈向这个目标），那么显然它将让设计自由驰骋，而非去限制设计。在根本上，对于建筑理论的需要来自一种生成原理的需要，即根据已知的建造经验形成某种原理，以此来指导我们将来如何建造。在真实和可能之间的动态变化是建筑理论化的精髓。建筑理论起源于一个事实，即建筑师既不能忘记建筑传统，又不能重复它。在建筑中，理论不是简单地把世界定型为某一形式的手段，而是一种改造形式以及孕育未来的方式。建筑的发展是将那些历史的映射整合到一种探索可能性的抽象框架中。这个框架就是理论。如果缺少它，历史的想法将会枯萎，导致对过去的模仿。通过这一理论媒介，建筑传统的映射将成为可能的未来。历史是有局限性的，当理论摆脱了传统的束缚，而且当它变得越普遍，解放越彻底。

那么，这是否意味着作为科学与艺术的建筑是否应更偏向科学一点呢？我并不这么认为。我们可以回顾一下恩斯特·卡西尔（Ernst Cassirer）关于艺术与科学的美妙想法。[25]他写道，"通过语言和科学这两个方面，我们形成并确认了关于外部世界的概念。我们必须将我们的直觉感知分类，并赋予它们普遍的名称和普遍的规则，这样就可以给予它们一种客观的意义。这样的分类是一种不断简单化的努力结果。艺术作品同样暗含着这样一种凝结和集聚的过程……但是对于两种情况，还是存在着重点的差异。语言与科学是对现实的缩写；而艺术是一种对现实的强化。语言与科学依赖于一个而且是同一个抽象的过程；艺术可能被描述成一种连续的具象过程……艺术并不容许……概念的简单化和演绎的概括化。它并不追究事物的质量或原因；它给出事物直觉的形式……艺术家正是自然形式的发现者，就如同科学家是事实或自然法则的发现者一样。"

我们这些人认为科学就整体而言是个好东西，但我们也承认在某种意义上科学是我们对世界的一种肤浅化体验（虽然在其他意义上，它是增进我们对世界的体验），因为它不能应付情境体验中的丰富性。然而，它又不得不这样。科学的本质并不是试图解释特定现实中的丰富性，因为作为一个整体，这种丰富性始终是如此多样化，以至于理论有效的简单化不能把握它们。科学是研究结构的维度和潜藏在复杂性下的秩序。在这儿，科学的抽象简单化才能成为最强有力的深入洞察的源泉。我们体验的每个时刻都是丰富而复杂的，就如同所有这些时刻构成的整个体验过程，它们也是不可分析的。然而，这并不意味说其中的某些构成维度也是不可分析的，也不是说从这种分析中可能无法获得更加深刻的见解。

这种差别对我们理解建筑而言是非常关键的。建筑现实是错综复杂的，而且整体上是不可分析的，但这并不是说，建筑现实中空间组构的作用（譬如说）不能被分析，甚至不能被概括。认为科学没有对经验的丰富性作出解释而要抛弃它，这种想法犯了一个顽固而又低级的错误。科学给予我们一种非常不同的现实体验，它是部分的以及可分析的，而非整体的以及直觉的。同样的，正是科学自身才是有价值的。我们需要根据科学本身的对错来接受或拒绝科学，而不是根据它是否不像真实生活或不像艺术的标准来判断。

建筑对于理论有间接或直接的依赖性，但这并没有削弱其应有的如卡西尔所定义的艺术内涵，这在任何情况下都是非常清楚的。从两方面都能证实这一点：建筑如同艺术，它是一种连续的具象过程；此外，建筑又像艺术那样，"它的经验体会是无穷复杂的"。然而，建筑与艺术仍然存在差异性。"哪些方面是无穷复杂的？"这个问题不是再现，而是现实，一种非常特殊的现实，通过这种现实，我们的社会形式被改变了，同时也被推向危险的境地。建筑中理论的盛行以及建构中"持续的具象过程"涉及我们的社会存在，这就界定了"建筑系统性的目标"的特殊地位与本质：建筑是理论的物质化。建筑师的工作本质是创新，然而他们又诠释理论，让自己的创造与我们的社会存在更好地以及更清晰地联系起来。这就是建筑的独特性与惟一性。建筑不能简化为理论，就如同理论不能从建筑学中抹除一样。

因此，建筑既是一门艺术，也是一门科学。这并不是因为它同时需要技术与审美，而是因为它既需要我们借此了解科学的抽象过程，又需要我们借此了解艺术的具象过程。建筑的困惑和荣耀存在于两种认识过程中：借由房屋而进行理论创造，以及创造出可以体验的"无穷复杂的"真实。这既是建筑的难题，又是我们为之欢呼的源泉。

注释

1　Roger Scruton, *The Aesthetics of Architecture*, Methuen, 1977.
2　同上，p. 4.
3　L. B. Alberti, *De Re Aedificatoria*, 1486；译文参见：Rykwert et al. (1988), MIT Press, 1991.
4　O. Newman, *Defensible Space*; Architectural Press, 1972.
5　Alberti, Chapter 9.
6　Newman, pp. 3-9.
7　这是如何作为一种认知过程而发生的论述是第十一章"理性艺术"的主题。
8　第十一章论述了一个基于错误理论的案例研究。
9　Alberti，例如：Book 9。
10　Scruton 的主要错误是混淆了这两个方面，从而导致他认为可以用狭义建筑理论来解释广义建筑。见 Scruton, *The Aesthetics of Architecture*, p. 4.
11　Alberti, Book 9.
12　Newman, pp. 3-9.
13　F. Bacon, *The New Organon* (1620), Bobbs Merrill, 1960, Aphorisms Book 1, Aphorism cxv, p. 105.
14　T. Kuhn, *The Structure of Scientific Revolutions*, University of Chicago Press, 1962.
15　为了运用 Rene Thom 所敬仰的词句来表达我们所观察到的东西——见 *Structural Stability and Morphogenesis*, Benjamin, New York, 1975——源于法语版, 1972, as *Stabilite Structurelle et Morphogenese*. 举例说明见 p. 320。
16　F. De Saussure，（源于 1915 年的法语版）这一版本命名为 *Course in General Linguistics*, McGraw Hill, 1966, 由 C. Bally and A. Sechahaye with A. Riedlinger 翻译，如 pp. 103-112 所示。
17　这些例子当然是针对线性变量的，但是最为基本的论证仍然适用于非线性变量。
18　这个模型，the 'Ehrenfest game', 来自 M. Kac and S. Ulam, *Mathematics and Logic*, Pelican Books, 1971, p. 168. Originally Praeger, 1968.
19　详细论述请见 H. Reichenbach, *The Direction of Time*, University of California Press, 1971，特别是第四章。
20　见 K. Popper K, *Conjectures and Refutations*, Routledge and Kegan Paul, 1963，第五章："回到前苏格拉底"。
21　举例说明见 M. Ghyka M, *Geometrical Composition and Design*, Tiranti, London, 1956.
22　例如在 Alexander Koyre 的著作中，例如 *Metaphysics and Measurement*, Chapman and Hall, 1968（源于法语版）and *Newtonian Studies*, Chapman and Hall, 1965 或 Georges Canguilhem e. g. *La Connaissance de la Vie*, Librairie Philosophique J. Vrin, Paris, 1971.

23 见由 Michel Foucault 所创导的研究。
24 过去，日常生活概念用语中出现了新科学的概念，它带来了意识的变化，这些变化看似是完全渐进式的，例如牛顿或达尔文理论的影响，这就导致科学理论概念急速渗透到日常生活之中。20 世纪后期，由于日常生活中这种虚幻的科学概念已经逐步消失，对于日常生活而言，科学中出现了很多陌生的东西。由于科学已经进入到一个更为微观或宏观的现象中，而且发现的模式已经完全远离于日常生活的直觉，那些构成科学理论的概念变得如此奇怪，以至于它们与既有的日常语言中的概念系统无法进行有效的交流。这些就在量子理论中发生过。但是量子理论中发生的事情确认了我们的在图表中建立的那个模型：科学通过正规化地介入概念和现象之间的交流之中。科学的功能和道德没有一个部分说明这些概念应该"归为灵感式的直觉"（为了运用 Herman Weyl 所敬仰的词——见他的 *Philosophy of Mathematics and Natural Science*，Atheneum，New York，1963，p.66），并被转译为日常生活和语言中的概念。如果我们期望如此，就再没有比这更狂妄自大的事情了，除非这可能是一种信仰：世界在其深层次的运作过程中应该符合我们的直觉模式。
25 Ernst Cassirer，*An Essay on Man*，Yale University Press，1944. Edition used：Bantam Matrix，1970. 第九章，"论艺术"，pp.152–188.

第三章 不可言表的技术

> "环境是看不见的。它们的……基本规律难以被认知。"
> ——马歇尔·麦克卢汉（MARSHALL MCLUHAN）

具象人造物和抽象人造物

20世纪，一项经久不衰的智慧成就是启动了对人造物的科学研究。乍一看，这种研究可能自相矛盾。大多数的人造物是物质客体，它们利用自然法则为人类服务。创造一个物体就是为了满足人类的某种目的，当然可以假设我们已经理解了这个物体。然而，25年前，赫伯特·西蒙（Herbert Simon）在《人造物的科学》一书中表示这远远不能解释我们对人造物的理解。[1] 即使我们所创造的物体就其本身而言并不离奇，但当它们在社会技术的生态系统中传播演变之时，其衍生的影响确实令人诧异，比如计算机。他认为当我们的世界越来越人工化的时候，勾画出计算机的自然发展史将会很有启发意义，这就如同我们拥有其他自然现象的发展史一样。因此，人造物的经验科学不仅是一种可能，而且是一种必要。

然而，具象人造物仅仅是人造物谜团中一个小部分。这儿还存在着另一类人造物，它们对人类生活的影响也同样巨大，但是它们本身就令人迷惑，这是由于它们不是具象的物体，而是一种基本的抽象形式。语言就是一个范例。既然语言存在于个人之外，并从属于一个集体社会，那么它的存在看来是具有客观意义的，但是我们却不能在任何时空领域内找到语言。语言看似真实，却又虚无缥缈。其他具有某些与语言相似特征的人造物，如文化、社会制度，有人甚至会说社会本身，它们都看似提出了这一中心谜团，即"抽象的人造物"。

当然，我们不能认为这种"抽象的人造物"在时空中是不明显的。它们以言语行为、社会行为、文化实践等形式出现。但是它们在时空中的这些表象并不是它们本身，而仅仅是其某个瞬间或者某个片段的体现。如索绪尔所说，我们理解的是言语，而不是语言。[2] 同样，我们看到了社会行为，而不是社会制度；我们看到的是文化事件，而绝不是文化。然而，在所有这些例子中，我们所见证的时空事件看似由那些抽象的虚拟人造物所控制，然而我们却能说出这些抽象人造物的名字。物质世界仅仅提供了一种环境，抽象人造物在这个环境中被实现了，但是这种实现过程是分散而不完整的。语言、社会制度和文化的存在可以从时空事件中索引而来，但是却无法在这些事件中被看到。

虽然抽象人造物以这种奇怪的方式存在，但是看来它们构成了这个社会。如果一个社会被剥夺了它的语言、文化形式及社会制度这些特殊属性，我们也许很难想像它会变成什么样，那么不会有什么东西剩下来可以被称为"社会"。我们可以假设，这种抽象的人造物正是以它们应该存在的方式存在着，因为它们的目的就是制造并且控制分散的事件，以此，分散的说话者、行为人或社会角色将会作为集体被转化为一个系统的某种表征。抽象人造物在时空中被分散在不同地方，这个特性就是它们如何能起作用的关键之处。

然而，这么叙述仅仅是重新描述了问题，而没有解决问题。实际上，尽管它们表面上很奇怪，但是抽象人造物引发了许多谜题，正如自然系统也引出了很多谜题，它们都等待科学的解释。例如，它们看似都能随着时间的流逝，复制自身，而且也经历了形态生成的过程，虽然这些过程是持久的、还是突发的这个问题仍然令人完全费解。如果抽象人造物具有这种特性，那么它们必须具有某种内在的原理或法则，以维持这种稳定性和变化，如同自然系统那样。[3] 但是无论这些法则是什么，它们必须经由人类的思考，因为只有通过人类的大脑活动，这些系统的自我复制和成形的过程才能发生。因此，我们很难想像这些主宰抽象人造物的形式规则与控制自然系统的法则是相似的，或者它们甚至是相对应的。然而，既然这些控制抽象人造物的法则不可能是其他什么法则，那么它们必须是自然的一部分。因此，它们必须反映自然中的某些潜力。

针对上述这些明显自相矛盾的论点，列维·施特劳斯和其他从事抽象人造物研究的开拓者作出了巨大的贡献，他们不仅辨明了他们研究中必要的关键点，而且指出一种可能的研究方法。[4] 他们发现了语言和文化等系统中的具象物依赖于抽象物，这个观点非常清晰，就如同柏拉图（Plato）曾经在关于自然界的讨论中提到的那样。[5] 现在，这个基本观点为建立科学提供了起点和支点。如同研究自然系统一样，方法论就是研究在时空中生成抽象人造物的规律，以此，我们期望在言语、行为、文化实践和制度形式中找到有关这些组织法则的根本线索。因而，结构主义的运动试图用抽象的形式模型表示结构以及它的变异，它们支配着言语、社会行为、组织化的动态变化等系统在时空中的产物，这样不仅仅说明这些现象的内在系统性，而且表明了人类的大脑是如何能够控制并创造性地转换这些高度结构化的信息。从这个方面而言，结构主义正是研究抽象人造物的经典科学。[6]

这种研究的策略反映了一个重要的事实，即抽象人造物通过两种方式表达自身的存在：通过它们产生的时空事件；或者通过构成它们自身的组构模式，我们不仅可以通过这些模式生成抽象人造物，还能由此解释它们。这是两种体验抽象人造物的方法，彼此相辅相成，这是由于我们在运用组构模式产生时空事件的同时，也将这些组构模式投射到时空坐标之上，即这些组构模式也将生成或者影响未来的组构模式。抽象人造物中两个不可分的方面：有意而为的时空事件与组构结构的转换，这也是抽象人造物之所以可以成为社会物质的原因。通过物体的布局和创造时空事件，我们必然转换了组构模式；进而，通过这些事件与组构，抽象人造物将社会的方方面面整合成为一个可以交流的系统。结构主义的目的就是捕捉这些过程的变化与演进。

因此，正规的方法对结构主义来说是非常关键的。然而海森堡（Heisenberg）曾经指出："在物理学中，科学的工作在于我们用自身特定的术语提出关于自然的问题，也在于我们试图用我们能够处理的方式来进行试验并找到答案。"[7] 对于所有科学研究，这都是真实的。然而，不幸的是，海森堡的这句名言看来完全揭示了结构主义方法的失败，它不能完成它的目的。考察一下那些由抽象人造物导致的时空现象的规律，我们不难发现某种惊人的一致性；即它们看似都由某种模式法则生成的。构成言语的词以及社会性的行为都在时空中被体现在表面事件的布置过程之中，或者它们的次序之中；这些事件相互依赖，看似五彩缤纷，而且它们的布置过程或者次序不能被缩减为简单的组合规则。例如，乔姆斯基

（Chomsky）认为[8]：句子看上去是一串单词的排列，但它们并不能根据机械的语法排列而成，这是一种组构性的命题。在某种程度上，词与词之间的关系被融会贯通地运用着，因此词与词才被组合为一个整体。在本质上，这些关系是不能被简化为一系列可以累加的成对关系。这就是说那些控制抽象人造物的法则是具有组构性的，类似于我们在前述章节中所定义的组构。

正是从这方面而言，结构主义看似缺少方法论。它那些正规的技术似乎没有正视组构问题，而是将其自身局限在逻辑论和集合论之中，只是用那些数学工具来简化大脑的思考过程，而不是去模拟真实世界的复杂特性。[9] 因此，正如在柏拉图年代中，他所用的"语言"是不足以支持他的自然研究，[10] 同理，在20世纪中期，由结构主义学者所掌握的研究工具对于他们所研究的人造物现象而言也是软弱无力的。结构主义者所分析以及试图解释的现象主要是组构性的，然而他们所使用的形式技术却不能发现那些组构的本质。

作为人造物的建成环境

我们偏离了本书的主题而去谈论抽象人造物，其目的有二：首先，希望让读者注意到建成环境中那些可能被忽视的某种特性；其次，提出在建成环境研究中应采用一种新的方法来解决组构问题，这种方法是具有优势的。然而，我们首先必须理解建成环境作为人造物具有的独特地位。

对于我们来说，建成环境是具象的人造物的集合，即房屋的集合，它也必须遵循日常物理法则，也值得进行类似于西蒙（Simon）那样的研讨。但这不是它们的全部。正如我们在第一章所指出的那样，从空间和形式构成的角度来看，建成环境仍然是组构性的物质，它的形式不是由自然法则所赋予的。如果我们希望把建成环境看作有组织的系统，那么其主要本质就具有组构性，这主要由于建成环境的社会目的是通过空间组构而被表达出来的。在时空中，我们所看到的具象人造物的集合是一种方式，具有社会意义的组构事物是通过这种方式被展示出来的。换言之，除了具象特征，建成环境具有抽象人造物那种基本特征。它的具象特征相对于其他抽象人造物可能更持久，如口语或者构成社会事件的那些受礼节规范的个体行为等，然而它们都是同一种类型的人造物。它们是组构性想法在时空中的折射，而这些想法具有一种抽象的形式。建成环境仅仅是人类对组构偏好的最持久的时空表现，这是一种认识论的结果。虽然建成环境常常被认为仅仅是个人和社会行为的物质背景，然而我们不应该如此看待它。它是一种社会行为，就如同语言的使用就是一种社会行为，而不仅仅是社会行为的方式。因此，我们不能将建成环境仅仅视为一种惯性物质，而且如果我们不了解它所形成的"社会逻辑"，就不要力图去理解它。

但是正如我们不能把建成环境视为一件东西，我们也不能再把它仅仅当作一种语言来看待。除了社会自身，建成环境是人类所创造的最大以及最复杂的人造物。它的复杂性与它的规模彼此相关，这是由于一个建成环境类似于一个社会，与其说是它是一个东西，不如说是一种受制于持续变化的时空聚集过程，它是由无数个人与组织历经很长的时间才建成的。虽然在局部层面上，这种集聚的过程可能与个体建造行为中那些自发的规则具有相似的特点，然而还有另外一些同样重要的特性使得建成环境成为一种特殊的案例。

最明显又最重要的是建成环境过程的时空产物，它不像语言或社会行为的时空产物那样稍纵即逝。它们是持久的，通过长期地占据某个特定的空间区域而集聚起来了。这意味着除了把建成环境看成抽象法则体系的产物之外，我们也必须承认它们具有一种动态的集聚过程，从某种意义而言，这种过程是独立于这些规则系统之外的，虽然我们将会发现这种过程基本上是受这些规则控制的。这些集聚的过程具有非常独特的属性：一个系统在时空中的增加物通常发生在局部，但是系统的变化则倾向发生在更为宏观的层面上。[11]部分的复杂性来自规则的反复循环运用：在日益复杂的集聚体中，其中的规则也许开始较简单，但它们的周边环境在规则的作用下不断演变，于是规则本身也由此而被改变了。局部层面的集聚过程经常产生宏观的效果，这一过程还没有被理解[12]，然而为了使得局部的聚集过程更加有效，这一过程必须得到理解。这是巨大的房屋集聚体的精髓本质，它形成了大多数的建成环境。

这种复杂的动态因果律使得我们很难用经典数学模型模拟建成环境。房屋和城市不是晶体，它们不会像晶体那样仅仅根据简单的生长法则而扩展开来。人类基本的空间行为以及空间文化可能构成局部的基本组构，但是在成长过程中，这些组构只是作为局部秩序而发挥作用，也只是整体模式"自然"演变的限制因素。建筑形式，尤其是城市形式，正是这样产生于自然过程和人类干预之间的互动界面之中的。人类行为限制并构筑了自然的生长过程，以至于如果缺少对上述两者及其之间关系的研究，就无法理解建成环境。在复杂的建成环境演变过程之中，人类有意识的干预以及它的局限性都是必须被理解的。

那么，建成环境可能就是最明显的具象物体，也形成了我们所熟悉的环境，但同时它的内在逻辑和结构对我们而言是难以理解的，就如同自然界中的任何其他物质一样。然而，作为一种研究的客体，它具有一种极大的优点。它的大小、外表以及缓慢的变化速率都使得它成为了研究组构的范例。问题的关键是如何去捕捉建筑和城市系统中从局部到整体之间的动态过程，即人类认知并建构身边局部空间现实的能力是如何以一种基本的方式分布并整合到更大尺度的复杂系统之中的。

在这点上，方法论的困难是重点。方法的目标是必须能捕捉到局部或基本的秩序、整体复杂系统的突然出现以及这两者是如何与人类心智相联系的。对上述任何一项而言，我们必然首先遇到组构的表达问题，并且必须首先根据经验案例来进行研究。如果抽象人造物的时空产物根据组构而被联系在一起，那么通过研究这些时空产物就可以发现组构。组构的主体可以通过对于实际案例的分析建造起来，它必须是某些指标，可以表明建成环境演变过程中反映组构的不变量。在这个研究任务中，理性的研究对象是具有一定规模、相对较稳定以及可以测绘的建成环境。我们所有需要的是一些技术，以此可以从时空具象物中抽象出组构，这就是不可言表的技术。

简单化是通向复杂性的手段

在此，组构的正规表达是基于不可言表的技术，从某些方面而言，这比过去二十年中类似的研究成果更简洁。[13]然而，在揭示真实系统中形式和功能的规律方面，以组构为基础的技术被证明是最有力的。这可能有三个原因。首先，我们提出的定量分析方法直面组构问题,即通过它们模式之间的关系来理解复杂物整体的瞬时效果。对于这个中心问题,在过去是缺乏关注的,因此,过去的研究中常常采用了其他复杂的数学方法,但是却没有得到与之对称的经验结果。而组构分析却与之相反,它采用了非常简单的定量分析技术,却相当成功地发现了显著的形式以及形式与功能的规律。如下文说所定义的那样,组构看来至少是关于建筑和城市模式的一种特征。

其次,在组构性的研究中,我们的重点既放在空间或形式系统的再现表达上,使得系统可以被分析,同时也放在定量的分析上。于是,对于同一个空间系统,可以形成一系列不同的再现表达方式,每个方式都对应着某种空间功能,这将在后文加以讨论。通常,我们也会将这些不同的再现方式组合起来,也就是把一种再现方式叠合在其他方式之上,并把不同方式之间的联系视作系统中真实的联系。于是,我们发现两个或者甚至三个再现方式可以组合在一起,表示形式或功能结果,它们传递的信息量是很大的。从研究策略上而言,这意味着我们试图按照我们感兴趣的功能类型来表现空间。例如,简单地手绘那些穿越空间的线条,暂且不管空间的其他特性,这样就足以代表在房屋和城市中穿行人流的许多特征,这将在下一章给予证明。

第三,综合上述两点,我们也非常重视数学分析的图像化,因此,对于在空间或形式复杂系统中所发现的形式结构,不需要借助数学公式的表达,我们就能够直接看到且形象地理解它们。这意味着这些空间与形式结构都能为那些天性爱看图解而不喜数学推理的人所理解。直观的图解降低了交流的门槛,吸引了更多的人们参与讨论。除了数学结果的图像化(通常由电脑绘制完成的),另外一个重点就是绘制空间与形式,对于调研者和学生而言,不仅需要在绘制初期进行调查研究,而且必须持续不断地校核那些形式的分析。

在此,我们简化了一些观念,但是不必为此而担心。其他学者已经讨论了某些观念的一些特性,然而他们并没有留意探索这些观念与实证案例或者理论之间的充分联系,或也没有探讨它们如何才能结合到整个形式与功能的框架之中。这些学者已经"接近"成功了,但是他们错过这些关键的联系,这可能是由于他们忽视了实证调研房屋建筑,而去构筑一个过大的框架,以及把不成熟的想法过早地用于了设计。伦敦大学学院(University College London)所进行的"空间句法"的研究是由莱昂内尔·玛奇(Lionel March)的名言所鞭策的:"惟一你能运用的是一种好的理论。"[14]为什么形式的探索错过了理论上的启蒙?另一个理由可能是虽然真实的城市与建筑引发了很多数学问题与实践经验问题,但是这两方面的问题常常没有充分地结合起来。在过去的二十多年中,大量的实证研究在探索形式问题,同时,建筑与城市的现实也展示了很多经验上的疑惑,我们在此提出的空间再现和量化的技术本质上是针对这些问题与困惑的。

我们在第一章已经花了相当的篇幅讨论了组构这个概念。现在我们需要正式地界定它,并且表明它的部分功能就是解释空间与形式中最简洁的本质。然而,必须注意到后文的论述并非一种类似烹饪的方法论教程,而是对于组构概念的理论研究。在这个阶段,所有的例子是概念上的描述,而不是分析可行的例子。真实案例分析将会在后续的章节中出现。这一章是后续章节的理论基础,随后的章节会依次研究本章中的一种理论可能,并根据自身的特点而重新阐述。本章将建立所有研究方法的基础和各种方法彼此之间的联系。

界定组构

我们需要界定到底什么是我们所认为的组构,这是一个与第一章中图1.3相类似的例子,但是我们运用一种略微不同的表达形式。我们可以回忆一下在第一章中,一个复杂系统中任意一对元素之间的关系被定义为一种简单的关系,或者是相邻,或者是可达。在一个复杂系统内,只要这种简单关系至少被即时共存的第三个元素所影响,或者被所有其他元素所影响,它就是一种组构关系。如图3.1i,a和b是两个面对面的立方体;在图3.1ii中,这两个立方体紧挨在一起,创造了一个相连的物体。这样,a与b的关系是对称的,这是因为a毗邻b,也就是b也毗邻a。同理,在图3.1i中,a和b是彼此未接触的邻居,因此从这个意义上而言,它们是相互对称的。无论哪种方法,这两个立方体之间的关系保持对称,在事实上暗示了"相邻"这种关系。在图3.1iii中,我们将图3.1ii中的a和b上下叠合起来,就形成了另一个相连的物体,而且并没有改变a与b之间的关系。但是b在a的"上面",这种"在上面"的关系与"相邻"的关系是不同的,它不是对称的,而是非对称的:b在a上意味着a并没有在b上。

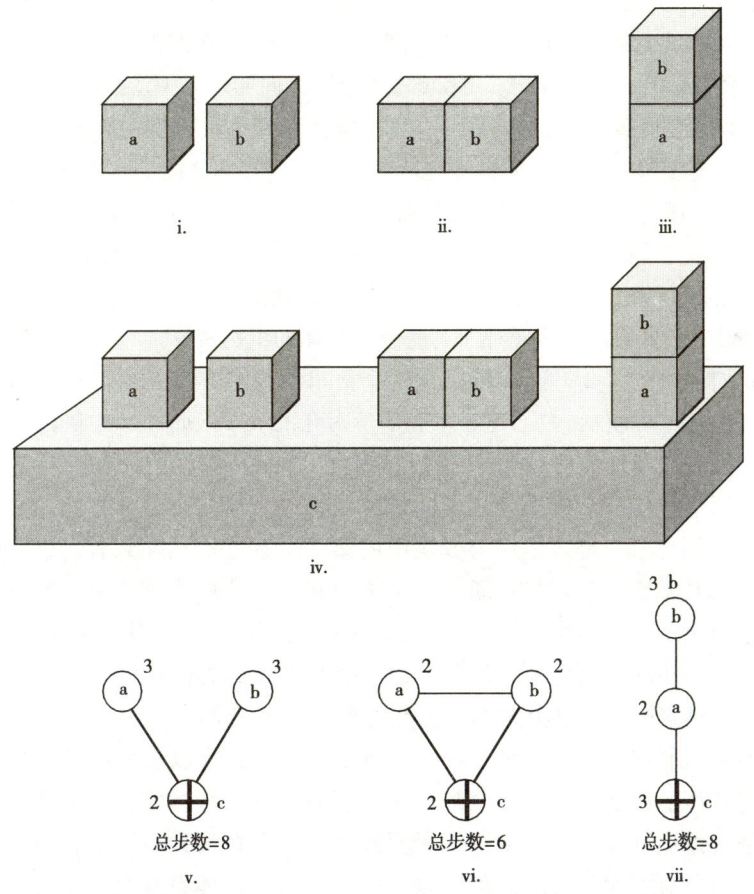

图 3.1

这是怎么发生的呢？它诱导我们认为"之上"和"之下"的关系依赖于一种外在的参照系，如"东"和"西"，或"上去"和"下来"。实际上，我们可以用更简单的方式把这种情况说清楚：在图 3.1iv 中，立方体被放置在一个表面上，这可以说是地球的表面，然而，在讨论图 3.1i 和图 3.1ii 中 a 与 b 的关系时，这个表面并没有加以考虑。如果当时我们想要预见一对上下叠合的相连物体的效果，这一表面是本应该被考虑的，让我们命名它为 c。在图 3.1ii 中，a 和 c 以及 b 和 c 的关系也 分别是对称的，就如同 a 和 b 关系那样。此外，由 a 和 b 所构成的相连物体与第三个物体之间的关系也是对称的。所有这些都是简单的关系。但是我们也可以说一些更复杂的关系：在图 3.1ii 中，a 和 b 除了自身彼此对称外，它们对于 c 来说也是彼此对称的。这就是一种组构的陈述，因为这个简单的空间关系中至少是根据第三个物体确定的。在图 3.1iii 中，情况就很清楚了。虽然 a 和 b 就本身而言仍然彼此保持对称关系，但它们与 c 的关系却不再对称。对 c 而言，它们是不对称的。图 3.1ii 和图 3.1iii 之间的差异是一种组构的差异。如果我们加入"对……而言"这一条件的话，a 和 b 之间的差异会发生变化，于是两个立方体就被置入了一个包含 c 的更大的系统之中。

这种情况可以用图 3.1v、图 3.1vi 和图 3.1vii 中所示的组构调整图来阐明（或简称为 J 型图：在这一图示中，根据各个空间相对于起始空间的"拓扑深度"，将其成行排列，详见第一章）。在每一个 J 型图中，最底下的圈点代表地球，内部的十字表明它是起始空间。在图 3.1v 中，a 和 b 彼此是相互独立的，它们都与地球相邻。在图 3.1vi 中，在 a 与 b 之间加入一种相邻的关系。在图 3.1vii 中，b 和 c（地球）之间的相邻关系被打破了，在它们之间创造了一种"两步拓扑深度"的 关系。有人可能注意到这种类型的布局在图 3.1v 中已经存在了，两个互不相邻的立方体必须通过地球相联系，它们之间的拓扑深度也是两步。从这种意义上来说，图 3.1 vii 再现了早已在图 3.1v 中的图示。这可以从图示中每一个节点旁标注的数字中看出，这些数字表示从某个节点到这个系统内其他所有节点的"拓扑深度"总和。因此，图 3.1v 和图 3.1vii 的总拓扑深度是 8，而图 3.1vi 是 6。我们可以说，总拓扑深度的分布以及它们的总和至少描述了一些组合物体的组构特征。

现在让我们通过图 3.2 来进一步探索这个简单的技术，一系列简单的形状由一个个的小方块组成，这些方块面对面相交（不是角对角相交），每一个方块内的数字代表了从这个方块出发到其他所有方块的"总拓扑深度"，拓扑深度的总和都标注在每张图例的下方。这些图形包括七个连接方式相同的方块，以及第八个特殊方块。在最左侧的图中，第八个方块是与七个竖向排列的方块中的第一个相连；从左到右，它不断沿着这七个方块下移并与其相连，直至与中间第四个方块相连。这第八个方块不断移动，它不同的位置产生了两个重要的影响。第一，每个方块的总拓扑深度及其他的分布会随之改变。第二，当第八个方块移动到更中心的位置时，各个形状的总拓扑深度之和从左到右逐渐递减。然而，这种影响是非常复杂的。当然这也不是特殊的发现，但是它表明了两个有关组构分析的关键原则。首先，在组构中，改变一个元素可以改变许多其他元素的组构特征，甚至还有可能改变这个复杂系统中其他所有元素的组构特征。其次，一个复杂系统的整体特征可以通过改变一个单一元素而被改变，即在某种程度上，一个元素的变化并不会改变它与所有不同元素之间的关系，但也不会使整体特征保持不变。相反，从理论上而言，任何元素的变化并不是一个简单的对称变化，它会改变组构的整体特征。我们以后会谈及这种类型的组构变化，甚至微小的变化都有可能在房屋和建成环境的形式和功能方面发挥重要的作用。

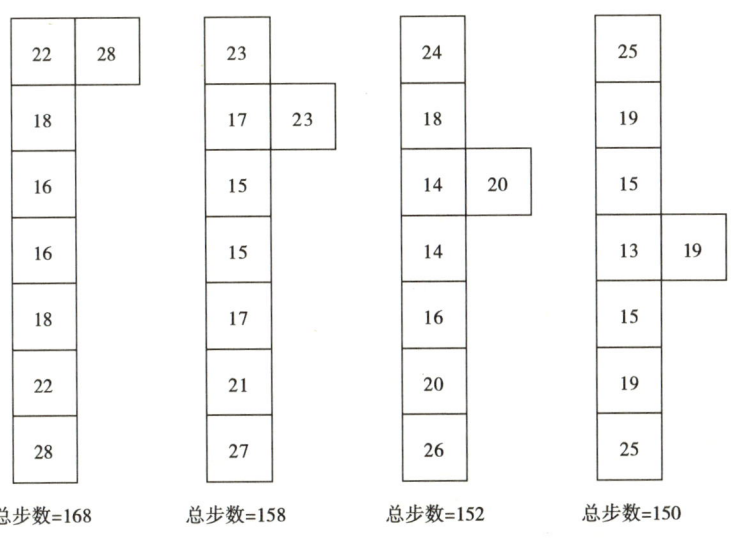

图 3.2

作为组构的形态

我们还有另外一种说法，相同数量的元素的不同排布方式将会有不同的组构特征。例如，图 3.3 是一组由八个方块组成的不同排列方式，如我们在图 3.2 中所见，每一个方块中的数字代表了这个方块相对于其他所有方块的"总拓扑深度"，在每种排列方式的右侧都标明了其他一些简单的特性，比如，td 是拓扑深度总和，d 上划线是每个方块的平均拓扑深度，sd 是标准方差，df 是"差因子"，它表示在每个复杂系统中最浅、最深以及平均拓扑深度之间的差异（Hillier et al. 1987a），t/t 表示不同拓扑深度的方块数量与方块总数量的商值。

在这种意义上，我们把这些形态（即标准方块构成的复杂物）当成组构，这样我们实际上将一种形态转化为图论中的图示，即纯粹是某种关系体系的复杂图示，在这个图示中我们暂时忽略这些元素的其他特性和关系。显然，这种描述不可能完全表达形态本身。对于许多形态的特性，以及我们力图理解形态的目的而言，这种组构性的描述显然是不够的，也是不合适的。然而，从某个角度而言，形态的组构结构是一种独特而强有力的属性，并为空间和形式特征的研究提供敏锐的视角，特别在建筑和城市研究中它的重要作用正逐步体现出来了。组构的特征是：我们把形态与空间布局简化为图示，当我们从图示中不同视角来观察这些图示时，它们会变得截然不同。这点可以用 J 型图来直观地表达出来。在一个形态中画出从所有节点出发的 J 型图，那么，我们可以描绘出一些形态方面深层次的特性。

例如，关于形态，一个非常有趣的特性就是它们所拥有的 J 型图的数量，以及这些图的差异程度。如图 3.4 所示，这是所有从图 3.3 中挑选出来的四种组合形状，每种形状的

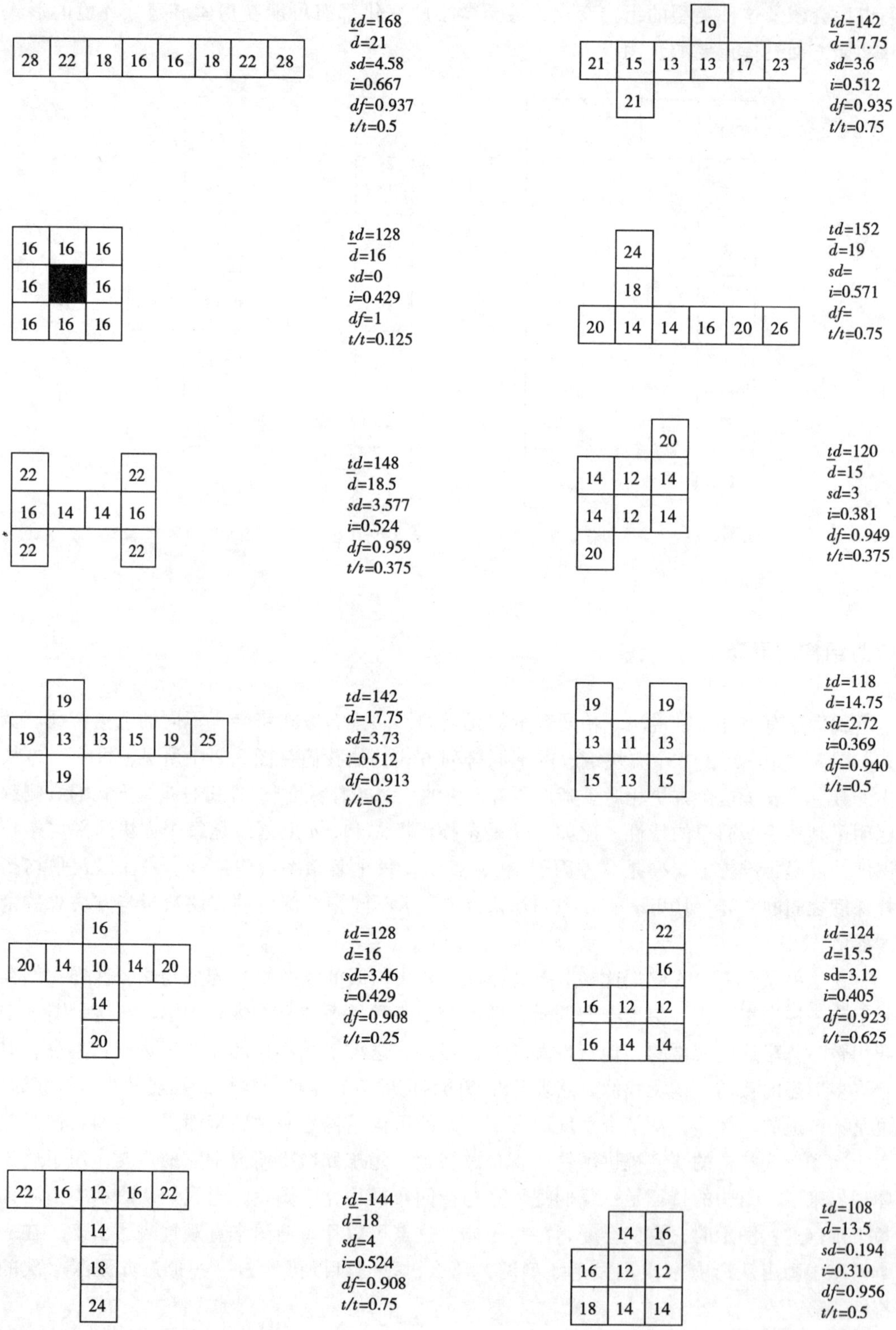

| 28 | 22 | 18 | 16 | 16 | 18 | 22 | 28 |

$td=168$
$\bar{d}=21$
$sd=4.58$
$i=0.667$
$df=0.937$
$t/t=0.5$

	19				
21	15	13	13	17	23
	21				

$td=142$
$\bar{d}=17.75$
$sd=3.6$
$i=0.512$
$df=0.935$
$t/t=0.75$

16	16	16
16	■	16
16	16	16

$td=128$
$\bar{d}=16$
$sd=0$
$i=0.429$
$df=1$
$t/t=0.125$

	24			
	18			
20	14	14	16	20	26

$td=152$
$\bar{d}=19$
$sd=$
$i=0.571$
$df=$
$t/t=0.75$

22			22
16	14	14	16
22			22

$td=148$
$\bar{d}=18.5$
$sd=3.577$
$i=0.524$
$df=0.959$
$t/t=0.375$

		20
14	12	14
14	12	14
20		

$td=120$
$\bar{d}=15$
$sd=3$
$i=0.381$
$df=0.949$
$t/t=0.375$

	19				
19	13	13	15	19	25
	19				

$td=142$
$\bar{d}=17.75$
$sd=3.73$
$i=0.512$
$df=0.913$
$t/t=0.5$

19		19
13	11	13
15	13	15

$td=118$
$\bar{d}=14.75$
$sd=2.72$
$i=0.369$
$df=0.940$
$t/t=0.5$

		16		
20	14	10	14	20
		14		
		20		

$td=128$
$\bar{d}=16$
$sd=3.46$
$i=0.429$
$df=0.908$
$t/t=0.25$

	22	
	16	
16	12	12
16	14	14

$td=124$
$\bar{d}=15.5$
$sd=3.12$
$i=0.405$
$df=0.923$
$t/t=0.625$

22	16	12	16	22
		14		
		18		
		24		

$td=144$
$\bar{d}=18$
$sd=4$
$i=0.524$
$df=0.908$
$t/t=0.75$

	14	16
16	12	12
18	14	14

$td=108$
$\bar{d}=13.5$
$sd=0.194$
$i=0.310$
$df=0.956$
$t/t=0.5$

图 3.3

右边都绘制了它所包含的所有不同的 J 型图，数量彼此不同，从 3 到 6 不等。为什么是这样？这是由于我们发现从两个节点出发的 J 型图是一模一样的，那么这就意味着从这两个点来看，这个形状具有一种结构上的相似性，我们可以不假思索地称之为对称。这就是为什么在图 3.4 的形状中，相对于全部 J 型图的数量，不同的 J 型图所占比例越小，这种形状就越规则，这是因为它们包含更多的对称性。这就是我们先前在图 3.3 中所给定的比例 t/t（类型数量除以数目总量）。因此，图解结构的这种特征反映了我们的感觉，即形状可以有不同程度的规则性或不规则性。

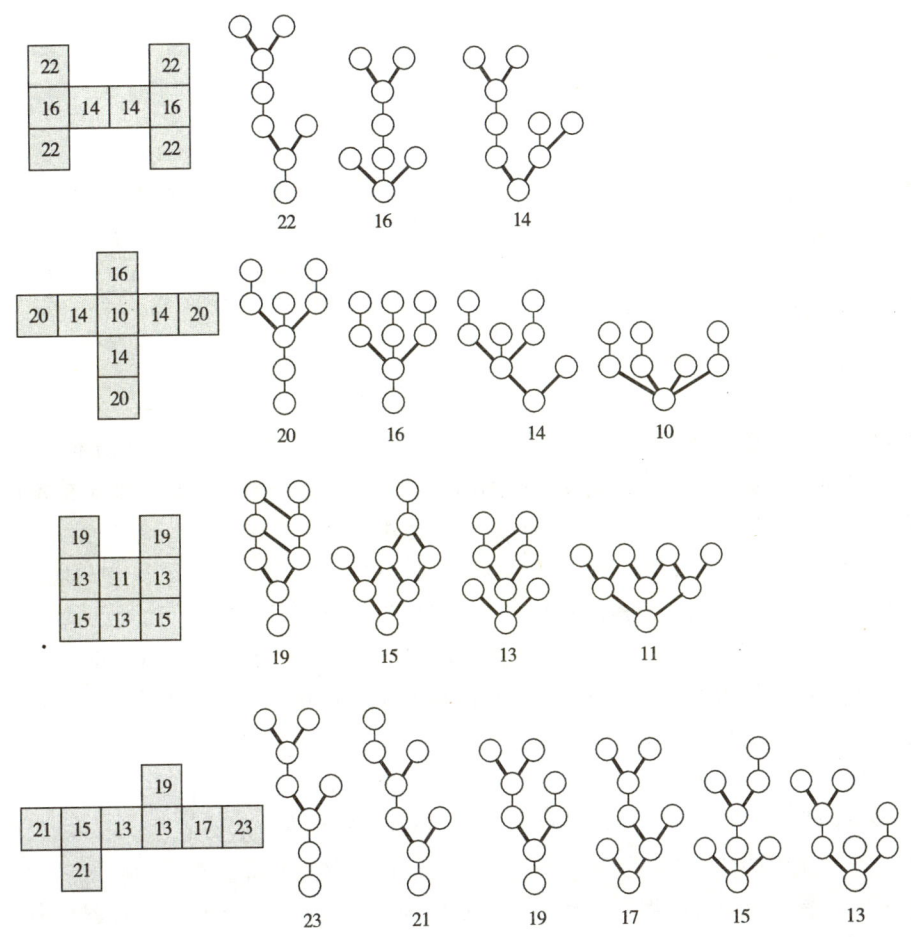

图 3.4

这一类比可以更为精确。实际上，形状的对称性可以被确切地阐释为组构的特性。从数学上而言，对称就是数学变换中的不变量。伊恩·斯图尔特（Ian Stewart）和马丁·葛如彼特斯基（Martin Golubitsky）在合著的《可怕的对称》中言简意赅地表达了这一观点："对数学家来说，如果物体在转变之后仍然保持它的形式，我们就说它具有对称性。"[15]他们用一个图示证明了这一点，如图 3.5 表明了方块的对称性，"在这个平面中，通过……八次严格的变换，每个代表性的点被绘制到八个不同图像的阴影中，然而方块的形状依然没有改变。"既然我们可能会立即考虑如果从每一个点出发来绘制的 J 型图的结果是什么，那么根据一个形状中的点来考虑对称性将是非常有用的组构性逻辑。显然，从每一个斯图尔特的点出发绘制的 J 型图将会是一样的，而且对于斯图尔特所选择的任何其他类似的几组点而言，情况也是如此。同理，一旦这个点被选定了，在这个形状里只有从其他七个点出发的 J 型图才会相同。事实上这个原理非常简单：在一个形状中，每一个对称将精确地生成一个点，而从该点出发的 J 型图是同构的。实际上，J 型图的同构性是测试对称性的一种方法，它允许我们把对称看作一种内在的特性，而不是把它看成一个依靠外在参考系的特征，即"变换中的不变量"。

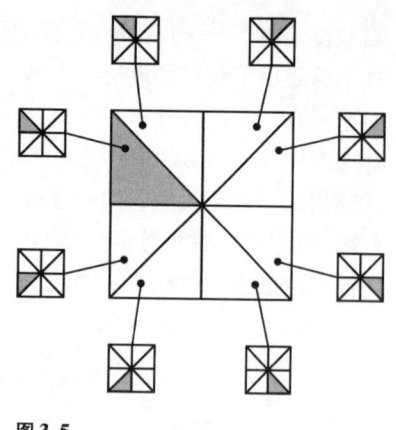

图 3.5

从某种意义上说，变换中的不变量是存在的，这是因为在这个形状中有不同的点，而从这些点出发来观察这个形状的时候，这个形状是不变的。我们可以说在一个对称性的形状中，对于形状整体而言，存在具有相同位置信息的点，这种关系可以用 J 型图的同构图来证明。

广义距离

拓扑深度的分布是隐含在建筑和几何之中，可以通过 J 型图揭示这种分布。事实上，拓扑深度的分布是量化空间或形式复合体的组构特性的最重要概念。这个概念首先在 1959 年应用图论中被提出来，当哈利（Harary）将其运用到社会人际学中，以"地位"这个词命名。"地位"由伯克里（Buckley）和哈利[16]定义为："一个节点 v 在图 G 中的地位 s（v）是从 v 到 G 中其他每个点的距离的总和，距离意味着在任意两个点之间的最少数量的点的个数。"把地位定义为"总拓扑深度"是有问题的，因为这个值会极大地受到图中点的数量影响。相应的，如第一章中所讨论的（见注释 17），在《空间的社会逻辑》[17]这本书中所提出的标准化公式消除了图中节点数量这个因素造成的偏差。经过标准化后，数值可以用来表达独立于系统大小的"总拓扑深度"。这个标准化的公式由斯蒂德曼（Steadman）在《建筑形态学》[18]一书中讨论并加以明晰的。我们将称这些标准化后的值为 i 值，以表达一个元素在一个系统中的"整合度"的大小，我们相信这些数值可以表达这个概念。

实际上，标准化公式的需要以及从而所能获得的形式直觉源于如何比较图论中不同的图，或者说源于如何比较不同的 J 型图。作为简单常用的表达方式，J 型图反映了图的结构，更为重要的是它使其结构中的差异性特别清晰。然而，如果用一种标准模式来表达这些图，显然还需要比较数值的分析以及相关的运算过程。例如，我们就能很容易知道什么样的图将会具有最大的拓扑深数，以及什么样的图将会具有最少的拓扑深数。从这儿，我们就可以找到一种简单的归一法。事实上，没有人在此之前采用这个有效的数学表达公式，但是它为形式的实证分析和比较开启了一个全新的视角，我们猜想这之前也许没有人认识到这个公式的必要性，或者应用的可能性。

然而，虽然 i 值公式在理论上减少了系统规模的影响，但是从实际经验上来说，相对于理论预测，建筑和城市空间复杂系统受系统规模影响的程度非常小，而且当这个系统规模增长的时候，这个影响程度会缩减。这将在第九章中会有详细的论述。然而，这种系统规模的影响将是整个城市空间形式理论的基础。于是，我们采用了经验性的标准化公式用来处理这种经验事实。[19]第二个公式给出了经验近似值，也做了某种理论上的调整（它使得从图中任意一点出发所得到的拓扑深度值分布符合正态分布），但是这个公式缺少数学美感。然而，在这些年中大量的经验研究中显示了它的能力，目前还没有发现问题。[20]毋庸置疑，当这项研究继续深入的时候，非常有可能淘汰第二个标准化公式，取而代之是理论上更优美的数学表达式。同时，本书中的"整合度"都经过了两种标准化处理，除非我们特殊标明那些术语，如"总拓扑深度"（即非标准化的状态）或"i 值"（经过第一个公式的处理，它表明理论上规模标准化的状态）。所有这些术语都是用不同方法指向相同的变量。

　　为什么在空间和形式组构的经验研究中上述定量的证明是如此重要呢？可能是它的简洁性揭示了一个基本的理论特征：即它本质上是一种距离概念的总结。关于距离，我们普遍认为的概念是：在某个空间关系内一个点与另一个点之间特定的以米为单位的数量。我们可以称其为特定距离。总距离深度相当于从一个点到其他所有点的特定距离的总和。因此，我们可以把它看作一种从那个点出发的"广义距离"。如果特定距离是关于形状和系统的米制特性，那么广义距离就可以当成组构特性的核心。广义距离是一种拓扑深度概念的概括，它使得组构成为分析的中心。

　　也许有人会持异议：他们认为只有在把形状转化为拓扑图这种不可接受的简化方式条件下，广义距离的概念才有意义，这种概念不适用于一个具有无穷个点的系统。这确实是个难点，但它似乎并不像乍看之下那么难，其实它较容易被解决。如果我们想像一个由小方块组成的正方形，它是可以变换为一张拓扑图，见图 3.6。当我们测量每个小方块中心点之间的距离时，如果仅仅考虑它们是正交相连的话，显然图中的拓扑距离会近似等于米制距离。在整个正方形的斜线上，米制距离会比拓扑距离更长或更短，这些都依赖于绘制拓

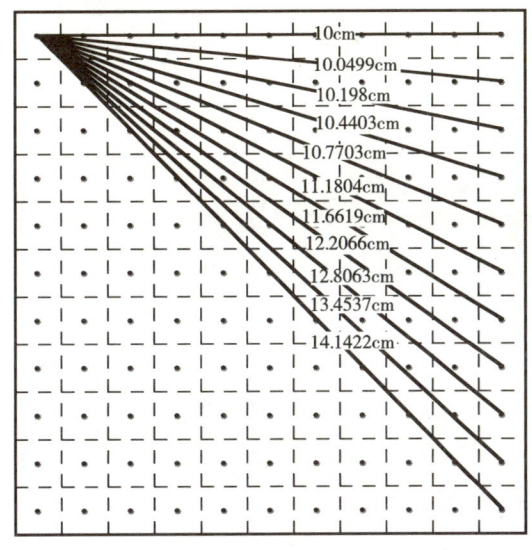

图 3.6

扑图时是否沿斜向穿过小方块，或是否沿小方块的四周绕行。如果不允许斜向穿过小方块，那么拓扑距离是 $n+m$（或可以称作为"曼哈顿"距离，如果用曼哈顿的格网来作对比的话），m 是横向距离，n 是纵向距离，而米制距离（或两点间的实际路程）将会是 m 的平方和 n 的平方之和的平方根。这也将是斜角两端距离的极值。如果允许斜向穿过小方块，那么斜线两端之间的距离会是 m 或 n，无论哪个是最大的，它们都错误地表示了米制距离。如果我们把这个正方形的拓扑距离和米制特定距离一一对应地映射在坐标图上，我们将会发现这种差异是巨大的，而且这种差异性在方块的不同部分也差别较大。换言之，拓扑距离和米制特定距离不是线性相关的，所以我们不能用一个变量来替代另一变量。图 3.7a 表示上图所显示的 100×100 个小方块所组成的方块中，任意选出 1000 对点，把它们的米制特定距离和曼哈顿特定距离（拓扑特定距离）一一对应而绘制成图表；图 3.7b 的图表中，纵轴代表的是米制距离和拓扑距离之间的差值，横轴代表的是逐渐增加的拓扑距离。

然而，如果我们用广义距离来替代特定距离，并进行上述相同的分析，那么这个问题就明显地解决了。图 3.7c 显示的是拓扑（曼哈顿）广义距离与米制广义距离的相关性分析，分析对象是图 3.7a 中 32×32 的范围内所选取的所有点（即 1024 个小方块），图 3.7d 的图表分析了拓扑广义距离、与米制和拓扑广义距离之差的相关性。整体而言，虽然这些值本身仍然有很大的差异性，但是它们或多或少地呈现线性相关性，因此，在统计上就可以近似地用其中的一个变量替代另一个变量。这个幸运的事实允许我们基于图论，更加灵活地运用组构变量。例如，形式和比例、面积和距离都可以至少近似地用组构的方法来表示。

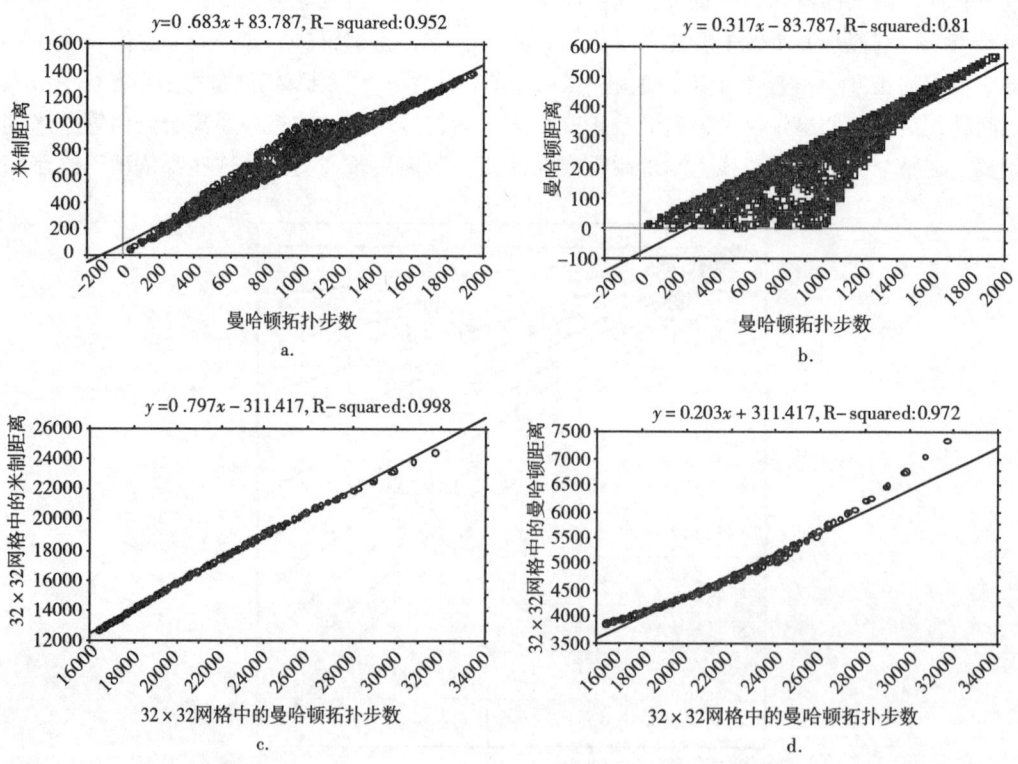

图 3.7

从某种意义上而言，所有这些都可以把那些由相关元素构成的复杂系统变换为一组J型图。实际上，根据复杂系统中某一元素与其他所有元素的关系，J型图重新定义了这些元素。叠加所有J型图的特征以此来表达整个复杂系统的特征，这意味着我们叠加了所有从内部的不同角度观察这个系统的视角。这样的最终目的是因为建筑和城市系统正是这种复杂的系统。它们是整体的大系统，只有从无数不同的视角观察才能综合出它们的结构、功能以及动态生长特征。

作为组构的基本形

现在让我们把这个想法推进一步，使之更接近我们的日常生活体验。显然，任何图形通常可以用一种类似细胞组织的网状结构来表示，或用马赛克来表示，我们可以根据精度需要来任意调整马赛克的细密程度。于是，图形可以变换为拓扑图，因此可以用拓扑广义距离的方式来表达。通过用这种方式可以描述日常生活中的简单图形，我们就可以抓住它们是如何契合日常生活模式的关键问题。

假设一下，我们（大致地）创造了一个由小方块随意组成的圆形图案，如图3.8a所示。可以计算从每一个小方块出发到其他所有小方块的平均拓扑深数，并把这种深数的分布用每个小方块的点密度表达出来：密度越高，或颜色越深，代表整合度越高（也就是拓扑深数小），依次从深到浅分级，最浅的颜色代表整合度最差，或拓扑深数最大。显然，中心的整合度最高，这种整合度围绕中心呈圆周状逐渐递减。在真正的圆形中，所有边缘的位置会有相同程度的整合度。

如果我们考虑图3.8c中的方块镶嵌图案，那么整合度并不仅仅从中心向边缘递减，而且从边的中心向四个角递减。因此，从这个简单而重要的角度而言，正方形比圆形更复杂。在正方形内，"中心整合"的现象会发生两次：一次是从中心到边缘的整体现象，另一次是发生在局部的四条边上。我们也可以非常简单地计算出正方形的整合度略低于圆形，这是因为对于每个小方块而言，它们具有更大的平均拓扑广义距离。

如果我们把这些小方块排列成一个长方形，如图3.8d所示，整体图形的整合度更低，先前在正方形中发现的"中心整合"特性更为极端化。这个图形的整体结构是中心方块的整合度较高，接近边缘的方块整合度较低，尽端方块几乎没有的整合度；每一条边中心的整合度较高，但是这种差别在长边上表现更明显。当长方形拉得越长时，这种马赛克图案的整体结构就会随之变化。保持小方块的数量不变，把小方块排成一线，那么局部和整体的整合结构是相同的，如图3.8e所示。

我们可以这样来总结上述的现象，就整体结构而言，所有这些图形的整合模式结构是从中心过渡到边缘的：对于圆形，局部或者说环形边界的整合结构是均匀的；对于正方形，横向或者纵向的整合结构与图形整体整合结构之间的差异是最大的；对于长方形，当我们拉长它的时候，横向局部结构逐步类似于整体结构，直至所有小方块排列成一条直线，局部和整体的结构变得完全相同。图形的"结构"之间的对应关系，以及探求这种关系的过程对于研究日常生活的社会性是非常有趣的。例如，在正方形的饭桌上，边的中心部分比四个角更占位置优势，因为这是空间最整合的位置。同理，英国首相一般会坐在长方桌的

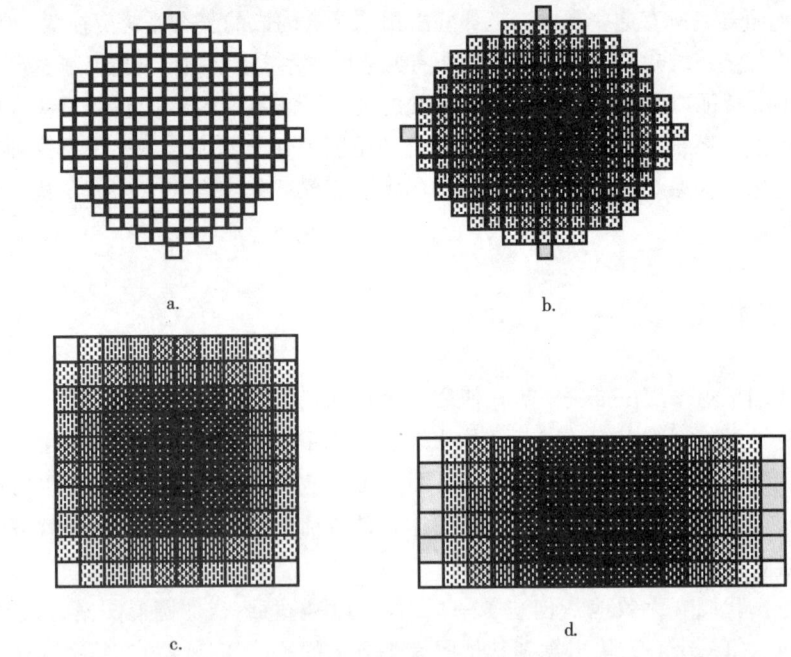

图 3.8

长边中心处，于是首相可以极大利用了长边中心的空间整合度优势与其他人交流。相反，如果为了体现地位，而不是为了互动交流的话，如讽刺漫画中，公爵和公爵夫人一般是坐在长桌的两端，从空间关系学而言，这使得他们彼此的隔离程度最大，也增加了他们监督其他客人的功能。而"学院餐厅"的餐桌一般是细长条的，当学生和僧侣用餐时，没有人会坐在餐桌的两头，然而这种方式使得除了邻近位置之间的对话较容易之外，其他任何集体性的对话都变得很困难。圆形桌则适合那些土地拥有者的骑士们与他们逍遥的国王之间进行政治游戏，就如同那些圆形会议桌以及议会厅适合那些无止境的政治辩论。从某种意义上而言，形态的开发利用方式完全按空间整合模式进行，尽管有相反的情况，但这都取决于互动交流与象征性的地位孰轻孰重。

建筑平面是有形空间

我们可以考虑一下更为复杂的例子，即一栋房子的平面。图 3.9i 中一系列平面图表示了法国乡村中某一个农场屋的简化平面，这也就是我们在第一章中所提到的那个例子。起居室（sale commune）是日常生活中烹饪、就餐以及接待日常客人的场所；客厅（grande sale）是接待正式客人的房间；平面右侧的工作间（work spaces）是制酪、清洗以及贮藏的场所，这些都与房子里的女性角色有关，书房（bureau）主要是男性占据的办公空间，大厅（sale）是未界定的空间，可能在功能上与书房相关。当把这个平面作为一个图形来分析时，这又意味着什么呢？

首先，一个平面图是一个图形，可以表现为马赛克图形，见图3.9ii。为了分析的方便以及保证较快的计算速度，我们用了一个相对校大的马赛克元素，并把入口看作单一元素。这也导致了墙体厚度变得不真实了，但是这并不会影响我们的分析。可以计算广义距离，以此分析马赛克似的平面，因为它反应了平面内中心性的分布。在这个拉长的平面中，位于起居室与平面中心左侧主入口之间的前部走廊具有最小的广义距离（显示为最深颜色），如图3.9ii所示。

米制广义距离的分布表示了从图形的任何一点移动到另外一点所作的物理努力程度。如果我们把这个平面的形状与一个由相同数量的小方块构成的正方形相比，就得到该平面的整体米制整合度的简单指数。在这个案例中，平面中小方格的平均广义距离是10.3，而正方形是4.9。如果把平面分解为由正方形组成的图形，那么将会发现平面的广义距离是一个相等大小的正方形的2.1倍，这说明了在这个平面中移动，比在一个相同的正方形中移动要多做一倍的功。我们可以认为这个数字的倒数可以表示建筑平面的形状在多大程度上接近正方形。在这个例子中，这个值是0.462。因此，广义距离的大小以及分布可以表示一些类似图形的物理学经济方面的内容，即人们为了克服广义距离而做的生理学上的努力。我们也许可以这样假设，平面就如同某种身体性或生理性的结构，它代表着当人们用身体占据某个平面时，这个特定的图形具有某种惯性。

然而，如第一章中所见，平面也是凸空间元素的一种组合，即房间、走道、门厅等等。我们可以借用简单的基本元素表现平面，如图3.9iv所示。于是，我们把凸空间作为因子，忽略实际的距离和尺度，再次分析这个平面的整合模式，如图3.9iv所示。当然，如第一章中所示，整合度最强的空间是起居室。虽然它的颜色与走道的颜色非常接近，然而这个空间的整合度（0.197，使用i值公式）比走道的（0.205）更高一些（即更短的广义距离）。这就意味着从凸空间的角度而不是米制距离的角度而言，整合度高的区域从平面的几何中心移到某个特定的功能空间。如果我们加上了四条线装的长条围绕平面，以此代表室外的世界（因为与外界的联系经常是居住空间布局中非常重要的一个方面），我们重新分析它的整合度（图3.9vi和图3.9vii），这种空间整合度的分布没有发生变化，偏移几何中心的起居空间仍然比位于中心的走道具有更高的整合度。

现在，我们把凸空间元素重叠在马赛克图形之上，把每一个凸空间都与下一层的所有小马赛方块相连，把这两层作为一个统一系统来重新分析，这样每个凸空间会被与之直接相连的小方块的数量所影响；而且，每一个小方块也会受到通过这个凸空间元素与它相连的其他小方块的影响。毫不奇怪，我们发现每一层将会影响了广义距离在另一层的分布。图3.9viii和图3.9ix分别表示了这两层：图3.9viii是双层系统的凸空间那一层，对比图3.9v，左侧的大空间，即"最好"的房间，比其右侧的工作空间和办公室更加相对"整合"。这是尺度上的一种效应。事实上，"最好"的房间相对较大，它就叠合了更多的小马赛克，对比面积小的工作间而言，这就产生了一种尺度效应，即"最好"的房间由于其面积大而获得了更高的整合度，而面积小的房间就恰恰相反，整合度会相对较低。实际上，这一双层系统的凸空间层表明了凸空间元素的整合度分布方式是受到其面积大小影响的，这一面积可以通过每一个凸空间所覆盖的小马赛克的数量来衡量。图 3.9ix 是马赛克那一层，它很清楚地反映了这种尺度效应。与图 3.9iii 比较，我们看到在"最好"的房间内较大的凸空间与小马赛克的叠合产生了一种效果，即使两者都更整合而均匀。这些结果表明了尺度大小、形状以及空间组构都可以用一种广义距离的共同语言来表达，或可以用整合度的语言来表达，这些可以用一个统一的分层空间系统来表达。

就此作进一步的论述：平面内另一个可能的"层"就是连接这些凸空间的视线系统，这些视线的产生是基于所有门都是敞开这个假设。我们可以绘出轴线"条"，如图 3.9x 所

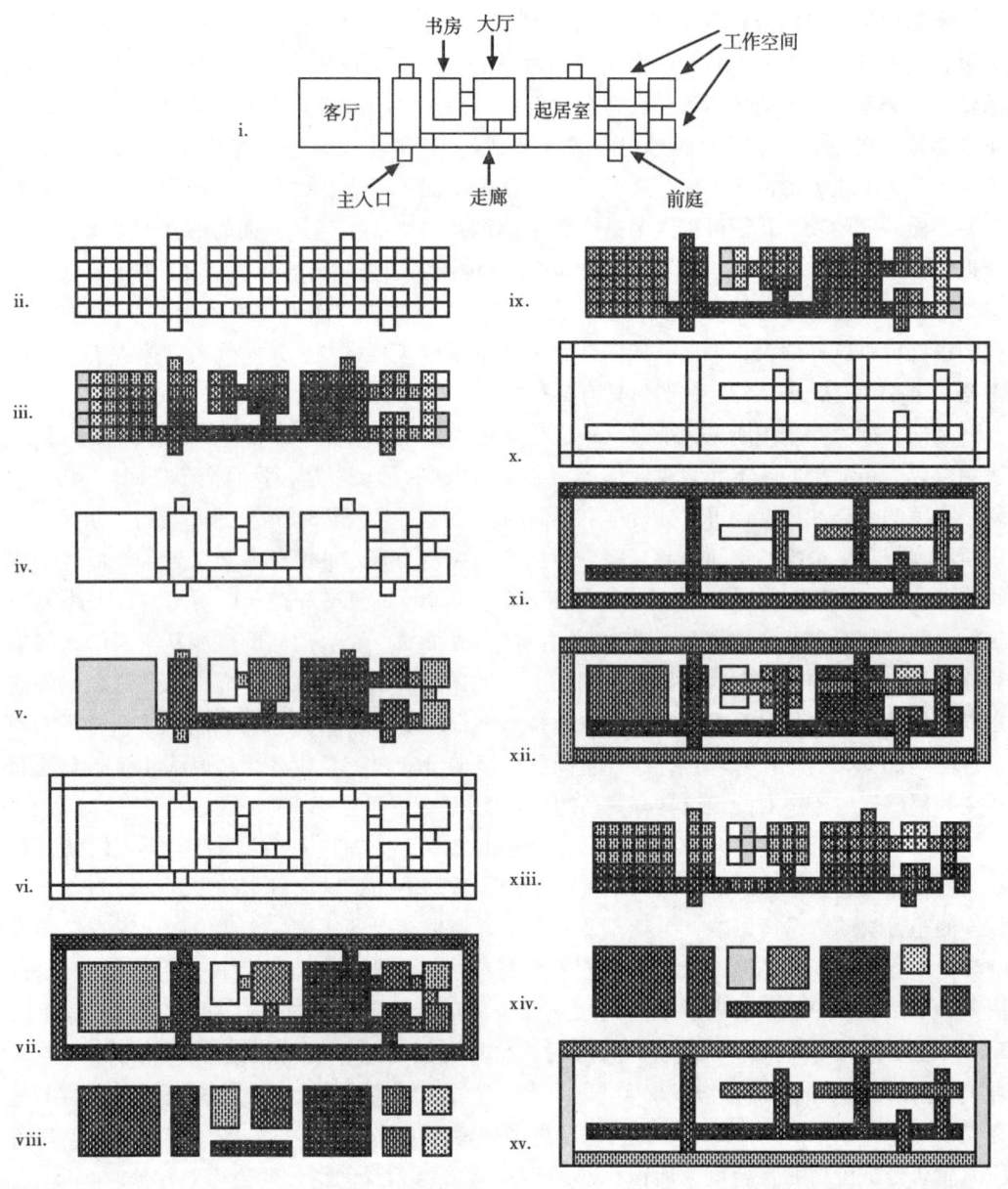

图 3.9

示，以此表达这一视线系统，并分析它的整合度，如图3.9xi所示。我们发现穿过起居室、大厅和走道的"轴"是最整合的元素，然而，在中部靠左侧的那条通过主入口的轴线，以及中部靠右侧的那条穿过起居室的轴线也具有较高的整合度。

我们也可以将这种线状的元素叠加在凸空间之上，让线的元素直接与叠合在其下方的凸空间相连，于是构成了一个双层系统，它可以作为一个整体系统来重新分析。这种分析是为了说明整合度是如何在凸空间和线性元素之间分配的。我们发现前部的走道仍然具有最高的整合度，其次是前后向穿过起居室的轴线，再次是前后向穿过主入口的的轴线，以及起居室这个凸空间本身。图3.9xii把轴线和凸空间系统结合在一起，表明了上述的分析结果，也可以将轴线与凸空间分开来表达，使之更为清晰。

最后，我们可以将凸空间和轴线的元素直接与叠合在其下的小马赛克相连，那么所有这三层都归并入一个整体的系统中。我们分析这个整体系统，然后分别表达每个层次：首先是小马赛克层，如图3.9xiii所示；然后是凸空间层，如图3.9xiv所示；最后是线层，如图3.9xv所示。从这三层分析图示来看，最终的整体模式浮现出来了：连接所有前部空间的"前轴"是整合度最高的元素，然后依次是起居室、客厅、向后穿过起居室的视线，以及主入口轴线以及次入口轴线。

对比在第一章中纯粹的凸空间分析，在此我们增加了一些新的细节。例如，显然，房屋前面的走廊连接了各个前部房间，穿过它的视线比第一章分析中出现的那条视线更为关键，而且现在的分析表明了房屋前后方向的组织方式也较为重要，这在第一章中也没有涉及。此外，我们还可以发现所谓的房屋平面的"做功经济"与更为整体的组织方式之间有非常微妙的关系，其中"做功经济"是指在马赛克平面中从其中一个点走到另一点所耗费的物理努力。实际上，主要凸空间的整合中心就偏向了物理几何中心上，而且这种偏移程度往往会被凸空间的面积大小所抵消。因此，在客厅（grande sale）中发生的整合度偏移比在起居室的更大，然而前者的面积更大，因此，这种整合度的偏移也就被抵消了一部分。

这种多层次的分析表明了我们不能把一个空间系统视作一件事物。空间的布局就是一个图形，它包含了多种组构性的可能，每种可能性看似都对应一个不同的功能。这些可能性可以被视为各自独立的空间系统，我们可以选择某种表达方式来分析特定的可能性，或者选择几种不同的表达方式组合起来分析，或甚至穷尽所有不同的表达方式。这些都依赖于我们的研究目的。

作为组构的立面

如果在一个图形中不同层次的整合度分布和我们如何看待这个图形有关，那么图形本身可能暗示着我们理解这个图形的方式，这可能是个有趣的推断。例如，从某种意义上而言，房屋的立面可以被看作某种图形，它似乎能传递可以被人们"理解"的信息。组构是否参与了这种显而易见的交流模式呢？

我们可以用一种非常基本的方法来分析我们是如何识别物体的。图3.10中上排呈现了三幅图，这是三种排列三十个方块元素的不同方式。识别这些图案可能分两个阶段。在第一阶段中，我们可以分辨出某个与众不同的图形；在第二阶段中，我们给这个图形归入某种类别中，并赋予一个名称。在图3.10a和图3.10b中，我们看到了两种图形，而且很容易就能识别出它们的差别，即我们很快得出两个物体之间的组构差别。但是我们不知道如何给它们分门别类。因此，物体的识别过程在第一阶段就结束了。在图3.10c中我们也看到了一个图形，但是这次我们会推断出一个类别：这个形好像一个模块化的简单人形，因此，我们会想像它是一个机器人、一个漫画人物或者一个玩具等。

当然，这个图形实际上与真人差别很大。我们的类别判断的基础至少是经不起推敲的。然而，证据是非常有趣的，它看来具有组构特性。图3.10a、图3.10b和图3.10c仅仅是轮廓图，把30个小方块组合成不同的组构形式。即使我们缺少那些也许与组构相关的类别直觉，我们也完全有能力来分辨这些纯粹的形式或者组构。

我们可以称第一阶段为物体识别的句法阶段，第二阶段为语义阶段。第二个阶段已经被哲学家和其他学者广泛地研究过了，但是第一"句法"阶段仅仅刚刚才被认知心理学家所研究[21]，那么，它到底是什么呢？辨认出一种组构又意味着什么呢？解答这些问题的一种方法就是把问题倒置，研究组构具有什么特性使得我们可以辨别它们。例如，我们可以把组构作为整体拓扑深度的分布方式来分析，如图3.10第二行所示。

这给予我们几种和组构有关的信息。首先，每一个图形都有一种整合度的分布，可以用从深到浅的方式来显示，这可以看作是图形内部的某种结构。其次，图形作为一个整体拥有整合度的特性，如借助平均拓扑深度值以及标准方差来识别。我们比较一个5×6的长方形的平均拓扑深度和标准方差（即一个与图3.10中的图形具有相同方块的规则图形，它也非常近似正方形）。我们可以发现图3.10c比图3.10a更整合，而图3.10a比图3.10b的整合度更高，但是这三者都比5×6的长方形的整合度低。标准方差也与之类似。这些拓扑深度的值看似对应了我们对图形的某种直觉理解，标准方差也是如此，它表明了与图3.10a比较，图3.10b中每个元素的平均拓扑深度之间具有更大的差别，而图3.10a的变化又比图3.10c更大，所有这三个值比5×6的长方形的值更高。

但是，这些量度没有表达出来另一种直觉。显然，图3.10c比图3.10a或图3.10b更加"对称"，因为它具有双边对称的特性，这是在人造物或自然界中所发现的最普遍、也最容易辨识出的一种对称形式。然而，即使图3.10a和图3.10b同时缺乏这种形式对称性，但是在这种意义上它们也不是完全相等的。从某种意义上而言，图3.10a比图3.10b更接近对称图形。这种特性有可能被量化。然而，我们必须从组构的角度来看待对称这个概念才能解释它。

我们在图形中所见的纯粹对称可以被诠释为组构的特性，就是J型图的同构图。从建筑的角度来看，用这种方法来阐明对称的特征是非常有用的，因为通常的对称定义是"运动中的恒量"，而它则提出了一种新的不同方法来定义对称，虽然不够有力也不严格，但它揭示了建筑直觉的方面的重要特性。例如，我们可以辨别出不同的对称位置信息，这不是相对于整个物体而言，而是相对于物体内某个区域而言，这就是局部而非整体的J型图的同构图，还可以讨论局部与整体J型图的同构图之间的关系。房屋中充满了局部层面上的对称，如窗的形式，或是房屋的某一特定体块，这种局部对称有时能在整体对称中反映出来，有时反映不出来。整体对称和局部对称之间的关系是对此的自然表达。

更重要的是，我们能够详细精确地说明位置信息的相似性对称，而非仅仅去识别它们。例如，J型图的同构图意味着这些图不仅拥有同样数量的元素和相同的整体拓扑深度，而且

第三章 不可言表的技术

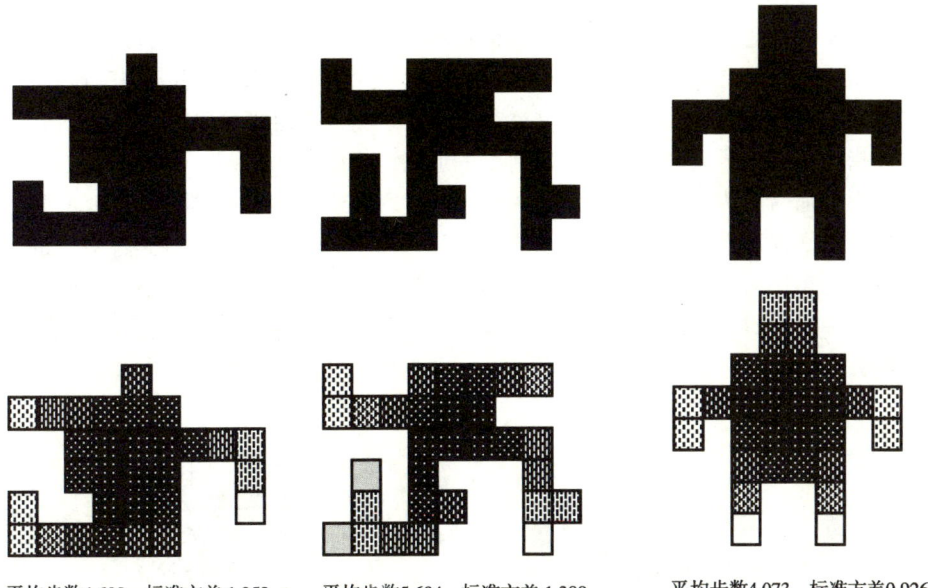

平均步数4.609　标准方差1.259　　平均步数5.604　标准方差1.389　　平均步数4.073　标准方差0.926

6×5的方格：平均步数3.554　标准方差0.543

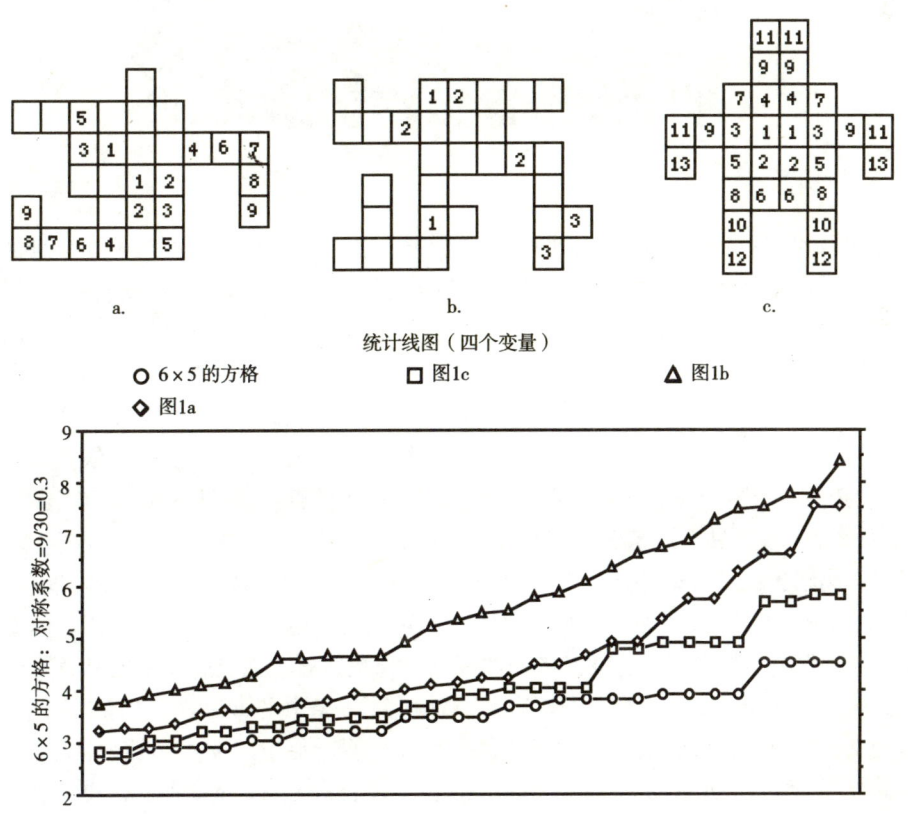

图 3.10

这些图的每一层次中都有相同数量的元素，以及同样的元素连接方式。一种削弱这种完全对称的方法是仅仅变化元素之间的连接，而保持其他特性不变。另一种方法是变化每一层次上的元素数量（随之产生的是连接方式的变化），但是保留它们相同的总拓扑深度。[22]

第二种方法看来特别有趣，因为建筑形式理论中经常提及非对称的"均衡"[23]，这种方法就可能指出了一种严谨探讨这种"均衡"的道路。例如，在图 3.11 中，我们在一个简单的线性图形中加入了两组 4×2 的矩阵，一组横向水平排列，另一组则是竖向垂直排列，它们通过两个水平排列圆圈与底座中细长方形相连。虽然整个图形的两端是不对称的，而且它们本身的总拓扑深度（或 i 值）都有不同的分布，但是底座细长方形中上下两行圆圈的数值都是一一对应的，因此左右两侧的圆圈是一一"对称"的，也拥有相同的 i 值。这种 i 值的等同性看来为"非对称性均衡"赋予了一种更为精确的意义。

图 3.11

我们也许可以把这种分析运用到图 3.10 中所示的三个图形中。在图中第三排的图形中，如果两个小马赛克具有相同 i 值，不管是最整合，还是最隔离，它们就会被标示出来。我们可以看出，图 3.10a 比图 3.10b 有更多相等的 i 值。同样，在图 3.10a 中，相等的值基本上接近图形的整合度中心，而在图 3.10b 中，它们明显地分布在边缘。简单的统计分析就可以表达所有这些特性，以及整合度的程度：见图 3.10 中最后一排的线状图表。在图表中，每一个图形都由一系列的 i 值来代表，按照从最浅到最深拓扑深度顺序依次标示出来（也就是的按照从最整合到最不整合的次序），其中 6×5 的长方形是比较的基准（用圆圈表示它），而图 3.10a 用钻石形来表示，图 3.10b 用三角形来表示，图 3.10c 用正方形来表示。显而易见，纵轴坐标表示拓扑深度（即整合度的倒数）。6×5 的长方形是整合度最高的，其次是图 3.10c，再次是图 3.10a，最后是图 3.10b。当随拓扑深度的增加，图表的形状开始发散，这表明每一图形中整合度高的马赛克的数值更接近，而整合度低的马赛克的数值差别更大。在线性图表中，具有相同 i 值的元素构成了一条水平线，构成这些水平线的元素的数量与图形中所有元素的数量之间的比值也可以表明图形中"非对称性平衡"的程度。这可以简化为 i 值除以元素的总数量。相同的 i 值要么表示为同构的 J 型图，要么表示那些仅仅拥有相同总拓扑深度的图。这个比值可以被看作一种广义的"对称性指数"。在线性图表的下方注释了图 3.10a、图 3.10b 和图 3.10c 的对称性指数（si）。

图形的整合度分析使得我们可以采用严谨的方式去有效地描述一些图形特征，虽然这种整合度分析也不是那些特性的完整描述。如果把房屋立面看成图形，这种方法还是有用的。然而关键问题在于房屋立面不是纯粹的图形，它们不是匀质背景中独立的几何形式；它们是有朝向的形式，至少它们是从地面上竖立起来的。在分析时，如果我们把这一简单的事实考虑在内的话，我们将会很容易地发现一些富有建设性的成果。可以把图形简单地放在一条线上来分析，这条线代表"地平线"。图 3.12 中的三个图形是前述的正方形和长方形加上了地平线，其中长方形的两个例子是不同的，一个是长边平行于地平线，另一个是长边垂直于地平线。

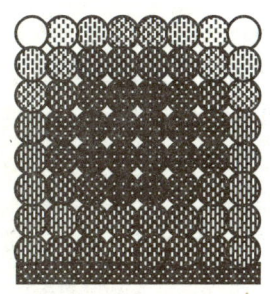

同构度=0.178；
对称系数=0.477

同构度=0.124；
对称系数=29/65=0.446

同构度=0.095；对称系数=20/65=0.308

图 3.12

在正方形案例中，加上了地平线之后，正方形中原来的八个轴对称减少为一个左右对称。如果我们对比一下这两种正方形中的明暗分布模式，就可以从视觉上看出这一点。虽然带有地平线的正方形仍然具有明显的同心圆的模式，但是附加的左右对称模式更为明显。显然，这是地平线导致的，它把整合度朝下拉向了自身。这也肯定了我们的直觉，即日常中我们不会把一个正方形立面的对称性等同于一个独立正方形的几何对称，我们会感觉它锚定在地面上，具有左右对称感，但是没有上下的对称感。实际上，我们描述立面图形的语言（比如顶部和底部、左和右）都表明了我们能够辨别出对称关系与非对称关系。

无论我们把这个正方形水平或垂直的拉伸，地平线导致的"左右对称效应"在正方形中比在拉长的形状中要明显得多。在垂直向的长方形中，地平线使得底部的整合度增加，顶部的整合度减少，但是没有强化左右对称的效果，而是强化了从下至上的差异分布。在水平向的长方形中，地平线的加入也没有强化左右对称，而是形成了自下而上的横向分层效果，但是差异非常微弱。

考虑整合度和对称性指数，垂直长方形和水平长方形之间的差异是显著的。在垂直图形中，因为其大多数元素远离地平线，而且与地平线相交的元素也较少，它几乎与独立的无地平线的长方形一样自我封闭。然而在水平图形中，大多数的元素都更靠近地平线，也有更多的元素与之相邻，因此它与地平线结合得更好，形成了比带地平线的正方形以及独立的无地平线的水平长方形更为整合的图形。

当我们考虑对称指数时，效果很明显。不考虑地平线，独立的正方形比长方形拥有更多的"对称性"，然而，增加了水平线，垂直长方形与水平长方形的对称性变化是相反的。此时，垂直图形比正方形具有更少的对称性，因为在同一水平层次上的元素更少，但是水平图形比正方形有更多的对称性，理由恰恰相反。同样的，这些效果的产生具有一个常识性的理由。在一个垂直长方形中加入一条地平线，就相当于它锚定在地球上了，那么独立图形中从中心到边缘的整合度的模式就转化为从地平线向上逐步递减的整合度分布模式，与地面最接近部分整合度增加最多，距地面最远的顶部整合度减少得最多。在水平长方形中，元素彼此之间更多的是水平状相连，它们更靠近地面，因此它们的整合度也就更接近。这对应着一种直觉，即与地面接触的图形越水平伸展，它内部元素之间的整合度也就越均匀。相反，垂直长方形强调了整合度的不同，因为它上部和下部的关系更为非对称的。可以说，水平图形是整合而均匀的，而垂直图形是隔离而不均匀的。

分层来分析立面也是有启发性的。例如，如果分析一个简化的古典立面，我们首先用一种米制的马赛克图形来表示它，然后勾绘出立面上的主要部件作为一种凸空间。如图3.13a 和 b 所示，我们分别分析每种表达方式，可以看到用马赛克代表的图形显示了整合中心位于图形上半部，并向下延伸到中心的柱子上，整个分布强调了垂直方向的连续。相反，凸空间分析中，整合度聚焦在中楣，强调水平向的连续。人们也许会推想，观察一个立面时，我们看到的是一种形状，而我们对那个形状的印象会根据强加在其上的元素的整体构成而改变。

这些分析也分别揭示了中心性垂直结构与线性水平结构是最普遍的建筑现象，这是建造者和设计师都会使用的跨文化形式母题。分析中"发现的"这些结构至少明显印证了直

a.

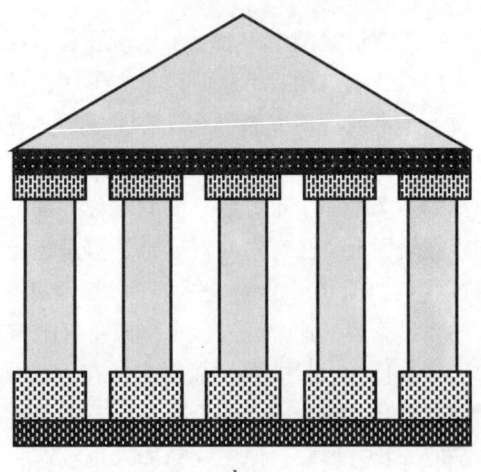
b.

图 3.13

第三章　不可言表的技术

觉。分析可能回答了一个问题：自洛吉耶以来[24]，为什么古典立面常常被认为是立面构图的基本模式？这是因为如果分析它的轮廓外形和凸空间（主要部件）的组织，它同时表达并创造了立面构图中两种最基本模式之间的张力。如果这是事实，那么我们认为当人类观察房屋形式时，他们至少"阅读"了两个层次以上的整合度模式，以及这些层次之间的张力。

多层次的城市空间：理解性问题

无论立面的案例说明了什么，城市空间是一个需要大量实证调查研究的领域，我们需要考虑不同层次的可能组构以及这些层次之间的关系。例如，考虑一下图 3.14a 和 b 中两种假设的城市布局。这两种布局具有相同的由房屋构成的"街坊块"，或者称为"岛屿"。在第一个案例中，它们有点不规则地组合排列，但是这个案例或多或少类似于"城市"，因为街坊块围合出了空间模式（这是城市空间的精髓所在），这些空间看似城市空间，而且它们之间的对位关系也看似正确，应该拥有"城市"系统相同的"可理解性"。在第二个布局中，所有的"街坊块"只是略微移位了，使得空间系统不那么像"城市"，也大大降低了"可理解性"。显然，任何有效的城市空间分析必须能够证明上述这些直觉，或者证伪。我们将证明这些直觉不是虚幻的，它们来自平面布局中不同空间之间的明确关系。[25]

从某种意义上而言，两种布局都代表了最常见的城市空间模式，可以称之为"变形的网格"，因为当入口对外的街坊块围合成空间，形成了规则的空间格网，它将以两种方式发生变形：首先是轴线式的变形，在规则方格网中，视线或者运动趋势可以直接从网格的一端通到另外一端，当网格变形时，视线或者运动趋势会不断地碰到街坊块的立面，并不得不改变方向；其次是凸空间的变形，这些二维空间不断变化方向和形状，形成了或宽或窄的连续空间。对于任何一个在网格中移动的个体而言，空间中任何一点的视域范围会由上述两个层面的空间构成，即线性空间与凸空间。不论观察者在哪个位置，他总是遇到局部的凸空间（即该空间内部任意两点之间没有视觉障碍），以及通过这个位置的无数视线或者运动趋势。最简单地描述一下这两个层面的空间差异：直觉上来说，一个移动的观察者在其中任意一个空间层面上都会经历持续的视域变化，但是在这两个层面上所经历的视域范围是不同的。于是，这种不同的经历就会使得观察者对空间的理解因层面的不同而不同，即在行进过程中，不同的视域变化可能会导致空间理解的变化。

通过调查这些不同的可能变化，我们可以开始分析这两种布局。首先，我们会考虑相互"重叠的"凸空间元素，它们由街坊块的轮廓界定的[26]，每组轮廓都界定了其最大的凸空间领域。这些领域不可避免地相互重叠，而且重叠的区域将会形成一个更小的凸空间，从它出发，可以完全看见那些有重叠的凸空间的各个角落，即这个更小的凸空间对于其他与之重叠的空间而言呈凸性，虽然那些重叠的空间不是彼此互为凸空间的。我们可以进一步叠加更多凸空间，情况仍然是相同的。于是，我们可以得到某些小空间，它们对于大量的其他凸空间而言是凸性的，因为从这些小空间出发可以看到其他那些空间。所以这些多层重叠的小空间会拥有较大的视域范围，然而那些缺少重叠的地方会倾向于拥有较小的视域范围。事实上，叠合凸空间元素是无法靠直觉来完成的，因为重叠过程非常难以表达。因此，计算机分析就应运而生了。

首先，看看在两种平面中重叠凸空间的模式。图 3.14c 和 d 是这两种布局的开放空间结构的分析结果。根据每一个"街坊块"的外轮廓，计算机首先会描绘出所有重叠的凸空间，然而分析了空间"整合度"模式，从深到浅的灰色表示从整合到隔离的空间变化。在第一个"城镇"布局中，最深的"整合中心"空间（最深颜色表示的形状）穿过了非正式的"集市广场"，把它与"城镇"边缘空间联系起来了。在第二个例子中，缺少一个强有力的整合中心把"广场"与系统边缘相连，实际上，整合中心是分散的。事实上，最整合的空间位于系统边缘，而不再靠近系统的中心位置。平均起来，它的整合度比第一个平面的要低得多，也就是从任何一个空间到其他所有空间的度量中，它具有更大的总拓扑深度。

换言之，虽然第一种平面与第二种平面的差别仅仅是街坊块的微小移动，但是无论从整合度的分布还是整合程度而言，它导致了空间结构的巨大变化。直觉猜想告诉我们：第一种平面中"边缘－中心"式的整合核心结构应该与整个城市空间的可理解性有关；此外，在第二个案例中，这种结构的缺失也可能与可理解性有关。对于城市空间系统的可理解性是一个具有挑战性的课题。因为根据定义，街道层面上的城市空间是无法一眼看穿的，也是无法瞬时体验完的，它需要观察者在城市空间中不断走动，以此一点一滴地形成关于该城市的印象。所以说，整体印象是从城市的局部建立起来的，更确切地说，从一个局部空间走到另一个局部空间的过程中建立起来的。那么，我们猜想这种整体印象的形成过程应该与对城市空间的理解程度相关。

实际上，我们可以采用一种简单而有效的方法精确地研究这个假设。图 3.14a 和 b 中的两幅"散点图"对应于前文的两种平面布局，它们说明了这个假设。在散点图中，每个点代表它上方的平面图中每个重叠的凸空间。纵轴表示某个凸空间被其他凸空间重叠的次数，即这个凸空间与其他凸空间的"连接度"，而横轴表示凸空间的"整合度"，即从这个空间到所有其他空间的"拓扑深度"的倒数。显然，观察者在某个空间内就看到"连通度"，它表示如果观察者位于某个凸空间，那么他能看到有多少与之相邻的凸空间。然而，整合度是不能在某个空间内看到的，因为它表示从所有其他空间到这个空间的总拓扑深度，其中大部分空间是不能在这个空间内就看到的。变形网络的"可理解度"意味着在多大程度上我们可以根据在局部空间内看到的其他空间去推断整个网络的结构形态，也就是根据所有可见的空间"连接度"去推断不可见的空间网络的整体整合程度。对于一个容易理解的城市空间系统而言，局部空间应该有良好的局部相邻关系，整体上也应有良好的整合关系，而且对于同一空间，这两种关系应该尽可能的吻合。对于一个难以理解的城市空间系统，在局部上，空间往往彼此连接良好，但是在整体上，空间的整合度较低，以致某个空间的局部"连接度"不能帮助我们理解这个空间在整个空间系统的地位。

根据散点图的形状，我们可以知道可理解度的大小。如果这些点（代表空间）形成了一条从左下角到右上角的呈 45°的直线，那么这将意味着每个空间局部连接度较高，那么它的整体整合度也会较高，也就是局部可见的空间和整体不可空间系统之间完美地"吻合"。那么，这个空间系统将会很容易被理解。在图 3.14e 中，这些点并没有形成一条完美的 45°直线，但是这些散点的确形成了"回归线"，这表明相关度很高，也就是空间系统的可理解度很高。在图 3.14h 中，我们发现那些点散落各处，不再形成一条紧密协同的"回归线"。这意味着连接度与整合度不再吻合，因此当我们在这个平面中走动时，我们从局部空间看到的信息不足以帮助我们去理解平面的整体布局。这与我们对这个"迷宫"平面布局[27]的直觉非常吻合。

现在我们来进一步研究这两种平面布局。在图3.14g和h中,在第一个平面的"广场"中挑选出一个点,然后选取包含这个点的所有重叠的凸空间,于是,在散点图中,代表这些选中的凸空间的散点将变得更深更大(散点图与凸空间平面分析已经通过软件自动关联起来了——译者注)。我们可以看到,在这点上重叠的凸空间是平面中最连通且最整合的区域,而且在散点图上形成了合理的直线,这表明它们在视觉上越连通,也就越整合。由这些凸空间所构成的形状,从广场朝向几个方向发散出去,直达系统的边缘,而且从整体布局来看,散点图表明了位于"广场"的这个点占据了很好的空间"战略"位置。如果我们在第二个平面中进行上述相同的操作,如图3.14j和k所示,我们发现这些点隐没在散点图中,并不形成任何特点。于是,试探着点击一系列点,并核查它们的视域范围和散点图,可以说在这个平面中并没有发现任何重要的空间元素,因此也无法找到那种相对比较重要的散点。

我们也可以试着改变一下这些平面,看看会有什么效果。例如,虽然"集市广场"占据了策略性的位置,但是它太小了,因此需要改变它,而且在其他地方再建造一个大广场。在图3.14l和m中,旧的集市广场上建造一个新建筑物,在平面的左上部建造了一个新的大广场。我们来分析这个平面布局,并在新广场中选出那些互相重叠的凸空间。虽然新广场较大,但是它的整合度很低,而且广场中重叠的凸空间在散点图中位于一个非常差的位置。最整合的空间仍然位于那些指向原来集市广场的区域。换言之,整体的空间组构继续"指向"旧广场。由此,我们得到一个非常重要的结论:一个广场不仅仅是一个局部空间要素;而且它是如何被整合到整个城市空间结构中的,这一点也是同等重要的。通过分析真实城镇平面,我们也充分肯定了这一点。如果我们撤除旧集市广场周围的街坊块,扩大它的面积,我们将会发现这个广场变得更为突出,而且广场里最大空间(若对比那些通常较突出的连接广场的空间而言)现在也已经变成了第二个整合程度最高的空间了。换言之,空间整合中心从线性的空间元素偏向了广场空间本身,同时这会扭曲平面布局的基本性质。于是,当我们直观地解读城市布局的本质时,规模、位置以及主要开放空间融入城市肌理的程度成为其中的三个主要方面。

在城市平面中,凸空间要素当然不是最"宏观的"空间要素,而且它也没有充分体现可视性与通达性之间的关系。如果研究一维的线性空间,而不是二维的凸空间,我们就可以发现这点。在一个变形的网格中,空间上线性延展的要素是一组笔直的线,它们与街坊块的端点相切。实际上,这些端点之间的两两关系界定了系统内通过这些点的可视范围。这可以通过"轴线"或"所有线"的分析来进一步探求。在图3.14n–r中,计算机找到所有与街坊块端点相切的线,并分析了它们的空间整合程度。通过这些轴线可以分析出系统的可理解度,而且它比通过凸空间分析出来的可理解度更高,这是因为线是比凸空间更为"宏观"的空间要素,它们充分反映了布局中的可视性和通达性。因此,线空间使得局部空间要素和整体空间模式之间的关系变得尽可能地清晰。这种局部与整体的空间差异在所有线的分析与凸空间的分析中是比较相似的,两种分析显示的一致性本身就是城市平面布局的一个重要特征。

图 3.14a

图 3.14b

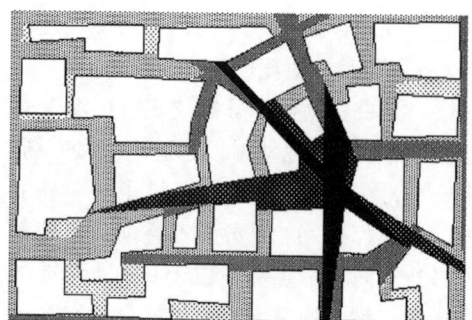

图 3.14c

图 3.14d

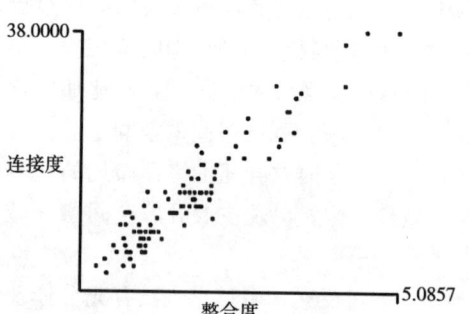

图 3.14e

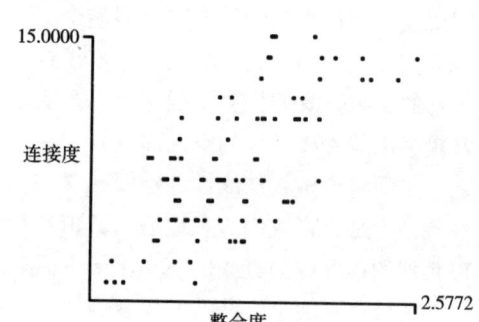

图 3.14f

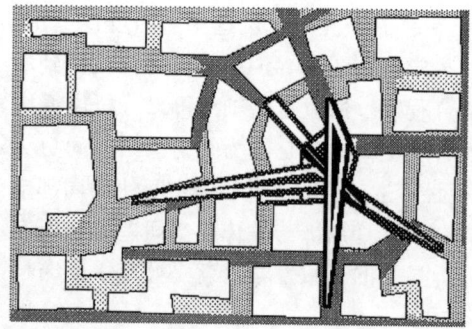

图 3.14g

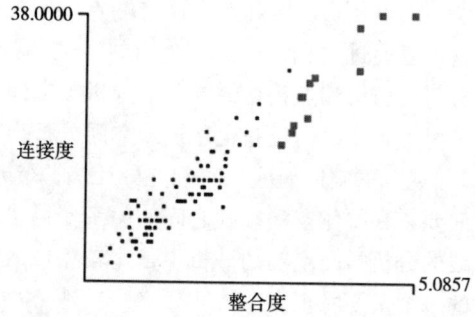

图 3.14h

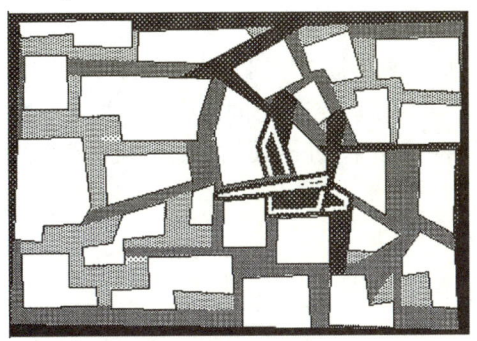

图 3.14j（原书无图 3.14i——编者注）

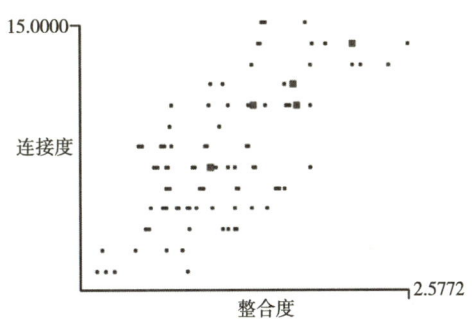

图 3.14k

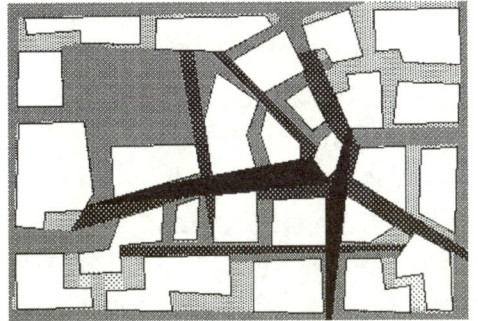

图 3.14l

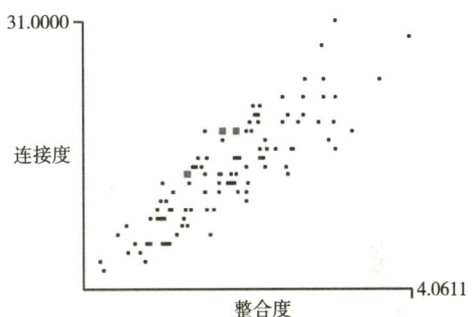

图 3.14m

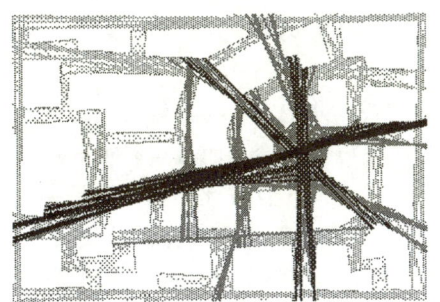

图 3.14n

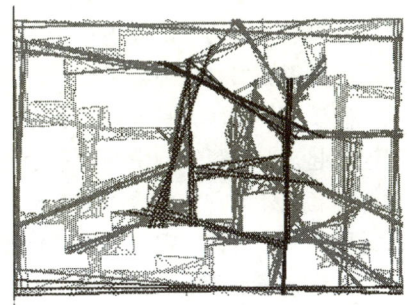

图 3.14p（原书无图 3.14o——编者注）

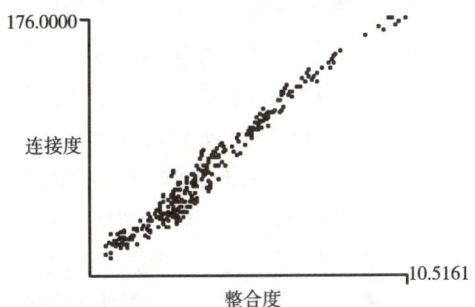

图 3.14q

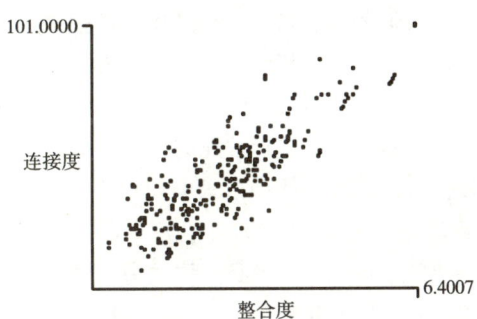

图 3.14r

从城市平面是如何运作的角度来看,两种分析都是非常重要的。例如,所有线分析的简化版本就是轴线分析,即只需要最长而且最少的轴线遍及整个空间系统,从而形成轴线的矩阵分析空间整合程度,以此可以预测人的运动。同样的,城市空间的二维"视域"特征分析也可以预测许多"静止的"城市活动,如公共空间的非正式使用,使用频率最高的空间通常接近整合程度最高的空间。

组构模型在设计中的运用

因为这些技术直观地揭示了空间平面布局的无数特性,所以我们可以在设计中创造性地运用这些技术,发掘出更多关于空间与功能的新见解。例如,大量的研究显示[28]轴线图可以简单地模拟城市街道网格,并且得出空间整合度的分布,以此可以预测人车的流动情况。在城市模拟中使用组构性分析技术,我们不仅可以预测人车流,而且可以探讨可能的城市空间模式,因为这些模式的优劣往往难以凭借直觉来判断。目前大量的城市设计项目已经充分利用了这些技术,经常需要模拟整个城市空间作为文脉,以此预测新设计方案的效果。[29]

为了说明这种技术的本质,一个简化的假设模型就足够了。在图3.15中,左上侧的图是一小块地区的轴线分析图(用最长且最少的线遍及整个街道网格),它勾绘了一个假想的场地更新项目的周围环境,由高到低的空间整合度用从深到浅的颜色来表示;它的右侧是关于可理解度的散点图,它表明这是一个不易理解的空间系统。我们可以加入设计方案,看看空间会如何变化。例如,我们可以在开发地段中加上一个规则的网格,而忽略它周围的空间结构,如第二行所示的图和散点图。尽管方案富有规则的几何形式,但是它与周边空间格局联系很弱,形成了一个匀质的隔离空间模式,结果我们从散点图中看到,整个区域已经变得更加难以理解了。

假设我们采用另一种设计思路,延长空间整合度高的线,并把它们与其他新设计的空间连接起来,如第三行中的图和散点图所示。地段得到了良好的整合,而且具有很好的可理解度。此外,方案中恰当地组合了较整合与较隔离的各种空间,且彼此相邻。这是一个很重要的城市特性,在随后的几章里会有论述(见第四章和第五章)。这是一个简单的例子,但是它显示了组构分析的能力,它不仅可以帮助设计师运用直觉来思考这种空间模式,特别可以用来判断每次设计改动对于空间模式的影响,而且它促进了设计师更有效地考虑新方案与现状之间的关系,甚至帮助设计师考虑城市局部和整体之间的关系。

我们还可以采用一种简化的模拟来解释这种空间分析。彩色插图1是一幅假想的城市空间的轴线图,其中局部地区非常完整。研究表明最重要的是如何使城市局部地区的内部结构与更大的城市空间系统相连。为了清晰地说明这一点,需要从两个层面上分析空间整合度。首先我们进行常规的整合度分析,它计算每一条轴线相对于其他所有轴线的拓扑深度。其次,我们计算在三步拓扑距离范围内,每条轴线相对于其他所有轴线的拓扑深度。后者我们称为半径3的整合度,因为它仅仅只考虑从每一条轴线出发三步以内的所有轴线构成的子系统。前者我们称之为半径n的整合度。半径3的整合度代表了一种局部的整合度模式,因此我们可以将其称为局部整合度,而半径n的整合度代表了一种在最大范围的整合度模式,因此可称其为整体整合度。

第三章 不可言表的技术

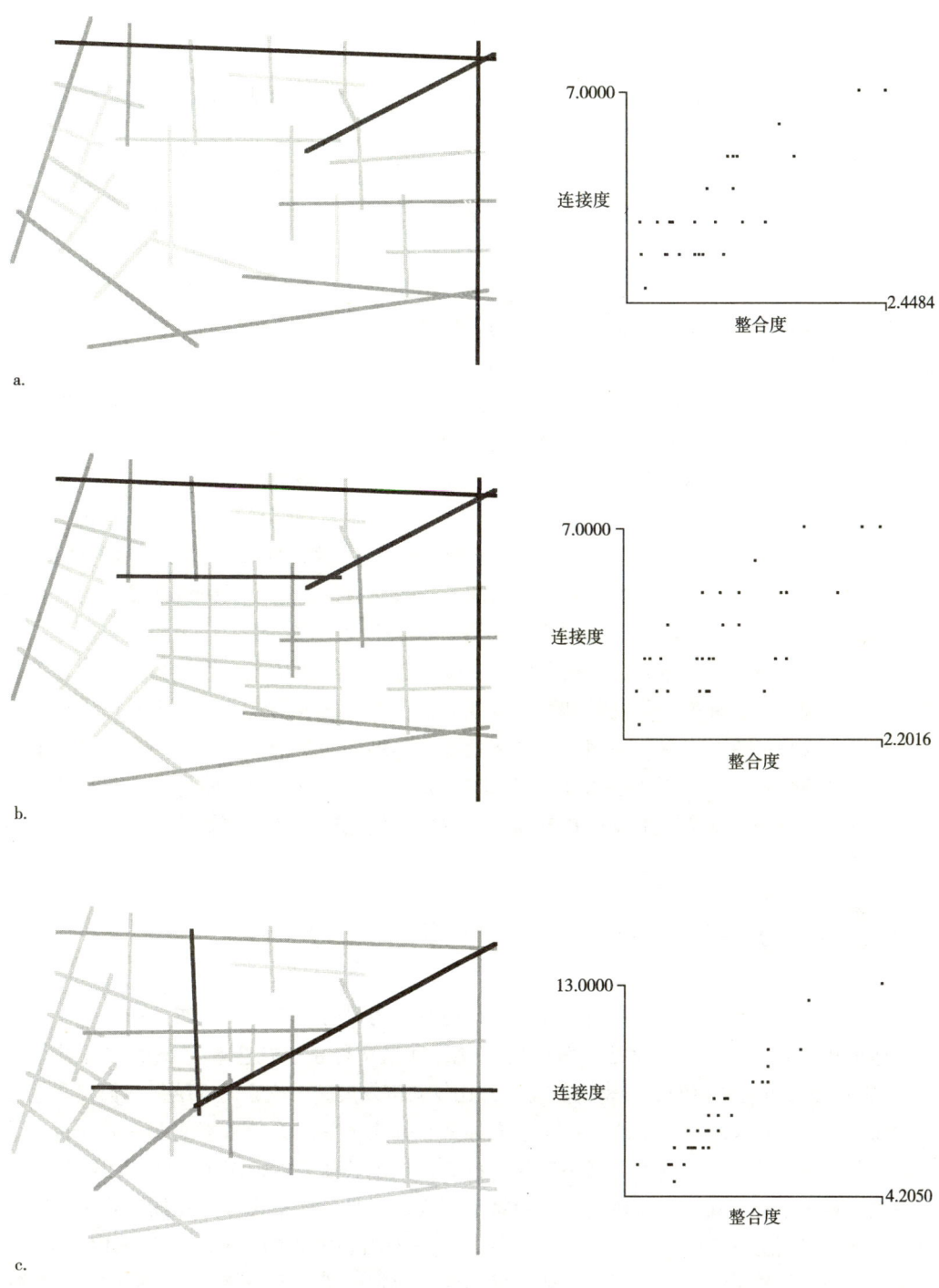

图 3.15

随后，我们将会发现在城市系统中，局部整合度最适合预测小规模的步行人流，这是因为步行人的出行距离较短，而且步行人会以相对局部的角度来解读城市道路网络；而整体整合度最适合预测大规模行动，包括一些车流的预测，因为人们在长距离出行时会更多地从较为整体的角度来解读城市网格。后文会进一步说明，在历史城市中，这两个层面的空间整合度之间的关系决定了城市部分与整体结构，因为它控制着人们在两个层面上的自然出行的互动程度，一个层面是更为局部的空间，对应着更多的城市内部出行，另一个层面是更为整体的空间，对应着更多的进出交通以及穿行。

不同类型的局部地区设计会有不同的整体与局部整合度关系，这种差别可以通过散点图来分析，观察这些局部地区所代表的点在整个散点图中的位置，以及局部与整体整合度之间的散点关系。例如，彩色插图1最后一行中显示的地区是一个典型的欧洲城市的一部分，由边缘到中心各个方向发散的轴线都有较高的整合度，次一级整合度的轴线联系这个城市的核心与城市外部空间。这种空间结构就保证了那些在某个地区内运动的人会同时意识到局部空间和整体空间，而且促进了局部人车流和整体人车流之间形成一种良好的互动关系。右侧是局部地区所形成的散点图。代表这个地区的点形成了一个很好的线性散点图，表明局部整合度可以很好地预测整体整合度，而且这些点形成了角度较陡回归线，它跨越了整个城市的回归线，这表明了局部整合程度要比高于整体整合程度。整个城市的那条主要道路反而位于整个城市回归线的顶部末端。这说明了城市局部地区是如何微妙地形成了一种局部结构，而又不丢失与整个城市空间结构的联系（见第四章对于真实案例的调查）。

在彩色插图1倒数第二排中，上述的地区是我们在现代住宅小区中经常发现的典型平面，它与小区边缘的联系较少，而且从边缘到中心的空间结构与住宅小区的主要内部结构也联系较少。这种类型的布局总是被显示为一系列分层的红色散点，且缺少局部和整体整合度之间的关系。这种布局总是限制了所有我们自然发生的人车流，在城市肌理中形成了四分五裂的飞地。[30]在顶部两排中表示了局部地区空间结构的其他变异，第一个变异类似于图3.16内实验性网格，所产生的影响与图3.16那个网格的很相似，而另一个是一些随机散点轴线，表示虽然这个城市设计具有随机的灵气，但是这些随机的轴线不可能成功，除非它们撞大运了。

未来的城市模型：城市的智能类比

除了组构模型在设计中的作用，目前它们还被作为研究城市多维动态的一个基础。例如，建成环境面临一个宽泛而难以解决的问题，即城市经济、社会和环境的"可持续发展"。即使参考可持续性的标准来有效监测并比较城市发展，无论它们的结果如何，我们也必须将城市的物理和环境表现的数据与它们经济和社会绩效方面的数据放在一起分析，城市的任何表述也需要与这两方面联系起来。例如，除了其他因素，能源消耗和污染的产生也取决于城市形态模式。聚居地应该采用密集布局，还是应该采用分散布局？采用集中式组团，还是采用分散式组团？采用单中心的，还是采用多中心的，或者还是采用混合式？为了得出研究的结果，不论是环境表现方面的测量数据，还是不同社会行为的应用性数据（例如工作和家庭的分布），抑或政策的"促进"作用，例如空间集聚与分散政策而导致的经济、社会和文化效果，这些都必须与城市的物质空间形态相联系，这些反映了真实世界中多样性的程度。

为了研究上述机制的理论模式，我们可以从纯粹的"组构"的模型入手，借鉴我们基本的思想，即整合不同"层次"的空间表达方式来阐释一个整体的系统，把其他关键的空间特性结合到组构模型中，例如米制距离、面积、密度、容积率、形状、政治边界等等。为了直观清晰表述，我们将会再次使用概念化的简化例子。首先，我们把街道网络表示为一系列的轴线或窄条，然后分析它们整合度的模式，如图 3.16a 和 b 中左上部图所示。在这个分析中，没有考虑米制距离。然而，在某些情况下，米制距离至少是一个重要的变量。我们能通过选择一个任意模块单位（如一个 10 米×10 米的方块）来提供这个变量，并将这个模块作为网格的基本单位，于是形成了一种马赛克的形状，如图 3.16c 所示。就这个网格而言，这并不是一个非常有趣的研究对象，因为在网格中，它的空间整合中心不可避免地落在了图形的几何中心上，如图 3.16d 所示，但是如果我们将轴线的网络叠加在米制模块系统上，并把这两个层作为一个系统来分析，那么将给每一条轴线都加上了一个权数，这个权数的大小与轴线的长短直接相关。这种"长度加权的"整合度分析体现在两个分析系统中：一个是图 3.16e 第二排左图，这是模块系统的分析，另外一个是图 3.16f，这是"轴线的超级结构"中的窄条分析。这种窄条分析与前面的结果相似，然而这种模块元素表明了一种有趣而且非常生动的局部结构，更高的整合度聚集在"街道的交叉口"上，而两两交叉口之间的中心处具有较低的整合度。我们立刻在空间表达图中发现了一个空间组织中新的重要方面，它也具有功能含义。

实际面积和组构之间的关系可以用一种类比的方法来处理，我们可以把凸空间元素置于二维模块图层之下，如图 3.17a 到 f 所示。在图 3.17a 到 c 中，我们看到了一个简单的系统是如何借用模块图层被表现出来的。这一简单系统中有四个同样大小和形状的凸空间，以及它们之间的窄条联系，而模块图层中填充了小方块。然后分析这个双层系统。不管是上面的凸空间图层，还是模块图层，整合度总是呈对称分布，且集中在窄条上。在图 3.30d 到 f 中，我们赋予每个凸空间要素以不同的面积，它们下层的模块数量随之变化，这样每一个凸空间都受到叠加在其下面的模块数量的影响。不管是分开分析，还是组合分析，它们都表示整合度的分布根据凸空间面积的大小而对应变化。然而，需要注意的是这两个更小的凸空间（都位于上部）的整合度的次序是"错的"，这是因为在左侧的小面积空间距离最大规模的凸空间（底部左侧）更近，由此影响了它自身与系统其他部分之间的关系，即整合度。因此，分析结果是组构性效果和米制面积效果的叠加。于是，从这一点上我们发现：如果在一个空间系统中放置一对组构上相同而面积不同的正方形，那么大的正方形会变得更为整合。米制面积会类似于拓扑距离，它将成为一个可以表达组构的某种特性。

我们可以通过相同的简单方法来模拟容积率和密度的组构效果。例如，如果我们希望在街道网络中放入一栋固定层数的房屋，我们只要把与房屋底层面积相同的凸空间加在街道系统中的合适位置上，然后在每一层楼面上叠加一个凸空间，确保地面层以上每一个凸空间都与街道分离，并仅仅通过底层与街道相连，就像在真实情况下那样。虽然在视觉上不会产生一个三维的结构，但是它恰恰表现了底层空间以上的空间已经并入城市系统之中了。

现在，我们用下述的方法来建立一个城市空间的模型。首先，我们将城市随意地分成几个局部地区，并用彼此不连接的多边形来表示。根据我们的需要，这些都可大可小，这往往需要根据研究的精度大小而定。多边形的边界可能是政治性的边界，如选举区，或者

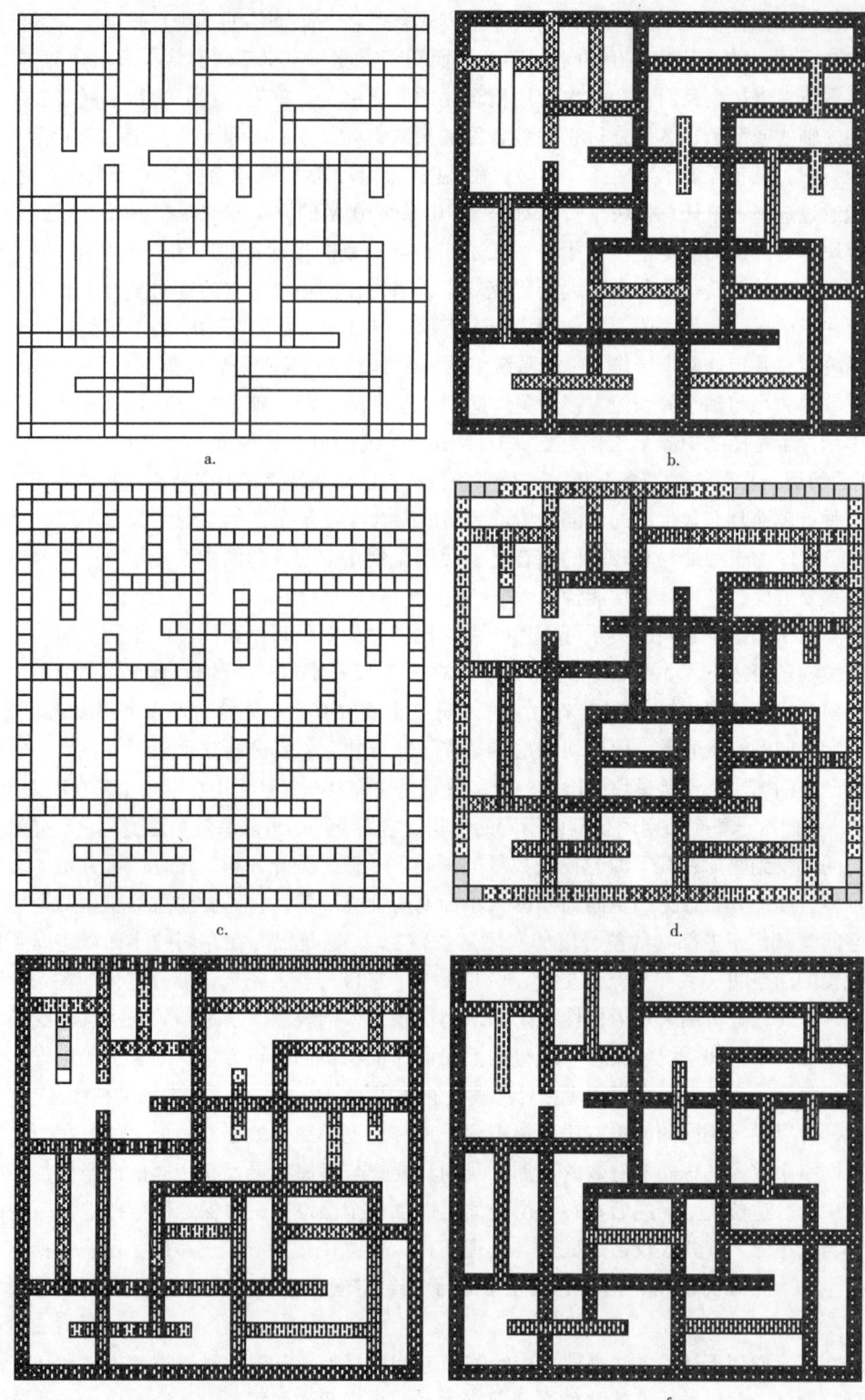

图 3.16

第三章　不可言表的技术

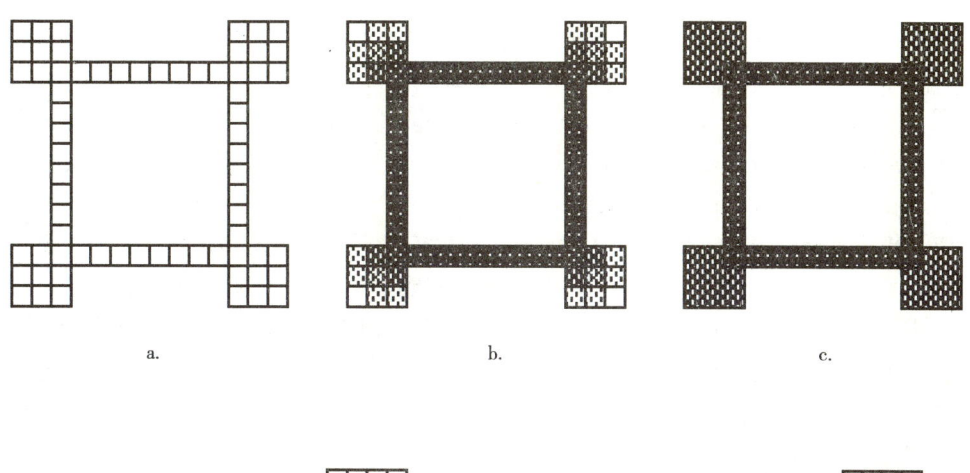
a.　　　　　　　　b.　　　　　　　　c.

d.　　　　　　　　　　　　　　e.

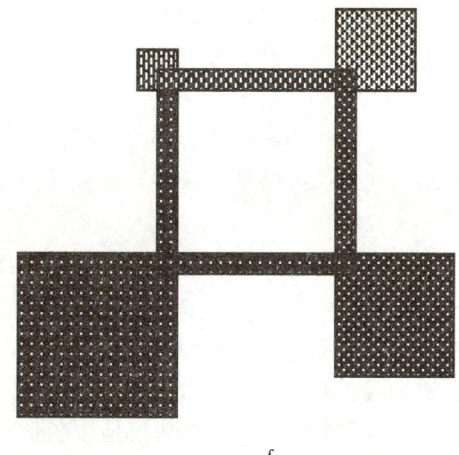
f.

图 3.17

是行政边界，如普查区，或者由一个随意城市街道所界定的区域，或者由建成环境的客观形态特征来界定的区域。这些代表地区的多边形是技术分析的基本单元。

图3.18a说明了我们想像的简化例子，其中城市（或部分城市）街道网络被叠加在拼缝的多边形上，这样每个多边形都通过所有或者部分街道与城市系统相连，这些街道或穿越它，或在它旁边通过。这个双层的空间系统被"组构化"地分析，得出了在整体系统中空间整合模式。街道模式显然比多边形明显，这仅仅是因为街道是连通器。然而，街道系统也可以从多边形中"剥离"，如图3.18b所示，只剩下一种多边形空间模式，它的空间特征与围绕它们周围的城市地区相关，也与整个城市系统相关，这是可以用一组数字表示的。

在一个简单的组构模型中，通过街道网络把不同地区连接在一起的简单过程就是"智能城市类比"模型。一旦这个模型被建立起来了，就可以用我们上述的所有方法把模型复杂化。例如，我们可以在街道网络下叠加一个米制模块，这样就可以在街道系统的分析中将距离考虑在内。我们也可以在米制模块下加入多边形，这样多边形的米制面积也可以列入考虑范围。只要我们愿意，我们也可以在代表楼层的多边形上叠加其他类型的图层。

根据最初选择的精度，还可以用一种简单方法把任何模型进一步分解。每一个原先的多边形面积都可以被分成更小的多边形，并用相同的方法分析。这种更为局部和微观的分析会揭示这个地区细部特征，这是一个更为丰富而细腻的画面。这些可能被植入一个更大范围的模型中，描述更加细致的环境。实际上，不存在任何理由来解释为什么这个模型的双层不能作为一个统一的系统来分析。它的基本障碍只是计算时间。以我们的经验来看，在一个已有模型中加入一个新的细致图层，这不会对大范围的模式产生什么影响，只要这种细致图层的分解很平均，且并不局限于一个特定的区域。

在宏观层面上，我们也可能针对城市系统的特征得出了新的量度标准，例如形状，甚至是在不同区域中具有不同密度的形状。这种分析可以简单地把多边形地区连接起来，并不需要叠加街道系统，这样就能得出系统的整合度分布。形状可以通过整合度的大小和分布来表示，也可以直接通过图解城市空间系统来表示，或通过统计学表达，例如频率分布，或仅仅是一些数字。不同的某些区域被赋予更高的密度，这样就能给图形加权值，于是我们可以探索具体的方法，比如在连续的多边形系统中，可以简单地把代表额外密度的空间叠加到相关多边形上，然后如前文所做的那样计算就可以了。如果忽略其他因素的影响，在不同的三维城市系统类型中，针对多样的城市中心模式和密度，我们能够从出行的总距离上探索它们的影响。如果考虑到其他邻近的聚居区的影响，我们还可以简单地把它们加入到模型之中。

城市系统的分析可以得到无穷数据，它们可以被运用在许多方面。首先，最明显的是多边形数据的运用，从空间分析中得到它们的参量描述，反映了它们作为"有限元素"在整个城市系统中的位置和组构关系，于是，多边形就成为关联其他类型数据的一个框架。这可以是任何功能性的变量，例如人口密度、污染水平、交通流量、人流量、失业率、犯罪率、社区税收浮动范围等等，这些都表明了这个多边形地区的情况。因为目前空间和其他描述变量都采用数字化的形式，所以简单的统计学分析就能揭示出一些规律和类型。其次，任何功能特征的分布可以在城市系统中用图形表示，就如同我们能见到这种功能特征在城市中的分布那样。实际上，就是说在过去几年中，"地理信息系统"的发展推动了数据

第三章　不可言表的技术

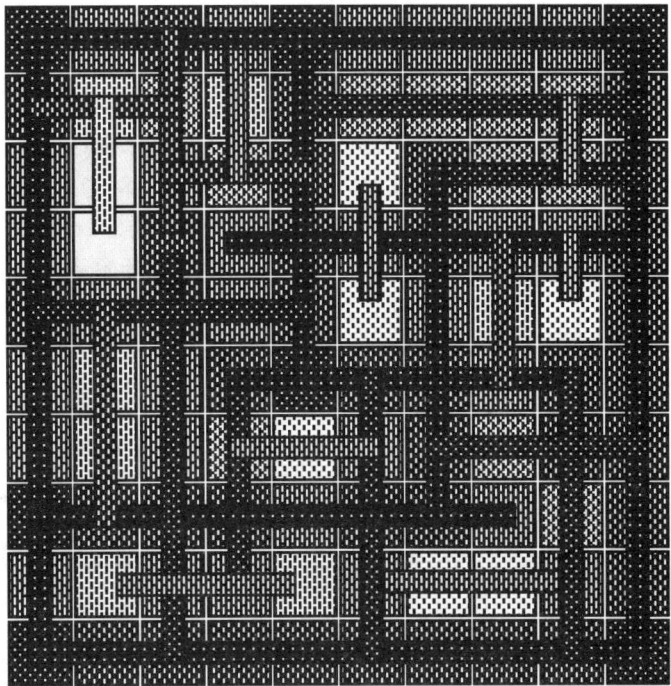

a.

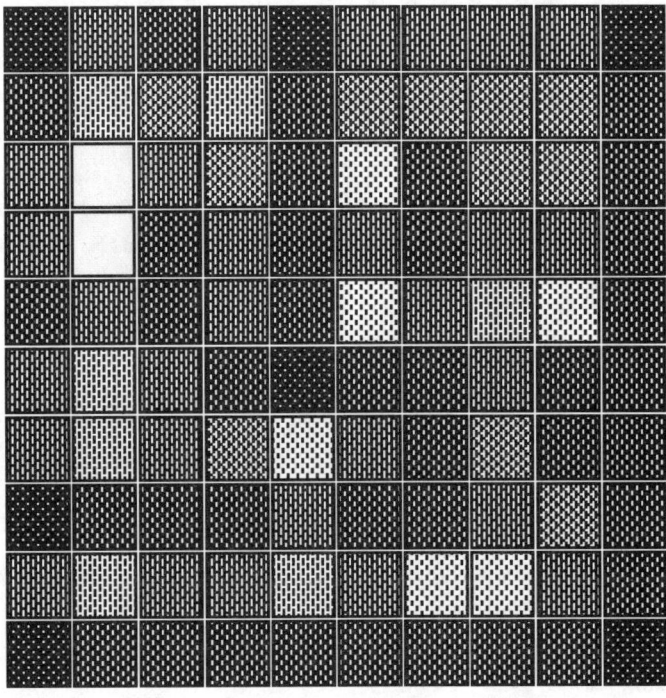

b.

图 3.18

的可视性与图象化,而分析性的模型也被证明是有能力把建成环境的形态和功能特性联系在一起的,这意味着这种新技术是可以与分析性的模型相互融合的,希望这些是能够通过一种更可预测的方法来实现。

分层的模型是空间组构性模拟的未来方向。这些新技术都来自这些年的研究成果,在这些研究中组构模拟的不同类型被首次用来辨识不可言表的规律。在运用中,建筑和城市系统在空间上被放置在一起分析,并辨识出空间形态的"基因类型";其次,将这些不可言表的的空间规律与人类如何在空间的功能活动相关联;第三,开始从这些规律中勾勒出一个更广义的图景,其中包括空间系统通常是如何被放置在一起并发挥作用的,满足人类的需求以及形成他们所集体创造的空间。在下一章中我们会介绍与空间组构相关的最为重要的部分:人的出行。

注释

1 H. Simon H, *The Sciences of the Artificial*, MIT, 1969.

2 F. De Saussure F, *Course in General Linguistics*, McGraw Hill, 1966 translated by C. Bally and A. Sechahaye with A. Riedlinger See pp. 9 – 15(原系法文 1915 年版)。

3 当然这种论述变得很时尚,跟随着维特根斯坦(Wittgenstein)后来的 *Philosophical Investigations*(Basil Blackwell 1953;Edition used 1968),这种论述否认任何诸如语言这类事物的系统性特征,只是看到这类事物内部不断变换的非一致性。例如:"我认为并不是这些现象生成了对所有人而言都是相同的东西,我们才称它们为语言。在这些现象中没有任何相同的事物,所有人也不能用相同的词语称呼它们,但是它们以多种不同的方式相互联系。正是由于这种关系,或这些关系,我们才称它们为'语言'。"——维特根斯坦,第 65 小节。或:"语言是一个迷宫。你从一侧进入,并可以认识自己的路;然而,当你从另一侧前往相同的目的地,你再也不认得自己的路了"——维特根斯坦,第 203 小节。此处拿城市来打比方很有趣。我们会在之后的章节中发现,城市是人造物的一种类型,然而在这种情况下,我们将非常清楚地说明维特根斯坦是错了。

4 最清楚的陈述仍然可能是 Claude Levi-Strauss 的《*The Raw and the Cooked*》的"前言",Jonathon Cape,London 1970 年出版,原版是法文的《The Cru et le Cuit》,Plon,1964。

5 Plato, *The Republic*, for example VI, 509 – 511, pp. 744 – 747 in Plato, *The Collected Dialogues*, eds. E. Hamilton and H. Cairns H, Princeton University Press, Bollingen Series, 1961. See also ed. F. M. Cornford, *The Republic of Plato*, Oxford University Press, 1941, pp. 216 – 221.

6 如需最清晰的公式表达,见 R. Thom, 'Structuralism and Biology', in ed. C. H. Waddington, *Theoretical Biology 4*, Edinburgh University Press, 1972, pp. 68 – 82.

7 W. Heisenberg, *Physics and Philosophy* George Allen & Unwin, 1959 p. 57.

8 N. Chomsky, *Syntactic Structures*, Mouton, The Hague, 1957.

9 此处有非常重要的例外,如 Levi-Strauss 与 Andre Weil 合作,试图模拟某种婚姻系统,作为阿尔贝群(交换群)。见 Levi-Strauss, *The Elementary Structures of Kinship*, Eyre & Spottiswoode, 1969, pp. 221 – 229. Originally in French as *Les Structures Elementaire de la Parente*, Mouton, 1949.

10 例如,在 *Timaeus* 中,他通过五种常规的固体,独具创造性地尝试模拟物质的基本特性。见 Plato, *Timaeus* 33 et seq. p. 1165 in *The Collected Dialogues*(见第 5 个注释)。

11 这个过程是第九章的主题。

12 如《*The Social Logic of Space*》的第二章中的阐述。

13 欲求明晰的总结,见 P. Steadman, *Architectural Morphology*, Pion, 1983.

14 L. March,谈话记录。

15 I. Stewart and M. Golubitsky, *Fearful Symmetry*, Penguin, 1993, p 229.

16 F. Buckley and F. Harary, *Distance in Graphs*, Addison Wesley, 1990, p. 42.
17 B. Hillier and J. Hanson, *The Social Logic of Space*, Cambridge University Press, 1984, p. 108. 同时见第一章中注释 16。
18 Steadman, p. 217.
19 Hillier & Hanson, pp. 109 – 113.
20 然而, 见第一章中注释 16 的参考文献。
21 例如, I. Biederman, 'Higher level vision', in eds. D. Osherson et al., *Visual Cognition and Action*, MIT Press, 1990.
22 对于这些从图论出发的变量讨论见 Buckley and Harary, *Distance in Graphs*, pp. 179 – 185.
23 例如, P. Tabor, 'Fearful symmetry', *Architectural Review*, May 1982.
24 Abbe Marc-Antoine Laugier, *Essai sur l'architecture*, Paris 1755.
25 见 Hillier & Hanson, *The Logic of Space*, p. 90.
26 这里需要最先指出的是这些相互重叠的凸空间元素不像我们在《*The Social Logic of Space*》所描述的凸空间元素, 后者是不能叠加的。见 Hillier & Hanson, pp. 97 – 98.
27 迷宫正是利用了这种特性。在空间的每一个点上, 你都无法找到任何信息, 或是误导的信息, 从而可以发现迷宫作为一个整体的结构。总之, 虽然这不是不变的, 但是成功的城市形态恰恰与其相反, 它是容易被认知的。
28 见第四章。同样见 B. Hillier et al., 'Natural movement: or configuration and attraction in urban pedestrian movement', *Environment & Planning B*, *Planning & Design*, vol. 20, 1993.
29 如上海新商务区的案例, 我们与 Sir Richard Rogers and Partners 合作, 或伦敦 Kings' Cross Railways Lands 最初方案, 我们与 Sir Norman Foster and Partners 的合作。举例说明见 B. Hillier, 'Specifically Architectural Theory', *Harvard Architectural Review*, vol. 9, 1993. 同样发表在 B. Hillier, 'Specifically architectural knowledge', *Nordic Journal of Architectural Research*, 2, 1993。
30 由这种类型的平面布局所产生的问题将在第五章中被详细阐述。

2 第二部分
不可言的规律

第四章　城市作为出行的经济

> 由于自身的局限性，人类往往认为世界上存在的秩序和规律比他所能发现的要多得多。
>
> ——弗兰西斯·培根（FRANCIS BACON），第45号箴言，第50页

> 轴线也许是人类最早的表现形式；它是所有人类活动的方式。蹒跚学步的儿童沿着轴线走动，而成人就是在动荡的生活轨迹上奋力寻找自己的轴线。轴线是建筑的标尺。
>
> ——勒·柯布西耶《走向新建筑》

物质城市和功能城市

不言自明，我们如何设计城市取决于我们如何理解城市。在20世纪后期，这条真理的力量尤其令人不安。城市是人类所能创造的最大、最复杂的作品。通过许多长期而深刻的教训，我们已经认识到：人类麻木不仁的干涉对于城市会带来怎样的伤害。但是，知识的增长是缓慢而且痛苦的，要经过一个试错的过程。在这个过程中，我们的努力进展缓慢，我们对事物的理解进展更缓慢，这就使（即时）保持经验和研究的连续性变得几乎不可能。而我们又往往希望通过经验和研究达到对城市更深刻、更理性的认知。

即便如此，我们还是需要一个更深刻的理性认知。我们站在一个历史的关口，基于对可持续发展议题的关注，关于城市未来的一些基本问题已经摆在了我们面前：居住区应该是密集的还是分散的？是向中心集中的还是四周发散的？是单中心的还是多中心的？或者是各个种类的大杂烩？这些就是可持续发展的内容。[1] 人们的普遍看法是：要想使城市具有可持续性，我们的决策必须基于对城市更多、更可靠的认知。只不过我们还没有达到这些更好的认知。从物质上说，城市是被空间和各种设施联系在一起的众多建筑物的集合体。从功能上说，它支撑着人类经济、社会、文化和环境的进程。实际上，它是"手段－目的"系统，其中手段是物质性的，目的是功能性的。而我们不了解的一个最重要的环节就是手段与目的的关系，即物质城市与功能城市的关系。可持续性是关于目的的，调控在很大程度上是关于手段的。这样一个事实暴露了我们在这个重要领域的无知。

这种无知的一个原因就是在过去25年间逐渐形成的那种城市相关专业之间的相互割裂。城市规划者潜心于社会经济进程控制与分析，而城市设计师则关注城市物质与空间构成，如今深深的隔阂仍存在于他们之间。实际上，这种隔阂是认知与设计之间的隔阂，是思想与行动之间的隔阂。

从城市建设的角度来说，这种隔阂有两个后果。第一是形式与功能的脱节：那些只研究城市功能的人对设计没有概念，而那些懂设计的人也只能对功能进行猜测。第二是尺度

的脱节：规划是从区域开始的，以理性的手法处理"功能城市"，即城市及其附属地区（即法国人所讲的城市边缘），而很少涉及我们所居住的城市中心。然而，城市设计以一组建筑为起点，涉及城市中心，但是在整个城市的尺度上却畏手畏脚，害怕重蹈过去总体城市设计过分强调整体秩序而失去地方场所精神的覆辙。所以这二者导致了我们没有把城市作为一个空间和功能的整体来认知。

这种专业隔阂导致人们完全无法理解基本的城市：虽然城市看似简单，而事实上，它就是一个巨大而复杂的自然空间物质，是城市功能历史演进的载体，同时也是对未来发展最大的制约因素。许多试图用计算机模拟城市运转机制的努力，比如说，对城市物质特性的研究，仅仅处在最初级的层次，而大部分的城市干预活动是远在这个层次之上发生的。既然城市模型就是把城市理解为"手段－目的"系统，试图解释其结构性的、动态的复杂性因素，以便于人们理性决策，在物质和空间层面上进行干预活动，那么这种隔阂已经成为其致命的弱点。[2]

物质城市是很难被有效地模拟的，原因大概有两个。第一，对于大部分城市来说，城市的物质和空间结构是长期渐进式的、小规模的变化造成的，是非常无序的，随着时间的推移，这些变化逐渐积累产生了一定的模式，而这种模式并不能用简单的几何图形或功能来说明。直到最近，任何一个显而易见的分析方法对这些半有机（quasi-organic）城市发展过程形成的模式无从下手。其结果就是这样的城市发展过程模式被忽视了。第二，创造城市物质和空间模式的经济和社会渐进进程本身就非常复杂，涉及反馈和放大效应，以及不同尺度之间的相互作用。城市成长和变化的进程显现了两个截然相反的特点，一个是"突现"，即一系列的微观变化最终导致了无法预见的宏观变化，相反，宏观变化又产生了许多无法预见的微观效果。同样，直到最近，人们还没有找到模拟这些过程的有效方法。

在物质和空间形态上，城市所具有这些难以捉摸的特性同样折磨着偏好综合的人和偏好分析的人。如果我们看看城市设计师对方案目标的分析，就会发现许多分析在道义上是认真而严肃的，比如要创造若干类似传统城市中那些丰富而复杂的"场所"，但是它们缺乏对这些"场所"历史背景的分析和理解。目前我们执着于"场所"，就如同城市设计师偏爱局部的可控制性，而这种偏爱是以城市整体的不可控制性为代价的。实践经验和研究都表明这种拘泥于局部"场所"的偏执是错误的。"场所"不是局部的，而是城市这个大尺度事物中的一个个片段。"场所"并不能创造城市，而是城市决定"场所"。这个区别至关重要。脱离对城市的理解，我们无法形成"场所"。我们再一次发现，首先应该对作为物质和空间功能客体而存在的城市有一个了解。

多功能、部分与整体问题

如果我们希望找到一个关于手段与目的城市系统理论，我们应该从哪里开始入手研究城市的形式和功能问题呢？一般当人们需要新理论时，有一条有用的规则可以参考。在我们对世界万物认知的每一个发展阶段，一些概念性的想法已经存在我们的思想中，通过这些想法我们解读和关联我们所看到的现象。[3] 通常，在这些概念性想法的边缘存在着令人头疼的异常现象和问题。这个规则就是，不把这些问题放在我们注意力的边缘，或承认他们是异常现象，而是把他们放到视野的中心，使他们成为我们工作的起点。实际上，我们应该从我们所不能解释的而不是我们认为能够解释的事物开始。

我们的城市观察中目前存在着两个大的异常现象。第一个是多功能问题。城市空间的物质组构的每一个方面看上去都是以不同的方式在运转——气候的、经济的、社会的、美学的等等——此外还有一个额外的难题，即形式变化缓慢而功能变化迅速。第二是部分与整体问题，或者有人喜欢说是场所与城市问题。事实上，大多数城市是由若干具有强烈地方场所精神的部分组成，然而在两部分之间作一个清晰的形态划分几乎是不可能的，至少在设计的层面上是不可能的。

如果本章所阐述的理论几近正确的话，那么显而易见，这两个问题是非常紧密地联系在一起的：它们事实上就是同一个问题，因为所有的城市功能都通过两个普遍功能因素和城市形态联系在一起：作为个体，我们如何理解城市，我们又如何在城市中运动。这两个普遍因素是如此有力，以至于所有其他的功能因素都通过它们对城市形态产生影响。这是因为在城市中，就像在建筑物中一样，形式和功能的关系是通过空间来实现的。我们如何在组构中安排空间对于城市形态和城市中的人类活动来说都是关键因素。

本章中所阐述的理论基于一个中心论点：空间组构的基本关联物是人的流动。这个论点针对两个方面：从确定空间形态的因素来看，人的流动在很大程度上支配着城市空间的布局；而从空间形态的效果来看，人的流动在很大程度上取决于城市空间的组织构成。这个理论的提出主要源于最近的研究发现，即无论对于步行人流还是机动车流，城市网络作为纯粹的空间组构都是决定它们的最主要因素。由于这种关系是基本自然法则，影响着土地利用模式、建筑密度、市区的混合使用以及城市中部分与整体的关系，所以它已经成为塑造历史城市的一个强大力量。[4]

现有的研究发现表明社会经济因素主要通过人的出行流动和城市网格结构的相互关系来塑造城市。因此，进一步说，运转良好的城市可以被看作是"出行经济的实体"。这也就是说，城市的布局特色与城市各部分琴瑟相谐所带的康宁与激动正是来自空间与出行人流的相互影响（而不是诸如美学或者标志性意图），以及来自土地利用模式和建筑密度（它们本身又受到空间与出行人流关系的影响）对两者的放大效应。

通过上述分析可以看出，我们过去对城市的理解受到了当时空间概念的影响，这种空间概念太呆板，也太局部了，因此我们需要有活力的、整体的概念来代替。这个目标可以通过空间组构模拟来达到，从而理解城市形态的复杂性，并将这些分析带入到设计中去。

空间形式和功能不是独立的

在开始前，我们必须对空间以及它和功能的关系做出一些基本评论。我们习惯于认为空间形式和功能是两个非常独立的事物。空间是形态，功能是我们在空间里做什么。如果按照这条思路，那就难以理解两者之间为什么还存在着相互关系，更难理解这种关系为什么是必要的。

但如果我们仔细思考一下人类在空间中的活动，我们发现这些活动处处与自然几何形式相关。比如说图4.1。在最基本的层次上，人们沿轴线移动，在更复杂一点的路线中也大致作线性移动，正如第一个图案所示。然后，如果一个人停下来和一组人谈话，这个群体就会共同界定一个空间，其中任何人可以看到其他每个人。这就是空间凸性的数学定义，只不过数学家谈论的是点，而不是人。第三个图案的形状较为复杂，它定义了空间中所有的点，即潜在的人的位置，这些位置可以被凸空间中的任何人看到，而这个凸空间中的人也能相互看到。这种形状是不规则的，但又是被有效界定的，我们称之为凸形共视域（convex isovist）。这种形状随着我们在城市中的移动而改变，因此形成城市空间体验的一个关键方面。

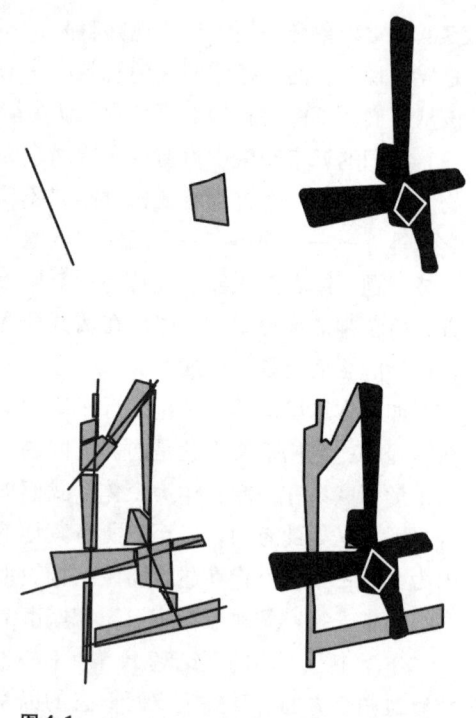

图 4.1

那么，人们对空间的形态描述和如何利用空间之间是有联系的。空间形式和其用途之间的这些基本关系提供了解释这种关系的适当方式，即空间作为一系列可能性被给予我们，而我们利用空间时，或个体或集体地发掘这些可能性。于是，空间与功能之间的关系变得可以分析理解，并且在一定程度上可以预见。将城市空间划分成不同形态（必须是连续性的），我们就可能按照人们的活动方式将连续的城市空间划分开来。

例如图4.2a，这是罗马的总平面图。在图中，我们将传统的黑色表示建筑、白色表示空间的做法颠倒过来，目的是将注意力集中到我们所关心的黑色空间结构上。[5] 图 4.2b 是图4.2中一个可能的结构，即以最少的且尽可能长的轴线覆盖罗马的开放空间，从而形成了一个可能的路网矩阵。图4.2c 是另外一种可能表达：所有的凸空间（即我们所说的公共开放空间）以及它们的共同视域。从定义上来说，它要求所有轴线穿过那些城市空间，并且相互连接表达城市整体结构。请注意它们是如何连接并形成整体集合的。我们很快就发现将罗马的广场看作局部元素是多么的错误。共同视域图显示它们也可以形成了一个整体模式。

所有这些观察城市空间的做法都可以当成对同一个平面的多角度的空间结构分析，它们对于理解平面以及功能发挥着各自的作用。因此，一种空间布局可能提供不同的潜在功能。其中的人流是什么样的？这种布局有没有产生互动的可能性？陌生人能否理解它？等等。这些问题都是针对空间形态的可能性和不同功能之间的关系。因此，根据我们所关注的不同功能，城市布局将会有不同的空间表达方式。

图 4.2a　意大利罗马平面

第四章　城市作为出行的经济　　91

图 4.2b　意大利罗马轴线图

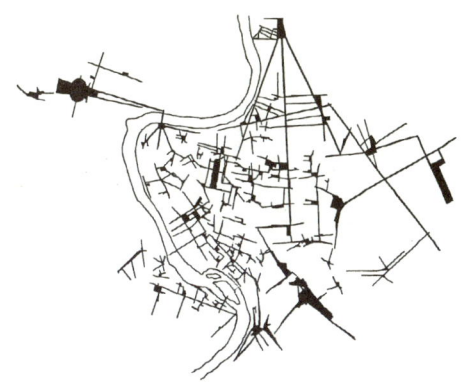

图 4.2c　意大利罗马等视域图

伦敦老金融城的空间形态

现在让我们来更进一步的研究离我家更近的伦敦老金融城。有些人批评它是无序的，另一些人称赞它是有机的，但一直没有恰当的解释。图 4.3a 是"一平方英里"的平面图（实际上它既不是方形的，也不是一英里长），仍然使用黑白颠倒的表现形式，强调我们的研究对象是空间。图 4.3b 是一个号称伦敦"迷宫"的后街地区，位于库恩希尔（Cornhill）街和兰巴德（Lombard）街之间，这张图来自 1746 年的洛克（Rocque）绘制的伦敦地图。我们说它号称"迷宫"，这是因为尽管它在图中看上去很复杂，但对于在地面上行走的人们来说一点也不复杂。相反，它看上去是非常易于理解的。这是怎么发生的呢？技术很简单。空间结构被严格地分解成一组凸空间，它们通过轴线相连，常常是一条轴线连接几个凸空间。有时轴线"恰好"从建筑围合的空间边角通过，有时更宽松点。由于人们沿轴线走动，需要理解这些轴线以便于定位，所以从走动的观点来说，这儿的空间结构是易于理解的。

实际上，人流模式是较为微妙的。城市的大部分地区都存在着"两步逻辑"，即：如果你从城市主路进入一个可见后街，那么这条后街要么把你带出后街区域，要么把你带到后

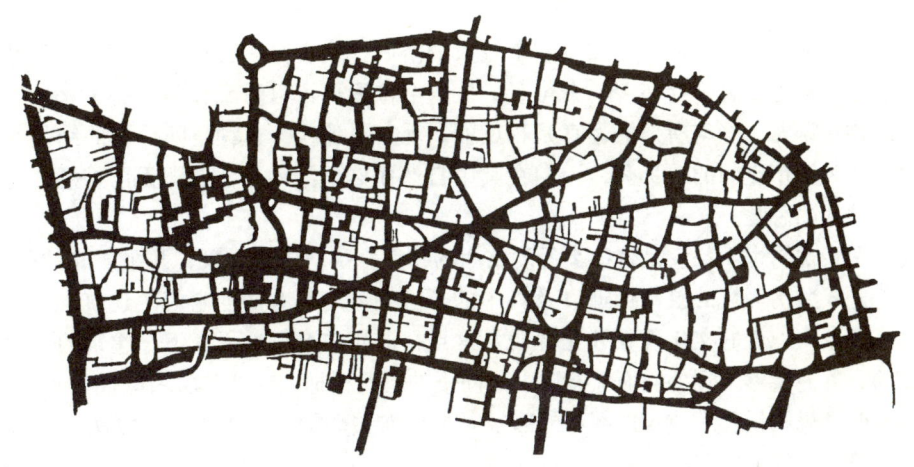

图 4.3a　当今伦敦老金融城公共开放空间的图底示意

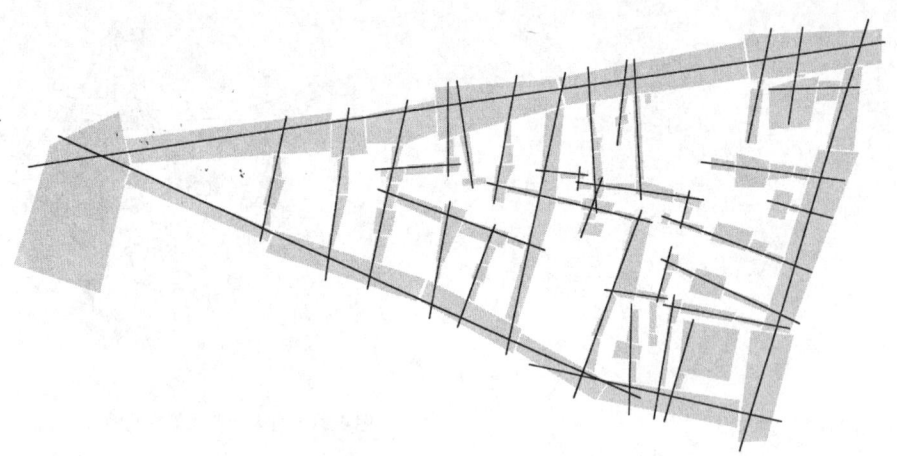

图 4.3b 1677 年 Cornhill 街与 Lombard 街之间地区的线形空间结构与二维空间结构

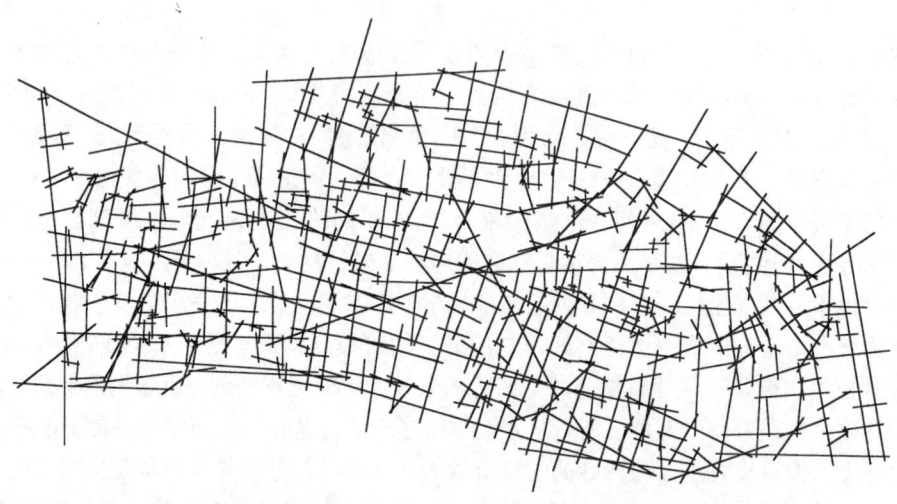

图 4.3c 当今伦敦老金融城的轴线图

街区域中一些显要的空间内,比如说一个较大的空间,或者是一栋重要建筑。这就意味着不管你去什么地方,总是存在着一个位置,从这个位置你可以看到你是从哪里来的,下一个目标或许在哪儿。这与所谓的迷宫是相反的。观察也证实,这种空间分析的结果是这一街后地区作为城市空间的一部分,人们在其中自然而然地活动,他们即无压抑感,也没有侵犯别人领地的感觉。

这种两步逻辑也不仅仅是这些小尺度空间的特性。我们同样发现,几乎所有的凸空间,包括那些进入后街区域的狭窄街道以及其中的开敞空间,都有面向它们的建筑入口。在城市中,一种令人惊奇的文化现象补充说明了这点:即使在严酷的天气下,建筑的大门经常是敞开的,人们能够看到外立面上有向上或向下的单跑楼梯,或者首层入口。

这些明显规则说明了建筑内部和外部空间是如何关联的,它表明存在着两个"界面"。首先,建筑内外的人之间存在着紧密的关系。其次,那些使用建筑外部空间的人和那些路过此地的人是自然交织在一起的。这儿既没有缺乏私密性的感觉,也没有侵犯的感觉。人们之间的交流也没有压力,尽管这种交流是在需要的情况下才会发生。我们所有的只是参与不同活动的人共处一地的关系。这种共处是非强迫的,甚至是悠闲的。这就是凸空间中的双向活动:一是从凸空间进入建筑;二是从该空间穿过线性街道格网进入更大范围的城市空间。这样,同一空间的不同尺度感就由这种空间分析技术联系起来了。

现在让我们把视野放宽一点。图 4.3c 是伦敦老金融城整体的"轴线图",即以最少的一组轴线遍及图 4.3a 中所有开放空间。当我们看到这个更大范围的图时(实际看到的是较长的路线),我们首先发现这些轴线"刚好"从凸空间穿过的趋势依然存在。虽然建筑物排列得曲曲折折,但还是可以从兰巴德街的一头看到另一头,而且也可以从英格兰银行地铁站(Bank)的路口看穿整个库恩希尔街,甚至可以看到利登霍街(Leadenhall)和毕丽特街(Billiter)。在这两个例子中,视线最终都是以很大的钝角与一个建筑的立面相交。从而,人们可以很自然地推断出自己前进的大致方向。

这些"刚好"延伸的轴线还有另一个效果,这需要多观察一下,或者返回到那张老地图去验证。这个效果就是,如果从任意一个老城门进入老金融城,并且选择一条最长的线路前行(不选择回头路),在任何情况下,从这条最长的线路上的某一点都有另一个轴线通向英格兰银行地铁站(老金融城中心),且目视可及。再次,我们发现复杂现象下的一个简单两步逻辑,对此我们不需要质疑其作用了。这个逻辑使得陌生人可以很容易地找到老金融城的中心,甚至机器人都能找到这个中心。

然而,比较一下存在着两步逻辑的上述两个层面,我们发现它们之间还是存在着几何意义上的不同,用一个简单原则来概括:视线越长,越可能以较大的钝角与建筑立面相交;视线越短,越可能成直角与建筑相交。然而,目前华而不实的流行做法是将城市的主要轴线与大型建筑立面成直角相交。在历史上,这种流行做法通常在城市空间需要权力标志物时才会出现,而伦敦老金融城为人们创造了一个便于会面的场所。伦敦老金融城中,建筑立面与城市轴线呈直角关系在过去和现在都是存在的,但仅仅是为了那些小尺度的复杂空间能在大尺度的城市网格中看得见。因此,我们不仅仅开始揭示了伦敦老金融城中看似无序的城市网格其实具有内在逻辑,而且明白这种内在逻辑从根本上说是关于人在其中的出行,这种出行使得人们有可能彼此相遇。我们看到,许多被认为具有美学价值的城市空间正是这种空间逻辑所塑造的产物。

这种空间逻辑的一致性表明伦敦老金融城是如何从局部空间整合起来的,以及由此如何给人们带来一系列空间体验。但伦敦老金融城还具有一个整体形态。为了理解这一点,以及它的重要性,我们必须进一步的整理我们的思路。研究发现表明,伦敦老金融城的轴线模式对理解它的整体布局最为重要;如果我们想把分析的重点从局部转向整体的话,就必须从考察轴线模式开始。我们或者可以从一个简单的事实开始:从任意一个轴线走到另一个轴线必须穿过若干区间的轴线(当然,除非起始轴线和终点轴线直接相交)。因此,每一条轴线与另一条轴线之间都有一个确定的最小拓扑"步数",这个拓扑步数并不一定表示距离远近。进一步说,系统中的每条轴线到所有其他轴线之间都有一个平均最小拓扑"步数"。由于在通常情况下所有轴线到其他轴线之间的总步数有多有少,也许有人认为这个总步数的均值大致相同。但令人吃惊的是,结果并非如此。不同轴线到其他轴线的总步数均值实际上有着显著不同,也正是这种差异主导着城市网格对系统中人车流动的影响:大体上说，到其他轴线的步数越小则流动量越多，步数越大则流动量越少。

从轴线构成的角度来看，伦敦老金融城的这种组构图形完全可以用"整合度"来衡量（参见第一章和第三章）。每条线的"整合度值"反映了它到系统中所有其他轴线的平均线性拓扑步数。然后，我们可以用红到紫的不同色彩将整合度值标示出来，制成一个城市全局整合度表现图，即彩图2a。我们还可以绘制另一种高信息量的表现图，其中我们计算任意一轴线到距它拓扑2步以内所有轴线的整合度，称之为"局部整合度"，或称半径3整合度，从而生成了另一张局部整合度表现图（如彩图2b），与之相对的是"全局"或半径n整合度表现图。

图中的整合度值对理解城市系统功能如何运转是非常重要的，因为轴线上的人车流量在很大程度上受到"整合度值"的影响，亦即在整体城市系统中轴线的布局位置将会影响人车的流动量。[6]实际效应更加具体而微，将视出行远近而定。局部区域内，轴线上的步行人流密度可以通过计算半径3整合度来很好地预测，而大范围内的车流预测需要依据更大半径的整合度，因为总体上来讲，车辆的行程更长，驾车人通常比行人需要根据更大尺度的空间逻辑来解读可能的路网。[7]

自然出行的原则

城区网格结构和轴线上人车流密度之间的这种关系可以称之为"自然出行"的原则。自然出行是指由城市网格结构本身所决定的线性人车流密度，而不是由特定的吸引点所决定的。这并不那么显而易见，但经过思考可以看出它确实是自然而然的。在一个较大范围且开发良好的城区网格中，人们沿轴线移动，但是起点和终点是随机的。我们不能仅仅考虑特殊活力点与吸引点，或者起点与终点，以此来简单地想像城市结构的复杂性。实际上，我们不需要这样认为，因为整个城市结构中的起点和终点倾向于分散在各处，尽管这些起点和终点明显偏向于较高密度区域和主要交通节点。因此，出行人流倾向于在一个广泛的范围内从任意一点到另外的任意一点。在大多数城市中，网格结构本身在很大程度上决定了人车流量密度的变化。

因此，我们应该认为轴线图中不同的色彩分布预示着出行人流密度。由于这些色彩实际上只是精确数值的大致标记，这个假设可以通过选择特定区域内的人车流量和整合度值相对照来检验。但是，因为沿着特定轴线的人车流主要是受到轴线在更大范围的城市网格中的位置所决定的，我们必须在分析中包括足够多的城市网格，确保那些需要研究的轴线的确嵌入了城市网格之中。因此，我们从整个城市系统入手是再好不过了，或者至少从一个较大的城市区域入手，以确保我们的研究对象充分地根植于一个背景体系之中。

为了分析伦敦中心区的一个特定地点，我们从伦敦主城区的轴线分析图开始（图4.4），这张图大致覆盖了伦敦南北环线以内的区域。彩图2c-e是不同半径的一系列整合度分析图。彩图2c是半径n分析图，基本显示了伦敦的整体结构，它是以牛津街为中心具有明显的从边缘向中心汇集的模式，牛津街是整合度最高的一条轴线。彩图2d是半径3分析图，表达了一个局部结构，突出了区级商业街，但也显示了市级商业街——牛津街是主整合轴线。这就意味着，牛津街不仅仅是整个伦敦市最强有力的全局整合轴线，同时也是它周边社区最强有力的局部整合轴线。彩图2e是半径10（或者半径－半径）分析图，即分析半径等于主整合轴线拓扑步数的均值，在本案例中这个平均步数是10。以主整合轴线的平均步数为半径进行分析的效果就是使所有线条都在同样的半径内进行分析，这也是最大的可能半径数，超过这个数值，不同轴线的实际分析半径将会不同。半径－半径分析的效果是使分析的整体性最大化，而不引起"边缘效应"——即空间系统的边缘与核心区域的整合度不同仅仅来自边缘区域位于系统边缘。总的来说，这些图示显示了非常真实的伦敦整体功能现状，突现了所有的主要入城和出城道路以及主要的商业大街。

图4.4 大伦敦南北环路区内轴线图

空间分析能够准确反映城市功能现状的原因是自然出行人流（网格结构本身往往是影响人车流的最主要因素）对城市网格模式的演变以及土地利用分布具有极大的影响。为了验证这一点，我们必须从整合度效果图转向分析数据。图4.5a选择了系统内的一片小区域，大约称之为邦斯贝瑞（Barnsbury），其中每条轴线都被赋予了一个精确的"整合度值"。图4.5b标出了整个工作日内每条道路段上观察到的成年步行者的数量。[8] 图4.5c是半径3整合度和步行人流量相关示意图。相关系数 R^2 显示不同道路段上人流量的差异有近3/4是与它们在大范围网格中的组构位置相关的。顺便请注意，在此我们仍然采用比图4.5a更大的系统来计算整合度。人车流量不仅仅大部分由组构决定，而且是由较大空间范围内的组构决定的。

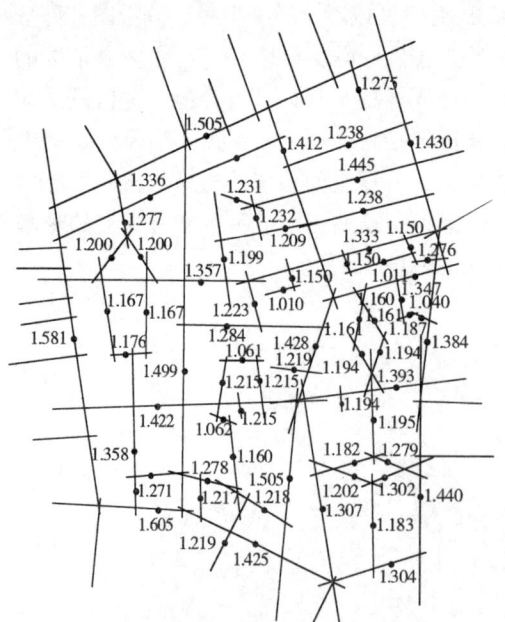

图4.5a　Barnsbury区内每根轴线的整合度

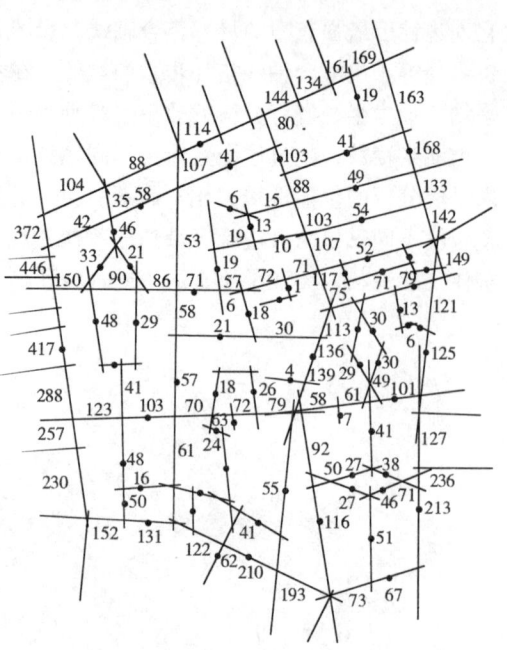

图4.5b　所有时段内每小时的平均行人数量

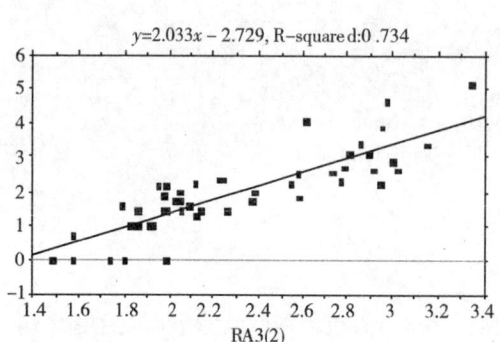

图4.5c　局部的 RRA（真实的相对对称值）对应于 Barnsbury 区内的行人移动

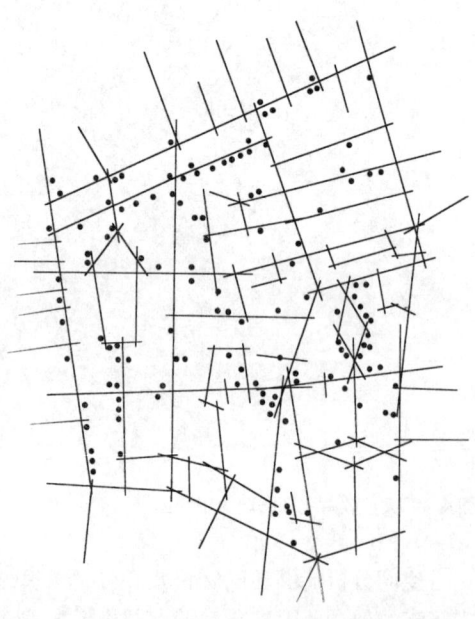

图4.5d　Barnsbury 区内入室行窃案发点的示意图

读者可以参阅已发表的相关详细计算资料，但在许多的研究中不断得到了类似的结果，甚至在——尽管有细微的差异——机动车流量和空间组构的关系研究中也得出了更好的结果。[9] 这些研究表明，在一个相当的程度上，步行人流在城市网格中的分布是由空间组构决定的，实际上，它也受到区域建筑密度的有力影响（虽然建筑密度对单独一条道路的步行人流量的影响并不是普遍的现象），而机动车流动同时受空间组构和道路净宽度（即道路宽度减去划定的停车区）的强烈影响。对于机动车来说，道路净宽度的确对每条道路的车流量都有影响，而且它在更大范围的路网分析中有着更加显著的影响。[10]

我们还可以使用相似的技术来研究成功的城市化的另一关键点，即人们在开放空间中流连及其娱乐等非正式活动。图 4.6 是伦敦老金融城为数不多的非正式开放空间的"凸形共视域"（convex isovist）示意图，这些非正式空间被利用的程度差异很大。伦敦老金融城中空间利用的好与坏很难找到一个普遍令人信服的解释。例如，一些被车行道路环绕的空间的使用情况比邻近没有车行道路的空间要好几倍，开敞的空间通常要比围合的空间更受欢迎，一些最成功的空间是在高层建筑的阴影里，等等。事实上，在观察中，惟一与这些非正式空间的利用程度保持高度关联性的变量是"罗马属性"，曾经在图 4.2c 中提到过它，我们也称之为可见视域的"战略价值"。这个值可以通过计算穿过（而不是相切）某个空间的所有轴线的整合度值的总和来获得。这里有一个直观的感觉：那些在城市空间中停留并坐下的人们主要是观察其他路人。基于这个原因，那些靠近（而不是正好位于）主要人流线路的关键空间是最为理想的。在大部分的现代开放空间中［宽门（Broadgate）是个例外，它具有伦敦城最成功的空间］，我们所观察到的主要缺点就是设计者过多地关注空间的局部围合，几乎忽视了空间的战略视域，也就是设计了过度局限的空间视野。因此，相对于自身大小，一个空间不可以过于封闭，这可以说是一条普遍的规则，即空间大小与它的视域范围需要保持一个合适的比例。

一旦我们掌握了将观察到的功能指数与空间模式指数相关联的技巧，我们就能将它应用到任何可以用数字表示的空间事物。当我们这样做的时候，它证明了所有的事物似乎都

图 4.6 从伦敦金融城的八个广场内看出去的等视域图

与空间有关,因此在某种程度上,也与人车流也有关系:如零售,建筑密度。事实上,大部分的土地利用类型看来都有一些空间逻辑,它们可以用空间和功能之间的统计关系来表达,甚至犯罪活动与空间也有关联。图4.5d是12个月中在邦斯贝瑞(Barnsbury)中发生盗窃案的地点分布图。表面上看,空间组构对案件的发生地点有一定的影响,因为案发密集度最高的地区处于整合度最低的区域,而一些整合度较高的线条几乎没有案件发生。这是真的吗?住宅通常面向一条道路,我们将这些道路的整合度值赋予每个住宅,我们想知道那些发生窃案的住宅是否比那些没发生窃案的住宅在空间上更加隔绝抑或更加整合。结果显示,普遍而言,那些发生窃案的住宅明显地分布在空间更加隔绝的街道上。

现在让我们来看看在城市网格中事物如何分布的其他特征。以著名的布斯(Booth)伦敦地图为例,彩图3显示的是它的一部分,图中以不同颜色标出社会经济阶层的分布,其中金色代表最优越的阶层(这一阶层在本图显示的伦敦地区中不存在),红色代表商人阶层,然后是粉色和灰色,最后黑色代表最穷的阶层。整合度最高的街道和红色相关;随着街道住户的阶层下降,街道的整合度也变小了;最穷的阶层分布在了空间最为隔绝的区域。在这份布斯(Booth)地图中还隐藏着一个微妙的空间组织原则,它提供了一个重要线索,以便我们理解城市空间的一个秘密:不同的土地使用类型和经济阶层是如何通过所谓的"线性整合下的边际分隔"原则共存在同一个区域中的。如果我们仔细观察,可以看到不同等级的住宅——在其他情况下也可能是不同的土地利用类型——通常彼此非常接近,虽然它们常常位于同一个街坊块中,但分布在不同的边上。影响土地使用的最基本因素不是区域,也不是城市街坊块,而是街道:沿特定街道行走,你会发现土地使用类型变化缓慢,然而,如果90°转弯进入另外一条街道,你会发现土地使用类型发生了显著的变化。由于街道结构模式是行走的最基本的决定因素,我们开始明白城市网格的结构、土地利用的分布、建筑密度等相互联系构成了城市的历史演进,这个动态过程的核心就是城市网格结构与人车流的相互关系。

那么哪个因素才是最主要的呢?让我们来通过零售这类最普通的非居住用地来论证这一点。在这里,也许有人怀疑我们将空间组构对人车流的影响和商铺对人车流的影响相混淆。这些商铺难道不是人车流的主要吸引点吗?难道它们不是位于主要的整合轴线上吗?这当然是正确的。但它与我们所说的"网格结构是人车流的主要影响因素"这个观点并不冲突。相反,它使得这个论点更加具有说服力。商铺和人群确实是位于主要的整合轴线上,但问题是:商铺为什么在这里?商铺的出现可以吸引人群,但它改变不了特定轴线的整合度值,因为整合度值是纯粹衡量轴线在网格中的空间位置。那么只能是商铺有选择性地落户在这些整合度高的轴线上,因为这样的街道轴线自然就可以承载较多的人车流量。因此,我们不是要通过商铺的位置解释网格结构和人车流之间的关系,而是通过网格和人车流的关系解释商铺的定位问题。[11]

接下来我们要说的就是显而易见的了。每个零售商都知道商铺应该坐落在人来人往的地点;此外,如果我们还能发现城市网络结构在演变中至少对土地利用产生一些影响,毫不为奇,要是不这样,倒令人惊奇了。然而,还是有必要多做一点陈述。研究还表明一个基本原则,即在其他条件相等的情况下,城市网格和人车流模式的关系不仅仅是体现在出入城市的主要道路上,而且体现在城市的空间细节之中,使得路网结构、土地利用、密度甚至是城市的幸福感和不安全感等构成了一个多样化且相辅相成的整体。

倍增效果和出行经济

为此我们需要仔细思考什么因素导致网格结构、人车流、土地利用和密度之间产生了如此程度的一致。我们不可避免地得出了普遍的城市生成理论，即人车流决定城市空间的形成。让我们从思考这个问题入手。一个城市系统，根据它的定义，应至少具有若干起点和终点并分布在各处。城市中每个出行都有三个元素：起点，终点以及它们所经过的一系列空间。我们可以将这一系列空间认为是从 a 到 b 的副产品。整体来看，即使 a 点和 b 点的位置不是由网络结构支配的，我们也已经知道那些副产品是由这个网格结构决定的。

因此，城市区位具有至关重要的作用。它要么增加、要么减少人车流过程中潜在的副产品，即交流几率。正如我们在彩图中看到的一样，这不仅适用于轴线本身，而且适用于组成局部区域的众多轴线。因此，局部区域内部结构与更大范围网格结构的结合方式决定了这个区域是高整合的区域还是低整合的区域，同时也意味着这些区域中的副产品是较多还是较少。

就像人们常说的那样，如果城市是"产生交流的装置"，那么这就意味着一些地点比其他地点具有更大的潜力，因为它们有更多的副产品，同时这也取决于网格结构以及这些地点在网格中的位置。为了利用这个优势，这些地点往往具有较高的开发密度，而较高的密度反过来产生了倍增效果。于是，这种倍增效果吸引了新的建筑和用地。正是这种建立在网格结构和人车流相互关系基础之上的积极回馈循环使得城市具有浪漫或迷惑的闹市，在这个特定区域内聚集了各行各业，它们此起彼伏。这些情况总是依靠倍增效果，而且最终还是取决于城市网格结构本身。换言之，城市系统的空间构成方式是其他相关事物发生的源泉。

我们可以用一个反面典型来说明这一点：尽管许多重要的功能在一个不大的区域内同时存在，这个地区还是缺乏城市生机。这个地区就是伦敦的南岸文化中心，这里在几百米的范围内汇集了欧洲最大、最富多样性的文化设施，一个重要的国际铁路枢纽，大片的办公楼和住宅楼，还有一个著名的滨河走廊。为什么这些设施的汇集没有使这个城市区域具有与这些高档设施相称的空间质量呢？问题就出在空间结合的方式上。实际情况的确如此。我们的研究显示：不同的空间使用者——旅行者、居民、办公室职员、观光客、音乐会听众和画廊参观者都以不同的方式使用空间，就如同该地段更新之前，这些使用者在很大程度上选择相互独立的路线穿过这个区域，像夜行的船只一样悄然经过。这是失败的空间组构，它没能把这些不同的活动按主次关系融入同一个空间内从而形成人车流与用地性质的互动模式，于是它使得这一区域丧失了那种不同城市空间活动相互促进的倍增效果。

如果这些观点是正确的，那么它就意味着在传统城市中，城市网格、用地分布以及开发密度分布等主要的城市形态元素是根据城市网格本身与人流效应的相互关联原则结合起来的。它意味着，在一定的城市格网密度与整合度的前提下，城市会形成了自己的特色。出行人流对这个过程是如此重要以至于我们毫不犹豫地认为：城市不能再被看成是由相互独立的固定要素与出行人流构成的，取而代之，它是由物质结构与空间结构关联在一起而形成的"出行经济体"，即出行人流效应作用于城市的方方面面，城市空间的整合使得它的影响最大化，城市生活最基础的源泉——倍增效果——也因此得以最大化。

我们认为都市性并没有那么神秘。好的空间就是被使用的空间。大多数城市空间活动是出行；而大多数出行又是穿行，即城市网络中从任意一起点通过一系列空间到达其他任意一终点；大多数自发的城市公共空间活动、城市的安全感以及安全状况也与出行人流有相关；土地性质和建筑密度也与城市网格中的出行人流密切相关，两者都尽量适应出行人流的限制，并放大了出行人流的影响效果。城市是否具有生机是这些元素综合的结果，而最基本的决定因素是城市网格结构本身。通过对"出行经济"的影响，城市网格构成了都市生活多样化的最基本源泉。

部分与整体

我们还可以解释一下出行经济是如何形成城市结构中"部分－整体"关系的。我们已经注意到出行人流发生的不同尺度：一些是局部的，另一些是全局的。长途出行自然倾向于选择那些从全局看整合度较高的路线，短途出行选择那些局部整合度较高的路线。空间系统是通过一个不同的尺度来精确解读的，也是可读的。因为不同的整合半径反映了不同尺度的城市系统，因此理解部分与整体的关键就是理解不同半径整合程度之间的关系。

以伦敦老金融城和整个伦敦市的关系为例。图4.7a是以大伦敦市为背景的伦敦老金融城轴线图的特写。图4.7b是伦敦老金融城中每条轴线在整个伦敦市轴线图中相对位置的散

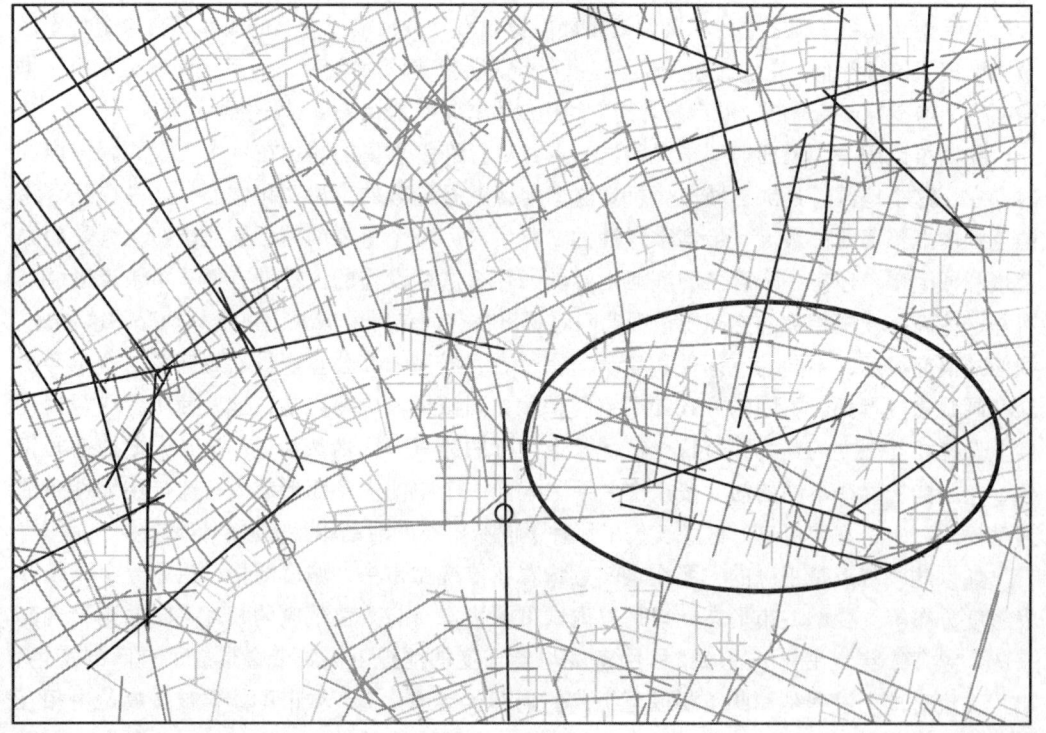

图4.7a 考虑整个大伦敦空间文脉的伦敦金融城

点标绘图,其中横轴表示整体整合度(半径n),纵轴表示局部整合度(半径3)。黑点代表构成伦敦老金融城的轴线。这些黑点形成了一个良好的线性分布,虽然这条回归线没有画出来,但可以看出它以较大的斜率与图中的主回归线相交。线性分布意味着局部和全局整合度之间的关系是良好的,斜率越大,也就意味着金融城中那些整合度最高的轴线(即由外及里的轴线)的局部整合度值越高于它们的全局整合度值。随历史的演进,它们的局部整合度会随着全局整合度的提升被不断强化。在伦敦所有著名地区重复这个实验,比如索霍区(Soho)、科芬园(Covent Garden)、布鲁斯贝利区(Bloomsbury)、邦斯贝瑞区(Barnsbury),都得到相似的散点分布图。换句话说,轴线图中部分与整体的关系至少有一部分是由局部和全局整合度的关系构成的。这是由于每个局部地区的核心都通过整合度较高的空间与它周围的城市主干网连接。这形成了一个从中心向边缘发散的结构,整合度较低的部分位于这种结构所形成的缝隙中。那些局部整合度较高的轴线无一例外都是从边缘出发穿过中心的轴线,它们决定了(散点标绘图中)黑点构成的回归线的斜率。[12]

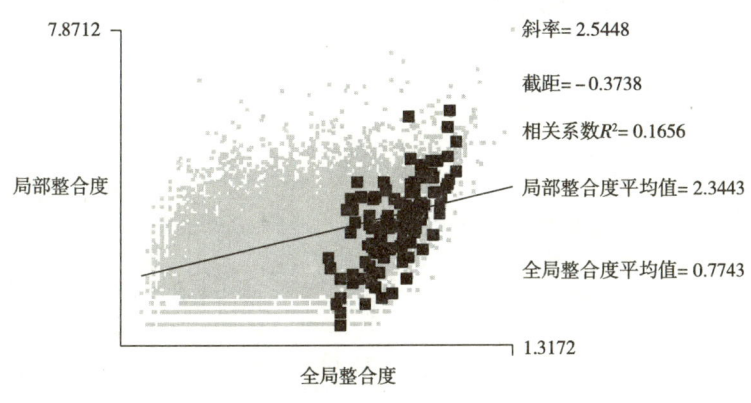

图4.7b　考虑整个大伦敦空间文脉的伦敦金融城的散点图

值得注意的是,我们在一个更小的尺度内发现了完全相同的现象,比如伦敦老金融城。图4.7c显示的是利登霍(Leadenhall)市场地区,图4.7d是伦敦老金融城中的散点标绘图,黑点代表这个市场地区。我们又一次发现了局部区域效果:如果你沿着主干轴线走下去——美教堂街(Gracechurch Street)或者利登霍街(Leadenhall)——那么会发现利登霍市场是一个局部结构良好、密度较高的网格,它的布局方式与整个金融城几乎相同。一旦你走进附近的街道,利登霍(Leadenhall)市场将强烈地吸引你的注意力。

从这些结果可以归纳出一个简单的结论:如果越多的黑点(代表局部地区)形成线性回归线与整个城市形成的线性回归线相交,它的斜率越大,那么这个局部地区的局部整合度值越高于其全局整合度值,它也就越有特色;如果黑点更多地与整个城市的线性回归线重合,那么这些(黑点代表的)轴线更加可能仅仅是一些与城市主干网格相连的较小空间,没有形成主干网格之外的局部特色地区。我坚信这个结论是与直觉吻合的。然而,这还依赖于这些黑点本身是否形成一个良好的线性回归,因为没有良好的回归系数,首先就失去了一个良好的整合界面——即不同出行人流尺度之间的良性关系——无论它在市区的哪个位置。它还依赖于那些整合度很高的黑点。在(散点标绘图中)左下方的一组黑点将是城

图 4.7c 伦敦金融城内的 Leadenhall 市场

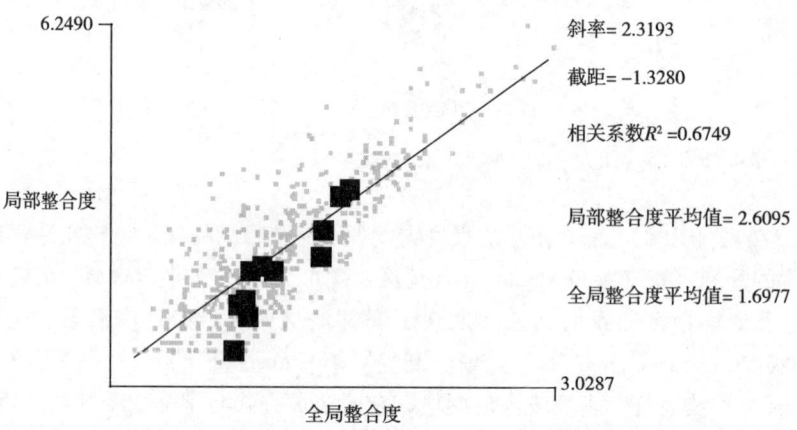

图 4.7d 伦敦金融城内的 Leadenhall 市场的散点图（黑点表示）

市中非常孤立的（空间），不能作为一个次级地区存在（第五章将对此问题进行详述）。

看来，我们已经为那些已知的城市地区找到了一个客观的空间概念，同样的，我们还对各具特色的城市功能模式的形成过程有了良好的理解。由此，我们至少可以理解为什么一些城市的各个构成部分不尽相同，但放在一起后又不失其整体感。从历史的角度来看，城市发展积极地促进出行人流，以此创造了密集而又多样化的聚集场所，这种"增进交往的机制"对城市不无裨益。这些场所之所以能形成，正是通过空间布局促进了出行人流和聚集者之间互动，使其相得益彰。正确的空间布局可以达到这一点，尽管具体应用的方法不尽相同（比如，我们在阿拉伯城市就发现了完全不同的发展模式，虽然潜在的规则是一样的），但总是能够在不同尺度的出行人流之间创造良好的相互关系：如建筑内部的人流与街道上的人流之间，次要街道的局部人流与更大规模的整体人流模式之间，居民日常出行与陌生人进出城市的出行之间。约翰·皮珀尼斯（John Peponis）博士说[13]，城市就是不同尺度上出行人流交流的界面。

不同半径的空间整合度之间的互动界面是实现城市功能的空间手段，它形成了较小规模人流与较大规模人流之间的一个紧密联系。因此，它是产生（穿行人流）局部效应的关键，是城市整体人流为局部区域创造利益的途径。实现这个目标的空间技巧就是维持一定数量的空间互动界面：在建筑入口与其他所有不同尺度的空间之间；较小的城市空间和更大尺度的城市空间之间（通过凸空间和线性空间之间的关系来体现），以及不同尺度的线性空间结构之间，特别是部分与整体之间。

逆城市化主义

城市"出行经济"来自空间的倍增效应，它依赖于特定条件：一定的规模，一定的密度，一定的用地分布，维系城市局部与整体互动的城市网格特型等等。一旦理解了这一点，就很容易发现最近的一些努力（城市更新的做法）是如何彻底地破坏了城市"出行经济"的运行，以至于我们必须把近几年的开发当成逆城市化的空间技巧演练。"逆城市化主义"所传达的信息正好是我们已确认的城市空间技巧的对立面：割断建筑与公共空间之间的联系；割断不同尺度的出行人流之间的联系；割断居民与陌生人之间的联系。

以邦斯贝瑞区（Barnsbury）附近某一区域的整合度图为例，它包括国王十字（King's Cross）火车站场（空白区域）周围的三个住宅小区，如图4.8a。这些小区很容易被识别出来：与周围街道区域相比，它们的空间更为复杂，尺度较小，而且每个小区在图中都是一团较深的线条，表示与周边相隔绝。如果我们分析这些小区的局部整合度与全局整合度的关系，绘制成散点图，如图4.8b，c和d，那么我们发现每个小区的散点都出现分层现象，并且或多或少的按照垂直模式分布。这种现象将在下一章进行详细阐述。在此，我们只关注这种空间设计的三个方面的效果。第一，这些小区与城市其余肌理相比更显孤立，更为严重的是它们呈团状孤立。良好的城市空间也有孤立的线性空间，但他们接近整合度高的线性空间，因此在局部区域内整合度高的线性空间和孤立的线性空间有良好的交融；第二，局部整合度与全局整合度之间缺少联系，这就意味着城市局部与整体之间的关系不明确；第三，（代表小区的）黑点（形成的回归线）没有（在整合度较高的区间内）与（城市整体）回归线相交，表明它们没有形成空间结构良好的局部网格。

从功能意义上说，这就意味着所有的界面都被破坏了：建筑与公共空间之间；局部与非局部的人流之间；居民与陌生人之间。当然，在这种地方生活还是有可能的。但是，有证据表明我们对此不应乐观。研究这种（小区）设计在较长时期内对其中生活方式的影响，可以发现存在一种长期演变模式，即空间设计形成了不少空间缝隙，严重缺少自发的人车流动，从而聚集了各种反社会的活动和行为方式。正如我们将在第五章所看到的一样，在极端的例子中，如果这些缺少自发人流的空隙是那些小区的中心，情况有可能变得很糟糕。

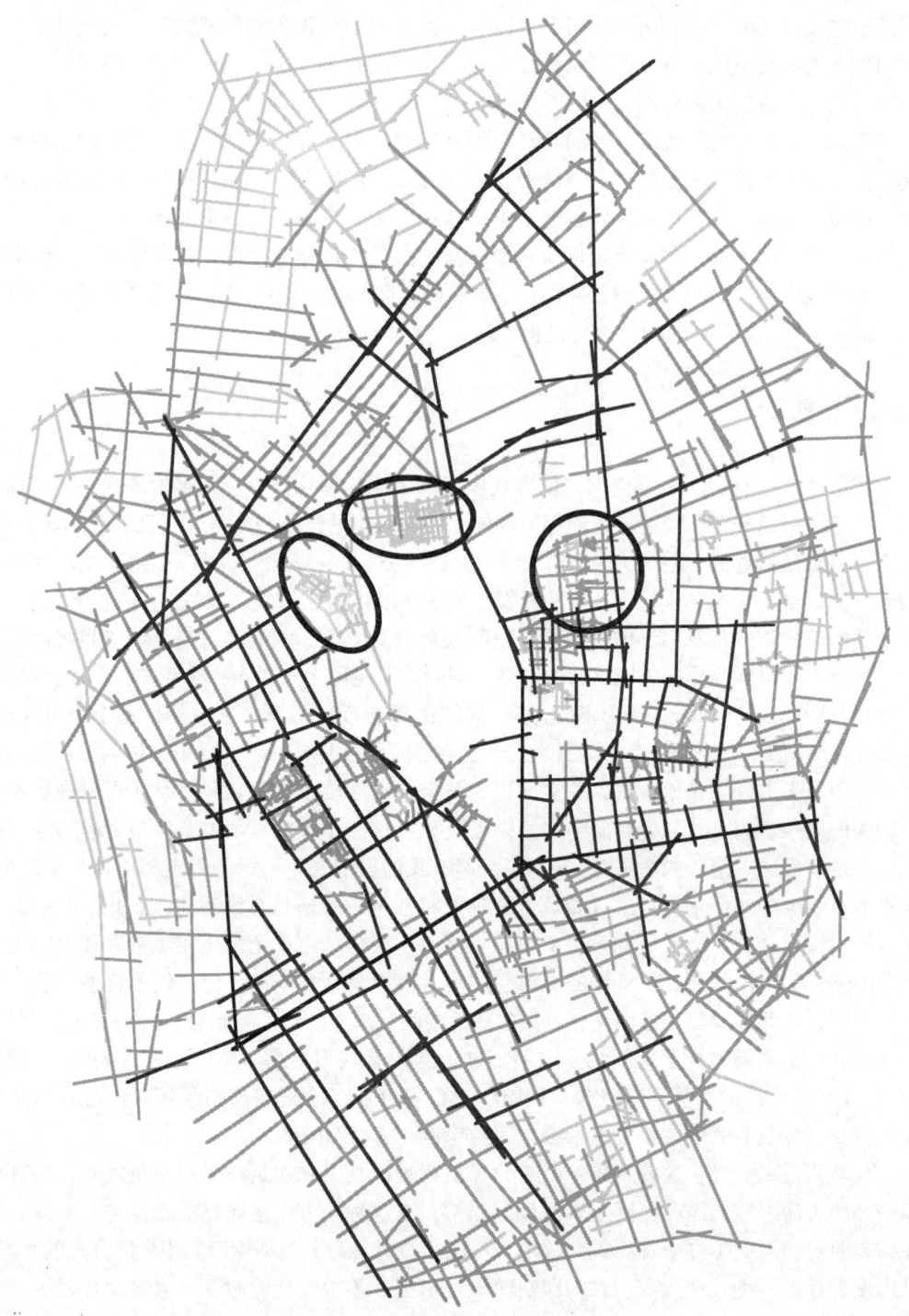

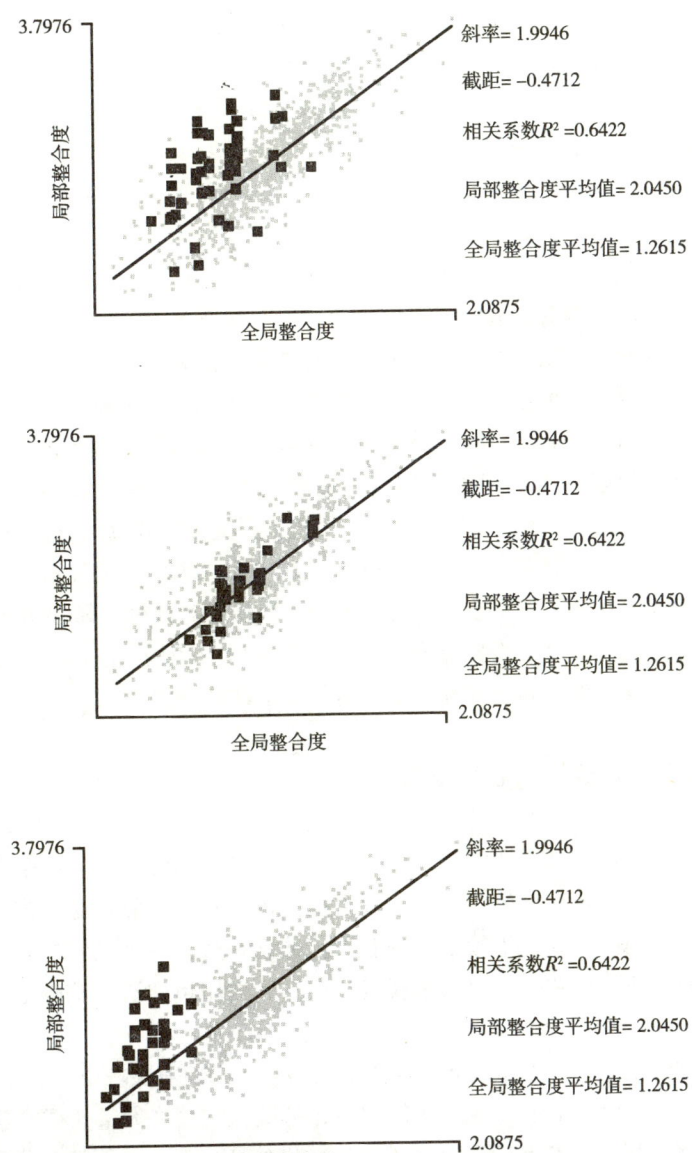

图 4.8 国王十字地区的轴线图，图示为整体整合度，黑圈选出的是三个住宅区，散点图显示了以国王十字地区为背景的这三个住宅区（黑点表示）

拙劣的局部空间组构方式破坏了形成"出行经济"的要素，导致了这些"逆城市化"地区的产生。分散布局也可以产生类似的结果。如果我们从一个具有高密度中心区的城市系统转向一个分散的不连续城市系统，在其他条件一样的情况下，很明显，出行的平均长度将会增加。其次，虽然不那么明显，但同样正确，出行人流所引发的正面效益将被削弱。随着分散布局扩大，相互连接的地区越来越不可能受益于出行人流过程中所附带的效益。实际上，随着散布的扩大，出行人流系统更近似于一个纯粹的"起点－终点"系统。在这种情况下,不是一次出行完成若干目标,而是必须要做多次出行达成一个目的,每一次出行完成的目标非常少。这就是为什么人们在郊区要做长途出行的基本原因,也解释了为什么大部分这样的额外出行是通过私人汽车完成的。[14]

在城市设计政策中,甚至在密度相对较高的城市系统中,用一组特别的孤岛来代替连续的城市结构,那么上述相似的效果也会产生。这也势必会削弱出行过程所引发的正面效益。从定义上说,孤岛作为目的地,无特定目的的自发人流是不会进入的。它们形成了城市网格中的断点。因此,在效果上它们在很多方面与分散布局的城市有类似之处,对"出行经济"有相似的破坏作用。在城市结构中任何"封闭区域"的倾向都会减少有益的出行过程所引发的效应,并由此减弱"倍增效应"——城市活力的源泉。

通过以上的论述可以看出,在过去,某些文化价值观念根植于我们城市设计的基本态度之中,直到最近这些观念还认为是理所当然的,比如尽可能降低密度,打断城市连续性代之以自成体系的特殊孤岛,减小城市空间规模,分流与限制人流的不同形式,提高出行人流的通行能力但限制了他们利用出行人流产生的效益,这些做法对城市的自然功能与"出行经济"是完全有害的。不是密度而是稀疏,不是大的城市空间规模而是盲目的削减规模,不是缺少秩序而是对秩序肤浅的理解,不是"无规划的、混沌的"变形网格而是低劣规划造成的破碎,损害了城市空间的舒适和安全。缺少对城市空间和功能本质的整体理解,我们就有可能忽略了密度、良好空间规模、受控的混合使用、连续性、城市网格整合程度等城市特性,而城市的良好秩序和功能正是依赖于这些特性。

对城市化本源以及城市演变的反思

这些结论又一次论证了我们初始的想法:我们对城市的干预只能基于我们对城市的理解。如果这种理解是不充分的,其干预效果也是破坏性的,而且这种错误的理解很可能有一套价值体系来支撑。我们依赖于这一套价值体系在过去一个世纪中对城市进行改造,仿佛它是一种城市理性实践,但它从来就没有建立在对城市的研究基础上。那么它到底从何而来?

首先让我们反思一下城市的起源和本质,为什么我们需要城市,又是什么创造了城市。作为物质实体,市镇很显然是空间运作的特化形式,它允许大量人群密集居住而不会互相感到不安,将(居民)相互间以及(居民)与供给者之间面对面的交往所耗费的精力最小化。事实上,我们认为市镇首先是由于能量在社会中流动的方式发生了改变,才使得它的功能性成为可能。地理学家理查德·瓦格纳(Richard Wagner)区分了两种与能量相关的典型产物:转化或者加速动能的"工具",储存势能并减缓其转化过程的"设施"。[15]例如,火镰是一种"工具",而水坝是一种"设施"。这样就很容易理解上述的论点。不管还有什么因素促使市镇形成,毫无疑问它们通常都是以"设施"的急速增加为标志的,尤其是水利系统和食物储存设施。

使市镇具有社会性的要素是我们习以为常并且几乎忘记它存在的一项创造:城市网格。城市网格是一个连续空间系统,多组环状交叉,或多或少具有整体规则性,它由相互毗邻而连续的建筑物限定,这些建筑物面向外部空间,大致呈规则的块形。而城市网格的形态不是可预见的。实际上，考古研究表明许多原始市镇具有不同的形态。

然而，城市网格是城市空间运作的第一个非常重要的法则。它的重要特征在于它本身就是一个设施——它承载了系统的潜在出行人流，并使得出行人流尽可能高效而实用。网格是一种手段，以此保证了每一次从起点到终点的出行途中都要经过若干面向外部空间的建筑物，从而使市镇成为"产生交往的机器"。也就是说，它们促使出行途中的交往极大化，并超越了旅行的最初目的。

19世纪，在工业化和城市快速扩张的影响下，两件事发生了。第一，为了应付巨大的城市规模问题，城市空间网格被更多地认为是一种"工具"而不是"设施"。也就是说，它被当作一种加速出行人流的途径，以克服规模问题。与之伴随，城市网格被看作是一组起点到终点的点对点路径，而不是一个"任意点到任意点"的网格——城市"出行经济"的产物。

其次，人们不再把城市看成一个基于空间网格的文明，而是一个过度聚集进出城市的人车流中心，一处最令人不快的地方。新的生产方式带来了大量人口，他们在城市中心及其周围无秩序的聚集，社会问题随之而来。于是，大就等同于坏，密度就等同于道德堕落、政治混乱。正是在这种背景下，19世纪城市规划的价值系统产生了，从而有了人口疏散、城市郊区化等更为极端的建议。

不幸的是，许多这种19世纪的价值体系被带入了20世纪，它们更多的不是以理性表达的信条和政策目标形式出现，而是人们建设良好城市的想当然的前提。19世纪的逆城市化思潮已成为20世纪大部分城市设计和规划的范式。也许我们应该相信这种情况现在已经改变了，城市问题再一次受到严肃地关注。但是一旦一种观点根植于规章制度与形式之中，这种信仰就不容易改变。19世纪城市设计范式的许多方面还没有被抛弃，在关于城市密度的基本政策中它们仍然被奉为经典。城市的连续性被标新立异地打断，取而代之的是自成体系的特殊飞地、不断地缩减空间规模以及不同形式的人车分流与限制。这些过时的范式残余不是来自我们对城市的正确理解。相反，它们威胁着城市的自然功能与可持续性发展。

注释

1 关于这些问题最新而又最全面的论述见 S. Owens, 'Land-use planning for energy efficiency', in Applied Energy, 43, 1–3, Special issue on the rational use of energy in urban regeneration eds. R. Hackett & J. Bindon, Elsevier Applied Science, 1992；她关于居民点形式最重要的一个参考文献是 P. Rickaby, 'Six settlement patterns compared', Environment & Planning B, Planning & Design, 14, 1987, pp. 193–223；其他近期重要的文献包括 D. Banister, 'Energy use, transport and settlement patterns', in ed. M. Breheny, Sustainable Development and Urban Form, Pion, 1992, and P. Hall, "Squaring the circle; can we resolve the Clarkian paradox?" Environment & Planning B: Planning & Design, 21, 1994, pp. 79–94.

2 关于此问题的讨论见 M. Batty, 'Urban modeling and planning: reflections, retrodictions and prescriptions', in B. Macmillan, ed., Remodelling Geography, Basil Blackwell, Oxford, 1989, pp. 147–169. See also M. Batty and P. Longley, *Fractal Cities*, Academic Press, London, 1994.

3 B. Hillier et al., 'Natural movement: or configuration and attraction in urban pedestrian movement', *Environment eiJ Planning B, Planning eiJ Design, vol. 20, 1993*; and A. Penn & N. Dalton, 'The architecture of society: stochastic simulation of urban movement', in eds. N. Gilbert & J. Doran, *Simulating Societies: The Computer Simulation of Social Phenomena*, UCL Press, 1994, pp. 85–125.

4 从这点来说，这就是 Jan Hacking 所谓的"现象的创造"的一个例证，在此基础上，理论又有新的发展—I. Hacking, *Representing and Intervening*. Cambridge University Press, 1983, chapter 13, 'The creation of phenomena', pp. 220 – 232.

5 数字来源于一篇硕士论文的案例分析, by Marios Pelekanos while a student on the MSc in Advanced Architectural Studies in the Bartlett School of Graduate Studies, UCL, in 1989.

6 B. Hillier, et al., 'Natural movement'.

7 A. Penn. et al., 'Configurational modelling of urban movement networks', 1995. 未能公开出版，可通过 Bartlett School of Graduate Studies 借阅。

8 在这个研究中，每个轴线片断都被持续观察了50分钟，跨越5个不同时段：早上8点至10点，上午10点至中午12点，中午12点至下午2点，下午2点至4点，下午4点至6点。所获取的数据质量非常高。试验表明：如果观察到的个体数量可观的话，即使观察的时间相对较短也是足够的。在个体数量稀疏的环境中，观察的时间应该延长。

9 例如，可参见 A. Penn &. B. Hillier, 'Configurational modelling' (see n. 7)。

10 Penn &. Hillier (see n. 7)。

11 关于这个问题更详细的讨论见 Hillier et al. 1993, 'Natural movement' (see n. 3)。

12 这种结构在小市镇中也有发现，称作"变形轮"，因为在中心附近总是存在着轴线形成的半网格和轴心，强大的整合器将半网格与边沿连接，就像轮辐一样，一些边缘轴线也具有整合度，形成部分边缘。这种结构通常是重要公共空间结构，同时整合度较小的居住区在缝隙中形成。见 B. Hillier, 'The architecture of the urban object', *Ekistics*-Special issue on space syntax research, vol. 56, no. 334/5, 1989.

13 Dr John Peponis of the Georgia Institute of Technology and the Polytechnic University of Athens, 这个观点是在谈话中得知的。

14 例如，可参考 Department of Transport, National Transport Survey: 1978/79 Report:. HMSO, Norwich, 1983, Table 10. 4, p. 71. (See also NTS: 1975/76 Report, Table 3. 17, p. 37.)

15 R. Wagner, *The Human Use of the Earth*, New York, Chapter 6, 更多的讨论可参见 K. Flannery, 'The origins of the village as a settlement type in Mesoamerica and the Near East: a comparative study', in eds. P. Ucko et al., *Man, settlement and urbanism*, Duckworth, 1972, pp. 23 – 53.

第五章　建筑会引发社会问题吗？

作为"心身"问题的建筑决定论

　　许多人相信建筑可以引起社会弊端，要么直接导致反社会的行为，要么对个人造成压力或沮丧的情绪，甚至为犯罪行为创造了有利条件。[1] 实际上，我们对这些影响知之甚少。我们甚至不能肯定是否真的存在这些影响。解答这样的问题需要长期和大规模的研究，但这样的研究目前还没有。结果，虽然人们广泛相信这些后果，但同时也大打折扣，甚至产生了怀疑。从基本常识来讲，建筑怎么可能对人的心灵产生如此深远的影响？从研究方法论来讲，引发社会弊端的各种因素纷繁复杂，并且与所谓拙劣设计的受害者的生活纠缠不清，那么又怎么能够把这些因素彼此分清楚呢？

　　从研究的角度来看，至少根据目前的证据有充分的理由对此表示怀疑。在建筑与社会影响之间建立某种联系还存在一个方法问题，目前的研究通常对此都没有令人信服地涉及。房屋建造无一例外都是一个社会过程，同时房屋还是一个物质产物。根据市场运行与政府公共机构的配给运作，穷人会住在条件较差的住宅中，使得条件差的住宅区成了社会衰败过程中的一个可变因素。因此，当建筑物根植于社会进程中，它仅可能作为一个因变量随社会运行而已，我们又怎能期望从建筑中找出影响社会的独立变量呢？简而言之，如果我们的确发现了拙劣的设计与社会不良现象有关，可是当社会进程的其他方方面面可能早已促使了两者的结合，我们又怎么就能够确定是前者决定或者促成了后者？由于我们能够研究的案例都是真实的，每个挑选来做研究的住宅开发区与传统住宅区仍然继续参与到社会进程之中，如何回避这个研究方法的难题目前还不清楚。

　　假设这还不是一个很难的问题，那么还存在第二个难题，它的重要性一点也不低，只不过是个理论问题——甚至是哲学问题——而不是方法论的问题。建筑物就是要创造一个物质与空间环境。如果我们相信物质环境可以侵扰人的心灵，并且它可以引发系统性的强烈效果足以影响人的行为，那么我们似乎对此应有某些认知，因为这些效果的产生必须经由人的感知与心灵活动。但是我们又找不到这种机制的可信模式，甚至对于个人来说，很难想像能产生如此影响的过程。坦率地说，如果认为这些影响会对整个社会起作用，这是难以置信的。

　　实际上，"建筑决定论"这种思想，即建筑可以对个体或集体行为产生系统影响，几乎直接导向了"心身"问题的泥潭，而"心身"问题已经困扰了哲学界几个世纪。无论我们认为心灵是非物质的实体，还是物质的脑状态，我们都同样很难理解物质客体，比如建筑，怎么能影响人的心灵，并且产生如此持久和系统的行为效果。如果我们不清楚这一连串事件的前因后果，研究将非常困难。

　　这两个困难放在一起——方法论问题和理论问题——就使建筑决定论成了一个非常深奥并且复杂的议题。然而，如何避免它也是一个难题。从原则上反对任何形式的建筑决定论，即建筑所引起的任何形式的正面或负面效应，就会导致一个奇怪的命题：因为环境对行为没有影响，所以环境如何设计完全与行为无关。这个命题看来比建筑决定论更缺乏可信度。我们在两个相互对立又相互排斥的可能性之间进退维谷，哪一个看上去都是不可信的。结果，建筑决定论看来不仅仅是有问题，而且导致了一种自相矛盾，这些深奥的难题使得我们无法对所研究的问题有一个清楚的定义。可是，不清楚研究的命题是什么，研究工作是无法展开的。

幸运的是，当人类思想遇到这种情况时，往往还有第三种思维可能，即问题本身的设置就是错误的。基于对第三种可能的探讨，本章将对上述两个显而易见的困难加以阐述。我认为现实中存在着完美可信的机制，借助这种机制，建筑的印象会进入人脑，并通过个人行为表现出来，这种机制普遍化的推广就是它会对社会的影响。此外，在谨慎陈述这些机制的同时，我们将指出建筑的影响将如何从危害社会的进程中摆脱出来。换句话说，由于方法论和理论问题是休戚与共的，可以一起解决。这两个问题可以重组和转化，从两个问题都不能解决转变为两个问题都能解决的形式。即使不是明显可解决的，至少也是可以进行系统的探索。

对方法论的审视

争论从方法论开始。首先我们必须对方法论的难题有一个比较清楚地了解，这些难题一直困扰着建筑对人的影响的研究。也许，非常奇怪，最大的困难不是调查人的心理如何变化，因为建筑心理学家与社会心理学家对此已经十分在行。最大的困难是控制建筑变量，即对不同建成环境之间的差别准确描述，当这种描述足够精确和稳定时，就可以允许在建筑变量与人类心态或者行为变量之间寻找某种关联。大多数研究试图这样解决这个问题：肤浅地描述住宅开发区或者街区的物质特点——开发面积，每个街区商店的数目，人口的数量，是否有步行道等等。不幸的是，恰恰是在这个总量概括的层面上社会负面活动是最有可能被发现的，而在开发地段中更小尺度的不同类型的地点上，它可能不太明显，这也是惟一可能不显著的层面，包括步行道的某一段、某条死胡同、某个院子等等。但是目前使用的描述方法是不会轻易允许这样分解描述系统的。部分理由是（在较小尺度上）不能足够精确地控制建筑变量，以至于许多建筑与社会问题有显著联系的暗示性结论受到了质疑。由于已有研究的建筑变量仅仅局限于总量概括的层面上，我们可以很容易得出结论：这些研究没有令人信服地分清建筑的影响与社会进程的影响，因为正是在总量概括层面上社会进程（的影响）是最明显的，也是最容易辨别的。[2]

如果想解决这个问题，我们只能在更加细微的层面上来分析建筑和社会变量，因此分析的单位至多是若干较小的住户组团，我们称之为场所组。这些住户组团的规模足够大，使得其中个别住户的变量不至于太显著；但也不能太大，以至于不同场所组之间的社会演变差异太显著。如果政府的住宅分配过程和相似的市场推力在较大规模上形成了衰败地区，如臭名昭著的住宅小区或者不受欢迎的街区，那么我们有理由期望在众多小规模的住户组团层面上这种社会运作的影响要小得多。在所有的房地产项目与城市社区中都能找到这种现象。

恰恰是在这个较为细微地研究建筑与社会信息资料的层面上，可以采用组构空间建模，并使之系统化，以作为控制建筑变量的基本手段，这就使得空间描述的参数可以在我们选定的任何层面上进行使用。我们已经知道空间的组构属性对于出行人流模式及其空间运转方式有非常重要的作用，而且根据连锁反应，空间组构对那些与出行人流有关的城市形态有影响，诸如特定土地使用类型的分布（如零售分布）、某种类型的犯罪以及对罪犯的恐惧感等。在第四章的分析中，空间模型可以控制建筑的变量参数，这使我们能够将空间组构对诸如出行人流量等行为变量的影响效果与其他可能影响因素区分开来。这件事很简单，只要细心分析就可以。

建筑与虚拟社区

从我们现在所关注的社会弊端出发，空间和出行人流之间的规律还处在一个低级层面上，虽然这些规律表明了城市与建筑设计对集体人群的行为模式有明显的系统性影响，但还不清楚它们对社区形成机制的影响，那将是一个更高层面的规律。在这个高级层面上，这些规律或多或少地涉及人群之间互动的复杂结构和关系。但是，在前一章中我们能够从这些低层次的系统效果出发，发现它们是与城市布局的其他重要特征相联系的，比如城市网格的演变、土地用途的分布以及建筑密度等等。换句话说，城市是一个复杂的物质和空间结构，其中一方面是联系空间与出行人流的低层次规律，另一方面是作用于整个城市结构与功能的高层次规律，我们已经找到了这两个方面的跃迁联系。

接下来，论述将从相反的方向进行，我们将寻找这些低层次的系统效应对城市微观空间结构的可能影响。我们所说的城市微观空间结构即指人们日常生活所处的空间环境。论述的基础很简单。空间组构影响其中出行人流的模式，而出行人流显然是空间利用的最主要形式。通过空间组构对出行人流的影响效果，空间组构自然而然地限定了人们共存的模式，并且在该地区内生活与路过的人群产生了同舟共济的心理。共存人群中的每个人并不一定相互认识，甚至不知道对方的存在，但这并不意味着共存就不是一种社会事实和社会资源。共存人群不是社区，但他们是形成社区的一个前提，也许在适当的时候，或者在必要的时候，共存人群就形成了社区。但是，即使没有形成互动交往，共存的模式也是一种心理资源，因为共存是我们感知别人存在的最原始方式。共存和共同感知的模式是空间设计的重要部分，并由此形成了"虚拟社区"的最主要部分。某个地区内的"虚拟社区"就是自然的共存模式，它是空间设计作用于出行人流及其他与空间利用相关事物而所产生的。

由于虚拟社区仅仅是关注空间中人群的物理分布，细心的观察就可以揭示大量的信息。首先，虚拟社区具有某些明显的属性，比如密度以及某些不太明显的属性，如某种空间布局，这是不同人群之间共存的必然模式，也是不同目的空间利用的必然模式，例如居民和陌生人、男人和女人、成年人和儿童等等。其次，可以轻松地断定：与以街道为主的城市区域相比，大多数现代住宅小区中虚拟社区的密度和布局有很大的不同，并且随着现代住宅小区变得更"糟糕"，这种差别也就越大而深远。第三，在不同的建成环境类型中，自然虚拟社区与主要的社会行为之间存在着清晰的联系，描述这些社会行为的变量包括故意破坏行为发生的次数以及地点，犯罪地点，反社会行为发生的地段等等。

既然空间在低层次上对出行人流模式有影响，我们认为空间在微观层次上同样存在着高层次的影响，这种影响来自空间设计是否形成了虚拟社区，是否构建了个人的自然共存与共识。无论建构的长期效应是什么，这些效应都将面对这样一个基本事实：通过空间设计，建构活动创造了一个具有某种布局与密度的虚拟社区。这就是建构，也是我们看到的建构活动，也许这也是建构的所有内容。如果空间以错误的方式设计，那么空间中自然而然的社会共存模式就不可能达到。在这种情况下，好一点的可能是没人使用的，坏一点的可能就沦落为乌烟瘴气之地，令人恐慌。如果局部环境中存在着大量这样的空间，那么每天的日常经历都将见证一个"混乱的"虚拟社区。正是这一点将建筑和社会弊端联系在一起，因此，建构与行为之间的联系实际上是空间设计以及由此而产生的空间使用。

在这一章中，通过空间的组构分析以及对空间利用的细心观察，我们将从不同的虚拟社区结构中发现一些具有启发性的规律，并将表明这些虚拟社区的差异是不同空间设计的结果。因此，共存与共同感知是关键的设计概念，虚拟社区是关键的理论概念。我们认为这些差异不仅仅是空间组构设计的系统性效应，而且对于空间社区的长远发展来说，它们远比迄今已经认识到得要重要得多，这丝毫不是因为社会学家通常把社会互动看作是最小的社会单位，认为共存只是社会互动的前奏（而没有构成社会单位）。然而，共存的模式确实在很大程度上取决于设计，因此，对它的分析将会启迪我们对建构及其他的社会影响的研究。

城市安全的规则

在本节的开始，我们首先从局部空间的微观结构来进一步思考上一章的一些结论。从第四章邦斯贝瑞地区（Barnsbury）研究中得到的每小时步行人流量，从而可以计算出每分钟步行人流量，而按正常速度行走 100 米所需的时间大约就是一分钟，据此，我们可以比较轴线的平均长度，得出这一地区步行人流在空间共存的概率。这一地区的平均人流量是每分钟 2.6 个成年人，比较其中较长的轴线的平均长度，可以得出：一个人大约至少与另一个人持续保持目光接触。事实上，在大部分时间中，一个行走的人不仅仅只与一个人有目光接触。这种将视线长度和行人数量的结合分析的好处显而易见。它揭示了行人不仅与多个路人经常保持目光接触，从而获得或多或少的安全感，并且在必要的时刻他或她可以从其他路人得到逃避的警告。对个人来说，与其他路人的视线交流是密集的，而且在一定程度上还是可控的。

再看看第四章的一个住宅小区。人们在这个住宅小区内相遇的平均概率是 0.272，比一般街巷式地区小了一个数量级，即使这个小区周围街道的人流量与街巷式地区相差无几。同样，这个小区内视线的平均长度与街巷式地区相比要短很多。从这两点来看，我们可以容易地得出小区中的行人在大部分时间内都是在单独地行走。由于偶遇的人很少，加上视线短，这就意味着大部分碰到的人都会较突然地出现，几乎没有时间对相遇的人做出反应并采取适当的行动。

在这种情况下，个人的行为将发生变化。我们可以通过思考来验证。设想一个人，X，生活在一个普通的街道。中午，X 走出他或她的前门。一个陌生人正要经过这个门。另一个陌生人离得稍微远一点,但很快也将经过门口。第三个陌生人正从街道的对面向反方向路过。在这种情况下,这些陌生人的出现显得很自然。X 甚至会觉得很放心。当然,X 不会靠近那个正在经过门口的陌生人问他或她在这干什么。如果 X 这样做,别人会觉得 X 的行为很古怪,甚至是一种威胁。除非有什么特殊情况,如果 X 一再坚持这样做的话,那么有人也许会叫警察了。

现在再来说 Y,生活在远离公共街道的现代住宅区内,门前是一条较短的空中(开敞)走廊。像 X 一样,Y 走出他或她的前门,并从走廊向下看去。突然,一个陌生人在拐角处出现,几乎就到了 Y 的门口,就像前面 X 碰到的一样。由于受局部空间结构的限制,当然,很可能从这儿看不到别的人。与 X 不同,Y 很紧张,他或她也许会有如下的一种行为:最方便的话,返身回到屋内;如果不方便,就询问陌生人是否迷路了,对方也紧张,于是双方都很不安。Y 是"本地的居民",需要捍卫自己的局部空间,陌生人也需要回答他或她的来历。

现在有意思的是:Y 的行为如果发生在街道上,他或她本来就会让人觉得很古怪,可是在流行的现代小区环境下,现在却看起来很正常,甚至是很善良。在不同的环境条件下,我们不仅发现了不同的行为,而且还有不同的解释。在一个环境中是意料之中的行为,在另一个环境中会被当作是古怪而不可理解的行为。那么到底是什么在变化呢?看来有两种可能。首先,与 X 相比,Y 空间组构的整体特征——不是房门前的空间本身,因为它或多或少是相同的——发生了变化。第二,Y 对于其他人出现的预期发生了变化。

这两个变化彼此紧密相连。组构的变化产生了一系列不同的人们出现和共存的自然模式。人们对此是了解的,并根据环境的组构来推论其他人。因此,一种环境组构会产生与之对应的、对其他人的正常预期模式。这些预期指导着我们的行为。如果这种预期被打破,我们就会不安,并产生相应的行为。在一种环境下正常的行为在另一种环境下就是出人意料的。这一方面是客观的环境功能运行,另一方面是主观的"描述性猜测"[3],即人们认知客观环境时,会根据环境进行猜测与推理。

因此,我们所观察到的行为差异是环境诱导的结果,它不是直接的,而是通过组构事实和组构预期之间的关系达成的。它的一个效果是:它可能造成场景恐慌,其程度通常超过了实际警情,因为它是从环境推论而得到的,而不依赖于罪犯的真实出现。这种根据空间结构推论可能的共存模式影响了行为,也促成了许多现代住宅区中的高度恐慌感。这也是街巷式城市系统通常看起来要比现代住宅小区安全的基本原因。

现在我们再来研究为什么现代住宅小区内的偶遇几率比街道系统少了一个数量级。图 5.1a 标明了城市背景中的一个现代住宅小区的空间分布,其中黑色代表房屋,图 5.1b 显示了该小区在城市背景中的全局整合度。答案包括两方面。第一,小区的复杂性与其较小的规模使得该小区内自然而然的人流量实质上几乎为零。验证这一点的最简单途径就是将小区外进入的人流量和轴线拓扑深度联系起来。图 5.1c 是散点分布图。[4] 住宅小区边缘的人流量向小区内部逐渐减少,这种现象在大多数现代住宅小区中很普遍,而且大多数小区会以相似的方式对其内部空间进行缩减与零碎化。值得注意的是在本案例中,正如其他案例一样,人流量的模式直接地反映了第四章图 4.8 中所展示的分层的局部空间系统。

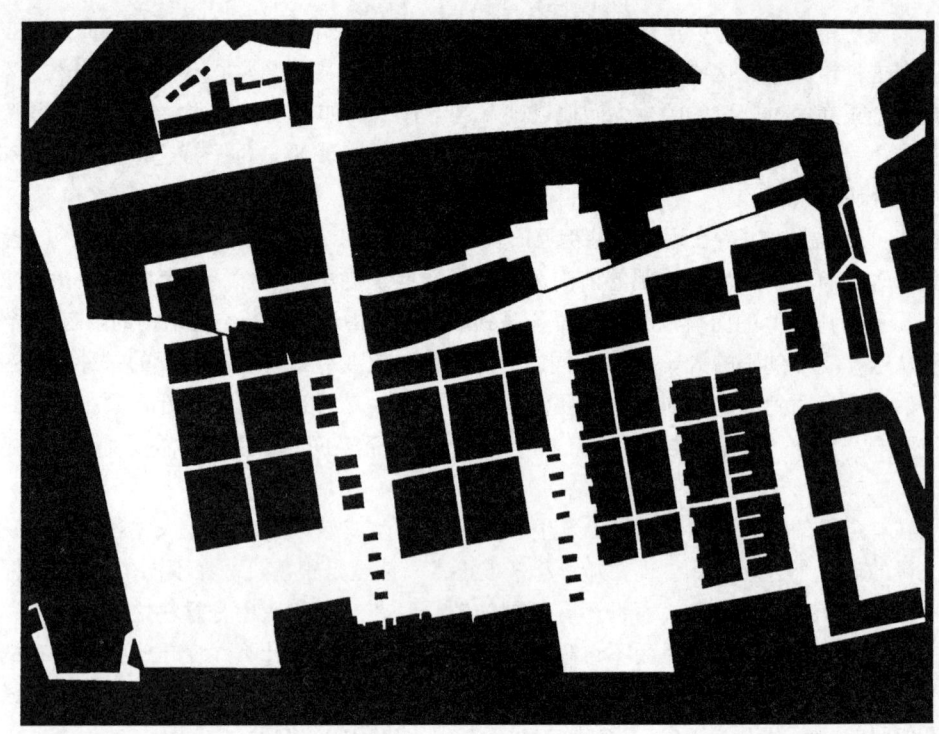

图 5.1a 住宅小区空间图（黑色表示实体）

图 5.1b 城区环境中的住宅小区全局整合图

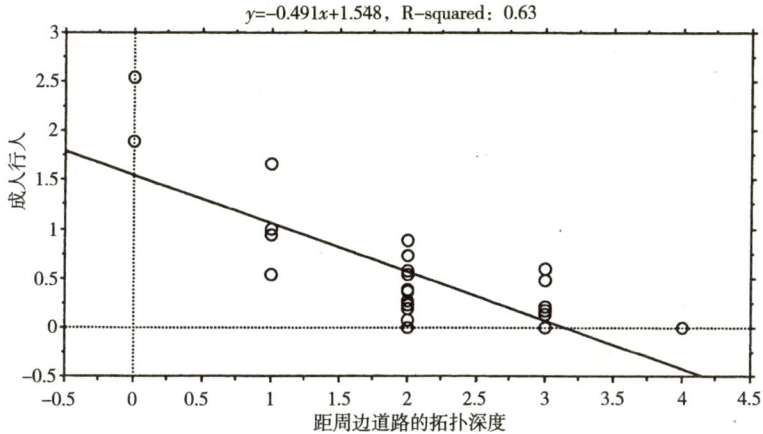

图 5.1c

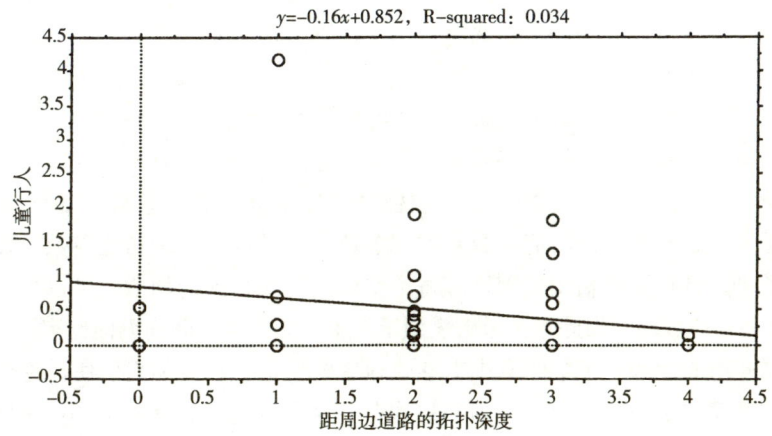

图 5.1d

第二个原因与住宅入口的数量和分布有关。这处小区与其他大多数小区一样，住宅入口只出现在某些轴线上，其中的大多数入口与外部街道的拓扑距离较深。每一条轴线大约有 10 至 12 个住宅出入口面向它，这条轴线不是通过其他带有住宅出入口的轴线与外界连接的，一般情况下，它是通过那些不带住宅入口的轴线连接到外部街道。换句话说，那些分布有住宅入口的轴线上的人车移动只是这条轴线上的居民自己产生的。假如每户有两个成年人，每人每天多则进出 4 次。这就意味着能够观察到的偶遇几率是每小时不到 10 次，或者说大约每 5 分钟一次。由于住宅小区内的轴线一般较短，在轴线上的任何一次出行偶遇概率都不会大于 10%。换句话说，这个小区的偶遇几率，以及与之相关的恐慌与不安表现，都是设计所固有的。

基于简单的数据，我们可以看到城市的安全规则依赖于陌生人的出现与居民的进出，因此它比"可防御空间"要复杂得多。我们需要用以人流为基础的空间概念来代替静态的空间概念。"可防御空间"背后的主要理念是：居民是静态的，而且位于他们的住宅中，必须通过设计把他们放到一个适当的位置，以使他们能方便地对自己户外空间加以自然监视，发现和阻止可能的坏人，这些坏人可能是陌生行人。我们研究的结果表明：事实上，陌生行人构成的自然人流本身就能保持着对空间的自然监视，同时静态的居民通过他们的入口大门和窗户也保持着对陌生行人的自然监视。这个规则清楚地依赖于空间组构所引发的居民与陌生人之间较高概率的见面。简而言之，居民与陌生人在空间中的混合是安全的保证。那种将居民与陌生人完全分开的环境将在一定程度上使人缺乏安全感并引发恐慌。更简单地说，都市安全的规则是虚拟社区结构的一个特定方面，即见面概率模式，它是由空间设计产生的。

空间社会结构和 L 形问题

现在我论述的中心是：通过对虚拟社区更为复杂的影响，这些依然很低层次的空间效应对我们社会生活的影响远远超过我们的认知。它们可以创造（或破坏）某些精细而复杂的系统效果，这些效果如此具有启发性，以至于我们把它们看作空间的"社会结构"——尽管社会学家批评说这些效果完全不具有社会性。到目前为止，我们已经认识到空间是如何促进居民与陌生人的见面，以及促进不同人群，如男人和女人、成年人和儿童、年轻人和老人等等之间的交流，这些认识的简单归纳与升华就是空间的社会结构。

像以前一样，这些空间中的"多重交流"可以通过使用散点分布图这一简单的统计技术加以客观化，这一次我们将更关注散点的视觉形式，而不是相关系数。图 5.2a 和图 5.2b 是两个散点分布图，不是对比功能参数与空间参数，而是对比两个功能参数，即男人的移动与女人的移动。依据空间轴线分别计算每个空间内男女行人的均值，可以得出每个空间（男女行人）共存的概率。因此相关系数表明了两组不同人群之间的见面概率。

第一个散点分布图表示了第四章中街巷式地区的情况，它紧邻我们所讨论的现代住宅小区，而第二个反映了现代住宅小区内部的情况，这种对比是非常关键的。很明显，街巷式地区中男人和女人之间的"可能见面机会"比现代住宅小区中的要高得多。在街巷式地区，散点的线性分布说明男性和女性或多或少地以相同的方式使用空间，而且也或多或少

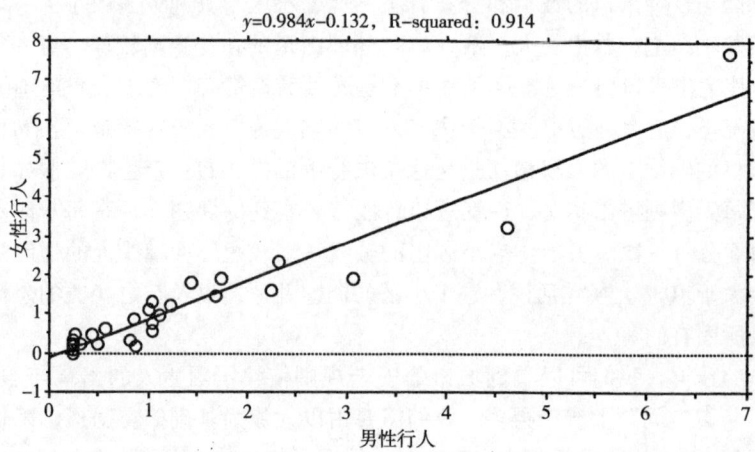

图 5.2a 街道模式住区

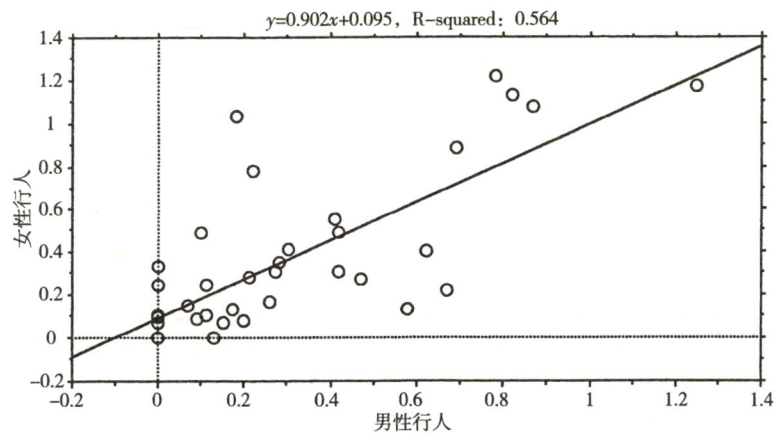

图 5.2b 现代住宅小区

地在所有空间中同时出现，其中没有一个空间中男性出现的频率一定要比女性高，反之亦然。而在现代住宅小区中，情况发生了变化。散点的不规则分布说明许多男性青睐的空间女性却很少使用，反之亦然。

通过使用这个简单的分析探究不同人群之间空间利用的交叠，说明了普通的都市空间，甚至是纯住宅空间，都是以多重交流为特征的，包括居民和陌生人、男人和女人、老人和年轻人、成年人和儿童之间的交流。可以相信这些多重交流是通过空间设计引发的，因为它们是实质上自然而然的出行人流产物，而出行人流模式已被证明主要是通过城市网格结构促成的。这是持续稳定的现象，所以很难说它是随机的或者偶然的。实际上，我们对空间运转的社会和经济因素认知得越多，我们越能发现所有城市中好的部分都具有这些多重交流的模式，而差的部分都缺少它们。

其中最关键的多重交流模式之一是成人和儿童之间的交流，因为它有可能包含在社会化之中。图 5.2c 表示的是都市地区中移动成人和"静态"儿童（即那些或多或少停留在同一空间中的儿童）之间的见面，图 5.2d 表示的是现代住宅小区中相同的情况。都市地区中

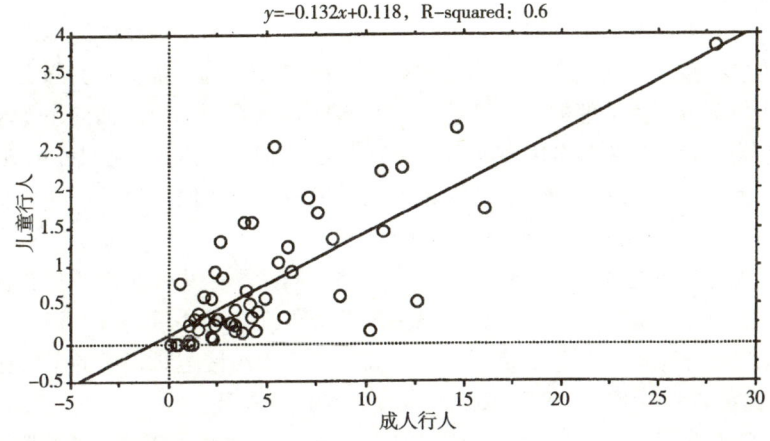

图 5.2c 街道模式住区

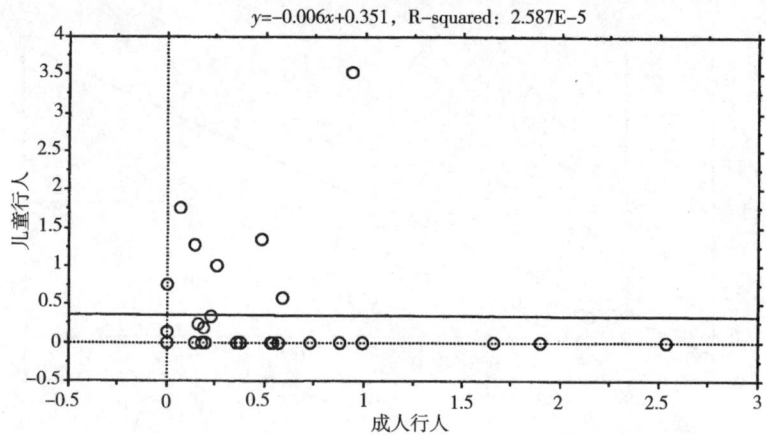

图 5.2d 现代住宅小区

的散点分布很不完美,但是它非常清楚地表明:空间中移动成人和儿童之间的比率相对稳定,成人与儿童比率大多数是 10:1,但至少是 5:1。无论出现一个或者一群儿童,同一空间中将会出现多得多的成人。虽然这不是必然的,但它是系统中一个足够明显的概率规律,因此是相当可信的。

在现代住宅小区中,散点分布呈现出完全不同的图案。L 形分布说明成人和儿童相互之间完全是非同步的。这不是一个随机关系,而是一个相当肯定的非对应关系。成人所青睐的空间通常很少被儿童使用,而儿童惯用的空间通常没有成人经过。这意味着这两组人群之间的随机交往实际上是非常匮乏。这就是我们所称的 L 形问题。L 形分布意味着不同人群之间界面是断裂的。散点越远离线性分布而呈 L 形发展,在空间模式对日常人流的影响下,不同人群之间的随机交流就越少。

这种效果也可以通过平面图来表示。图 5.3a 和图 5.3b 分别标绘了成人和儿童在现代住宅小区平面中出现的情况,一个点表示一个工作日中平均每 10 分钟内出现的一个人,因此称之为"十分钟"地图。对于成人来说,模式是清楚的。随着轴线深度向小区内部发展,人流的密度迅速降低,因此住宅小区中心最深的轴线附近已经没有什么人流了,特别是大多数住宅入口所在的南北向轴线附近人流的频率很低。但儿童"十分钟"地图有很大的不同,儿童恰恰主要集中在南北向轴线附近,而那儿的成年人流非常少。实际上,年幼的儿童使用住宅入口附近有人关照的空间(位于南北向轴线上)而远离东西向主要轴线,而少年儿童,特别是男孩,使用整合度较高但大部分都无人关照的空间,它们位于地面层之上,但与小区空间整合核心空间相交。总的来说,我们发现儿童倾向于使用成人较少经过的空间,但是离自然人流量高的空间只需转一个弯。

如果我们对比一下儿童的出现数目与小区内部空间距小区边缘街道的拓扑深度,绘制成图,就一目了然了,如图 5.1d。峰值不是出现在成人最多的小区边缘,而是位于小区内部。这可以通过数字来验证,首先我们计算出成人位置距小区边缘街道的平均拓扑深度为 0.563,儿童位置的是 0.953。然后把每个儿童位置的拓扑深度减去一,再重新计算,结果是 0.459,或多或少与成人位置相同。换句话说,儿童的位置平均比成人的位置要深一个步数。因为空间复杂性影响着这种住宅小区:进入小区越深就意味着与周围环境分离得越远,

第五章 建筑会引发社会问题吗？

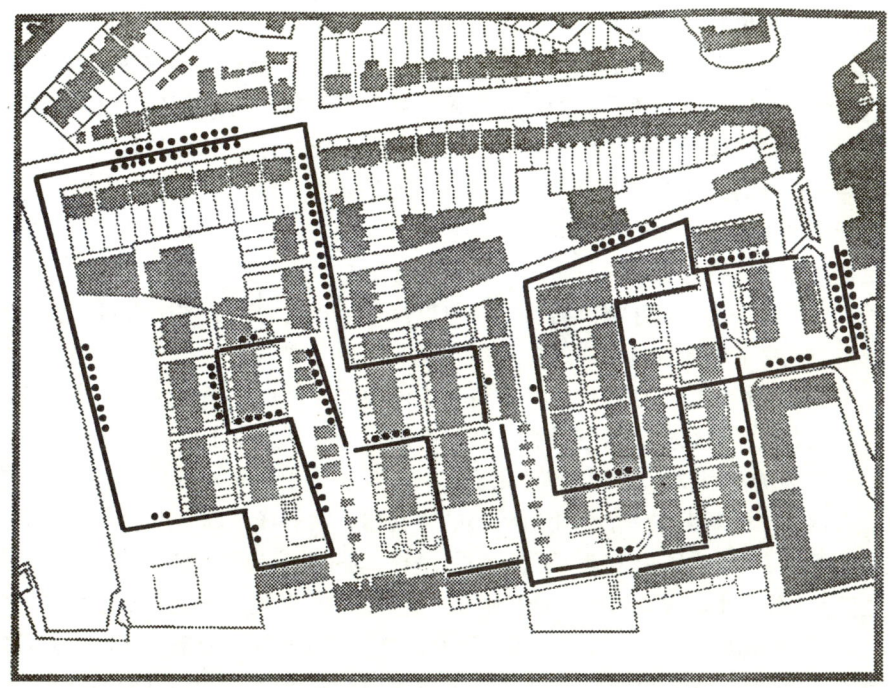

图 5.3a "十分钟"图显示了一条线路上的成人数量，每一个点代表每 10 分钟内出现的一个成人

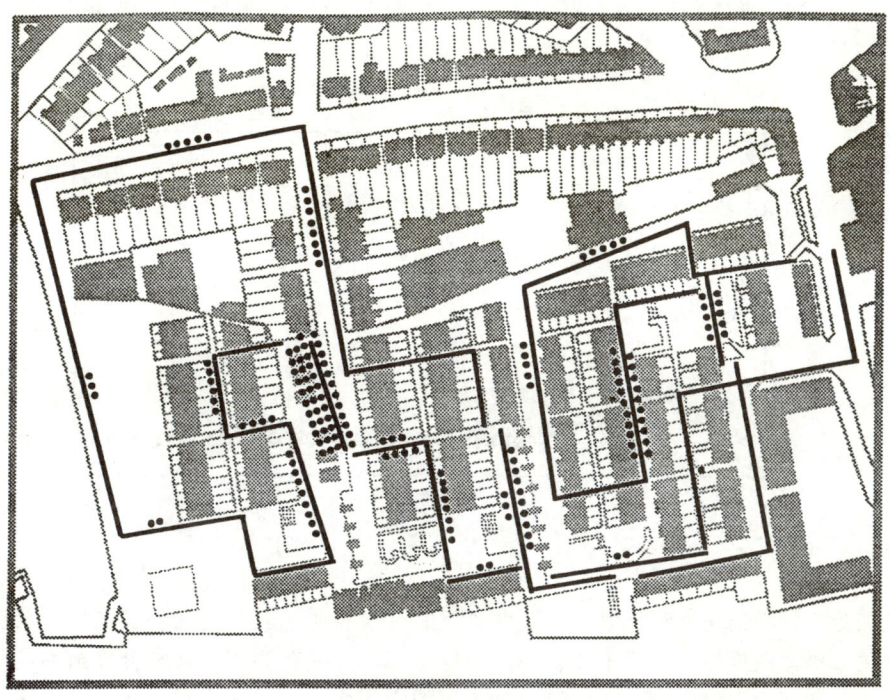

图 5.3b "十分钟"图显示了一条线路上的儿童数量，每一个点代表每 10 分钟内出现的一个儿童

从整体而言，儿童位置的平均整合度比成人的小，但是在不占用成人经常使用的空间的前提下，他们尽可能地占据高整合度的空间。实际上，他们离开成人但又尽可能自身聚集。这也是我们漫步小区时所能感受到的。我们显然可以意识到儿童的存在，但我们并没有置身他们中间。同样，通过研究其他小区的情况，我们发现这是一个非常普遍的模式。儿童不会专门寻找孤立的空间，他们只是在寻找整合度最高的，但又没有成人穿过的空间。实际上，由于这种空间的出现造成了成人和儿童交流界面的缺失。在都市街巷系统中，这样的空间是不存在的，因为所有的空间都或多或少地有成人穿过。

然后，再比较一下儿童在都市街巷空间与现代住宅小区空间的实际数量，我们会发现儿童在都市空间中散布的程度很高，这可以在图5.4中发现。该图标绘了不同空间的儿童数量，从最多的到最少的，空圈代表都市街巷空间模式，黑点代表现代住宅小区模式。在都市地区，没有明显的聚集，而且没有儿童的空间很少。从数字上说，不存在没有成人的空间，只有11%的空间没有儿童。与此相反，在住宅小区中儿童比较集中，41%的空间没有儿童，大量的儿童聚集在一个个相对较小的空间中，大的峰值随之出现，以至于一些空间完全由儿童或少年占据。正如我们所看到的一样，幼年儿童位于人流系统的间隙地带，而年长儿童位于人流与小区入口相邻的间隙地带。换句话说，我们清楚地看到了小区内的儿童在大部分时间内远离成年人，并聚集成团，他们占有并完全控制着自有空间。我们可以把这个过程描述为突现的或者随机的"占领"，而且这是一个系统效应，是空间利用模式的结果，而不是个体主观冲动的结果。现在，我们只能推测这种空间规律如何影响儿童成长为成人这个长期的社会化过程。在这个阶段，我们只是注意到儿童在较长时间内参加群体活动，远离成人的自然监视。不足为奇，这种模式有可能跟轻微犯罪以及恶意破坏活动有联系。[5]

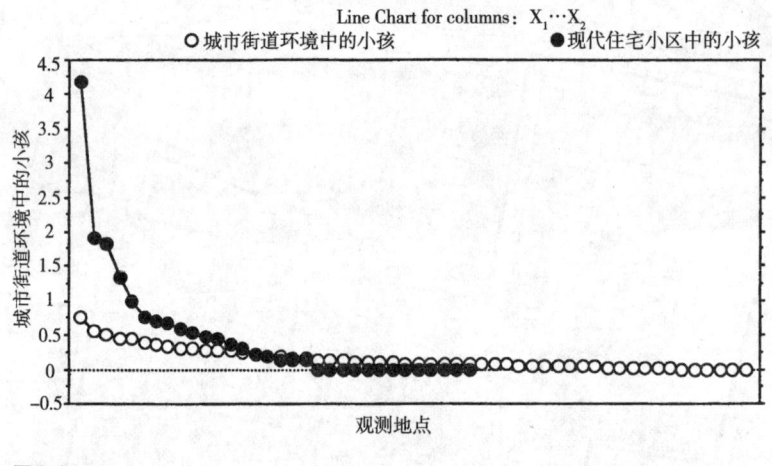

图5.4

更加令人担心的是，对其他"交流界面"的观察表明了其他更为明显的反社会空间使用也遵循着类似的规律，尽管不像上一例那样严谨。这些行为不会在整合度最高的、自发人流最多的空间中聚集，也不会聚集在最孤立的空间中，而是聚集在那些自发人流不多而空间整合度最高的轴线附近。空间的反社会利用看起来在寻找那些没有自然人流占据的最高整合度空间。

其他现代住宅小区

我们所清楚的是交流界面的缺失以及这种缺失和小区整合度的关系具有普遍性。这些发现得益于伦敦大学学院巴特雷特建筑规划学院（The Bartlett，UCL）博士生徐建明的工作。他选择10个现代住宅小区进行了研究，包括上面的一个。这些小区涵括了二战后的各个历史时期不同形态的小区。他将这些不同分为三个主要的历史阶段。第一个阶段是战后早期现代高层和低层住宅小区的混合类型；第二个阶段是"空中街道"时期，由于"十人组"（Team 10）及其他人对早期现代设计的批评，这一时期的设计师力图在空中重现具有传统街道特征的空间和使用类型；第三个阶段是新本土风格阶段，这一时期的设计师不再寻求"空中"的解决方案，尝试在地面上重塑传统空间，往往仿效并虚构小镇或村庄空间的风景，结果通常是超级复杂的、类似迷宫一样的设计方案。

这项研究还没有完成，在此就不回顾整个课题了。但是，作为其研究的一部分，徐对空间使用和人流模式进行了观察，并绘制了所有主要空间使用者之间交流的散点分布图。从两点来讲，他的结果是值得注意的。首先，成年行人和静态儿童之间呈现的L形散点分布是具有高度普遍性的，虽然发生的程度不同，如图5.5中一系列小区地面层的（成人与儿童的）散点分布图所示。其次，L形分布发生的程度由一个不佳的相关系数表示（也可以通过视觉观察检查），它与小区内部空间整合度有着密切相关，即在计算空间整合度时不考虑小区周围区域，只考虑小区内部空间的整合度，如图5.6a所示。通过询问熟悉这些小区的研究者并要求他们对这些小区的"良好感觉"打分，（尽管这个方法值得商榷）结果发现了L形指标还与小区的"良好感觉"排名有对应关系，这种对应关系是强烈的，如图5.6b所示，这种相关也确实与观察者的直觉常识是吻合的。

更加引人注目的是，另一个对国王十字（King's Cross）地区[6]的研究调查了7个街巷式住宅地区和3个现代住宅小区（包括上面提到的小区），并在所有街巷式住宅地区和小区中将静态儿童和移动成人的情况分别标绘。结果如图5.6c和图5.6d所示，表现了成人与儿童之间的交流从街巷式住宅到现代住宅小区的显著变化，其表现力非常完美。毫无例外，现代小区空间中儿童聚集在少有成人的地方，而街巷式小区中则完全没有这种情况。

市民和空间探索者

我们如何归纳这些结论呢？证据表明空间使用者习惯上被分为两类：普通市民和空间探索者。普通市民把空间当作日常活动的工具；空间探索者，如儿童，对每日的生活目标并不在意，他们使用空间的目的基本上是想发现空间的潜力——就像儿童在玩"躲迷藏"时寻找潜在空间一样。[7]目前，在普通的城市空间中，儿童受限于空间模式以至于使用空间的方式与成人没有太大的不同。除了专门提供给儿童的公园和游乐场，这里没有其他空间可用，因此街道中的儿童只能待在多重交流的界面之中。然而，一旦获得了探索的机会，儿童会很快找到自发人流中的空隙，开辟一个随机的群体领域，并吸引其他儿童加入。这通常发生在自发出行人流系统中空间整合度最高的空隙中。

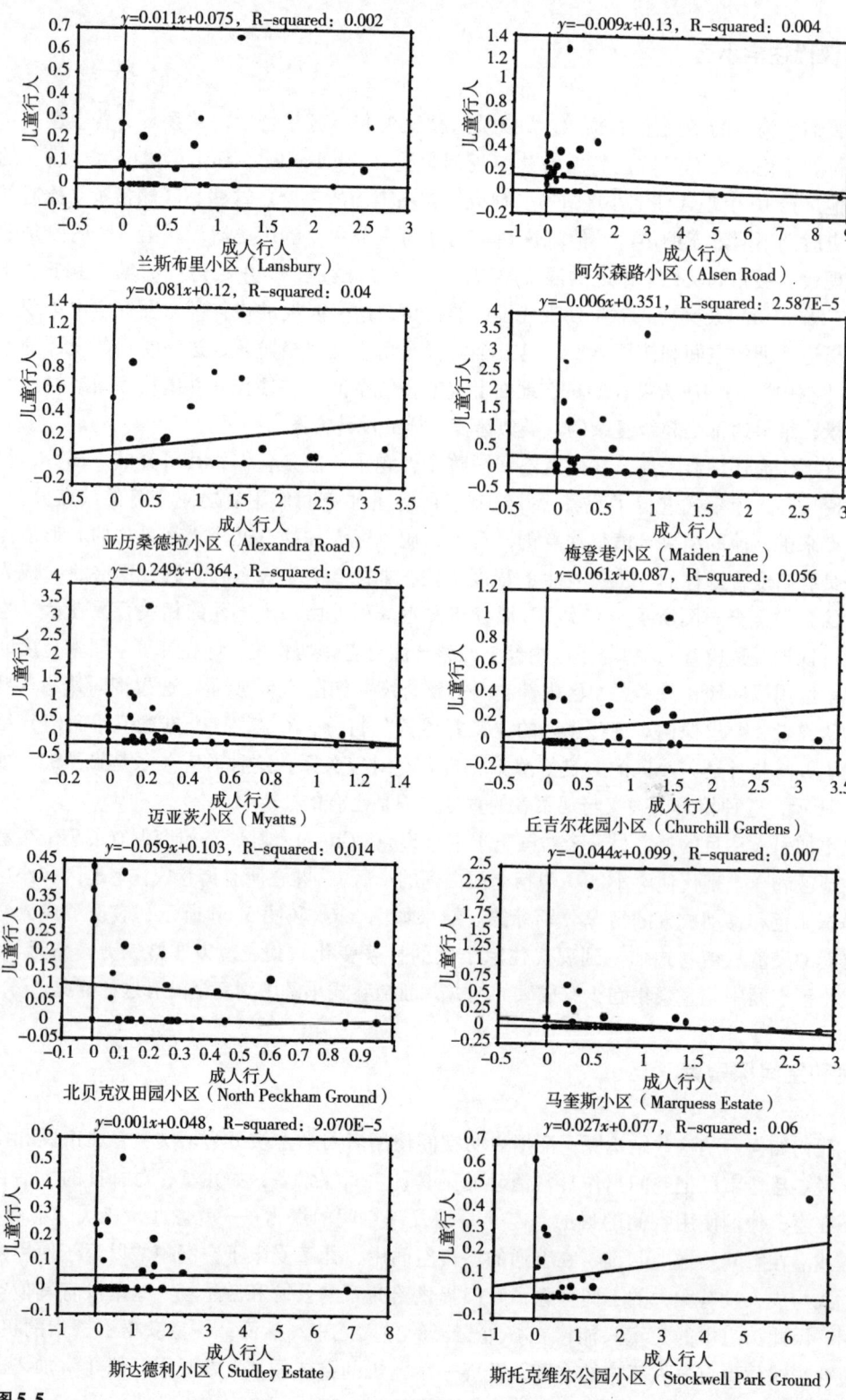

图 5.5

第五章 建筑会引发社会问题吗？

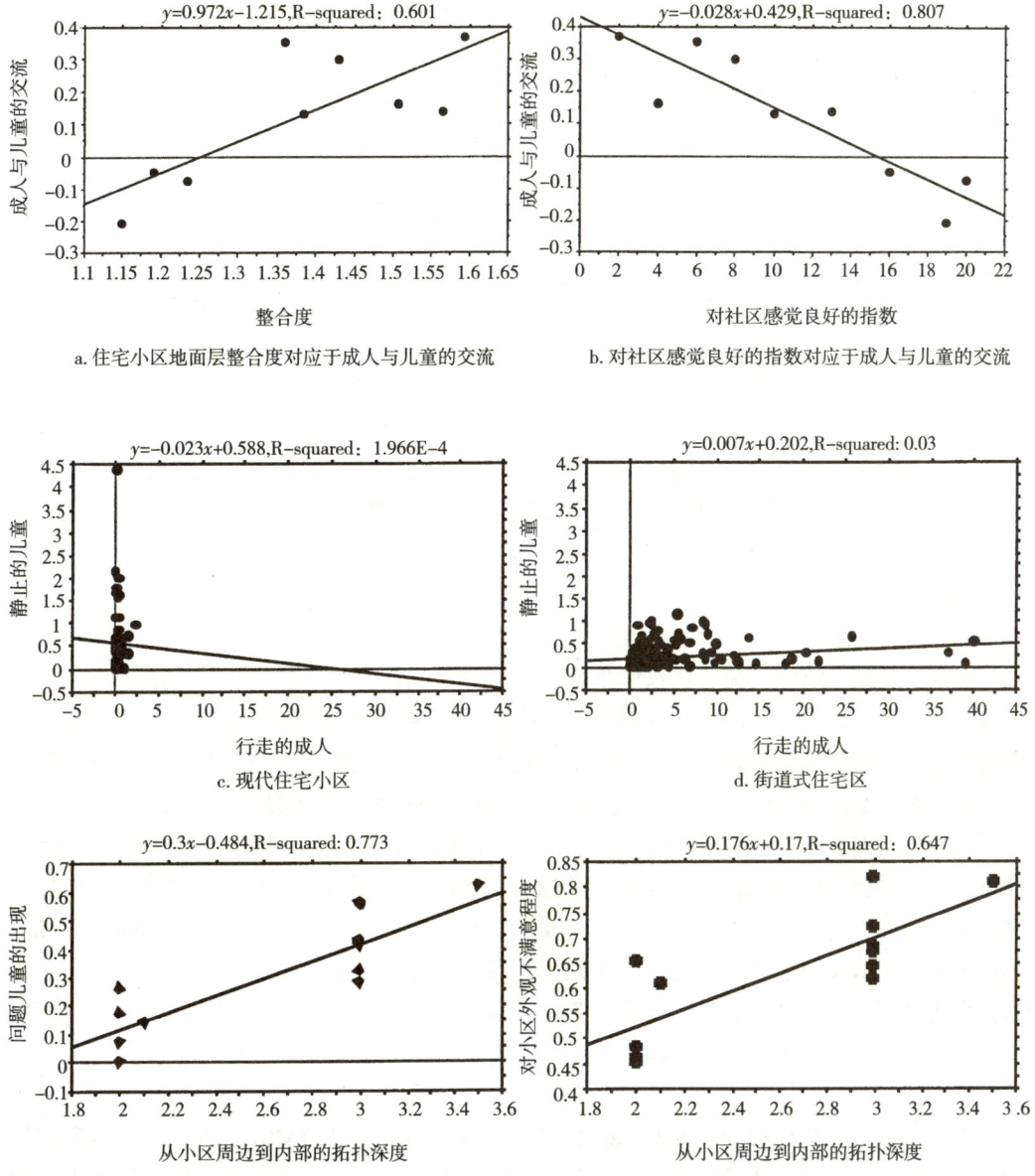

图 5.6

儿童不是惟一的空间探索者。拾荒者和醉鬼也是空间探索者，同样还有无赖和窃贼。拾荒者、醉鬼和儿童相似，是社会型的空间探索者，他们利用空间开辟并形成局部的社会小圈子。我认为所有的社会型空间探索者都倾向于遵循同一个原则，即占领自发出行人流系统中可用的、整合度最高的空隙。对现有证据的粗略分析，可以认为空间设计使得自发出行人流系统中的空隙就发生在局部整合度最高的空间之中，它提供了探索空间的可能。尽管它们在空间几何和密度上有很大不同，从句法的观点看，伦敦北部的宽水农场小区（Broadwater Farm）和牛津郊区的黑鸟牧场小区（Blackbird Leys）具有这种相同的结构特征，这两个地区都是臭名昭著的，且经常有骚乱发生。

这种空间结构的特征似乎是这样的：当自发出行人流不再占据空间整合核心的时候，如上述两个地区的商店关门之后，空间整合核心不再由多重交流主导，而是恰恰相反，单一群体主导着空间的使用，在这两个地区是由十几岁的男孩和青年人主导。在这些情形下，对抗很容易产生并转变为骚乱。当然这不是说空间设计引起了骚乱的最终爆发，空间设计不会引起骚乱。但是，低劣的空间设计的确可以引发某种非正常的空间使用方式，一个偶然的行为摩擦有可能引起大规模的骚乱。空间不会主宰社会活动，但它确实会提供机会。如果有人在泰晤士南岸沿河步行道下的河道中进行风帆冲浪或溜滑板，我们也许会感到惊奇，与之相比，对于发生在宽水农场小区（Broadwater Farm）和黑鸟牧场小区（Blackbird Leys）的反社会活动，我们也许不必更感惊讶。

然而，这种空间设计常常带来的不良影响是逐步显现的，而不是突然爆发的。空间利用的模式本身会产生不安、无序以及随之而来的惶恐，但不是骚乱。我们不必援引国家教育或者社会福利的匮乏或者家庭生活的下降来理解这些现象。如果生活在特殊的空间条件下，普通家庭也会产生这些问题。这些现象是特定空间条件下空间使用模式的系统产物。

社会与建筑影响的区分

在过多过早下结论之前，让我们来审视先前讨论的那个现代住宅小区，区分一下建筑影响与社会进程影响。我们之所以能做这项研究不仅仅是因为它是仅有的几个拥有完整空间与空间利用数据的案例之一，而且由于它还有广泛的社会学数据，这来自他人的研究[8]，旨在分析为什么这个小区在 4 年多一点的时间内从奇迹工程迅速衰落为"问题小区"。

这个小区拥有很强的视觉冲击力，全部是白色的低层建筑，据说它是卡姆登（Camden）现代主义学派的最后一笔。1983 年开始入住时，它不仅受到了评论界的赞扬，而且新居民对其也称赞有加，80% 的居民用"宫殿、天堂、太棒了"以及"现代、整洁、明亮"等词汇肯定了这些超现代白派建筑。不到 5 年后，在地方警情的急迫压力下开始了社会调查：报告称"71%（的居民）对这个小区做了负面描述，通常使用了厌烦的词语，如监狱、集中营、牢城、犯罪天堂、斗殴场、南部西班牙的精神病院……"这种（居民）态度巨变是怎么发生的呢？[9]

事实上，进一步分析这些证据[10]表明了一个事实，即研究者在解读那些社会调查所提供的证据时，过分关注于"建筑的合理性"的问题。大多数关于小区的负面评论是关于"垃圾和肮脏"以及其他管理缺陷问题；只有大约 30% 是对小区建筑外观的负面评价，这其中也只有很小一部分是被研究者列为重要议题。实际上，69% 的居民肯定了各自住宅的外观，对小区整体外观的评介也是一半对一半。实际上，这似乎是一个研究兴趣的问题，那些调研这个小区社会衰败的人裁剪修饰了所有数据，然后就这样报告，尽管数据并不支持这一点。我们认为，这种夸大其辞的倾向本身对小区随后的名声败坏和社区恶化是大有影响的。

对这些调查数据仔细地再分析，然后参考空间分析和空间利用研究的结果，我们发现一个更具启发性的事实。根据构成空间句法分析的轴线界定较小"场所组"，即每条轴线代表一个"场所组"，把对小区的各种态度按"场所组"整理，图 5.7 是这些态度的相关矩阵。实际上，存在着两组主要的但互不相关的态度：负面态度如"不喜欢这个院落"是主

第五章 建筑会引发社会问题吗？

要的一组，我们称之为"负面态度"组；虽然我们期望这组与其他态度有相关性，如感觉不安全或犯罪恐慌感，但它们之间没有相关性；这些态度形成了很独立的一组（即"恐慌和犯罪"组）。其他因素，比如感觉小区"友好"，既不与上述主要的两组相关，也不与"希望搬走"的态度相关（这种态度仅仅与第一印象就不想住在这个小区相关），仅仅与养育孩子的因素相关。

"负面态度"组的因子基本上与空间变量没有相关性，如小区内的整合度或者小区内轴线距小区边缘拓扑深度，简称拓扑深度，然而"恐慌和犯罪"组的因子与拓扑深度有密切的相关度，这是由于共存随着拓扑深度而减少，而这个拓扑深度变量是形成虚拟社区结构的主要决定因素。"恐慌和犯罪"组同样与"找孩子是个难题"有密切的相关度，而后者也与拓扑深度相关，如图5.7b所示。与"恐慌和犯罪"组相反，"负面态度"组与空间变量有相关性，但不对应小区整合度或者拓扑深度。实际上，它表现为一种非常奇怪的分布。如果在图示中由东至西（即小区内建筑物的排列顺序）将"场所组"内的各种态度标绘出来，那么总得到一个U形分布，如图5.8所示。对数据的分析表明，这一现象与这个小区建造过程中当地政府的政策变化紧密相连。

$X_1 \cdots X_8$：8个变量的相关矩阵

	是否有足够的卧室？	每个卧室中的人数	对小区的喜欢程度	对家的满意程度	对小区满意的答卷者对小区外观的印象	小区中不安全感的程度	对入室盗窃的担心程度	对暴力攻击的担心程度
是否有足够的卧室？	1							
每个卧室中的人数	-0.999	1						
对小区的喜欢程度	0.837	-0.836	1					
对家的满意程度	0.981	-0.981	0.925	1				
对小区满意的答卷者对小区外观的印象	0.983	-0.977	0.892	0.983	1			
小区中不安全感的程度	-0.083	0.073	0.453	0.113	0.001	1		
对入室盗窃的担心程度	0.102	-0.065	0.199	0.098	0.256	-0.086	1	
对暴力攻击的担心程度	-0.054	0.091	0.12	-0.036	0.111	0.025	0.983	1

图5.7a

$X_1 \cdots X_6$：6个变量的相关矩阵

	从周边地区进入小区的转弯次数（即拓扑深数）	对入室盗窃的担心程度	小区中不安全感的程度	小区的脏乱程度	对小区中问题少年的担心程度	对小区外观不满意程度
从周边地区进入小区的转弯次数（即拓扑深数）	1					
对入室盗窃的担心程度	0.755	1				
小区中不安全感的程度	0.572	0.716	1			
小区的脏乱程度	0.741	0.823	0.604	1		
对小区中问题少年的担心程度	0.879	0.708	0.649	0.742	1	
对小区外观不满意程度	0.804	0.755	0.669	0.68	0.932	1

图5.7b

如果我们将"负面态度"组与过于拥挤的主观评价以及"场所组"中每个住宅卧室的平均人数一起考虑，上述结果可以得到更清楚的说明。实际上，这后两个变量如此高度相关，以至于我们可以把它们当作一个变量来对待。如图5.7a所示，随着住宅单元的逐步建成，小区的主观和客观拥挤程度也不断增加，而且这种情况与居民的态度完全对应。主观因素和客观因素的吻合实际上反映出：随着工程的进展，同样面积的住宅被分配给家庭人口更多的住户，反映出住房最为困难的家庭给与当地政府的压力非常大。在工程第一阶段完成之后，"负面态度"组的意见开始上升，呈现出图5.8中的U形曲线，实际上，随后发展了多层住宅和单身宿舍而不是家庭独立住宅，缓解了拥挤状况。

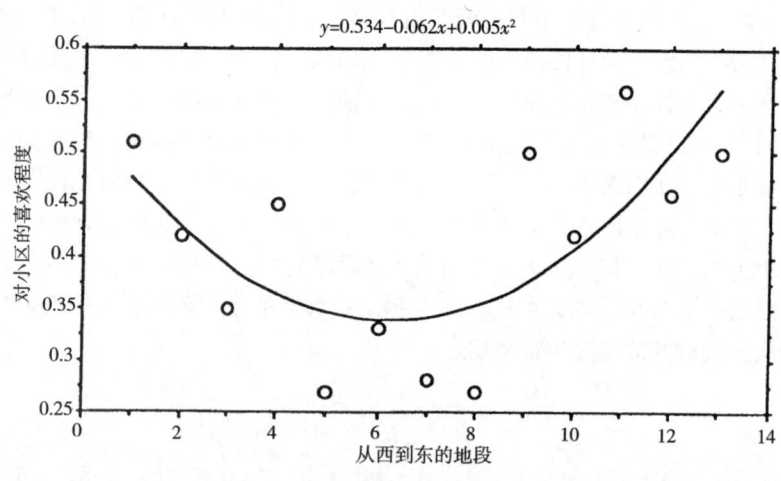

图5.8

简言之，对这个住宅小区的负面态度集中在小区的中央地段，无论从现实的还是感觉的角度，这与拥挤状况的增加是紧密相连的。而这种拥挤的状况是当地政府将同样面积的房屋分配给了较大家庭造成的，这些家庭并没有主动要求来这个小区。实际上，在这个案例中我们可以将社会进程的影响和空间设计的影响区分开。社会进程——即变化的分配政策，指当地政府在建设过程中将同样面积的房屋分配给更大的家庭以及更多的单亲家庭——左右着占大部分的负面态度组，而不影响"恐慌和犯罪"组，后者在很大程度上是受空间模式以及由它引起的对共存和共同感知模式的影响。

由此，这两个主要态度组之间的对比非常引人注意。一组与空间的相关程度小，缺少与空间相关的明显根据，但它的确反映了居民最普遍的态度，很明显是社会进程的产物。另一组，我们认为有可能与空间有关联，因为恐慌和犯罪是基于空间布局的活动，合乎我们的设想。对待儿童的态度也很重要。在"找孩子是个问题"的态度中隐含了空间因素，它深层次地反映了这个小区的空间设计及其共存的客观现状，即越深入小区内部，自然而然的共存的急剧减少，而且不同人群之间的社会交往也消失了，这种空间事实与这个态度是相联系的。其他研究表明了大体相同的情况。环境恐慌感大体上来自虚拟社区的解体。这种恐慌感是人们解读空间结构本身而得出的推论。看上去，恐慌感可以在小区中被设计出来，但只能通过空间组构对虚拟社区的影响来实现。

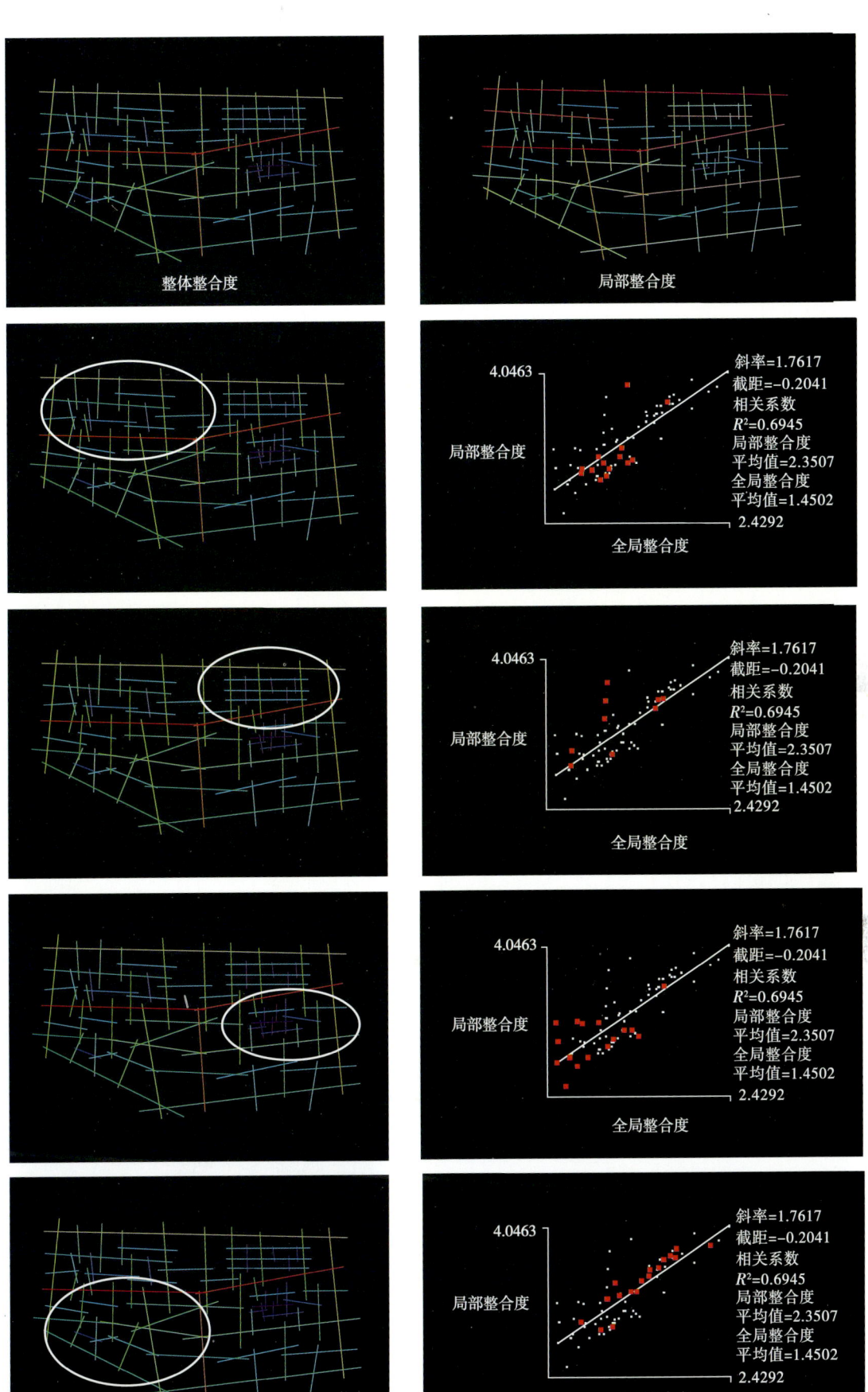

彩图1

彩图 2a 伦敦金融城的全局整合度（半径 = n）分布图

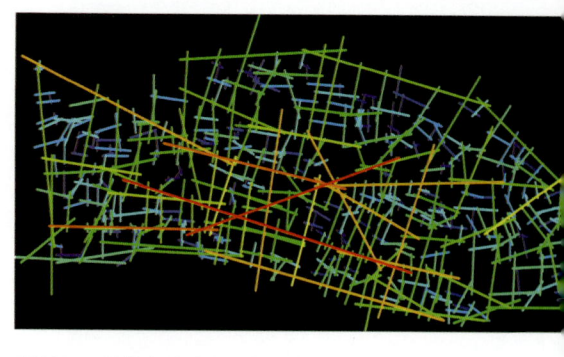

彩图 2b 伦敦金融城的局部整合度（半径 = 3）分布图

彩图 2c 大伦敦地区全局整合度（半径 = n）

彩图 2d 大伦敦地区局部整合度（半径 = 3）

彩图 2e 大伦敦地区半径 – 半径整合度（半径 = 10）

彩图 3

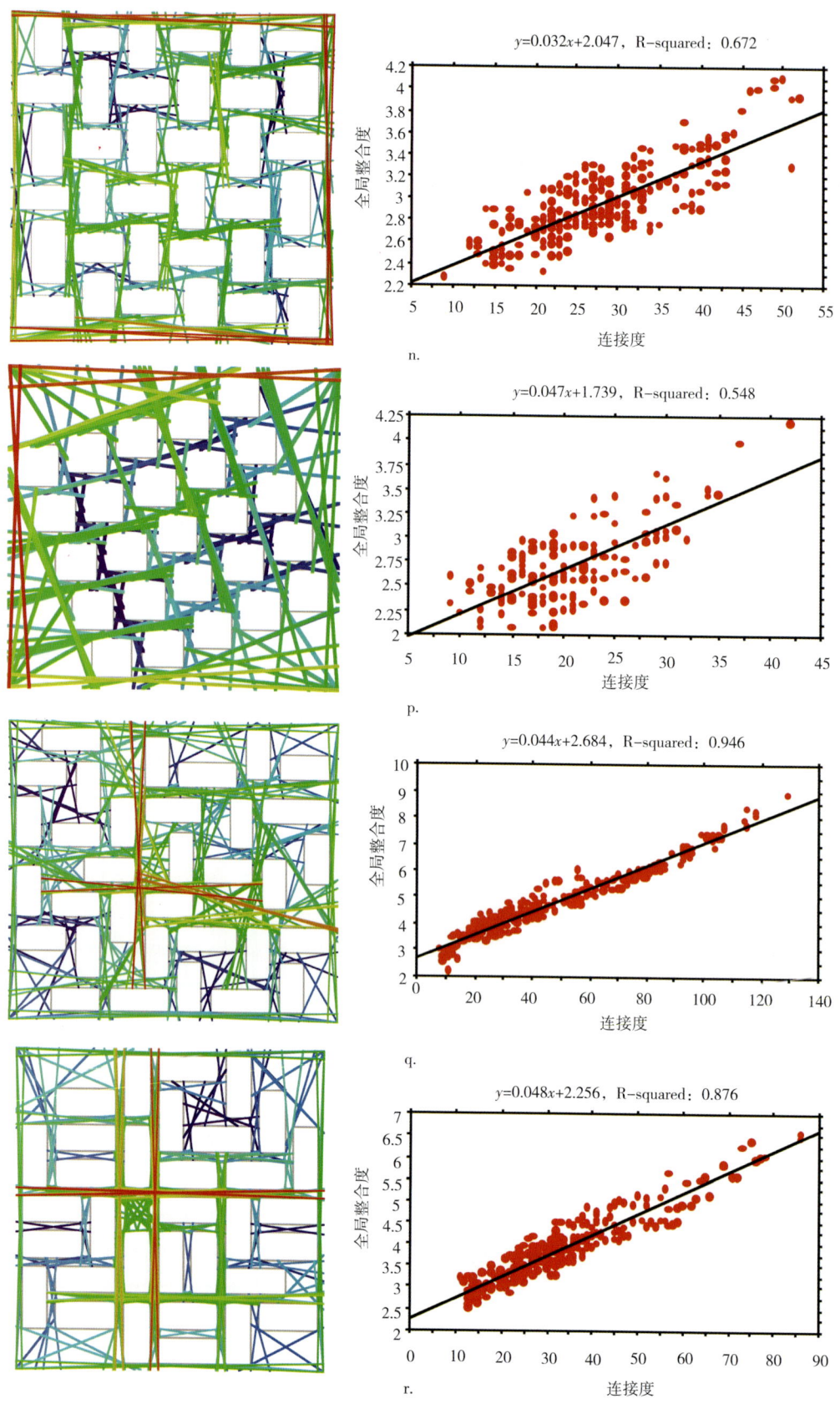

彩图3（续）

（系统的边界为矩形，全视线图中的视线也包括通过边界矩形顶点的切线，这些切线可能只与系统元素的一个点相切。——译者注）

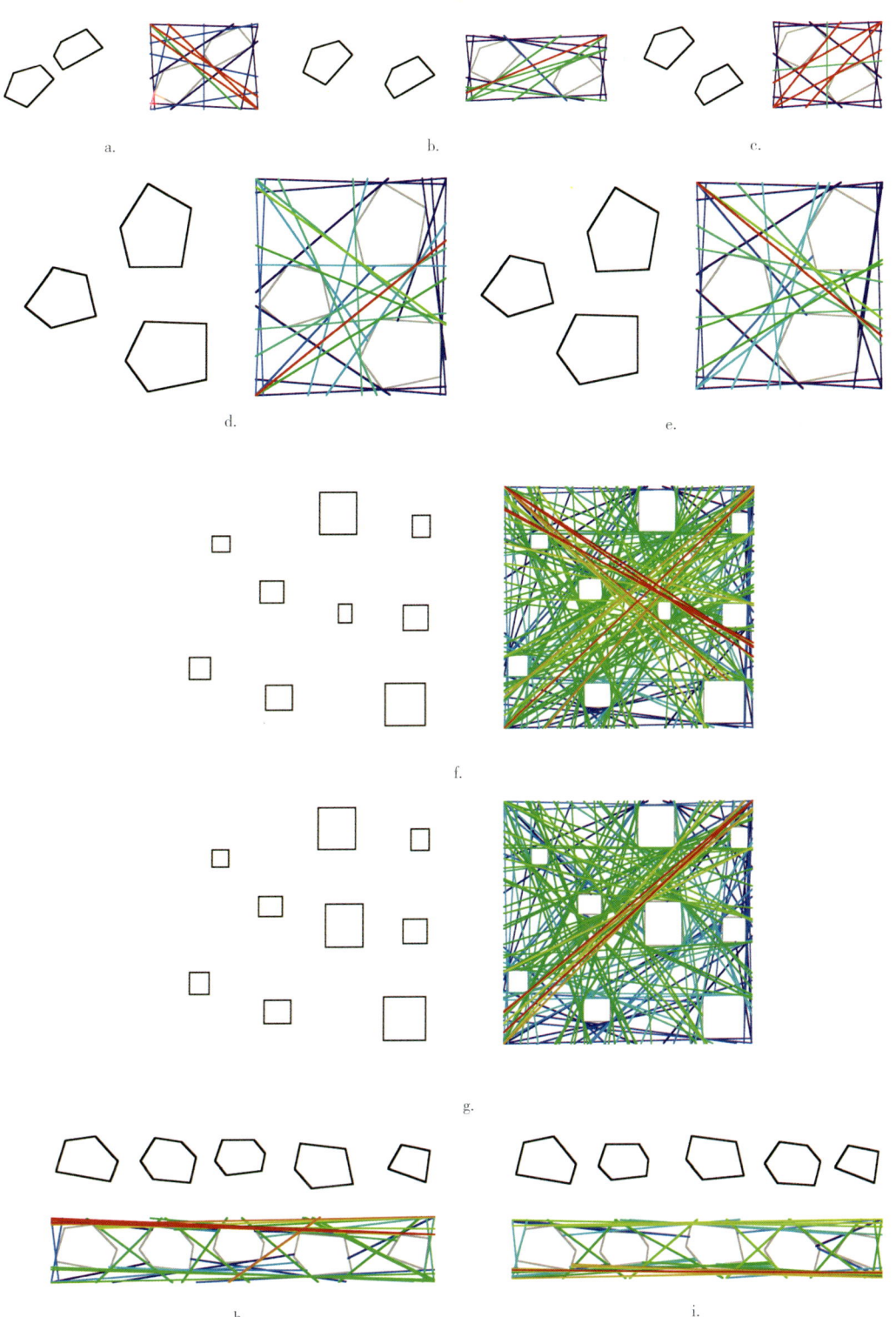

彩图 4

（系统的边界为矩形，全视线图中的视线也包括通过边界矩形顶点的切线，这些切线可能只与系统元素的一个点相切。——译者注）

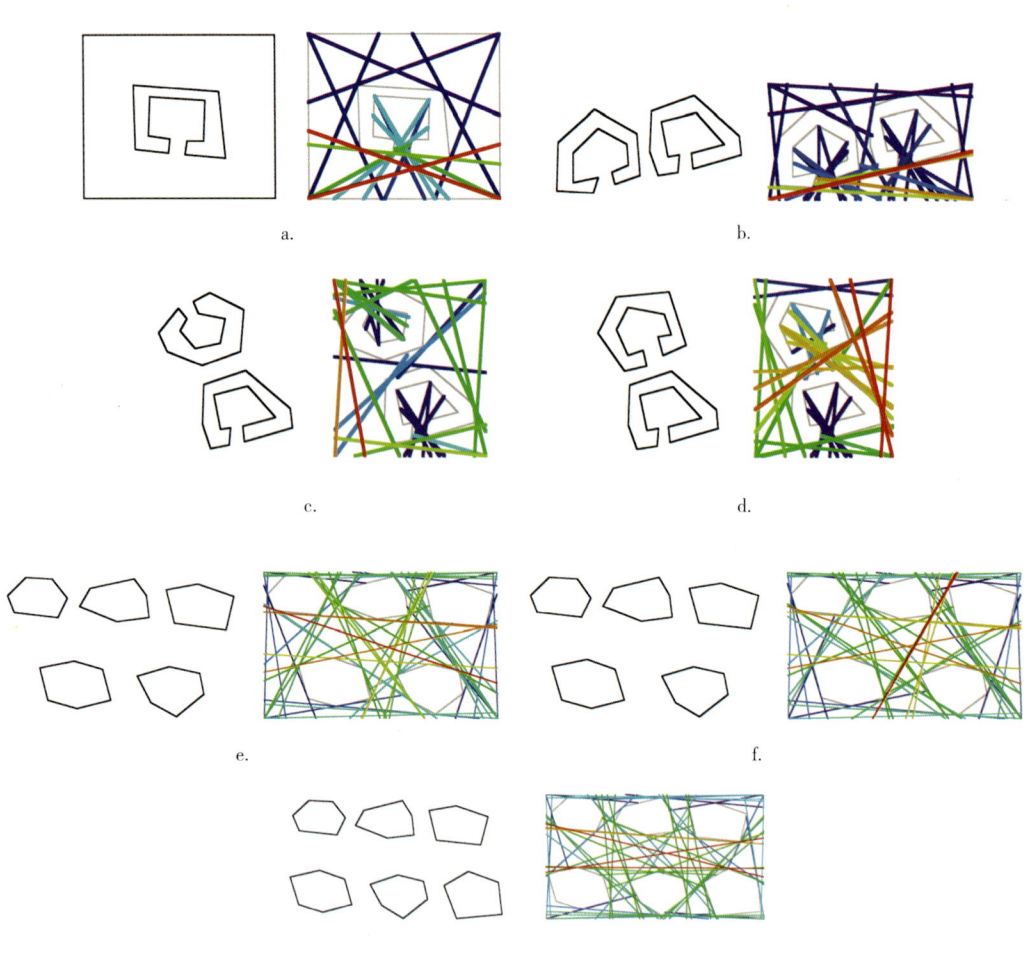

彩图 5

(系统的边界为矩形,全视线图中的视线也包括通过边界矩形顶点的切线,这些切线可能只与系统元素的一个点相切。——译者注)

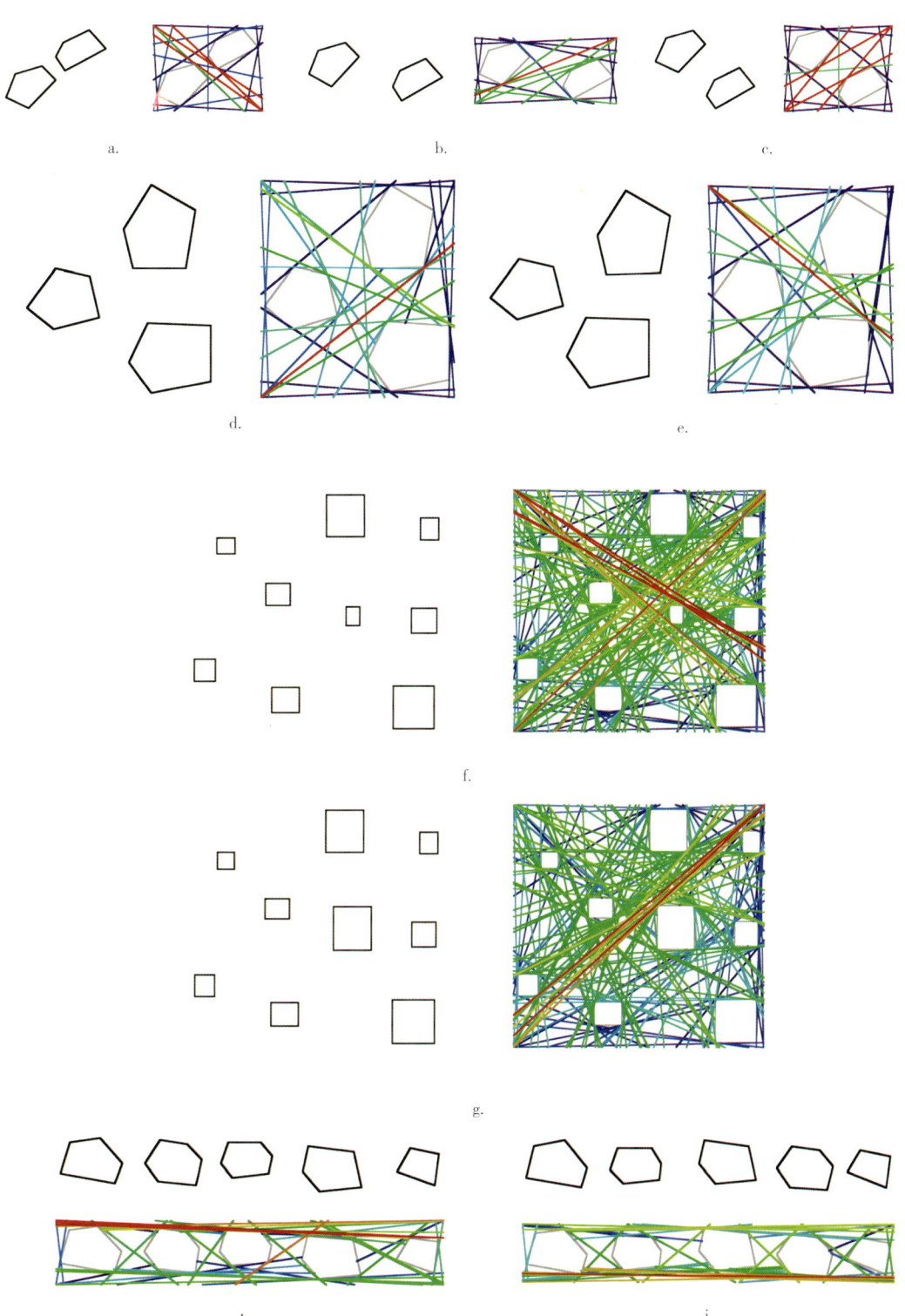

彩图 4

（系统的边界为矩形，全视线图中的视线也包括通过边界矩形顶点的切线，这些切线可能只与系统元素的一个点相切。——译者注）

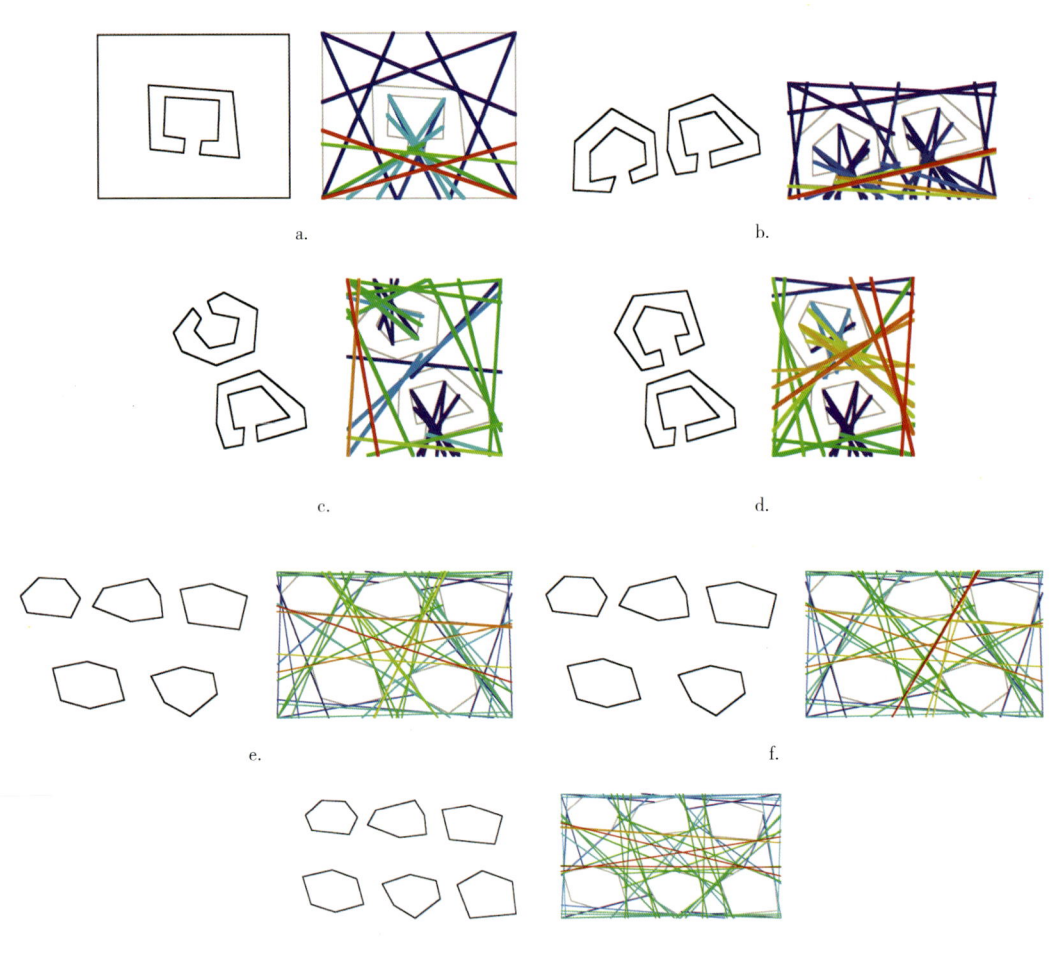

彩图5

（系统的边界为矩形，全视线图中的视线也包括通过边界矩形顶点的切线，这些切线可能只与系统元素的一个点相切。——译者注）

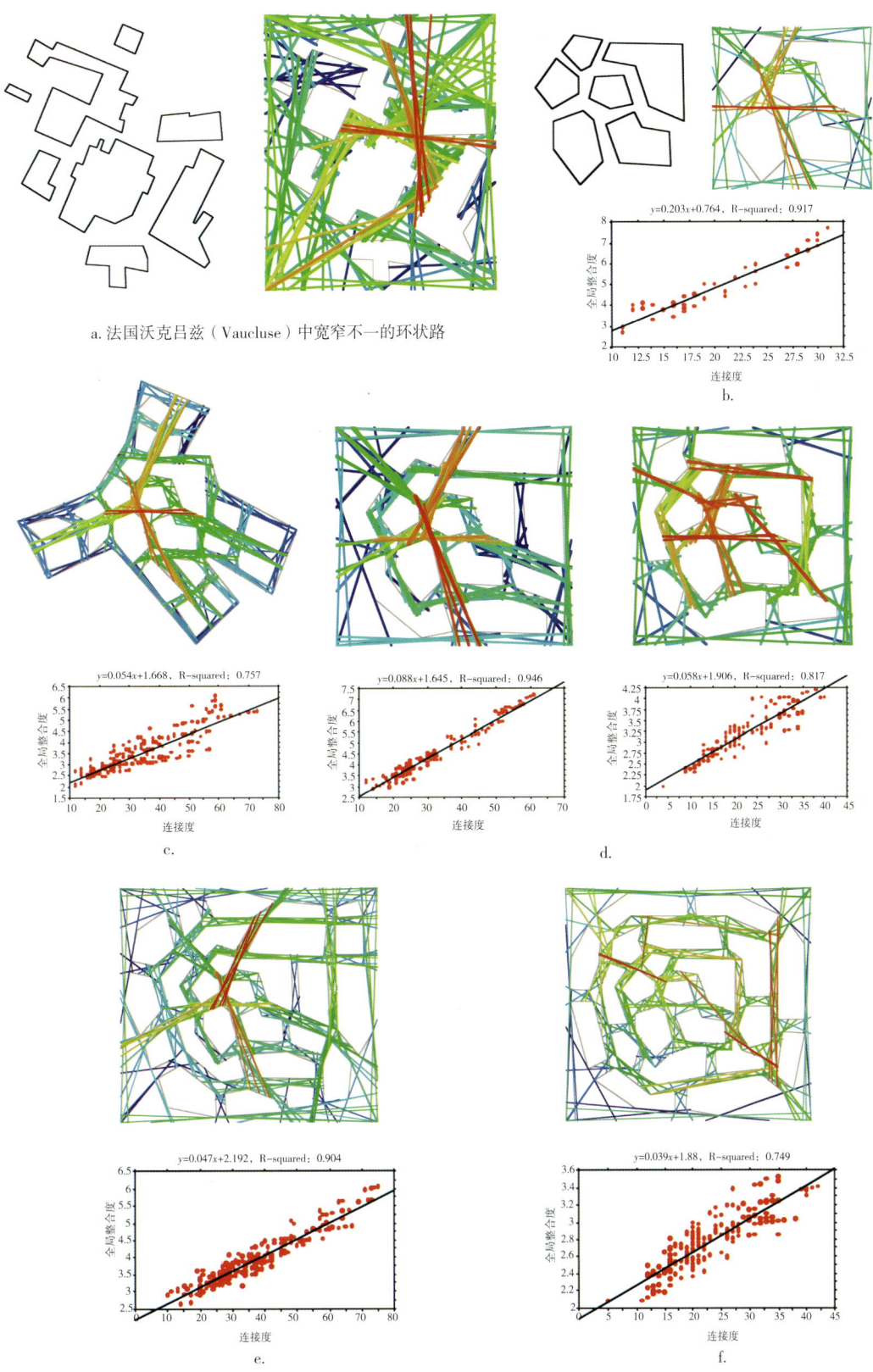

a. 法国沃克吕兹（Vaucluse）中宽窄不一的环状路

b.

c.

d.

e.

f.

彩图6

（系统的边界为矩形，全视线图中的视线也包括通过边界矩形顶点的切线，这些切线可能只与系统元素的一个点相切。——译者注）

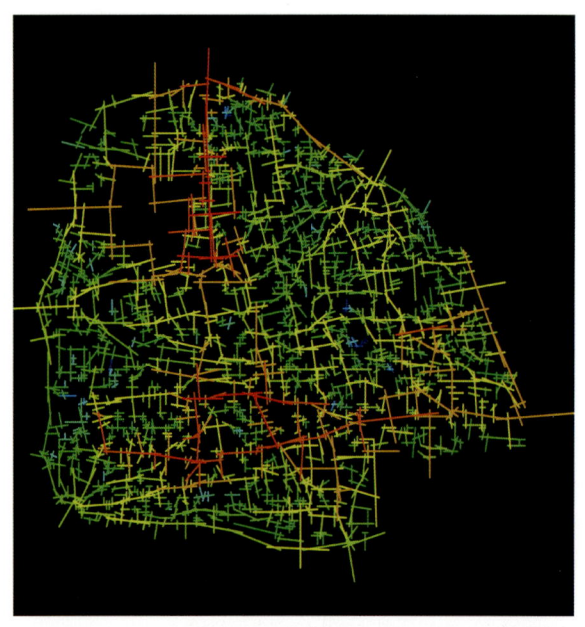

a. 1920年伊朗设拉子的半径-半径整合图（半径=12）

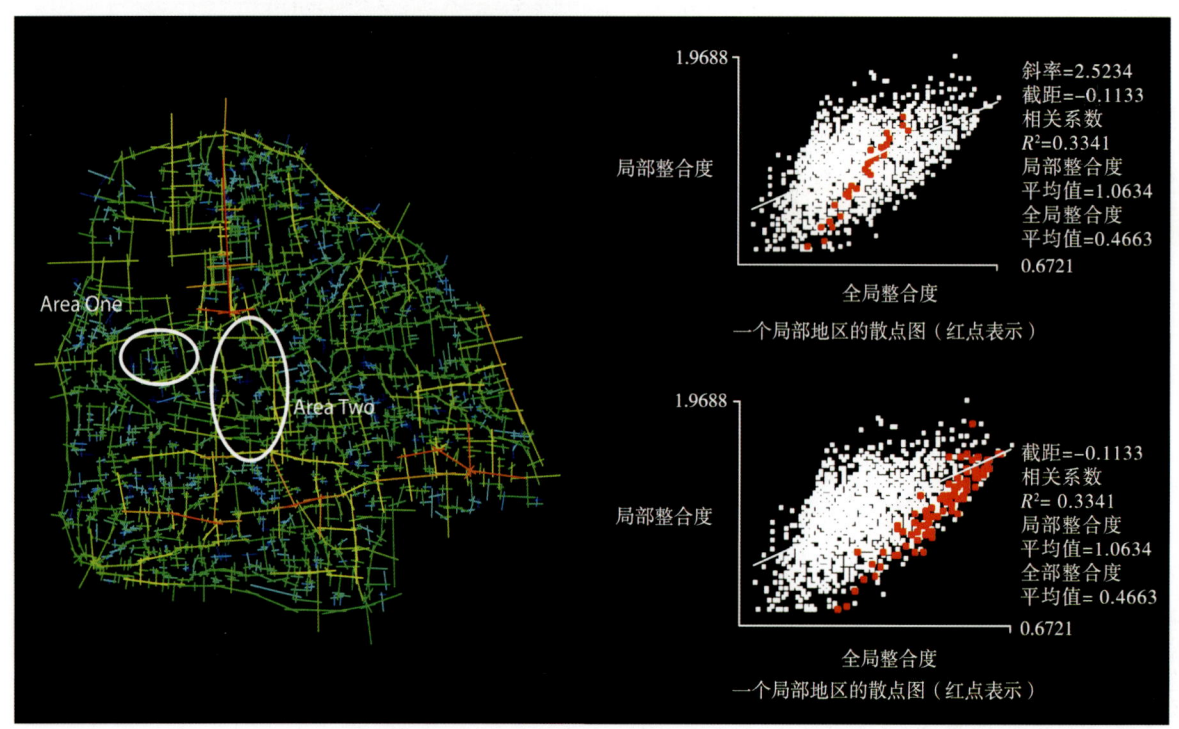

b. 1920年伊朗设拉子的两个局部地区（图中白色圈选出）整合分布图 （半径=16）

是症状还是起因？

在这个案例中，我们应该很清楚空间和社会进程在小区衰落中的各自角色了。这两者是如何结合在一起的呢？也许很简单。首先，空间设计的影响既是系统性的，也是即时性的。由于空间是设计的系统产物，在设计的过程中，我们在一定程度上需要独立地正视它，也许还要优先考虑它。我们不会要求居民故意恶性使用空间，从而形成衰败的社区中的不良空间。这些不良空间是在特定的空间环境下，从持续的而可预测的（不良）行为中产生的。然而，我们也必须记住，设计造成的不良空间本质上具有复杂的社会性，它导致了许多非正常的空间关系模式。简而言之，空间设计本身能导致若干症状——即社会混乱的一个外部表征。

人们可以通过一些症状推断出疾病，同样，人们可以从不良社会活动以及随之而来的对空间的不良使用推断出一个不良的社区。现在，我的中心论点是：尽管这种推断如同凭借表面症状诊断内部疾病一样自然，但是它通常是不合理的。其实，我们看到的症状是某种特殊空间设计带来不良后果，这种设计往往试图标新立异，但没有正确地理解空间。不幸的是，这种不良后果太容易被当作社区内在的无序标志。在多数情况下，这些推断有可能对那些正在致力于改善社区环境的居民来说是一种侮辱。即便如此，社区居民本身以及局外人有时还是会做出这种推断。在社区空间演变的推动下，妖魔化社会的进程将拉开帷幕。

那些负责管理社区的人是最有可能从社区的不良表征推断出不良社区这个结论，他们是地方政府中的社区管理者、社会工作者、警察等等。一旦一个小区开始从这些人那儿获得了坏名声，那么它本身很可能将发生变化，一些恶化这个小区的政策或者迹象将逐渐发生、发展、加速甚至固定下来，接下来就是这个小区的衰败，比如问题家庭的出现及增多（尽管可能是零星的），警察的关注不断增强，公众的关注等等。人们一定会问：当地方政府开始将这些本不情愿来此的"问题家庭"大量地分配到梅登巷（Maiden Lane）的时候，他们到底是给他们提供一个原本属于以前居民的人间天堂，还是把他们迁移到了一个已经是臭名昭著的小区？如果是后者，无论程度如何，都说明了由空间产生的不良表征也许真地会推动了社区衰败进程，最终把它变成一个不良社区。把社会弱势群体分配到这些视觉上已出现社会混乱的地方，只能进一步证实人们从表面混乱现象所作的推测。

我们认为，小区的表面衰败开启了一个积毁销骨的过程，而问题家庭的到来更变本加厉。理论上，这显然意味着症状引起了疾病。不良表征是社会衰落的前提条件或者始作俑者。如果这是真的，那么我们的结论是：建筑应该被看作社会进程引发社会不良问题的一系列前提，而不是导致社会问题的全部原因。但无论如何，建筑的独立影响是强大的、可预测的、可推理的，也是可补救的。也许脱离社会进程，建筑的影响就无法起任何作用。但是缺少建筑影响，也许社会进程将少一些不良问题。我们认为空间设计降低了社会问题出现的门槛。

我们有理由从这个论断得出空间的布局及其利用是建筑物与社会效应之间的连接机制。

空间利用是由空间布局决定的，其程度远比我们认识到的深远得多，而且空间利用也比我们认识到的要复杂，它体现了微妙的社会模式，这些模式转变成为他人日常生活经历的普遍特征。通过建筑设计，空间利用要么以正常有序的方式发展，要么以不良的方式发展。如果是不良的，空间设计效果会暗藏在社会进程中并最终迸发出来，引起住宅小区的衰败。如此，空间既不是社会衰败的必要条件也不是充分条件，但无论如何它常常是一个很强的促进因素或者说是启动机制。

建筑决定论和虚拟社区

如果空间设计的惟一效应是创造某种良好的或者不良的"虚拟社区"，那么它也足以说明建筑决定论的所有表面效应。至少，我们不会怀疑建筑与社会大体上相关的论断，而且我们视之为规律性的空间与社会之间的一切关系看来都要应验这一基本事实。但这并不是说空间对社会是决定性的，虽然它可能达到这一点。虚拟社区是空间的产物，是一个还未被意识到的社区，即它还没有成为偶遇或交往互动的场所，而大多数社会学家把后者当作社会现象的最小单元。因为虚拟社区出现在交往互动之前，它还不属于社会学家所定义的"社会"这个概念。

然而，目前有充分的论据让我们相信这个事实，即虚拟社区以及它的结构是一个非常重要的社会资源，这是我们以前所未意识到的。第一组理由来自空间设计影响着虚拟社区的布局和密度，这种影响看来还可以涉及空间不良的社区。这些效应非常有力，不是因为空间是决定社会的一个重要因素，而是因为空间存在本身以及它对虚拟社区的影响是普遍而持久的。从本质上讲，空间无时不在地被编织在日常生活的每个细微模式之中，尽管它们的存在可能很不明显，但它们永远不会消失。

归根结底，建筑对社会效应的所有深刻影响似乎都是通过空间组构与自然共存之间的相互作用来实现的。理由也许是这样的：出行人流不仅仅是组织空间中无意识的副产品，而且是空间组织存在的原因。通过空间组织出行人流，空间设计创造了一个共存与共知的基本方式，由此产生了人们之间潜在的偶遇机会，后者是人们意识到他人存在的最基本方式。正如我们已经提到的，虚拟社区具有一定的密度和结构，并由不同人群之间可能的交流组成：居民和陌生人、相对的熟人和相对的陌生人、男人和女人、老人和年轻人、成年人和儿童等等。

空间设计可以改变这些共同感知的方式，也可以导致一些不良现象，如虚拟社区的密度急剧减少，以至于人们不知道社区内其他人的存在（早些时候我们称之为"长夜"综合症，因为在一些现代住宅小区内，居民白天见到其他人的情况比正常社区内居民在晚上见到的人好不了多少），这种空间改变了共存和共知的结构模式，引发了恐慌感，并且某些空间被单类使用者占据，而其他空间则空无一人。这些"空间社会结构"的长期效应可能就是产生社区病态空间的关键。我们还发现这些长期效应都是虚拟社区结构中发生的变化。

注释

1 关于此问题近期的评论可参见 H. Freeman, *Mental Health and the Environment*, Churchill Livingstone, 1984.
2 2 个最著名的研究, Oscar Newman's *Defensible Space*, Architectural Press, 1972 and Alice Coleman's *Utopia on Trial*, Shipman, 1984. 从这些角度进行评论过。
3 B. Hillier &. J. Hanson, *The Social Logic of Space*, CUP, 1984.
4 移动模式与整合度高度相关,但只有当整合度的计算包括了这个现代住宅小区以及它周边的城市文脉所构成的系统,这种相关才是有效的。对于这种空间类型的住宅小区,整合度值随着进入小区的拓扑深度的增加而降低,如散点图上黑色小点的分层所示,每层对应着一个拓扑深度。如果将小区本身作为一个独立系统来分析,整合度与人车流之间的相关度很低。对于其他现代住宅小区,也能发现同样的效应。
5 Hillier et al., *The Pattern of Crime on a South London Estate*, Unit for Architectural Studies, UCL, 1990.
6 Reported in Hillier et al., 1993, referred to in Chapter 4.
7 见 *The Social Logic of Space*, chapter I.
8 见 Hunt Thompson Associates, *Maiden Lane: Feasibility Study for the London Borough of Camden*, 1988.
9 同上.
10 B. Hillier et al., *Maiden Lane: A Second Opinion*, Unit for Architectural Studies 1990.

第六章　时间作为空间的一方面

> 空间怎么会是思想意识的？
>
> ——弗雷德里克·詹姆逊（FREDERIC JAMESON）

奇怪的市镇

首先我们确定本章将研究的现象："奇怪的市镇"现象，即与第四章阐述的所有正统城市建设原则相矛盾的市镇。正统的市镇和城市都是基于某些共同主题的变异。它们的街区都由外向型建筑组成，建筑入口全部向城镇公共空间开放。城镇公共空间是由一系列彼此相交的环路构成，这些环路又或多或少地受到空间线性化的影响，最后形成——或多或少有些变形——城镇网格。通过这种线性化，较大尺度的市镇结构即可以被在其中闲逛的人们所理解，也能被刚刚到达城市边缘的陌生人所理解。线性的城镇街道将建筑入口与那些通向市镇边缘的空间直接相连。这种空间线性组织的法则导致市镇"轴线图"中形成了一种空间结构，即不同局部和整体"整合程度"的空间分布状态，它最为明显地影响着城市功能。首先，它生成人车流的运动模式，并以此形成土地用途的分配，影响建筑密度以及大型空间和建筑物的分布，如开放空间和地标建筑的分布。本质上，城市形态是在空间中构筑的，并由功能驱动的。空间结构和功能之间的纽带就形成了可理解性，人们在系统中局部看到的和体验到的东西将帮助他们无意识地认知大尺度系统，认知程度就是可理解性。结构、可理解性和功能使得我们能够将市镇看作是一个社会过程，而三者中最基本的元素就是线性空间元素，即轴线。

那些违背上述这些原则的市镇就是奇怪的市镇——包括考古史和人类学中的某些原始市镇。在哥伦布发现美洲大陆之前的古代例证包括特奥蒂瓦坎（Teotihuacan，图6.1a）、提卡尔（Tikal，图6.1b），现代例证包括巴西利亚（Brasilia，图6.1c）。我们该如何从形态和功能以及社会发展进程的表现等角度来理解这些市镇呢？首先，我们必须回答：我们怎样才能保证对它们的描述与我们对正统市镇的描述处在同一层次上。只有当我们完全理解它们是怎样不同，我们才有希望回答它们为什么与我们所熟悉的市镇不同，甚至完全相反。

我认为，这个答案将告诉我们一些关于空间潜力非常基本的知识。空间潜力可以表达人类意愿并与社会形式相关。反过来，这将说明一个我们更为熟悉的区别：一些市镇是社会生产的中心，社会通过制造、分配和交换货物显示自身的存在，另一些市镇是行政机构中心，聚集了政府机构，管制单位和重要的礼仪形式，社会借此再现它的本质结构。正如轴线结构是理解第一种，也是最普遍市镇类型的钥匙，从另一方面而言，它也是理解第二种市镇——奇怪市镇——的钥匙。那么，让我们从讨论一些关于轴线的想法开始。

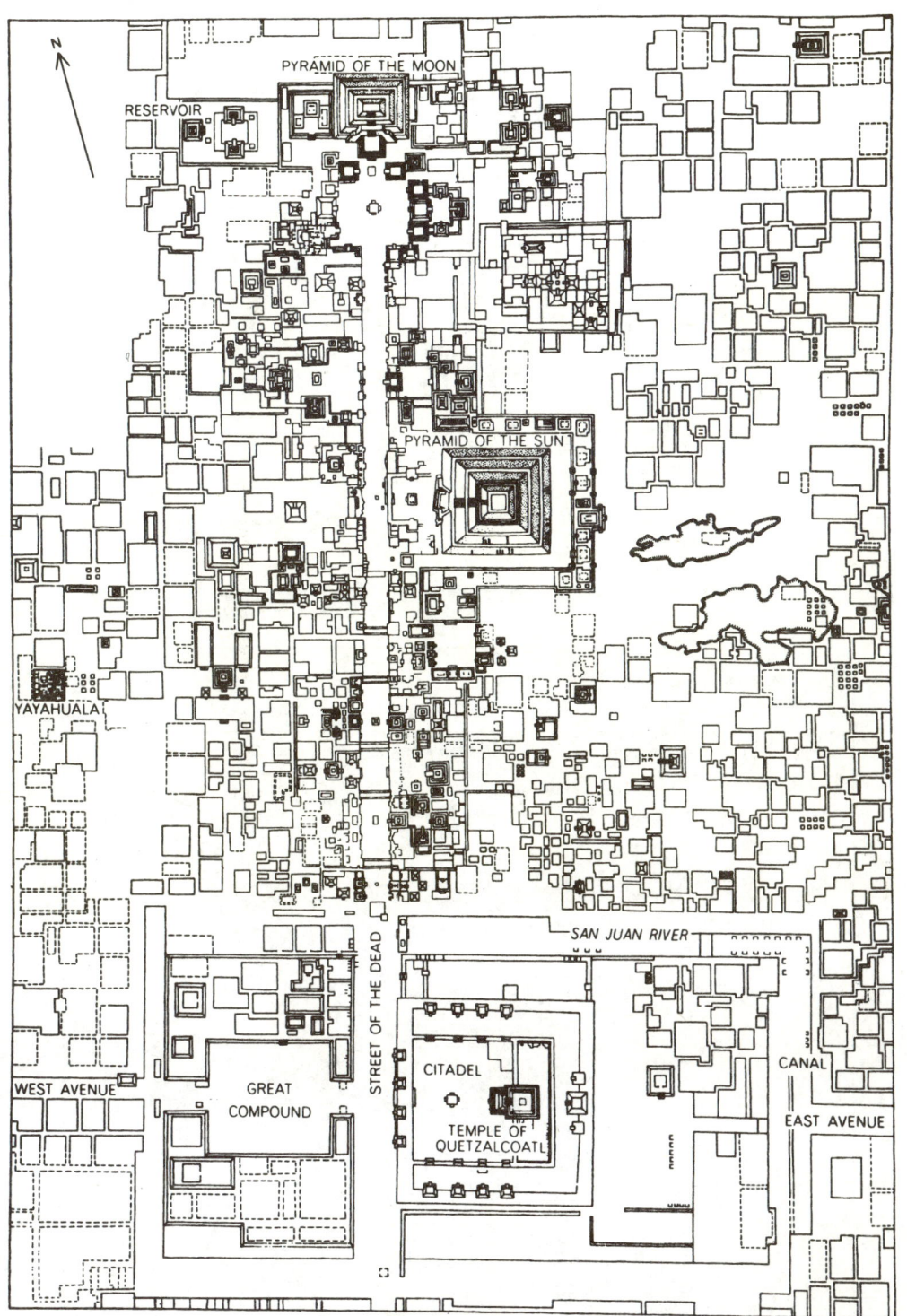

图 6.1a 特奥蒂瓦坎城。城市中心地区的总图显示出十字形的布局以及主要建筑物的位置

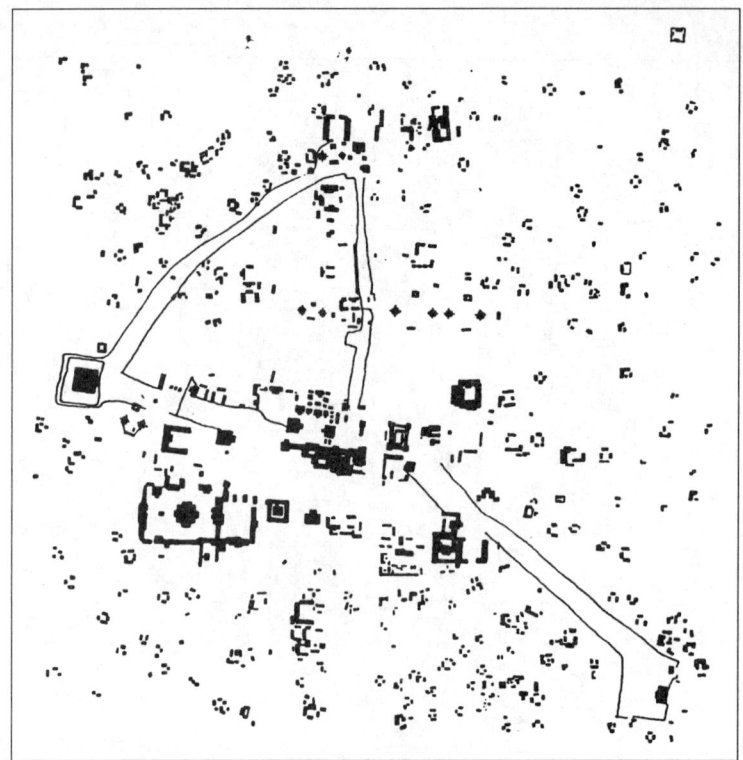

图 6.1b 蒂卡尔城

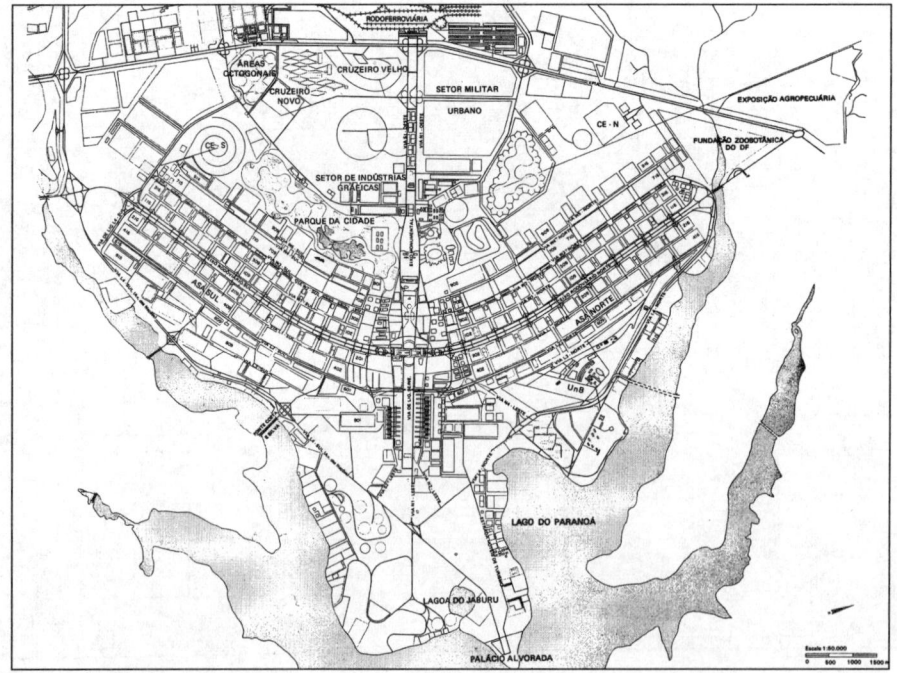

图 6.1c 巴西利亚

作为象征和工具的轴线

在一般城市空间中,轴线最常见的特征就是它通常穿过一系列局部凸空间。通过轴线,漫步者可以在头脑中形成一个比较完整的、关于城市形式的认知,这比在局部凸空间中获得的认知更加全面。由此,这种认知有利于充分地理解市镇,以便在市镇中更有效地走动。

具有讽刺意义的是,这种相同的描述也几乎适用完全不同环境中的轴线:在宗教建筑中表现神圣与世俗之间的关系。例如,图6.2显示了三座古代埃及寺庙,图片来自弗莱切尔的收藏。[1] 在每个寺庙中,与图片中其他寺庙一样,宗教活动的中心空间都在建筑的最深处,即在一系列空间序列的尽端。每个寺庙都有一条视觉走廊穿过所有的空间,联系着最神圣的空间和最开放的入口空间。《空间的社会逻辑》也提到,欧洲教堂中这种非常普遍的现象也可以在非洲阿善堤地区神秘的传统寺庙(abosomfie)中找到。[2]

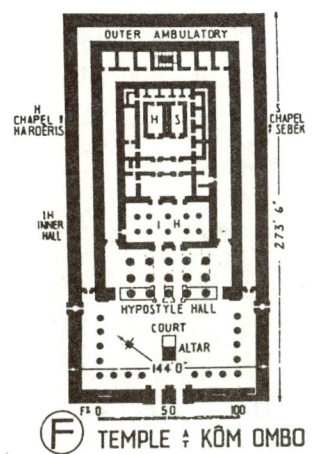 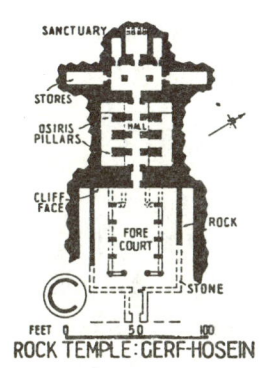 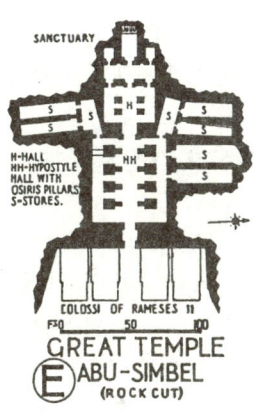

图6.2

当这种相同主题被发现时,我们很可能被一种文化传播论的解释所迷惑。但在这个例子中,我们很难相信文化传播可以在这样大的时间和空间跨度中将它们相联。我们在解决某些具有普遍性的建筑问题时发现空间具有许多相同的潜在能力,于是"基因"问题又出现了:如何通过空间深度将神圣区域与日常区域分隔开(正如我们通常所看到的),并将这种深度视觉化,使这种深度能够被那些信仰神圣的人们所理解,同时将这两种需求结合起来?在宗教仪式的某些特别时刻,这种视觉上的距离感被隐蔽起来。这个事实支持了上述分析。

在世俗城市空间中,轴线引导人车流穿过一系列空间,并使这些空间关系可被理解;而在宗教空间中,相同的轴线设计被用来表现神圣区域,这两者之间有什么共同点呢?难道这些空间现象真的是完全相同,而对它们的理解仅仅只需依据其不同的文脉吗?或者,在更细微的层次上,它们是截然不同的空间现象?在一定程度上,它们当然是相同的现象。我们在两个例子中看到的都是一种空间潜能,即可以通过视觉来克服路程或者拓扑距离造成的自然空间分隔。它们使用最基本的空间设计来克服那些存在于空间中的路程限制，从这个意义上而言，它们是相同的现象。如果我们只能看见自身占据的空间，那么毫无疑问，市镇和建筑将不会是它们现在这个样子。他们之所以是现在的样子，是因为我们在视线上能占据周围的凸空间和线性空间，它们延伸了我们实际占据的空间，并且通过它们我们可以到达想去的那些地方。凸空间和线性空间构成的结构是建立在欧几米德几何空间基础之上的，它是我们理解空间结构的基本途径，也几乎是惟一的途径。因此，我们在不同文化中发现了相似的空间基本战略时，这也就不足为奇了。

尽管在这方面两种不同类型的空间——城市空间和神圣空间——利用了相同的空间潜能，但是在其他大多数方面，它们是完全不同的。前者是开放的，后者是围合的。在前者中，视觉轴线呈开角与建筑物相交，体现了连续性，在后者中，视觉轴线成直角与建筑物相交，说明视觉轴线在那一点停止。在前者中，轴线使我们感知整个系列的潜能、空间和建筑；在后者中，轴线只指向一个事物。在前者中，建筑立面中的秩序与立面所围合的空间形状之间没有任何联系；在后者中，轴线的左右对称与圣器的左右对称有着清晰的联系。这些差别表明：只在非常有限的范围内才有相同的空间布局。如果我们观察建筑物整体"组构"情况，那么会发现某些相同元素出现在不同组构中。我们可以认为，相同的组构元素可以使用在不同的文脉之中，它们会表达不同的含义。

城市化中的象征性对称轴线

现在来看一下我们的第一个奇怪市镇：特奥蒂瓦坎（Teotihuacan）。如果你按照普通市镇轴线组织类型来理解它的平面，那么其结果在很多方面可能是完全相反的。尽管这个平面存在着一个潜在的几何秩序——根据考古学发现，存在着一个57米的街坊网格结构——这里完全没有发现大多数市镇中那些常见的随机延长的轴线。在市镇平面的演进中，很明显在市镇的大部分区域，人们完全无意将线性街道空间远离单个街区。对于凸空间的组织以及凸空间和轴线之间组合来说，这同样是正确的。

然而，在特奥蒂瓦坎的平面中也有轴线：单一轴线几乎从市镇中心的一边横穿到另一边，将大城堡（Great Compound-Citadel）和月亮金字塔直接连接。线性街道空间在大多数市镇中是普遍散布的，而在这里，它被集中到一条轴线上。同时，轴线穿过的空间均匀地向两侧扩张，产生了一个拉长的凸形带，几乎与轴线一样长。

但除了它的支配地位，这条主轴线与平面中其余的线性空间结构之间几乎没有联系。这条轴线几乎是孤立的。没有一条重要的线性空间与之平行，也没有任何重要的线性空间与之相联接。它是独当一面，平面中惟一重要的轴线。同样，它与建筑入口也没有关系。它两侧的那些宏伟构筑物不是房屋，大部分是没有内部空间的纪念物。尽管建筑院落很多，但没有一个是面向这条主轴线的。这些建筑院落构成了一个复杂的迷宫，所有的入口都被隐蔽了。

如果我们把特奥蒂瓦坎（图6.1a）与巴西利亚（图6.1c）的规划相比较，我们会发现一些突出的相似之处。虽然它们在形式上和几何上没有相似之处，但是在很多方面它们相似的"基因"却值得注意。巴西利亚也有一个占主导地位的轴线，没有任何重要的平行轴线（除了"车行道路"）与之相连，也没有重要的道路与之相交，日常建筑的入口也不朝向它，也没有将市镇边缘与空间整合度最高的中心相连接，而只是中止在市镇边缘附近，并且它的大部分都位于市镇边缘。从线性空间的组织而言，规划的其他部分没有特奥蒂瓦坎那样复杂，然而，它空间组织的复杂方式与传统城市大相径庭。

现在来看看第三个例子原始城镇蒂卡尔城（Tikal）（图6.1b），它是古玛雅国的一个重要中心。在这个市镇中，除了连接若干祭拜设施的"砌道"之外，我们完全没有发现整体的空间秩序。在非常细微的层面中，当然存在着控制建筑物组成市镇的局部逻辑。然而，这更加表明：这些建筑元素在大尺度系统中的组合方式完全缺乏总体考虑。

对比与一致

我们该如何对这些奇怪的现象作一个理论性的解释？首先，我们必须注意到一个明显的共同属性：所有这三个奇怪市镇都是与社会再生产活动有某种联系的中心。特奥蒂瓦坎的主体是象征性的纪念碑和祭祀建筑群，同时它的内部安排表现出明显的祭司等级秩序。巴西利亚是由行政建筑组成的一个中心，意在表现巴西的国家结构和社会连续性。蒂卡尔被考古学家描述为"祭祀中心"——虽然它在当时社会中的功能角色还是一个谜。

然而，从空间角度讲，这三个市镇表现出明显的不同。它们惟一的共同点就是它们缺乏大多数常态市镇中普遍的空间属性。然而，通过更细心的观察，我们会发现在这些差异中存在着某种一致，甚至是某种体系，如果对这种一致或体系作进一步说明，我们会发现这些市镇在处理与社会再生产的空间关系时，其做法与常态市镇处理社会生产的空间关系的做法一样自然。我们可以认为，社会再生产需要空间的象征形式，社会生产需要空间的功能形式。它们都通过轴线的处理方式对空间结构作出最基本的表达。轴线可以是符号，或者它可以是功能工具。功能性轴线向象征性轴线的转化是奇怪市镇的关键。

这是如何实现的呢？在利用象征性轴线表达社会再生产各个方面的过程中，是否存在着不变的规律？首先，我们还是仔细地观察一些更熟悉的英国例子。图6.3a是1800年左右伦敦老金融城的霍伍德平面图。[3] 与前面的例子相比，最明显的区别是它缺少一个潜在的几何特征。如果它是不规则的，那么这种不规则与特奥蒂瓦坎的情况也完全不同。从象征性轴线的观点来看，这个平面图真是乏善可陈。靠近伦敦老金融城的西侧，虽然沿舰队街（Fleet Street）也隐约看到圣保罗大教堂的正立面，但这条街道远离老金融城中心，与我们前面看到的例子相比，这不能算称心如意。

再想想，我们觉得在伦敦老金融城中，轴线几乎不与重要建筑立面相交（比如直角相交），这是非常令人疑惑的。圣保罗大教堂就是一个例子。除了它那条指向西方的类似轴线之外，从轴线上讲这座大教堂与周围的城市环境没有联系。很多规划师和城市设计师确认这是一项不足，力图通过"亮出圣保罗的立面"来纠正它，仿佛这种轴线联系的缺失是一个历史错误。事实上，在1800年，站在伦敦老金融城的任何一个角落不仅看不全圣保罗大教堂的立面，而且也几乎看不到它的穹顶。这种一致性恐怕不是偶然发生的。

可以初步断定，圣保罗大教堂的这种视觉轴线的不畅通性应该是这座城市平面的一个结构特性。

伦敦老金融城中心的主要建筑群，皇家交易所，伦敦府邸（Mansion House）和英格兰银行（它们是伦敦老金融城内仅有的独立式建筑），也同样缺少与主要轴线的直角相交关系。尤其是皇家交易所，尽管它坐落于伦敦老金融城的几何中心，而且几条主要轴线汇集于此并一直延伸。然而，这些轴线从它身边悄然滑过，留下这座建筑几乎不被人注意。英格兰银行与轴线就更无缘了，甚至大名鼎鼎的伦敦府邸也干净利索地避开了轴线交织的乱麻。更值得注意的是，维多利亚之后改造了城市道路结构，把在此汇集的轴线数量由 4 条增加为 7 条[4]，所有这 7 条主要轴线都成功避让了这些重要建筑物的正立面（如图 4.3a 和 c）。这不太可能是偶然的。相反，将这么多的轴线和立面组织在一起，却没有形成两者间的直角关系，这只能是空间工程学的一个重要的技巧。

此外，我们还发现许多小型公共建筑，如众多的会馆建筑，在平面轴结构中毫不起眼。这种一致性同样令人迷惑。以药剂师公会大楼为例（图 6.3a 中东南角用黑色标出）。从空间上讲，它不仅仅与周围城市环境相对孤立，而且它与街道的轴线关系实在是不起眼，以至于来访者进入到大楼和外部世界之间的庭院时通常会大吃一惊。为什么在这个具有象征意义的建筑空间中如此精心设计，然而，在城市公共空间中它又几乎是不可见的？尤其是在这个极其局部化的前院空间中，人们终于发现了立面和轴线之间的象征性的直角关系，然而在城市公共空间中很难发现它？在这里，象征轴对称性似乎仅仅用在最局部的层面上，远离公共生活和主要轴线，局限于城市综合建筑物的偏远角落。

经过长期的观察，我们可以从这一现象中发现一个例外，尽管不那么明显。虽然老金融城市政厅的立面（市政厅位于老金融城北部边缘锯齿状突出的东南角）已经被城市北部一大片街坊块的背立面所包围，但是仍然有一条大致的直角轴线将建筑立面与河滨区域直接相连，甚至是和泰晤士河本身相连，当然，很难证实当时的实际情况是否就是这样。难以确定的原因是这条轴线的特殊性质。从市政厅到"葡萄酒商码头"（Vintner's Quay，位于轴线与泰晤士河相交的地方不远）的路线中，这条轴线几次勉强地与几座建筑擦肩而过，如果这些建筑再往前突出一点点，都会打断这条轴线。这一系列的惊险擦肩而过也很难用偶然来解释。但是，为什么这么长的一条轴线竟然可以如此不起眼，好像这里的轴线就不应该惹人注目？

猛一看，市政厅轴线似乎就是这座城市中的最长轴线，然而我们马上注意到它在离泰晤士河不远的地方和上泰晤士河大街（Upper Thames）相交，这使得它显得更长。我们关于城市的标准概念又一次受到了挫折：这条轴线相当长，但是令人吃惊地狭窄。毫无疑问，它是早期连接所有码头的一条轴线。于是我们又猜想它将平行于泰晤士河，但它没有。泰晤士河转弯了，而它没有。像其他地方一样，这里用象征性或者地形学等通常解释都不可能将这个空间轴线结构说清楚。

那么什么才是老金融城的轴线特性呢？我们刚才探讨了市政厅轴线"差不离儿"与建筑擦肩而过（我们曾在第四章中作过讨论）。这是个特例还是一个普遍规律？我们需要再仔细的观察一下主要和次要街道结构，看看这种特性是否达到一个显著的程度。以从东部泊尔垂街［Poultry，位于齐普赛街（Cheapside）的东端］出发中途经过利澄霍大街（Leadenhall，它位于平面的东部）的轴线为例，它掠过南北两侧的建筑表面一路前行；或者是连接主教门大街（Bishopsgate）下端与南部开阔市场区域的轴线；或者是连接史密斯菲尔德街（Smithfield）和拉德哥特希尔街（Ludgate Hill）的轴线；或者是连接泊钦巷（Birchin Lane）与库恩希尔街（Cornhill）和格雷斯教堂街（Gracechurch）所构成的内部建筑庭院的狭窄巷道轴线。应该说，在几个尺度层次上，轴线"差不离儿"的穿过性是这座城市空间结构的一个连贯特性，然而观察到此还远没有结束。即使我们发现两个重要地区之间没有"差不离儿"的轴线，我们通常会发现这种连接是由两个"差不离儿"轴线完成的。这种情况在小尺度的后街地区，以及所谓"错综复杂"的巷道系统中尤为明显。事实上，根据我们以上的分析，这些后街巷道系统一点也不复杂。两条"差不离儿"的轴线构成了"两步"式的逻辑，这使得这些看似复杂的次级区域易于理解。

这种"两步式、差不离儿"轴线逻辑背后的社会含义并不难推测。它表示这样一个简单事实：假如你从一个"场所"——不管它是个稍微大一点的空间，或者是一条主要轴线，或者是一个重要建筑——到另一个"场所"去，那么很可能从起点和终点都可以看到整条路线，如果不是这样，至少从起点和终点都能看到路线中的一段。由于我们还看到每条轴线都穿过一系列的凸空间，而每个凸空间（无论多小）通常都有建筑物的入口朝向它[5]，我们看到空间的轴线组织和凸空间的组织以及建筑入口的方位共同创造了一个连续的模式类型，并在原本杂乱无章的建筑物聚集地中产生可理解性和秩序感。

一旦认识到这一点，那么我们会很容易地看到这座城市到处都有这种轴线逻辑关系，即使不是两步式的轴线逻辑关系，也至少是少数几步的轴线逻辑关系。虽然乍一看这座城市的平面非常不规则，然而，实际上，从一个场所到另一个场所的大规模连接过程中存在着一致的轴线秩序。我们认为，在这个看似自由生长的城市系统中，我们已经研究的凸空间和建筑入口的特性以及轴线特征可以作为通用手段被用来解决大尺度空间的可理解性以及空间的有序性。轴线"差不离儿"的穿过性是城市布局中处理整体形式问题的最简洁方式。更加突出的是，这是连接局部"场所"与整体结构的方式，并以此达到尺度的压缩，即通过相同的空间方式，使身处该地的人同时能感觉到它既是一个可辨别的局部"场所"，又是更大尺度城市的一部分。这也是优秀城市设计的特色所在。

然而，这种轴线式的尺度压缩并不仅仅创造了城市空间的内部协调性，而且直接联系了城市的内部和外部、中心和边缘。通过这种"少数几步"技巧的不断重复，主要的结点空间连接到那些进入和穿过老金融城的主要道路上了，比如齐普赛街（Cheapside）、主教门大街（Bishopsgate）、阿德格特商业街（Aldgate High Street）、格雷斯教堂街（Gracechurch）等，于是从城市边缘到城市中心的距离感被湮没了。值得注意的是，正如我们应注意到的，最长的轴线并不直接穿过那些从边缘到中心的结点空间。这种通过轴线特征而形成的可理解性不仅仅与长度有关。这些结点空间自身都很开阔，于是它将人们的注意力转到边缘轴线的位移和建筑立面的细微变化之中（这就构成两步逻辑的建筑精髓），同时，也转向到轴线的彼此连接上，正是这些抽象的连接原则形成了城市建构风格的源泉。这些大尺度空间体现了这些风格，因为这些建构风格在城市整体结构中才得以清晰地展示出来。

正如我们在第四章中看到的，也正是这种掩藏在城市平面之下的基本建构方式创造了城市自然人车流的模式。当然，这也是城市空间逻辑的关键。城市空间是关于人车流的：它不寻求表达主要建筑之间的关系，而是寻求尽量减少建筑物（甚至是最大的和最公共的建筑）对城市人车流的影响，于是人车流模式成为了城市作为活跃的商业中心的最重要依靠。因此，城市空间最基本的特性是功能性的，轴线就是它最重要的工具。与占支配地位的实用功能特性相比，轴线象征性和思想性的角色只占从属地位，但后者也绝不会消失。轴线是——也可以是——符号和工具。在这里，它首先是工具。

那么这是否就意味着轴线特征只能导致这两种含义的模糊，为分析带来了过多的建构上的不明确性？我不这么认为。这种模糊只是一种结构性的模糊，轴线特征是否具有显著的象征性或者功能性，这是在建构形态上就有着严格的界定的。为理解这一点，我们不仅要仔细地观察空间的轴线性本身，而且要仔细地观察建筑和建筑立面，归根结底它们是创造空间差异的惟一途径。

我们再来看看伦敦的另一个市区，即威斯敏斯特的政府中心区。这一次还是分析它1800年左右维多利亚"现代化"之前的城市平面（图6.3b）。第一印象，这个平面比伦敦老金融区要规整得多，这很大程度上要归因于当地街坊块结构的直线性。但是这不应该误导我们对轴线结构的理解。如果我们寻找长的轴线，那么这里基本上没有，即便有，它们的延长线也没有伦敦老金融城那么明显。进一步观察，我们发现更多的场所之间的连接不是像轴线那样笔直，许多情况下它们是与规则平面上的直线性更为接近。回想一下，我们发现伦敦老金融城的平面具有更大的几何变形，看似蜿蜒曲折，然而，这种空间反过来其实导致了更为明显的轴线延伸。从总体上讲，威斯敏斯特区的轴线比老金融城的轴线都要短。这几乎消除了两步逻辑的任何感觉，于是，它导致人们感觉到威斯敏斯特区的各个部分彼此更加相互隔离。这可以通过空间"整合程度"的分析来证实，该分析显示威斯敏斯特事实上比伦敦老金融城的整合度要小得多。

而且我们发现的那些长轴线也非常有意思。比如，其中包括托提尔大街（Tothill），它是威斯敏斯特区整合度最高的轴线，同时它与威斯敏斯特大教堂（Westminster Abbey）的主立面相交，虽然稍微偏离中心。与伦敦金融区的普遍现象一样，它也是一个"差不离儿"的轴线。而国王大街（King Street）是另一条"差不离儿"的轴线，它与大教堂的北侧立面相交，而且指向立面中心。这条轴线不是威斯敏斯特区内部整合度最高的轴线，但它是把威斯敏斯特区街道网格与北部、东部区域整合起来的关键空间。换句话说，伦敦金融区中的大部分轴线都与圣保罗大教堂没有联系，然而，威斯敏斯特大教堂却在威斯敏斯特区担当着一个重要角色，是威斯敏斯特最重要的内部轴线和最重要的连接内外轴线的枢纽。这两条轴线都没有错过教堂的立面，与它们完全正面相交。从句法的角度来看，威斯敏斯特大教堂占据关键的空间位置，它强有力地把空间结构组织在一起，然而，从纯粹的空间角度而言，它也制造了这两条轴线的分离。看上去，这座主要的教堂以富有戏剧的方式介入到城市结构中。

图 6.3a

　　这种通过重要公共建筑的布局使空间轴线彼此分离是非常普遍的建构手法，其效果显而易见，这也同时提醒了我们，这种情况在伦敦老金融城内完全不存在。在伦敦老金融城内，主要的空间轴线结构不是由重要公共建筑的立面"构"成的，而是由普通建筑的立面连续形成的，而且这些立面只要可能就全部直接面向轴线。即使有重要公共建筑出现，从轴线结构的角度来看，它们的处理方式与普通建筑没有差别；甚至那些市内著名的教堂也没有特殊处理方式，而是被嵌入在城市肌理当中，而且与轴线结构的连接方式与普通建筑完全一样。伦敦金融区的整体空间结构遵循"少数几步"的逻辑，这几乎完全是由普通建筑物的排列和朝向创造出来的。几乎所有的建筑都以相同的方式来围合构筑城市空间结构。如果说重要建筑物需要特殊的空间轴线处理，那通常是把它们不露声色地隐藏在整个城市肌理之中。而威斯敏斯特区的公共建筑更为突出，虽然它们的空间尺度较小，并且空间轴线整合程度上有所降低。

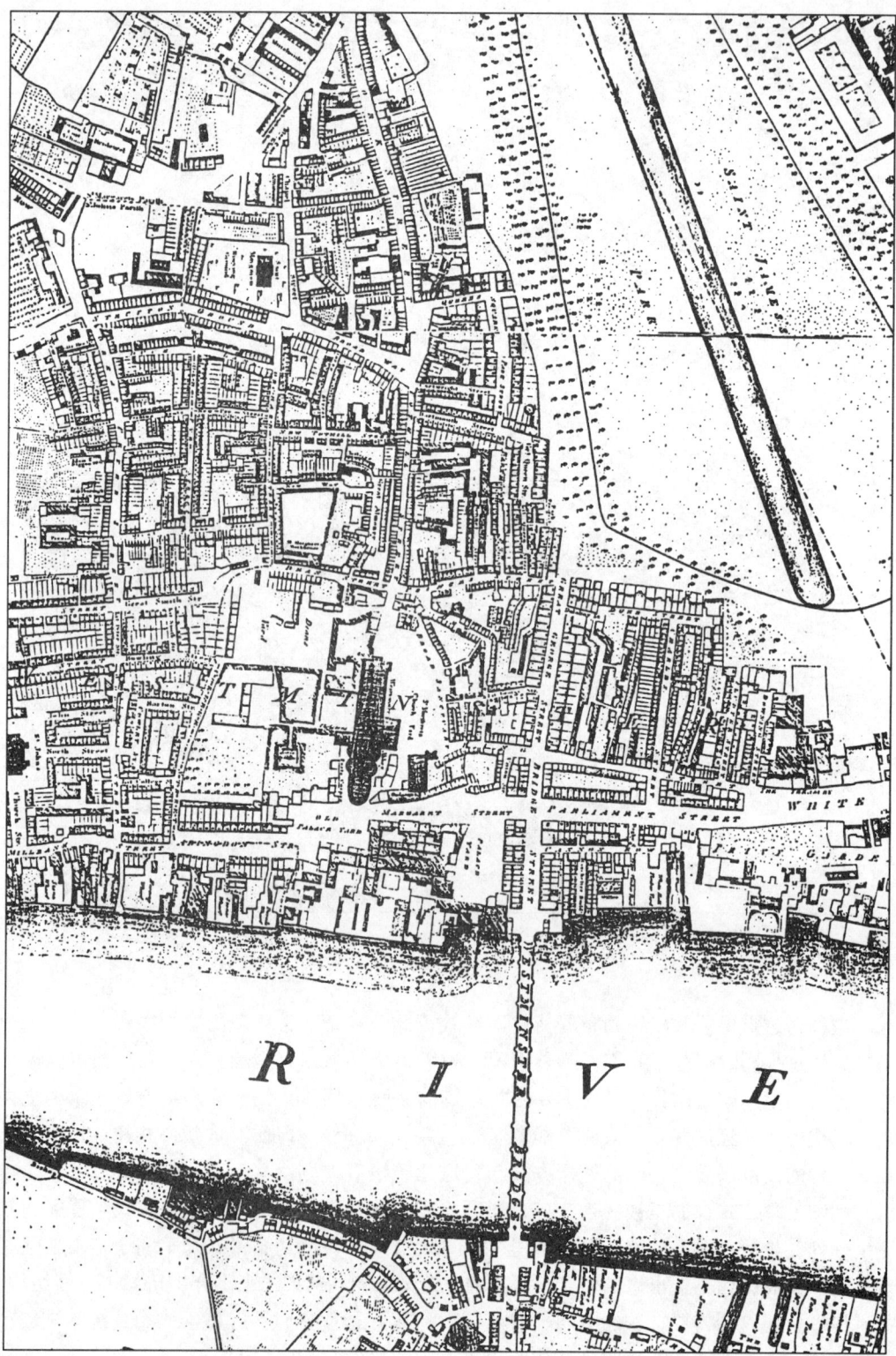

图 6.3b

但是，这种情况在 18 世纪凡尔赛（图 6.4）的城市中心结构中并不具有支配地位。我们发现三条强烈的轴线与凡尔赛宫迎头相交，一条呈直角，另两条大约呈 45°角，它们完全指向宫殿。从自然人车流的角度出发，宫殿充当了一个"消极吸引点"的角色。而且，另外两种空间手法强化了这种效果：首先，这些主要轴线穿过的空间都很宽，而且没有任何宽窄变化，因此轴线的几何特性与"差不离儿"的轴线正好相反，即空间中的轴对称几乎无处不在；第二，那些普通建筑——主要根据它们的尺度和数量来判断——与主要轴线没有空间联系，而且尽量远离它们。把这个逻辑推到最极端的情况，于是可以得出一种空间结构，其中的主要轴线结构都是由公共建筑和纪念物构成的，而普通建筑尽可能地远离主要轴线。事实上我们又回到了特奥蒂瓦坎。

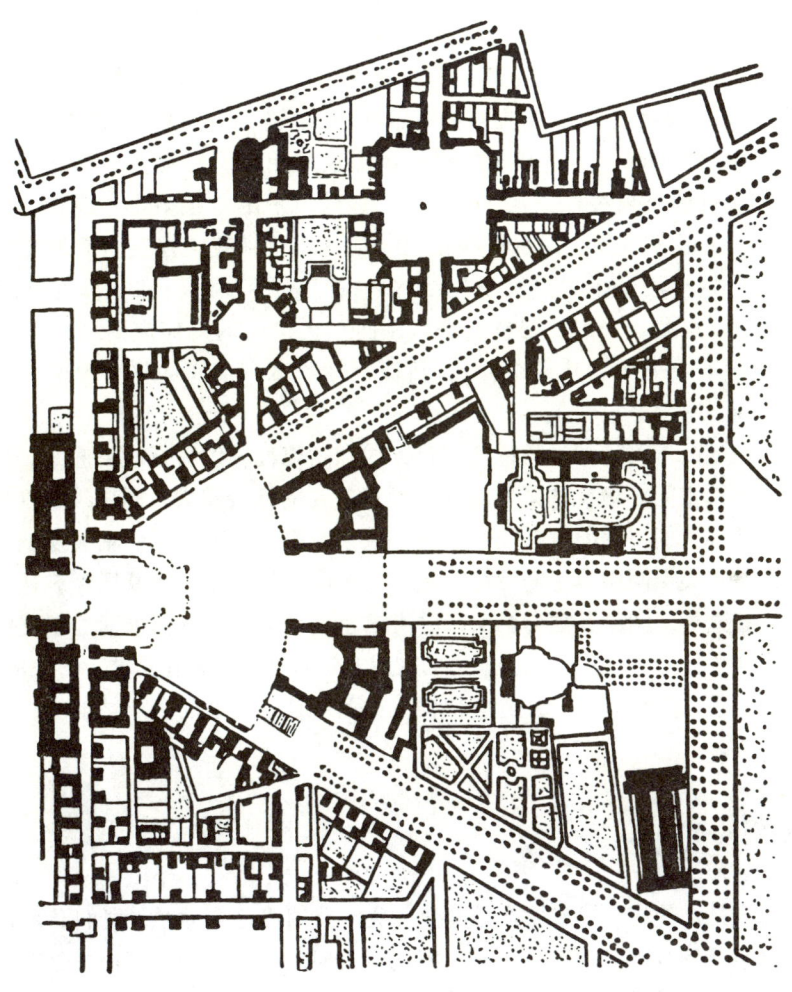

图 6.4

甚至，这种空间构成还有助于我们理解蒂卡尔（Tikal）（图 6.1b），它是历史上最奇怪的早期城市之一。现在，我们可以把它看作是那种空间逻辑的一个最极端案例：整个城市的中心由砌道和祭祀中心组成了一个复杂结构；在它的内外，普通建筑明显地呈随机分布，它们与中心的复杂结构没有一致的空间关系（除了相似的随机性），它们相互之间没有关系，尤其与整体城市空间结构也没有关系。在这个例子中，祭祀建筑和普通建筑，局部和整体之间分离得无以复加。

我们可以初步得出结论：那些与轴线紧密相连的建筑群更多的是一种符号，而不是功能工具。我们可以从四个方面来判断：首先，多大程度上轴线"差不离儿"地穿过一系列城市空间，还是贯通一系列宽阔而没有变化的空间；其次，多大程度上，这个系统具有"少数几步"走到主要空间的逻辑，还是在某些区域内具有"一步"走到主要空间的逻辑，而在其他区域内具有"很多步"才能走到主要空间的逻辑；第三，在多大强度上，轴线与普通建筑和公共建筑入口相联系；第四，轴线与建筑立面是正角相交还是擦边而过。

我首先假设这些空间特征的选择中存在着严格的社会逻辑。在下面的例子中，这种社会逻辑是通过上述空间特征的组合方式体现出来的。例如，伦敦老金融城的空间特征组合就包括无处不在的轴线"差不离儿"穿过城市空间，"少数几步"的逻辑（"一步"的逻辑非常少），普通建筑构成了主要城市轴线，以及轴线与建筑立面擦边而过。然而，这与特奥蒂瓦坎（Teotihuacan）和凡尔赛的情况正好相反，后两者具有宽阔的空间轴线且宽窄一致，公共建筑采用"一步"逻辑，普通建筑采用"很多步"逻辑，主要轴线两侧以及尽端都是重要的建筑，而且排除任何普通建筑，轴线与建筑立面的相交角度通常是直角，于是，这样创造了大尺度空间结构内的"一步"逻辑和小尺度空间结构内的"很多步"逻辑。由此，我们发现整个平面倾向于大尺度的几何规则（也就是暗示着人们能一眼就把握整个平面的几何结构），然而牺牲了城市空间的整合程度，以及强化了轴线符号化的倾向。

我们可以很容易把第一种空间特征组合方式和功能性轴线特征联系起来，从而，可以理解到这样的城市空间环境反映了生产和分配是主要的社会需求。同样，可以将后一种空间特征组合方式和我们所谓的"象征性轴线"联系起来，这种象征性轴线反映了行政或者宗教等级，这是这类空间中常用的手法，在此，人们首要关注的是象征性表达，而不是人车流与交往，在这类空间中，社会再生产的需求超越社会生产的需求而处于支配地位。正是通过把轴线作为符号来使用，社会权力的构成非常自然地流露在对城市形象的支配之中。从根本上说，这就是为什么我们会有两种城市类型：普通类型的生产城市与再现社会礼仪结构的特殊城市。

时间作为空间的一方面

但是为什么是这些空间形式而不是其他的呢？要回答这个问题，我们必须建立一些概念基础。在《空间的社会逻辑》[6]一书中，我们认为时间概念对于空间描述是有用的，甚至是必要的。本书提出了两个概念。空间描述是指空间赖以存在的一整套关系——或者像我们所提出的"组构"概念——这种关系描述了一个空间介入复杂空间结构的方式：它与建筑入口的关系，它的凸空间结构，穿过它的轴线，它的凸形视域空间，等等。空间同步性就是描述一个空间时所需要同时提及到的其他空间的数量。功能不同的两个相同空间可能在形式上完全不同，但是如何来表述这个事实却一直是个问题。上述概念正好是对这一问题的回应。一个具有启发意义的例子是：假定两个空间，形状和大小完全相同，但一个是阅兵场，另一个是市场。不管它们的用途，这两个空间一样吗？

我们认为答案就在于空间具有同步性，比如它们有相同的形状与面积，但是对它们的描述可以不同，即从句法角度，相同空间处于不同的文脉环境之中。阅兵场具有军事营地的空间联系特征，即它与某些独立式军事设施有空间关系，具有反映其军事规则的一定的几何布局，它与军营入口和礼仪路线有空间关系，还与标志物如旗杆等有关。市场与其周围的街道系统以及周边建筑物有空间关系。空间描述就是空间的社会特性。同步性，或者说描述中需要提及的其他空间数量，就是在文脉环境中描述一个空间的着重程度。我们可以简单地认为，同步性加强了描述。阅兵场和市场的同步性可能是相同的，但是描述是不同的。因此，虽然不同的描述被同样强调了，然而空间是不同的。

直观地讲，使用"同步性"这一术语来描述空间的距离长短是合理的。既然我们必须利用移动（需要花费时间）来克服空间，而且，可视性可以替代移动，那么空间的距离增加将在时空框架中需要更多的可视性替代移动。一个闲逛的人观察和理解空间是有一定模式的。任何复杂空间系统一次只能被观察到一部分，只有通过移动才能观察和理解整体。对于闲逛者来说，认为空间关系具有同步性就是说这些空间关系在同一个时空框架内同时出现在观察者面前。因此，穿过一个复杂空间系统（如城镇、建筑物）的移动过程中，不同局部空间关系会不断地在人们的意识中积累起来，从而同步化。在这些局部空间中，凸空间越大或者轴线空间越长，那么这种同步效应越强。因此，同步性描述了一系列连续空间的数量，在这些空间中它们彼此的关联是相同的。

现在我们来看一下结构和秩序之间的差别，这是我的一个同事提出的。[7] 对我们来说，复杂空间系统的可理解性在于两个方面：它是我们可以在其中穿行的人工品，我们生活在其中才能逐渐理解；同时它作为整体的理性概念，可以被一次性理解，并且通常具有几何或者简单的关联特性。第一个我们称之为结构，第二个为秩序。城镇平面使得这种区别非常清楚。理想的城镇被合理的秩序支配，并通过单一概念就能理解。然而，现实中大多数城镇平面缺乏这种简单性。它们看上去不规则，近乎混乱（虽然我们生活并穿行其中发觉并不是这样）。相反，那些有秩序城镇"在地面上的感受"通常令人迷惑。我们知道现实城镇具有的"结构"只有通过生活和移动才能发觉，而不是一个明显的理性"秩序"。

现在我们再根据两个城镇平面中介绍的时间概念来思考一下上述论断。一个是帕尔马洛瓦（Palmanova）的"理想"城镇规划（图6.5），另一个是图4.3a中显示的"有机"平面布局。理想城镇可以作为一个模式一眼就了解了，或者说同时就了解了，这是由于我们处在一个一次能看到全部格局的位置，就像我们在看一张地图或者是从空中俯瞰。看一眼就能理解它，不仅仅是因为它具有一个规则的几何形状，而且因为一个简单而且基本的原因：它是由相似部分按照相似关联组成的。因为人们能够轻易理解形式构成中的重复元素和重复关系，所以这种组合一下子揭示了它的本质。这种相似部分通过相似关联构成的特性，我们称之为秩序。我们倾向于将它和人类心理的建构性活动相联系。秩序从根本上讲是理性的。因为它的特征是一次性展示出来的，所以它能够被一次性理解。

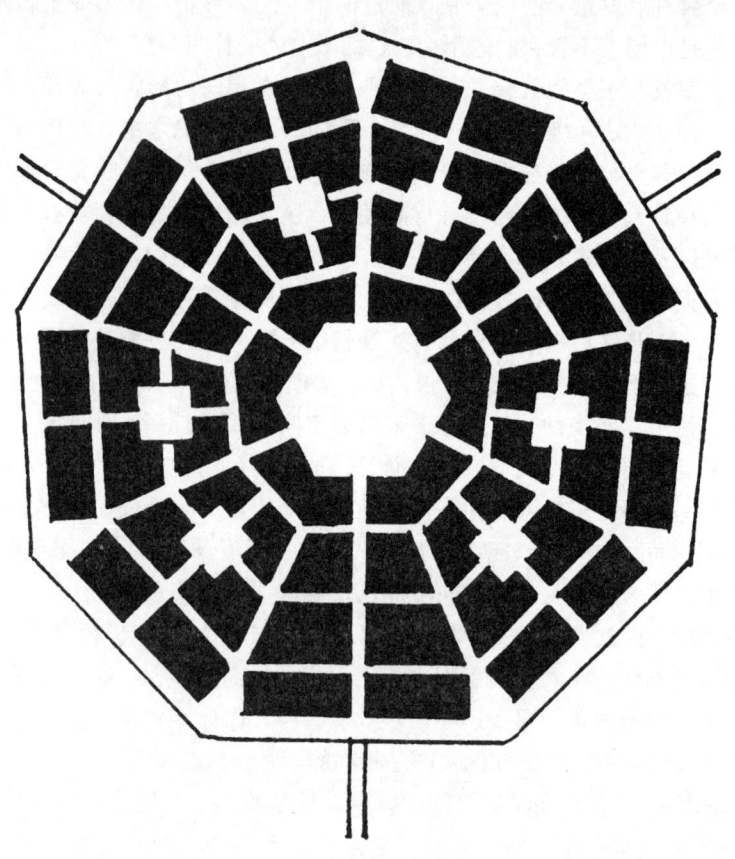

图6.5

"有机"城市没有这样的秩序。每个元素几乎都是不可单独辨别的,更不要说重复的元素。空间关系同样是这样的。几乎没有元素的重复,如果有的话也很难辨别。然而,我们现在知道这些"有机"城镇具有较强的空间构成,而这种构成看似源于功能。例如,轴线图中的整合度分布界定了一个"整合度核心",它不仅产生了人车流模式,并且产生了土地用途的分布(如对人车流敏感的商店、住宅等)。我们可以称这种分布为模式结构,并将它们与秩序相对照,因为它们两者具有完全不同的、几乎完全相反的特性。结构不能一下子被认清,它们也不是被一下展现出来的。它们在起源和我们体验的方式上都是不同步的。它们从一个有生命的过程而起,通过在城市中生活的经历加以理解,尤其是通过活动加以理解。没有活动,一个异步系统不能被完整观察到,更不用说被理解了。

一个经验事实是:不管它们在地理和规划历史中的相对流行程度,到目前为止,人类历史上绝大多数市镇和城市更多地显出结构而不是秩序。原因也很简单:大部分城市是从它的基本功能生长起来的,它自然会根据功能逻辑演进。但是,如果我们思考一下城市可理解性的另一个方面,即建筑的组构形式,尤其是它们的立面,那么我们就会非常迷惑地发现事情多多少少发生了转变。立面非常典型地显示了大量的秩序,而有机城镇则显示出半规则的模式,这种结构非常少见,即使有,也很少。这个原因也很简单,主要在于空间、形式和时间之间的关系。在城市空间中,空间结构必须一片一片地观察,而且需要时间和移动,因此是不同步的;然而,建筑立面从本质上讲是同步的,它们倾向于被一次阅读并理解,因此,不需要时间去理解它们。我们认为,在建筑形式中,秩序超越结构处于支配地位;就如在空间中,结构超越秩序处于支配地位。这两种情况都存在,在这两种情况中,秩序对于形式来说是自然的,因为它可以被同步阅读;正像结构对于空间来说也是自然的,因为结构从本质上讲也是不同步的。

形式,特别是建筑立面,是怎样与空间联系的可能是另一个感兴趣的问题。让我们从建筑立面的角度来思考空间。很清楚,每个建筑立面从城市空间的某些点观察是部分可见的,而从其他点来看却是全部可见的。这两组观察点就形成一个形状,也就是用所有观察点来定义一个形状。我们可以把这两组观察点画出来,把第一组观察点称为"部分立面视域范围",把第二组观察点称为"全部立面视域范围"。为描绘这些视域范围,我们首先把立面的各个顶点向各个方向(从这些方向上,立面的所有部分都可以被观察到)进行尽可能远的投影。由任意两个顶点勾勒出来的形状的交集就是"全部立面视域范围",剩下的就是"部分立面视域范围"。图6.6是一个假设情况,其中部分立面视域范围用深黑色表示,全部立面视域范围用浅黑色表示。显然,在全部立面视域范围内,建筑立面对于闲逛的来访者是同步可见的。

图6.6 等视域图

现在我们再来思考不同轴线对立面视域范围的影响。首先我们再来观察一下伦敦老金融城,但这次是从建筑立面的视域范围角度来观察。有两点可以指出。在非常近的视域范围内,众多行会大楼从街道上是可见的,这些视线通常与立面直角相交,而且通常在一个闭合的空间中结束。有意思的是，这种短轴线原则的惟一例外是市政厅（Guildhall）。这里的长轴线也在一个闭合的空间中结束，说明这一类建筑的规则有一定的一致性。公共建筑一般都位于较大尺度的空间中，但是具有非常局限的视域范围，这个范围的大部分是一些小巷，而且视域范围的规模相对较小。对于城市中心的三座主要建筑，比如伦敦府邸（Mansion House），英格兰银行，皇家交易所，这一点尤其突出。看来，这些重要建筑没有出现在城市主轴线与建筑全部立面正面相交的地点。

　　这种公共建筑的半遮掩做法有三个显著效应。首先，在空间轴线上看这些建筑，同步视域（即看到整个建筑立面）的程度非常有限，行人一般非常突然地看到整个立面。第二，行人通常以一定角度向这些建筑接近，因此建筑立面所体现的任何秩序都被透视所遮挡。第三，也许是最重要的，从小巷接近建筑的人观察到的景物变化非常快，尤其是从建筑前经过，而后又前往别处的时候。我们可以说，这种立面视域范围的效应可以归结为，从人车流的观点来看，建筑立面的秩序永远不是一成不变的，而是不断变化和扭曲的。

　　现在考虑这种反差是如何形成的。最有效的方法就是单个类似长"隧道"的视域范围与建筑立面直角相交。这将意味着隧道形的视域范围越长，对于移动的观察者来说，建筑立面被全部看到的时间就越长，于是立面被"定格"了，其中的不变量就更可能是立面所具有的任何对称性。如果一位观察者在空间中沿着面向建筑立面的对称轴线移动，并且尽可能延长这个与建筑成直角的空间轴线，那么建筑的符号特征将会更加深入人心，而且更加稳定。轴线空间越宽，那么沿着这条轴线移动将会获得更加持续的符号效果。

　　通过引入整合度概念，我们还可以把它与整体城市结构相联系。"符号轴线"整合度越高，那么轴线在城市结构中的所形成的"定格"影响力就越大。功能空间向符号空间转变的效果可以通过下面这个事实来详细解释：与主要空间轴线成直角的大尺度建筑在城市形式中有可能成为一个负吸引点，即无论整合程度如何，自然人车流的密度在面向负吸引点的方向上将会降低，当然由于其他原因，被这座建筑所吸引的人车流将会补偿这种自然人车流不足。

　　简短而言，符号轴线的逻辑方式与功能轴线有一致的地方。符号轴线的目的不是组织人车流的模式并以此产生人们之间的偶遇，而是要利用城市空间的潜力强调另一方面：通过空间向公众传递特定建筑或场所的重要象征意义。符号轴线的作用倾向于聚焦在某几个区域，而不是散布在整个空间形式当中，但是它在整体城市结构产生过程中的作用不可低估。

　　因此，我们可以看到特奥蒂瓦坎与伦敦一样都是根据"公式"建造的，只不过公式不同。尽管有最初的疑问，它的内部逻辑，甚至可能包括它的社会逻辑，与伦敦一样是连续的。正如伦敦是一种社会逻辑的表达，我们的奇怪城市也是另一种社会逻辑的稳定表达。

注释

1　Banister Fletcher's *A History of Architecture* (edited by Professor John Musgrove), Butterworth, London, 1987.
2　Hillier & Hanson, 1984, chapter 5.
3　本图由霍伍德（Horwood）提供。

4　见 Figure 4.3a in chapter 4.
5　见 *The Social Logic of Space*, chapter 3。
6　Hillier &. Hanson, chapter 3, pp. 95 – 97.
7　Hanson, 'Order and structure in urban design: the plans for the rebuilding of London after the Great Fire of 1666', *Ekistics*, Special Issue on spaces syntax research, vol. 56, no. 334/5, 1989.

第七章　可见的学院

列维·施特劳斯（Lévi Strauss）提出的空间问题

前面几章研究了城市空间，即建筑物彼此组合所形成的空间。但是，建筑内部的空间关系又是怎样的呢？我们在城市空间研究中使用的技巧和学到的知识对我们研究建筑室内空间有多大的帮助？特别是对于研究那些比住宅空间更复杂、比城市社区组织更具结构化的室内空间有多大的帮助？为了研究这些关系，我们必须寻找和建立一个更加复杂的模型，不仅要考虑空间组织的结构是什么，而且要考虑它的结构是如何形成的。当我们着手做的时候，我们发现许多已知的原则可以被运用到这个复杂的建筑内部空间。一个非常关键的例子就是研究机构的实验室，直到最近，其中空间组团的动态性还被认为是不存在的。[1] 在开始建立一个复杂的模型之前，我们必须回顾一些有关空间的人类学概念。

1953 年列维·施特劳斯（Lévi Strauss）对空间问题有如下阐述：
"应该感谢迪尔凯姆（Durkheim）和莫斯（Mauss），是他们第一次唤起了人们对空间可变性的注意。为了正确理解某些原始社会的结构，我们应当思考这种可变性……［但是］过去并没有将空间组构和社会生活其他方面的表面特性相关联。这一点非常令人遗憾，因为在世界的许多地方，社会结构和居民区、村庄和营地的空间结构之间都存在着明显的关联。这几个例子（平原印第安人的营地、巴西加勒比语系中那些说格语的村落，美洲普埃布洛族的部落）并不是要证明空间组构是社会组织的镜像，而是要唤起人们注意一个事实，即：发现这种关联对于许多人来说也许是非常困难的；对于另一些人（这些人必须有某些共同的背景）来说，这种关联的存在是显而易见的，虽然可能不太清晰；然而，对于第三方研究者来说，空间组构几乎就是社会结构的投射反映。但是，即使是最具震撼力的例子也需要进一步研究，例如，作者曾经试图证明：在波罗罗印第安人群中，空间组构反映的不是真实、无意识的社会组织，而是有意识存在于本地人心中的一个模式，虽然它的性质是完全虚幻的，甚至是与现实相反的。"[2]

随后他补充道：
"这类问题不仅仅来自对相对稳定的空间组构的思考，而且来自对不断重复的即时空间组构的冥想，例如舞蹈与宗教仪式等活动，这些空间组构是社会与精神在外部世界的客观折射，于是，我们可以从此入手来研究社会与精神世界的演变"。[3]

看上去很自然，列维·施特劳斯（Lévi Strauss）的结构主义学说将村落的空间形式看作是"精神过程"的投影或反射，但是令人疑惑的是，他发现在一些例子中是这样的，而另一些不是。然而，我们还在他的观点中发现了一些有意思的盲区。在同一篇论文的前一小部分中，列维·施特劳斯（Lévi Strauss）提出分析社会结构的两个基本模式，即他所称的"机械模式"和"统计模式"。[4] 在机械模式中，列维·施特劳斯（Lévi Strauss）指出：模式中的分析要素与相应的现象是一一对应的。而统计模式中的要素与相应的现象不是一一对应的。

列维·施特劳斯（Lévi Strauss）通过原始社会和现代社会的婚姻法则解释了这两种模式的区别。在原始社会中，婚姻法则通常是基于"按血缘或者族群关系给实际个体归类的模式"。个体通过这种方式被划分为不同的群体，从而一个群体中的个体与其他群体中的个体具有十分明确的关系。这种划分的方式具有机械模式的特征。现代社会恰好相反，个体没有被归类为那种特定群体，因此也没有与其他群体的那种特定关系。取而代之，"婚姻的类型仅仅是由主要群体和次要群体的规模所决定的。"因此，这种系统的不变量模式只能决定平均值，或者临界值，因此形成了统计模式。

有意思的是，我们发现列维·施特劳斯（Lévi Strauss）通过使用"投影"和"反射"等术语来描述空间问题，他似乎想当然的认为：空间现象和精神过程将是一一对应的，（因此他想像）精神过程一定支配空间现象，并通过机械模式得以表达。显而易见，事情绝非如此。相反，日常的经历说明这种情况很少出现，而且空间更多的具有列维·施特劳斯（Lévi Strauss）统计模式的特点。空间机械模式的例子包括施特劳斯所指巴西说格语的印第安人的圆型村寨，它与现代城市空间特征之间的区别似乎在很大程度上类似于上述婚姻系统中的若干区别。现代城市空间在很大程度上是可互换的，同时缺乏社会群体和空间领域之间明确的关系。由于在一定程度上存在这种社会或者空间上的区别，它们完全表现的是统计学特性，说明空间现象是由社会行动过程生成的，而不是简单反映精神过程。事实上，考虑到人种学和日常生活的影响，不同案例中的空间似乎在机械模式和统计模式这两个极端之间变化。

施特劳斯（Strauss）的观点存在盲区的理由也许是他不知道空间统计模式是什么样子的。我们针对施特劳斯（Strauss）的问题在《空间的社会逻辑》[5]一书中明确地勾画了空间统计模式。该书认为：抛开纯粹的对应范围问题（其本身在形态学上具有重要意义），社会在空间中的折射沿着三个基本坐标在变化：空间自身结构化的程度；空间被赋予特殊社会意义的程度，以及所使用的空间组构的类型。在已知的社会中，第一个坐标赋予了空间从无序到有序的连续过程，第二个坐标赋予了空间从无意义到有意义的连续过程，第三个坐标根据各种空间不同特点赋予了实际具体空间形式的基本差异。[6]

形态生成模型

《空间的社会逻辑》一书提出，在惟一能够将这些不同坐标上的变量成功表现为一个"演变系统"［这是列维·施特劳斯（Lévi Strauss）喜欢使用的表达］的模型中，规则不会被看作是投射在真实世界的精神物质或者精神映射在真实世界中的物质载体，而是被看作随机生产过程的限制条件，比如说，单元块聚集模型，或者是图论中生成相互关系的模型。在这样一个模型中，规则和随机性相互作用，不仅产生已知结果，而且产生新的结果或形态生成。我们已经研究的案例表明，除了纯粹的局部规则（即只明确紧邻单元块之间的关系）之外，以随机单元块聚合为基础的形态生成模型能够生成形态明显随机的聚居地，并提炼出他们共有的整体拓扑特征，这些可以借助直接推论来"解释"。[7]

但是计算机实验表明，这种形态生成只有在规则对随机过程限制很少，而且仅仅限制局部关系的情况下才会发生。规则越多或者越具有整体性（即明确了超越相邻单元块之间的关系，比如要求视线能够穿透一定尺度的若干聚居组团），那么形态生成的过程越倾向于是这些规则在生成形态中的映射或投影。看来，在这些系统中形态生存过程需要随机性与限制随机性的规则共同存在。

在单元块聚集过程中，只有自发生成的新的潜在关系的数量远远超过规则所直接确定的潜在关系数量，这种随机与限制的共存才会出现。由规则直接确定的潜在空间关系所占比例越大，规则的也就越具有整体性，新的生成形态就越少，越可能保留规则直接导致的形式。相反，规则直接确定的潜在空间关系所占比例越小，新的生成形态就越多。更明确地说，随机过程中加入的规则能较短地描述出来（此后我们将称之为短模型），那么这个过程倾向于形态生成，而如果规则描述较长或者"长模型"，那么这个过程就倾向于保持规矩直接决定的形态。

我们还发现，模型越短，所生成的同类整体形式族群就越多，而且这些形式个体差异将更大，尽管它们具有某些"遗传"相似性。所需描述越长，同类族群就越小，个体之间更为相像。换句话说，短模式倾向于个体化和形态生成，而长模式倾向于一致性和维持原状。

对这种理论模型的进一步深思可能会引出另一个重要的课题：社会意义。在迄今的讨论中，我们假设了形态生成过程中的若干元素是可互换的，不具有个体特征。如果我们现在赋予这些个体单元块以个体特征——甚至是群体特征，并且赋予系统内个体或群体之间特定的相互关系，那么限制随机性的描述将会被进一步延长，这是因为尽管这些描述是超越空间的规则或者是概念上的规则，而不是纯粹空间规则，但是特定元素或者元素群相互间的关系需要被明确。

简而言之，这被认为是强加于生成过程中诸元素的"不可互换性"。虽然它一开始表现为来自一个完全不同范畴的附加概念（与社会意义相联的范畴），但是不可互换性的概念表明这些元素可以被带入到长、短模型的理论范畴中。这种不可互换性系统的一个限制性案例是：每个单元块与系统内所有其他单元块都有明确的关系。这种限制在列维·施特劳斯使用的著名的波罗罗村庄案例中（尽管不是首创）被一度采用过。[8]

我们认为，长或者短模型之间是连续的，这是对列维·施特劳斯（Lévi Strauss）的机械（长）和统计（短）模式的推广。通过将两者统一起来，人们将能够看到统计模式和机械模式事实上都是一个潜在可能性统一体的两个方面，这种可能性贯穿于所有社会的人类活动中，而且，看上去，这两种模式还构成了研究人类问题的不同途径，社会学倾向于统计模式，而人类学倾向于机械模式。

可以找到符合这些模式的简单例证，并证明之。例如，宗教仪式就是一整套行为举止，这些行为举止的所有顺序和关系都被规则所确定，即这是一个长模型活动。从本质上讲，宗教仪式消除了所有随机性。它的目标是维持形式现状，并将其反复再现。另一方面，派对聚会（也可以非正式地称之为社会仪式）是一个短模型活动。它的目的是形态生成：通过人们在空间上的接近和走动,将彼此偶遇的随机性最大化,由此创造新的空间关系模式。

对我们当前的研究目的来说,长、短模型一个很有意义的特性是:它们恰当地描述了空间模式以及人们的相遇类型(相遇是社会关系的空间实现),因此人们可以观察到它们之间可能的普遍关系。短模型似乎要求空间被压缩,因为它们依赖于活动中的随机发生,而且这种随机发生随着距离的增加变得越来越困难。相反,长模型倾向于被用来超越距离,并且可以建立超越局部空间的关系。典型的是,人类社会使用各种庆典和正式仪式来克服空间割裂,并加强日常自然空间中不足的空间关系。与此相对照,非正式关系正好与局部空间域相关联,在远距离中难以维持。正如玛丽·道格拉斯观察的那样,越宏大的空间意味着越正式。[9]

以这种方式看,社会确实具有某种内在的基本"空间逻辑",它把相遇的频率和相遇的类型关系在一起。同理,在长短模型之间有一系列的相遇类型,它们对应着各种局部空间模式。由此,空间作为一种物质性布局从而获得了一种社会逻辑。

这种对空间问题的重构引出了另一个研究课题:即,如何模式化空间与相遇的这两种形态生成?研究工作的展开不能先入为主,去假设社会相遇决定空间,或者与之相反。如果社会相遇具有自己的空间逻辑,而且空间具有自己的社会逻辑,同时研究的任务是理解它们是以何种形态联系在一起的,那么,环境与行为之间那种天真的因果决定范式就可以被避免了。实际上,我们可以看到"环境"这个名词使用在这个语境中是危险的,它有可能为本身需要解决的问题设定了一个虚假的范式[10],这是因为这个词先入为主地假定了周围的境况环绕了其中产生的行为,并且对其行为具有某些特殊的影响关系。这种范式是不真实的,本书的后部分对它进行了充分地批评。即便如此,它还是提醒我们:所谓的"人与环境范式"的错误也可以在"背景"概念中出现。[11]

这些理论思想的论述占用了过长篇幅,这是由于我们相信"空间背景与知识产生及其再现"[12]之间关系的分析只能在这种理论框架内才能有效的进行。也正是在这种理论框架下,"空间句法"的方法论试图成为一种实证调查,它首先将空间作为一个模式来调查研究,然后分析它与各种社会归类以及标记(这些具有不可互换特性)分布的关系,然后系统地考察它的使用情况。

然而,在解释由此产生的方法与建立模型的概念之前,我们必须对"知识"一词的使用方式作出细致的区分,因为这些区别直接体现了知识的再现和产生是如何与空间发生关系的。

我们默认的规则与我们需要思考的想法

为了研究空间和知识,我们必须一开始就明确辨析"知识"这个词在日常使用中有两种含义。一方面,"知识"这个词表示这类学问:当我们需要交谈的时候能够明白一种语言,或懂得如何行为举止,或知道如何玩西洋双陆棋戏。另一方面,这个词又是指另一类学问:明白投射几何学,或懂得如何进行工程计算,或知道元素周期表。

第一种知识意味着理解一套规则,以使我们可以按照社会既定的各种方式进行活动:说、听、参加派对、玩双陆棋等等。这类知识指理解一些抽象的东西,以便去做一些具体的事情，或至少有助于做事。于是，抽象的知识引发了具体的现象。我们把这种知识称作"知识A"或社会知识。很明显，知识A的普遍存在是社会运转的推动力之一。

知识A具有一些重要的特征。首先，我们倾向于自然而然地使用它。当我们使用它的时候，我们并没有意识到它的存在。例如我们讲话时最不关心的就是关于语言规则的知识。语言规则是我们默认的规则，而通过语言所形成的概念绝大部分是我们需要思考的想法。这是必然的。作为一个有效率的演讲者，我们必须想当然的认为我们自己知道语言的规则，而听众同样明白这些规则。

第二，除了这种知识明显的抽象特性之外，我们通常是通过"做"来获取这种知识的，这远甚于被教导的效果。就像我们学习字和句子的时候，我们并没有意识到我们是在学习抽象的规则。相反，我们所正在学习的看上去是一些实用性的片断。然而，正像语言学家经常提到的那样，这种知识在形式上必须是抽象的，因为它使我们可以在新的环境中有新的表达方式——即我们在所熟知的"规则下进行创新"。

第三，我们应该注意到知识A与社会知识的运用都是高效而且准确，因为抽象原则暗含于人们的行动习惯之中。因为它们是被隐藏的，我们没有意识到它们，因此我们忽略了它们的存在。我们默认的规则无处不在，但是我们没有去感受它们；它们形成了我们的思想与行为，但我们已经忘记了它们的存在。也许可以说，文化的诀窍就在于以这种方式将人工的东西变得貌似天然的。

而知识B与之巧好相反，我们需要有意识学习其中的抽象原则，当我们获得和使用这种知识时，我们首先会想到这些原则。通过这种方式，我们学习并掌握了投影几何学，或者机车工作原理，或者元素周期表，仿佛抽象原则和具体现象是一个事物的两个方面。我们可以大致称之为"科学知识"，这个名词的惟一标准就是：原则和案例是清晰的，可以写到书上并作为一个事物的两个方面分别被传授。

现在，知识A与知识B之间没有清晰的界限，这对我们的论点已经不重要了。相反，对知识归类的模糊性经常是一个重要的争论。例如，在空间学中有一个领域理论（Territoriality），据称具有科学特征。我们认为这个理论不仅是错误的，而且认为它应该是知识A，但被伪装为知识B。大体而言，我们相信它折射了一种类似科学的话语，即规范化的信仰与实践，这些在现代西方社会中根深蒂固了，而且这些观点在建筑学中已经变成下意识的共识（Hillier，1988），现在需要对它们进行科学思辨了。

我们需要在知识A和知识B之间进行区别的真正目的是因为所有人类的空间组织都一定程度上涉及知识A。有多少知识A牵涉其中是由构成空间的模型长度进行衡量的。但它不是单向作用的，即空间不仅仅反映知识A。在短模型情况下，空间也可能生成知识A。

下一节中将会给出这组可能性的一些例子。然而，知识A不是我们的主要研究课题。我们对空间和知识B感兴趣，重点研究它们是如何生成的，而对它们的再生成过程不会过多涉及。我们的答案的核心是：在理解建成空间时，可能只有不考虑知识A，才能发现知识B，而且，虽然短模型是允许知识A的生成，但它也与知识B的生成有关。

这并不意味着在空间理解中不考虑知识A就一定会导致知识B的生成，也不能说只有当知识A缺失的时候才能有知识B的产生。它意味着：在知识A缺失的情况下，空间会生成各种新的存在方式——新的关系，新的想法，新的产品，甚至新的知识——就像知识A

存在的情况下，空间会保持各种已有的存在方式——空间的角色和位置，社会习惯和仪式中的空间、空间的等级与特色等等。

简短地说，本章提出的一个观点就是：建筑，到目前为止看是有目的性的事物，是空间的组织者，可以保持已有的模式，即保守模式，或生成新的模式，即创新模式。知识在空间中的再现属于保守模式，而知识在空间中的生成属于创新模式。这在实践中的含义将使那些科学孤傲论的拥护者大吃一惊。

空间与知识 A

知识 A 反映在家居空间中的一些简单例子可以更加准确地反映我们的观点。社会知识可以通过许多途径被构筑进家居空间中，但最重要的途径是通过空间组构——即通过平面图的实际布局。

关于组构，最关键的一个句法度量就是整合度。本来这只是一个纯粹的空间度量值，但当人们观察空间的功能分布，再简单地看看与之对应的空间整合度的时候，整合度可以提供一个功能的组构分析。一旦我们能够在居住建筑样本中发现不同功能与整合度对应的一些相同的模式，那么可以肯定我们的研究非常客观（物体属性意义上的客观），客观地研究了具有空间尺度的基本文化类型，即研究以空间形式出现的社会知识。

在第一章中，曾用三个例子来说明这个概念。在这三个例子中，不同功能整合度的排列顺序是相似的。换句话说，空间被归类的方式与文化对人类活动的影响方式是一致的——什么随着什么，什么与什么是分离的，哪些肯定是相邻的，哪些又是相隔的等等——而且这种归类方式可以找到一个不断重复出现的形式。我们把这看作是组构的一种"深层结构"。我们把这种在样本中重复出现的组构称为"非匀质的基因"，它是抽象的，隐藏在文化形式之下，并且具有多种不同的物理表征，通过整合程度的非匀质性来表现自己，随之而来的是与之对应的不同功能体现在家居空间文化中。

这似乎是一个清晰的例证：知识 A 存在于空间组构之中。甚至可以说，空间组构形成了社会知识，而不仅仅是再现它。空间组构存在于生动的日常生活范畴之中，而不是以符号方式再现于这些生活模式之中，而且由于它的日常性，它在很大程度上没有被意识到。

通过分析那些更细微的空间特性，例如不同空间中可达性与可见性之间的关系，"非匀质的基因"中的不变量将会越来越多。在所有样本中，这些不变量越多，并保持不变——或大约不变——越能肯定地说这个"基因"是一个长模型，或者说是一个列维·施特劳斯（Lévi Strauss）机械模式。在法国乡村住宅的例子中，"基因"类型还远不是一个机械模式。在这些住宅中，它还存在着许多变化，而且很显然是随机的，保证了每一栋住宅都保持着各自独特的空间特征。

根据我们所提出的综合理论系统，可以认为模型长度应该取决于所有样本中的不变量。针对我们目前的研究目的来说，我们不会探求非常精确的度量，因为原则上用概率表示这些不变量就足够了。但是可以很容易地发现：一个更老式的住宅类型——比如英国的郊区住宅，在大量的实例中它们大多数空间和功能规则是不变的——是一个比法国乡村住宅长得多的模型，因此，法国乡村住宅中大量存在的个体特征超过了潜在的单一"基因"模式。[13]因此，我们也可以说，通过它们的组构，模型的长度标志着住宅再现知识A的程度。在我们的范例中，英国郊区住宅比法国乡村住宅再现了更多的社会知识。

强程序和弱程序

现在让我们来看两个更为复杂的例子，这两个例子表达了最为极端的模型。为达到这一点，我们需要借助于人流的概念。在建筑语汇中，人流描述了一个关键现象，但没有得到充分的认识。由于我们一开始就被建筑立面的美学效果所吸引，所以我们已经习惯于以静态的观点来看建筑，但是毫无疑问，从空间的观点来看，建筑从根本上讲是关于人流的，是关于人流的产生和控制方式的。我们刚刚讨论过的"非匀质基因"可能出现在一个工厂中（通过不同人群的聚集程度来实现，如经理、领班、监工、工人、各部门等等）[14]，但它是非常模糊的，远不是空间布局和空间动态性的最重要的特征。为理解这些更加复杂的场景，我们必须把人流的概念囊括在我们的理论模式之中。

让我们以一个称之为"强程序"的建筑例子开始。一座建筑的程序并不是它所寓含的组织结构。就其定义而言，组织结构是一系列角色和规则，这些角色和规则与空间的形式并没有必然的关系，而且如果不考虑空间的组构与空间的功能名称，它们与空间的描述也没有必然的关系，因为此时对不同空间的描述是没有差别的。我们必须放弃这样的想法：正是建筑布局中反映出的就是组织结构［这是列维·施特劳斯（Lévi Strauss）另一个机械设想，通常无法实现］，同时我们必须寻找组织结构中某些具有某种空间维度的方面。

我们给组织结构的空间维度命名为"程序"，任何"程序"中最关键的元素是界面，或若干界面，因为建筑的存在就是为了构建这些界面。每栋建筑都界定了一个"界面"，它表示两群人（或代表人的物品）之间的空间关系：居民，或那些个体社会身份与空间布局相关的人，他们因此在一定程度可以控制空间使用；到访者，他们缺乏控制空间的能力，在建筑中他们的身份是集体性的，而且通常是临时的，与居民相比处于次要地位。因此，教师、医生、牧师和家庭主妇是居民，而学生、病人、祷告人群或家中访客是到访者。建筑中的界面是一个空间抽象概念，并与功能概念相关系。它们的形式可以发生变化（想一想学校里教师与学生之间的界面有多少种安排方式），但是建筑必定构造了其中的关键界面，尽管形式有可能不同。因此，界面的概念就是从组织结构的概念中萃取出来的空间维度，这种维度必须在建筑的空间形式中以某种方式被实现。

当建筑物构成的界面或若干界面具有一个长模型时，一个强程序就存在于建筑中。以一个法庭为例，它也许具有任何西方主流建筑类型中最复杂的强程序界面。程序的复杂性来自一个事实，即：法庭中存在着许多不同类型的人群，他们在同一界面空间的相互关系必需是通过严密界定的。模型的长度来自另一个事实，即：空间组构必须保证每一个界面活动完全以正确的方式发生，所有其他潜在的偶遇都必须被排除。

当然，法庭中的界面既是静态的，又是"同步化"的，即所有各方被限定在同一个空间与时间的框架之中。但是界面产生的方式必定与人流有关。法庭的出入口数目是根据参与人群的类别而规定的，并且所有出入口的类别都不可以互换。通常，每一独立的入口是与一条独立的通道相关系的，至少这条通道很少与其他通道发生交叉，而且每一类人在法庭内外都有独立的起点和目的地。

法庭最基本的特征（把它当作一个既有移动又有静止的系统来考虑）就是每一件事都是按照事先设好的程序发生的，目的是搭建那些必须发生的界面而排除其他不必要的界面。人流因此由程序所构造，而空间组构的角色首先是允许必要的人流而排除其他情况。在一个强程序建筑中，人流模式不是由空间布局产生的，而是由布局中的功能程序的运转而产生的。就模型来说，在空间中停止与移动都是由知识 A 控制的：知识 A 就是为了强化某些人群类别特征，并在他们之间制造严格控制的界面。

现在让我们来看一个相反的例子：弱程序建筑。图 7.1a 的是伦敦一家著名日报的编辑部平面图。令人印象深刻的是，它与法庭正好相反。它看上去更像是一个各项活动的聚集区，汇聚了大量明显的随机人流和静态偶遇交谈。如果我们现在使用传统的轴线模型来分析其空间结构（其中用最长和最少的视线或者运动趋势线来遍及所有的开放空间），然后分析它的整合模式，我们发现它具有一个整合内核（轴线中整合度值最高的前十分之一），其类型与城市网格句法研究中一个类型相若（图 7.1b）：系统中心附近有一个半网格，它通过一系列路径与系统边缘的整合度较高轴线相连，以此保持它与系统外界相隔不远又能遍及较多其他地方。如果我们仔细地观察移动和停止的模式，我们会发现轴线的整合值能很好地预测空间的使用强度（图 7.1c）。

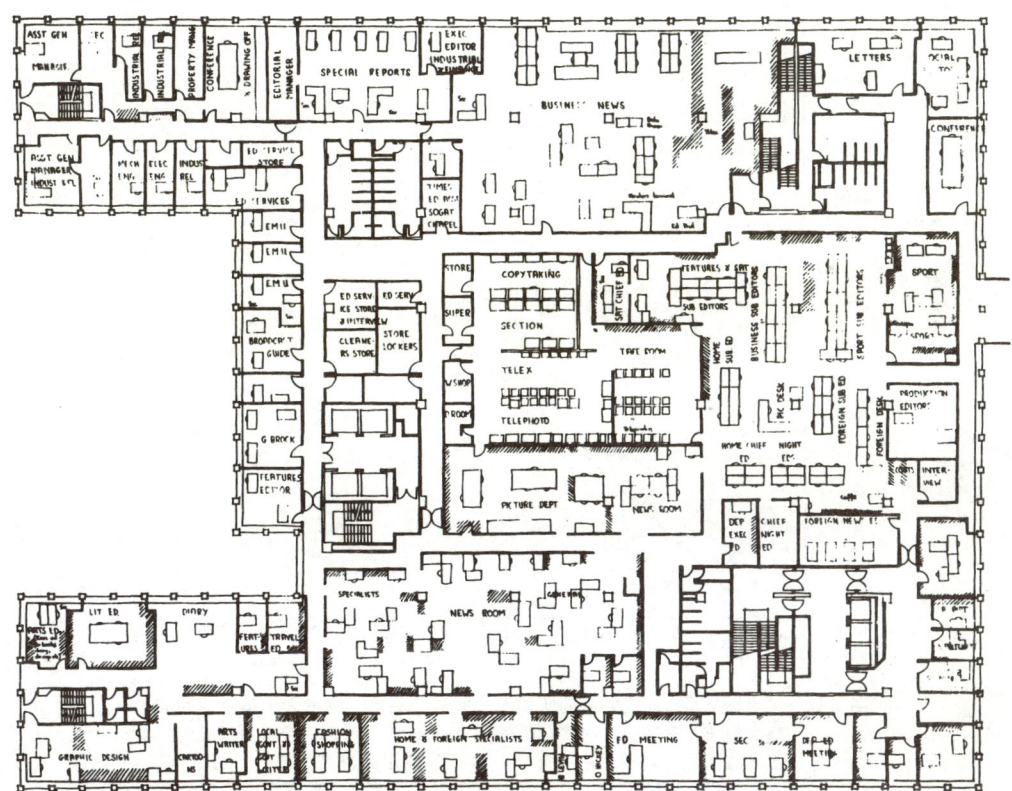

图 7.1a　伦敦一家著名日报社的编辑层平面，包括主要的家具与设施

图7.1b 编辑层开放空间平面的轴线整合度图

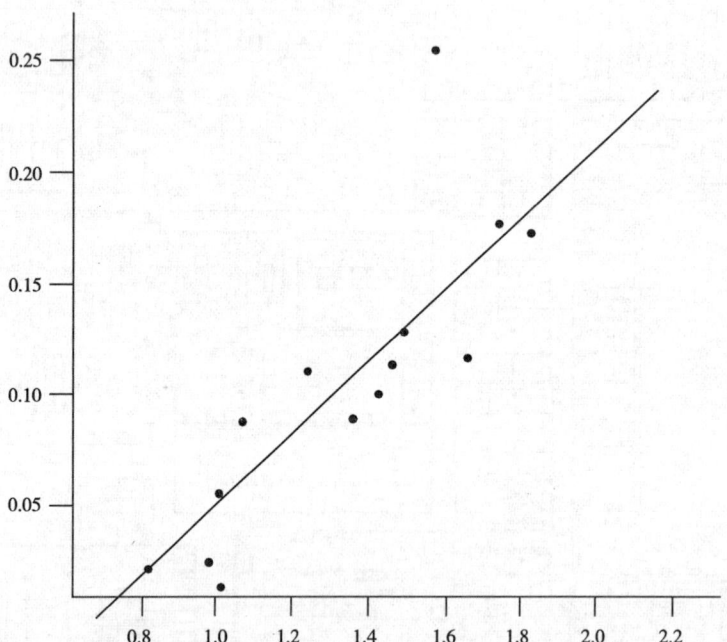

图7.1c 散点图显示空间与它们的使用率之间的相关性,纵轴表示每个空间的整合度值,横轴表示这些空间使用率的均值,它为一天不同时段内二十次以上的观测平均值。奇异点(也是使用率最高的点)是复印间。它远离回归线的程度表示它吸引使用者的强度,这种吸引力来源于它的功能而不是空间位置。这表明了在空间主导使用模式的情况下,服务设施的"磁力效应"是如何发生的($r=0.83$, $p<0.001$)

在此，看到了一条我们认可的通用原则：随着建筑程序变弱，并转向一个自由交流的界面，空间使用与人流的分布更加不受程序的控制，反而更加由空间布局的结构来决定。这是因为起点—终点的数量巨大，并且与布局的整合程度相互对应，这就意味着人流的副产品——穿过一系列空间的伴随活动——反映了从所有的地点到所有其他的地点的路径模式。从这个角度而言，这个编辑部平面图近似于一个城市系统，即人流和空间使用都具有一个弱程序。我们可以说，在这个例子中，空间网格具有生产能力：它优化并构建了一个稠密而随机的偶遇模式，而不是简单地限制自身的布局，以此映射一个已有的社会知识模式。

从理论上来讲，这个编辑部平面是一个短模型结构；它通过布局的整合程度，人流密度，以及人流副产品的分布等生成了新的偶遇模式，即它的形态在促进社会偶遇的层面上逐步建成。关于它的社会知识以及其中不可互换规则都是脆弱的，而且在不断的变化。因此它的空间具有创造型，推动并扩大了非正式的偶遇活动，这对于一个报业的有效运转是非常必要的。从这个意义上而言，空间是有生产力的，或者说可以创造知识 A。它产生新的社会关系模式，而这种新模式是不会在空间环境之外存在的。

这样的结构对知识 A 所描述的社会结构类型也同样适用。当我们在一个组织内寻找社会结构的时候，我们首先认定的一个指示就是劳动分工。这对于研究目标也是很重要的。我们认为，劳动分工越明显，这个社会的组织结构就越强。根据这个思路，我们可以按模型长度来思考一个社会结构，这个模型长度是描述劳动分工所需要的长度。模型越短，就会生成更多的社会组织结构，以此执行实际工作，满足不断变化的日常需求。模式越长，劳动分工本身将更多地复制社会组织结构现状。

因此，就与知识 A 的关系而言，空间结构和劳动分工的工作模式要么是保守型的（可再现的），要么是创新型的（有生产力的），总之，这将由系统内控制随机程序的模式长度来决定。

强关系与弱关系，局部网络与整体网络

但关键问题是，知识 B 又是怎样产生的呢？空间会影响科学的发展吗？这里没有答案，只有建设性的研究。在描述它们之前，我们可以拿出两个与这件事相关的研究例证，虽然它们与空间无关。

第一个是汤姆·艾伦（Tom Allen）[15]关于工程研发机构中联络与创新问题的基础性研究工作。在此引用他自己的小结：

> 不管集体自由讨论的热衷者和其他集体方式解决问题的拥护者的愿望如何，项目小组内部的互动水平显示出与问题解决的业绩并没有关系。但是这一点的数据决定性的支持另外一个论点，即：实验室项目小组之间的交流改善将提升研发的效率。在每一个案例中，研发小组之间的交流都显著地与项目业绩相关。不仅如此，它显示出，项目之外的互动是最重要的。在复杂的项目上，内部小组在没有外部新信息持续输入的情况下将无以为继，也无法有效的工作……组织内部的同事是这种信息的最佳来

源……此外，据统计，成绩最好的小组成员一般会与 2—9 个同事进行交流咨询，而成绩较差的成员最多跟 1—2 个同事关系密切。[16]

第二个例证是格兰诺维特（Granovetter）关于强关系与弱关系的研究，研究题目是"弱关系的强度"。[17]他的观点是：任何个体都有一个封闭的强关系网络——即彼此之间都相互了解的朋友圈——和一个比较发散的弱关系网络——即相互面熟的人，但他们之间彼此互不了解。因此，弱关系在局部强关系网络群之间起着桥梁作用，维持着更大的系统。错误的平衡可能是有害的。例如：

> 没有多少弱关系的个体将被剥夺从社会系统远端部位获得信息的渠道，只限于从他们亲密朋友处获得局部的新闻或观点。这不仅把他们隔绝于最新的思想和时尚潮流之外，而且使他们在劳力市场中处于不利位置……此外，这样的个体也许很难去组织或融入到任何种类的政治性活动中，因为这些活动或有特定目标组织的参与者通常都是由熟人推荐吸收的。[18]

格兰诺维特（Granovetter）的研究工作主要集中在广义社区中的社会网络上，但他也评论了卡韦特等人关于学校内弱关系作用的研究工作[19]，以及布劳做的儿童精神病医院的弱关系作用。[20]

虽然格兰诺维特（Granovetter）的研究主要还是针对知识 A 的产生，而艾伦的研究针对知识 B 的产生，但这两个论点是相似的，两者都质疑了空间和社会地方主义中那些长期被追捧的观点（比如：小社区、小组织、小邻居组团），并且提出需要一个更整体的网络观点。我也已经提出了关于城市空间的相似观点。[21]最近的建筑城市理论中充斥着关于小型社区优点的社会假想，以及关于局部"围合"和"可识别"的优点的空间假想。然而，这两者的效果都把城市空间结构分割为过度局部化的区域，彼此之间缺乏整体整合，因此其内部没有自然而然的人车流，在相对短时期内，大多出现了物质的或社会的衰败现象。

我们所有关于城市空间结构和功能的分析研究都表明：无论对于人车流产生的偶遇、安全感、社会网络的发展或者犯罪行为的分布来说，整体维度才是最为关键的。一个局部的场所感不是来自相互隔离的局部区域，而是来自整体网格中不同类型的变化。这对于社会网络同样适用。好的城市网络不是一组自给自足的群落的集合，而是在一个大规模而连续的系统内各种可能分布的集合。我们可以下结论，"城市化"的关键存在于局部空间网络与整体空间网络的相互关系中。

所有这些都说明：我们所需要的是一个空间理论，其中局部与整体尺度之间的关系、强关系与弱关系之间的辩证关系、以及结构和随机之间的辩证关系（通过长或短模型）都在相互作用。因为任何空间结构都具有通过人车流产生偶遇模式的能力，它也有可能产生上述的相互关系。由空间产生的关系首先肯定是弱关系。然而，这种关系的局部性越强，空间也越倾向于将这种弱关系转化为强关系。实际上，在局部空间环境中，人们作为个体也许会愿意采用这样的空间战略，即应尽量避免发生过分强的关系——就像在社区内,当空间布局导致了人们必须与邻居过于频繁地接触而感到难堪的时候,人们会采用特殊的社会和空间行为方式来缓解这种空间压力。我们认为,空间产生的弱关系超越了相邻组团,但还是不及大规模跨空间网络(它或多或少独立于空间)产生的弱关系。

两个实验室中随机的"非匀质的基因"

我们现在可以来看一些案例。图7.2a是X实验室的开放空间结构,图7.2b是Y实验室的开放空间结构。X实验室是按照同一规划方案分两个阶段建造的,而Y实验室楼房分为"老楼"(图中水平部分)和后加的"新楼"(图中垂直部分)。

图7.2a 实验室X的开放空间结构

X实验室和Y实验室都隶属于著名的研究机构,但各自具有明显的研究风格和管理结构。X实验室属于一个大型的、良好的公共慈善机构,主要研究某类型疾病。它的领导人建立并资助(根据声名而定,通常都十分慷慨)优秀研究人员领导的团队,研究该慈善机构制定的特定目标。研究项目因此指向特殊的医药和诊疗目标。Y实验室更多以学术科研为出发点,目标较为模糊,组织形式更具个性化,其大多数成员根据情况自己决定研究项目。两个案例都很成功,但从高层次的业绩来看(比如,按获得诺贝尔奖的数量来说),毫无疑问Y实验室更胜一筹。

168　　空间是机器——建筑组构理论

图 7.2b　实验室 Y 的开放空间结构

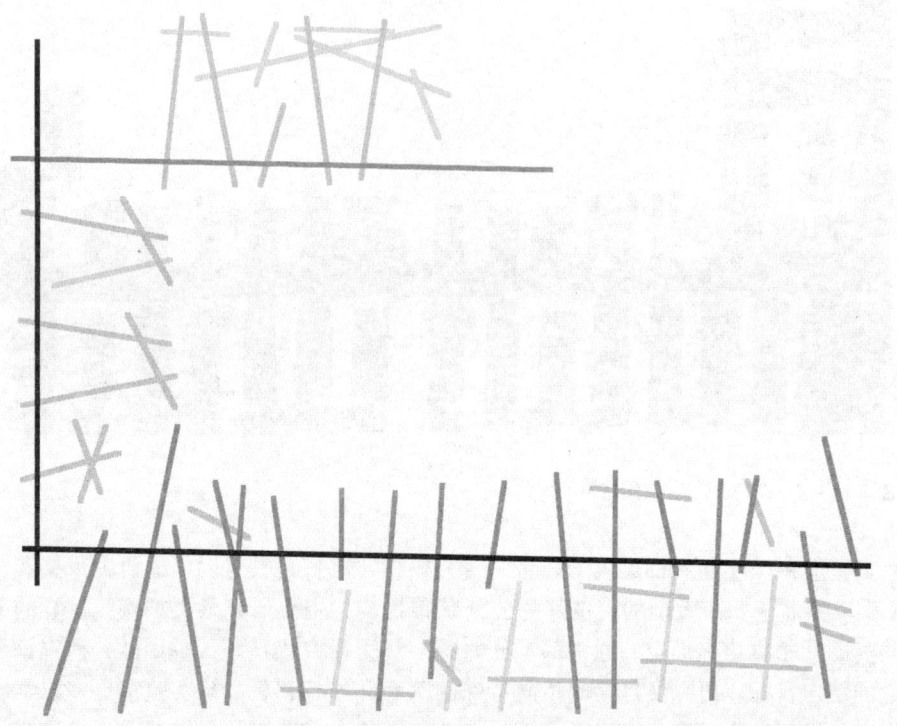

图 7.2c　实验室 X 的整合轴线图。轴线图用最少而最长的直线表示了可以自由活动的公共空间

图 7.2d 实验室 Y 的整合轴线图

图 7.2a 和图 7.2b 非常有效地表明了两个实验室在空间布局上的不同。在每个图中，所有的"自由空间"——即人们在其中可以自由走动和工作的空间——被涂成黑色。它显示出除了每栋建筑最基本的单元形式，Y 实验室新楼与老楼之间，以及 X 实验室和 Y 实验室的老楼之间的空间布局之间存在着根本的组构差别。对于后者来说，这种差异来自空间突变和适应的延迟过程。

X 实验室和 Y 实验室老楼之间最重要的组构差别是：虽然两者都创造了各个单元组之间的内部可达性，但 X 实验室中的连接很深（位于窗子一侧），而 Y 实验室（位于走廊一侧）则很浅。然而，Y 实验室新楼看上去将这两个特性都结合在一起。这些区别在每个实验室的"轴线"图中显得更加明显，如图 7.2c 和图 7.2d 就显示了内部单元连接位置的不同。对于这种差异，我们找不出一个明显的技术缘由。然而，在其他楼层平面图都有这种差异。更突出的是，在一栋新的大楼中两个研究机构的新实验室同时入驻，采用的平面布局完全显示了同样的差异。

X 实验室与 Y 实验室老楼部分的空间利用模式看来还存在着根本性的差别。对于一个随意的观察者来说，Y 实验室老楼部分聚集了各种活动，比较热闹，而 Y 实验室新楼与 X 实验室看上去很冷清，除了人们经过走廊进入实验室的那一阵子。这种最初的印象看上去与真实的使用强度是相互矛盾的。计算一下平均员工密度，即员工数量除以实验室的总面积或者除以实验室的使用净面积（使用面积减去那些被工作台和设备占用的面积），两种布局中的平均密度几乎是相当的。

然而，在上述案例中使用模式却是非常不同的，它们都随着空间布局调整的模式而变化。最明显的区别是：Y 实验室走廊的空间利用率和人流量比 X 实验室高 5 倍，其中两人或多人在走廊中互动交流的几率非常高。

为了明确上述模式的差别，我们可以把实验室的活动分为四种主要行为种类：沉思行为（如安静地坐与写），试验行为（如在工作台上的工作，通常涉及一定的局部走动），互动行为（如谈话或参与讨论）以及非局部的走动（这样的走动基本上是大范围，而且是线性的，它与在实验工作台附近的走动是不同的，后者主要集中在一个局部的单元空间内往返走动），于是，上述空间使用模式的差别更加清晰了。我们把发生在实验室窗户一侧（远离走廊的那侧）的活动称为深处活动，把发生在走廊一侧的活动描述为浅处活动。很明显，因为两个建筑布局都是走廊贯串的模式，许多非局部的走动将发生在那些最浅的空间内，即走廊内。

在 X 实验室中，沉思行为集中在实验室的深处空间，即窗户附近（在办公楼里一般都没有把办公桌放在窗户附近！），试验行为通常散布在实验室的各处，互动行为集中在那些连接实验室各个单元空间的线性空间区域中（见表 7.1）。这些连接空间一般位于实验室深处，意味着互动行为倾向于和沉思行为发生在同一区域，靠近局部人流，而远离非局部人流。

在 Y 实验室中，沉思行为也集中在实验室的深处（窗子附近），试验行为倾向于集中在实验室的中央以及浅区域，互动行为集中在接近走廊的浅区域内（与前一个案例一样，也位于连接实验室各单元空间的线性空间内）（见表 7.1）。这意味着互动行为靠近实验室内局部人流，这一点与前一案例一样，但是，它也同时靠近走廊内非局部人流，在此聚集了大量的互动交流。

简单地说（而真实情况也不可避免地需要被简化），我们可以认为 Y 实验室的沉思行为比试验行为更远离走廊，也就是位于实验室更深的地方；互动行为则更靠近走廊，更靠近非局部人流，也就是位于实验室更浅的地方。如果使用符号"<"表示"位于……比更浅的地方"，我们可以说在 Y 实验室中：非局部走动 < 互动 < 试验 < 沉思。在 X 实验室中，沉思行为和互动行为比试验行为位于更深的地方，与非局部人流相距很远，所以我们可以说在 X 实验室中：非局部走动 < 试验 < 互动 = 沉思。

表 7.1 标明了每个行为类型到局部连接实验室各个单元的线性空间的平均距离（以米为单位）。因为这个平均距离是根据大量地观察个体员工的活动得出的，它为两个建筑提供了一个"统计学意义上"的活动模式。这个图表显示出两个建筑中互动行为靠近单元空间之间的连接，但是它们导致的结果却是不同的：在 Y 实验室中互动行为与整体人流较近，而在 X 实验室中互动行为与之相去较远。

表 7.1

	走动	交流	实验	沉思
实验室 X	4.9	0.93	2.85	1.09
实验室 Y	1.3	1.17	1.41	2.03

这些结果总结了实验室建筑类型中每个组织结构的空间布局变化规律，与前面提到的"家居空间"的"非匀质基因"具有相似之处。但是，家居空间的非匀质性是功能标签与

空间整合程度之间的对应，这更像一个列维·施特劳斯机械模式，然而，在实验室这个例子中，非匀质性是纯粹的几率问题，它体现的是活动类型而不是社会分类，因此它更像一个列维·施特劳斯（Lévi Strauss）统计模式。

这些结果表达了不同空间布局的变化，我们可以称之为"概率上的非匀质基因"，并且可以发现虽然两个试验室都是短模型，它们对试验室的组织变化的影响却是不同的。在 X 实验室中，概率上的非匀质性看上去再次强化了局部关系，使得局部的小组团更强大，但同时也削弱了更大的组团。在 Y 实验室中，非匀质性的作用倾向于在较大的范围内创造了弱关系，并且将局部的小组团与较大规模组团相连，平衡并丰富了组团间关系的层次。

我们还不能证实这些情况对研究的结果有什么影响。我们只能说：这些模式存在着，并由此形成了关于工作组织的一种形态学概念，比如"空间利用的类型"，这既与组织目的有关，也与艾伦和格兰诺维特的理论有关。对于每个实验室的组织性质和目的来说，它是关于知识如何在空间中体现与生产的——即为支持知识的生产，知识的再现是如何通过空间来组织的。在 X 实验室中，整个机构为研究小组选择并界定研究目的。实验室的空间结构和空间活动变化同样反映了这种机构组织结构，并且它们集中体现为一个个局部的试验单元室。在 Y 实验室中，机构组织具有更多的流动性，更依赖于个体的主观能动而不是集体的目标（虽然这个目标常常被定义为共同的学术兴趣），而且机构组织在整个试验楼内创造了一个促进充分互动交流的空间环境。在上述两个例子中，科研社会形式被建构在工作流程之中，而不仅仅是肤浅地体现在某些特殊社会活动上——例如共同去喝喝咖啡或共同参加研讨会（当然这些也是会发生）。

到目前为止，针对科学知识的生产，即知识 B，我们可以提出这两个实验室不同的空间布局形式具有完全不同的影响。在统计意义上，X 实验室布局的效果导致了实验单元室内互动活动与单元室之间大范围活动被基本分离开来，在 Y 实验室老建筑中，这两种活动有着密切的关系。然而，根据特定的领域和科学范畴，机构组织常常被细分为不同的研究小组，于是，在某种程度上就限定了知识 B 的存在状态。在 X 实验室中，有理由相信主要的空间环境强化了这些知识之间的界限，使其更拘泥于局部视野。然而，在 Y 实验室老楼中，整体空间环境中的随机走动与行为促使了已有的知识边界被一一打破。

进一步推测，从更广义的角度来说，虽然科研组织机构一直都是关注于局部环境，然而在统计意义上建筑物的布局一般要么加强这些局部边界，要么削弱这些边界。一切都依赖建筑的空间布局在多大程度上导致了随机性的偶遇。我们的直觉告诉自己：越是基础性的研究活动，越依赖于空间布局能促进整体层面上的随机偶遇。与有计划的活动相比较，建筑空间中的弱关系也许是非常关键的，因为这些弱关系也许使得你遇到不认识的人，但与对方的谈话对研究可能是非常必要的。因此，这些弱关系就更有可能打破已有知识边界，即个体研究项目组的边界、科研组织的分工边界以及各种局部小团体的边界。

我们可以说知识 B 的形态生成像所有的形态生成一样，是需要随机因素的。那么，随机因素是如何被植入知识 B 的生成过程的呢？很明显的，因为科学是人来研究的，它的随机化肯定来自知识 A 的输入。看来从这个意义上而言，一座建筑物的运行要么是产生新的知识，要么保持已有的知识。恰恰由于空间容许知识 A 随机化，空间本身就是知识 B 的形态生成。

综合：创造现象和有形学院

存在着这样一个争论：基础科学到底是个体行为还是集体行为？我们通过已研究的案例证明：至少在研究空间的时候，个体与集体之间的关系方式才是最重要的。我们可以说，空间清晰地表明个体研究活动和集体研究活动都是必要的，即：如何平衡个体的独处与自然而随机地与他人共处这两者之间的关系？看来对于这两者的需求越多，研究的目的就越模糊。

但并不仅仅是科学工作的本质需要这种社会化过程。我们认为还有另外一些因素，即科学研究的内在本质需要某种动态因素。我们习惯于把科学看成是理论与试验之间的辩证关系，理论家在一个角落里工作，而试验者在另外一个角落（他们自己内心中不是这样认为的）。在诸如波普尔（Popper）和拉卡托斯（Lakatos）之类的理论学家的影响下，20世纪晚期对理论投入了极大的关注（使人们纠正以前的错误而认识到现象对理论的深层次依赖），逐渐把实验当作理论的仆人，而且仅此而已。

哈金（Hacking，1983）对此提出了不同意见。他认为试验和理论是以一种非常不同的方式结合在一起的。他写道："实验的一个作用被我们完全忽视了，以至于连个名字都没有。我称之为现象的创造。传统上认为科学家是在解释他们在自然中发现的现象。我说，他们常常创造了现象，而这些现象又成为其理论的中心环节。"[22] 根据哈金（Hacking）的学说，现象不是现象主义学说中的现象。科学不是由这些现象构成的。对于科学家来说，现象是对猜想有用而且有力的约束条件。

因此，现象"在自然界中不是丰富多产的，不像夏天的黑草莓一样到处都可以摘到。"相反，他们是稀少的。哈金（Hacking）问到："为什么每块大陆上的古老科学看上去都是从研究星象开始的？因为只有天空才提供了一些供人观察的现象，而且通过细心的观察和整理能够发现更多的现象。只有那些星球和更遥远的天体才完美地结合了复杂规律法则与混乱的背景。"[23] 因为现象是如此稀少，人们不得不创造现象。这就是为什么在理论的发展中重要现象的创造扮演如此重要的中心角色。

像大多数科学哲学圈里的学者那样，哈金（Hacking）是研究大科学的。我们不是科学哲学家，也不能在这个层面上对他的学说提出什么有用的评论。但是我们可以把他的这种批评应用在我们自身的情况中。作为试图在软科学中开创科学实验室的研究者，我们知道现象的创造是我们工作的中心，即使我们的目的是创造理论。根据一个受限随机计算程序得出整体空间复杂性和良好定义的形态特点，这就是创造的现象。同理，非匀质基因、空间整合核，以及那些反映空间整合程度与人车流或犯罪频率之间对应关系的散点分布图都是在创造现象。

当然，我们讨论的大部分都是理论性的。但是，理论探讨的中心是创造的现象，而且正是这种创造出来的现象不断否定和生成理论。理论性的讨论可以不受距离的影响而存在；但现象的创造在远距离上却很难被人们分享的。这是因为讨论理论的时候，人们可以都不在场，而且彼此之间长时间可以没有联系，而创造现象的时候，人们必须都在场面对现象，而且彼此之间需要频繁联系。看上去，现象创造比理论更具有空间性。

我们猜想现象的创造还是实验室局部空间动态变化的基础。"科学为什么这么伟大?"哈金(Hacking)问道。然后,他提出:因为科学是"一个不同人群之间的合作:理论思考者,计算者和实验者"。他又谈到,

"社会科学家不缺少实验,不缺少计算,不缺少理论思考,他们缺少三者的合作。我想,他们也不会合作,直到他们具有可供思考的真正理论实体——不只是假设的'构造'和'理论',而是可以用来研究的实体,这些实体应该作为新的现象创造过程的一部分,也应该是严谨而持久的。"[24]

我们认为这种合作的地点是研究性实验室。在一个实验室中,有创见的思考者应该很接近现象创造。离开实验室并不见得就不能做理论,但是我们就不能很快或很准确知道要把什么东西理论化。当然,这不是说理论与现象创造之间的结合在远距离上不能进行。相反,很明显,这样的结合经常发生。但是,我们认为一旦离开与实验室情况相似的科学环境,这样的结合就无法进行,因为在实验室的环境中现象创造和沉思之间是互相补充的(根据我们的经验,也许还包括计算)。

我们猜想:这种有形学院是科学中无处不在的无形学院存在的前提条件。他们发生在哪里,空间的动态布局就在哪里建立起来。这意味着,至少在一段时间内,一个可能产生科学的好地方就诞生了。这个好地方(可能)是一个具有生产力的建筑物。只有在无形学院的抽象王国里存在了这些真实的物质条件,那种特殊形态(我们已称之为知识 B 的创造)才能产生,并成为一种集体现象。

附录

关于实验室的全部研究(本章论述的一些研究成果只是初步的)最后形成一个重要的空间结论。这项研究的设计受艾伦(Allen)某些研究成果[25]的启发,他对影响创新的一些因素进行了研究。在美国进行的国防研究工程中通常都有两组相互独立的研究人员接受相同的任务,然后对他们的设计方案和结果进行检验。艾伦研究了获胜小组完成创新解决方案所使用的信息和交流网络。从问题创新解决的角度来看,最重要的联系不在团队内部,而是那些不同项目员工之间的联系。根据推测,正是这些不同人群之间的关系可能会受到建筑设计的影响。

在初步研究完成之后,我们开始了主要的研究,其中选取了英国不同地域七个地点的 24 个实验室平面作为研究对象。这些样本包括公共、私人和大学等不同建筑,涵盖了多种科学门类。所有被选中的实验室都被认为是他们研究领域中的"优秀"实验室。研究本身涉及了广泛的空间和环境议题,包括对空间和设备情况的细致调查、对空间使用模式的观察以及一个关于交流网络强度的问卷调查。问卷列出了所有在该实验室工作的人员名单,或者是大部分名单。答卷人根据自己与问卷上人名联络的频率从 1 至 5 进行打分。他们还需要回答这个人在他的工作中是否有用。虽然这个问卷是私密性的,但并不是匿名的。因为我们需要知道他们的联系人有多少是在同一个研究小组内又有多少是在小组之间进行的。

我们认为在同一个研究小组里，每个人之间都相互认识，每天见面，并且认为每个人都是有用的。调查结果证明了这一点，空间结构的不同并没有导致任何变化或差异。

然而，我们认为小组之间的关系可能会显示出空间差异。为了调查这一点，我们对数据的分析不是从每个人为出发点，而是计算名单上的每个名字被其他答卷人引用的次数。这种"反转引用"方法的用意是减少不同答卷人对答案理解不同造成的可能影响。名单上的每个名字被每一个答卷人引用的机会都是平等的。使用这种方法来调查小组之间的关系，其结果非常有意思。例如，答卷人认为本小组之外最有用的人既不是那些最常看见的人也不是那些最少见的人。这表明了是否有用与联络的频率很明显不是一回事。

但是最显著的发现是关于空间的。首先每个楼层小组之间联络的平均频率与楼层空间整合度（把某层平面空间当成一个独立系统来计算整合程度，而不是把它作为整栋大楼的一部分来考虑）的均值是对应的。另一方面，"有用"关系的频率与楼层平面在整个大楼中的整合程度有着密切关联。看来空间上整合程度越高的建筑，小组间有益于工作的交流越多，艾伦（Allen）发现这对创新有重要作用。换句话说，局部整合度预测了人际网络的密度，而整体整合度预测了人际网络的有用程度。将局部和整体整合度值综合考虑，一个更重大的发现出现了。整体整合度（受垂直划分或者建筑内部分区的影响，我们可以认为它比同层平面的局部整合度要小）越接近局部整合度，那么所有人际网络关系的有用率就越高。

这些发现意义重大，它们说明实验室建筑的空间组构可以影响研究人员之间的人际交流模式。然而，考虑到引发这些效果的确切机制到底是什么，这又提出了另外一个研究课题。约克大学保罗·朱尔（Paul Drew）和艾伦·贝克郝思（Alan Backhouse）最近所作的研究工作给这个课题提出了一些思路。[26]在一个大型开放式的专业设计办公室中，他们细心地观察，并且用录像机记录了员工在工作中互动的表现。他们发现，当单个员工处在工作位置上时，通常其他人认为他/她正在工作，不该受到打扰。然而，如果这个员工离开工作台走向其他区域，不管这个走动是否是工作的需要，别人都会认为他/她"有空"且可以与之交谈，他写道：

"在标绘那些离开工作台的个体走动的轨迹时，我发现了一个高频度发生的'路线改变'现象，即个体由于其他人的要求而被动地离开先前有意选择的路线，或者是主动找另一个人谈话。当一个个体进入另一个个体的附近，他将会（1）参与讨论或被招呼，（2）他/她的工作内容将由既定目标转为偶发目标，（3）他手头的工作将被暂停。以上结论的证据包括这些个体口头或非口头回应那些'招呼'的频率，以及改变他们既定的行动活动以适应这些招呼的行为。非常有意思的是，不仅是这些被招呼人员改变了工作重点，而且那些'打招呼者'肯定也改变了她的工作，因为她不可能预料到被招呼者的出现。在这个意义上，有计划的近期工作与无计划的随机业绩之间有着明显的区分。就像工作的完成通常都是一个偶然的、无法计划的过程。"[27]

这种微观层面的机制说明了建筑内部的走动不仅仅是被认可或被许可的行为，而且它与工作程序有着非常密切的关系。假如，如贝克郝思和朱尔所说，一部分与工作相关的互动以这种偶然和无计划的方式出现，那么就提供了走动和打招呼的机会，而这种打招呼的结果可能是使工作联络获得最大效果的关键。这种模式还具有其他令人感兴趣的特性。根据一个部门的人员经过另一个部门人员工作桌的几率程度，打招呼的机会将创造组织内不同部门人员的相互关系。正如艾伦所说，从有利于创造性解答问题的角度来说，这些联系是非常重要的。如果是这样，那么我们可以设想一下它运作的方式。

我们还可以想像一下，如果仅仅是以效率为惟一考虑要素来设计我们的建筑物与机构组织，结果又会怎么样？我们可以假定这种前提，管理层已经充分地理解了特定组织所需要的工作知识，他们用相当理性的方式费力地来构架这个组织。于是，组织机构内的各个小组将反映现有的工作知识，以及对它们的理解。这种理解帮助我们将那些需要进行互动的人放在一个小组中，而那些看上去没有必要进行联络的人将被分离。为了组织机构"效率"起见，还会采取相关措施减小不相关人群之间的相互干扰，并且通过把工作需要的设施方便地置于每种人群的附近，减少员工不必要的走动。这些看来才是合理的措施，以创造一个理性的而且高效的建筑平面设计。

那么，这种平面设计对于组织内部的知识发展又有什么影响呢？大体上，一个领域内现存的知识就是解决问题很好的起点，但你会逐渐地发现其他组织正在进行许多创新突破。这些突破是如此的稀少，以至于很少有人注意到它们是非常欠缺的。高效组织机构中解决问题的方案大部分都是机构在现有知识的基础上集中人力，共同攻关。同时，为了达到高效率，尽量减少这个知识范围以外的人群的交流，于是，这些知识的界定将很少受到挑战或被打破。

在这个意义上，组织的效率和真正的创新性有时可能会相互抵触。创新过程需要随机的互动交流以及打招呼，这样可以将大规模的人流引到工作平台附近。不仅如此，它还要求这种规模人流把不同知识领域的人带到需要用这些知识来解决问题的人群中去。于是，建筑物的空间组构与其中的组织机构分布都能在科学知识的演进过程中发挥着积极作用。

注释

1 Nuffield Division for Architectural Research, *The Design of Research Laboratories*, Nuffield Foundation 纳菲尔德基金资助的一篇研究报告, Oxford University Press, 1961.
2 C. Levi-Strauss, 'Social Structure' reprinted in *Structural Anthropology*. Anchor Books, 1967, pp 282–285.
3 同上, P 285.
4 同上, pp. 275–276.
5 Bill Hillier and Julienne Hanson, *The Social Logic of Space*, Cambridge University Press, 1984.
6 同上, p5.
7 同上, pp. 55–63. 关于此点的讨论还可参考: Bill Hillier, 'The nature of the artificial: the contingent and the necessary in spatial form in architecture' from *Geoforum*, 16 (3) I, 1985, pp. 163–178.
8 C. Levi-Strauss, *The Raw and the Cooked*, Harper Books, 1964.
9 Mary Douglas, *Natural Symbols*, Pelican Books, 1973.
10 Bill Hillier, and Julienne Hanson, 'A second paradigm', *Architecture and Behaviour*, 3 (3), 1987, pp. 197–203 and Hillier and Hanson, *The Social Logic of Space*.
11 Bill Hillier, and A. Leaman, 'The man-environment paradigm and its paradoxes', *Architectural Design*, August 1973, pp. 507–511.

12 同上。

13 Julienne Hanson, and Bill Hillier, 'Domestic space organisation', *Architecture and Behaviour*, 2 (1), 1982, pp. 5-25. 关于此点的讨论还可参考: B. Hillier, J. Hanson and H. Graham, 'Ideas are in things', *Environment and Planning B: Planning and Design*, vo!.14, 1987, pp. 363-385.

14 见 Peponis, J. 'The Spatial Culture of Factories', 基于一篇博士论文, Ph. D. thesis, University College London, 1983.

15 T. Alien, *Managing the Flow of Technology*, MIT Press, 1977.

16 同上, pp. 122-123.

17 M. Granovetter, 'The strength of weak ties' from *Social Structure and Network Analysis*, edited by P. V. Marsden and N. Lin, Sage Publications, 1982, pp. 101-130.

18 同上, pp. 106.

19 N. Karweit, S. Hansell and M. Ricks, *The Conditions for Peer Associations in Schools*, Report No. 282, Center for Social Organization of Schools, John Hopkins University, 1979.

20 J. Blau, 'When weak ties are structured', Unpublished, Department of Sociology, SUNY, Buffalo, New York, 1980.

21 Bill Hillier, 'Against enclosure', *Rehumanising Housing*, edited by N. Teymour, T. Markus and T. Woolley, Butterworths, 1988.

22 Ian Hacking, *Representing and Intervening: Introductory Topics in the Philosophy of Natural Science*, Cambridge University Press, 1983, p 220.

23 同上, p 227.

24 同上, p 249.

25 Allen, *Managing the Flow of Technology*.

26 Backhouse A. and Drew P., 'The design implications of social interaction in a workplace setting', *Environment and Planning B: Planning and Design*, 1990.

27 Backhouse and Drew, 'Design implications', pp. 16-17.

第三部分
建筑领域的规则

第八章　建筑是一门组合艺术吗？

虽然在较小的建筑平面中，矩形分解的方法比较有效，但是在较大规模的矩形分解中"理论上可能"的平面组合增加了，由这种方法得到的平面与真实建筑平面相去甚远，因此这种方法也就逐步失去实效了。当然，在这种矩形分解中，矩形代表房间，它们根据不同的组构关系结合在一起。然而，这些组构关系在建筑上根本行不通，虽然这一点很难精确地指出来，但是的确是这样的。比如，由于需要采光与通风，真实建筑物的进深是有限的。于是，当建筑物较大时，它会形成规则的侧翼或者内院；或者，房间相对简单地排列，交通系统比较连贯，由一些走廊分支构成，遍及整栋建筑。相反，很多矩形分解可以构成一个迷宫，比如相互重叠的一组矩形，彼此都有连通，但是交通系统比较迂回而混乱。如果我们可以用明确的几何变量去描述上述这些特征，那么我们就可以限制矩形分解的数量，比如，可以发现那些"类似建筑"的矩形组合，它们的数量应该是相当少的。

——史第曼（STEADMAN），1983

问题的最根本原因在另一方面：具有无限可能性的系统已经被误解为自在的封闭系统。

——赫曼·魏尔（HERMAN WEYL）

无尽的走廊和无穷的院落

建筑理论中最有诱惑力的想法莫过于建筑是一门组合的艺术，即通过识别一系列基本元素和组合规则之后，建筑的所有可能形式也许变得显而易见了，一个元素与另一个元素的结合可能产生我们所熟悉的建筑形式，同时又为创造新的、延续的建筑形式提供了可能。如果说建筑形式是这样一个不断转变的系统，那么这些基本元素和组合规则就构成建筑形式的理论，形成了多姿多彩的真实建筑形式之中的不变体系。对于这个理想，威廉·莱瑟比（William Lethaby）有个著名的说法，他呼吁开创"真正的建筑科学，类似于建筑生物学，旨在研究个体单元和所有可能的组合方式"。[1]

乍一看，这似乎大有可为。大部分建筑物看似由相当少的空间元素组成，比如房间、院落和走廊，虽然它们大小和形状千差万别，组合方式却是耳熟能详，即走廊旁是房间，房间围合院落，房间或通过走廊和院落相连，或相互连接形成空间序列等等。同样，由建筑物集合而形成的村庄、集镇、城市等也几乎是由有限而又清晰的几何语汇构成的，包括街道、巷落、广场等等。有了这样一个令人鼓舞的开端，我们有望稍加思考，就可以根据建筑元素及其可能的相互关系，得到众多可能的组合形式，以此描绘各种合理的建筑形式，从最为简单而微小的构筑物追溯到最为庞大而复杂的建筑群。

然而，这种乐观的想法却是真实世界中的海市蜃楼。比如，看看马丁·赫立克（Martin Hellick）的《住宅的多样化》[2]中177个不同时代的各国住宅平面，我们也许会从普遍意义上赞同这个观点：虽然空间几何形状各异，但空间类型比较固定，如房间、院落以及走廊等。然而，综观所有平面的整体布局，它们其实还是变化多端的。不同时代的建筑物以及它们的演变历程表明了大部分建筑物具有独特的形态，形式组合方法难以将它们简化为一系列的类型。

即使只分析空间关系，即平面拓扑性，而不考虑形状和大小，我们也能发现丰富的变化而不是简单的类型模式。例如，最近研究了英格兰1840—1930年之间修建的500多座乡土住宅，我们只发现了6对完全相同的拓扑类型，虽然这些住宅出自同一个村庄，建于同一个时期，其类型的延续性也是可想而知的。[3]住宅平面看似具有族群的共同点，或者具有相同的局部组构，但它们各有特色，也没有历史延续性，难以清晰地将其归为几种类型。

建筑组合的理论研究更加悲观。例如，在建筑组合的研究中，即使研究人工约束的系统，如把建筑平面中的房间简化为彼此相邻的矩形[4]，也表明了即使在最初的小系统中，组合方式的数量也会急剧增加，多得难以想象，以至于不可能把适用于小系统的枚举方法应用在任何大系统之中。因而，史第曼在回顾建筑平面组合的早期研究之后，他认为"当建筑平面的分解必须超过十个矩形元素的时候，元素组合方式的数量将变得无比巨大，以至于枚举的方法几乎失出了应用的可能；然而，如果矩形元素少于十个，那么枚举本身就变得毫无实际意义了。"[5]

实际上，史第曼（Steadman）的上述警示是理所当然的。虽然采用不真实的方法，比如把建筑元素简化为矩形，或者标准化空间的大小和形状，我们却可以限制组合的可能性，从而大概得出数得清的组合方式，不管其数量多么大，只要是组合系统的限制条件越多，我们所获得的真实变化就越少。然而，如果我们放松这些组合限制，那么建筑组合的可能性就几乎是无穷的。比如，如果要求每个元素大小一致，那么任意元素的邻居不可能超过六个；然而，如果允许这些元素的大小和形状自由变化，那么可以把很多元素随心所欲地连接在一条走廊上，或者将它们随意围绕在一个院落的周边。因此，无尽的走廊和无穷的院落这个例子就反证了简单的矩形组合枚举不是探究建筑空间组合理论的道路。

A复形中的P复形

在建筑简化为方块分割或者聚合的过程中，还存在着一个更深层次的问题。聚集或者分割方块，可以形成一组彼此相邻的方块集合，但只有方块之间互通才能形成一栋建筑物。比如，图8.1a是一个方块相邻的复形，称为a复形，在图8.1b和图8.1c是方块相通的不同复形，称为p复形。为了表达清晰，它们可以简化为图8.1d和图8.1e中的拓扑图。

即使这两个p复形是从相同的a复形演变而来，而且具有相同数量的开口和隔断，但它们的空间结构大相径庭。除了探究a复形数量的多少，我们还需探求在给定的a复形中p复形的组合数量。我们会发现这是第二种数量惊人的组合。虽然考虑拓扑图呈树形的a复形（参见第一章），其中嵌入的p复形只可能有一个（前提是不考虑图形向外开口的那种p复形），然而一旦忽略这个前提，其实在所有a复形中，p复形的组合数量都相当惊人。

第八章 建筑是一门组合艺术吗?

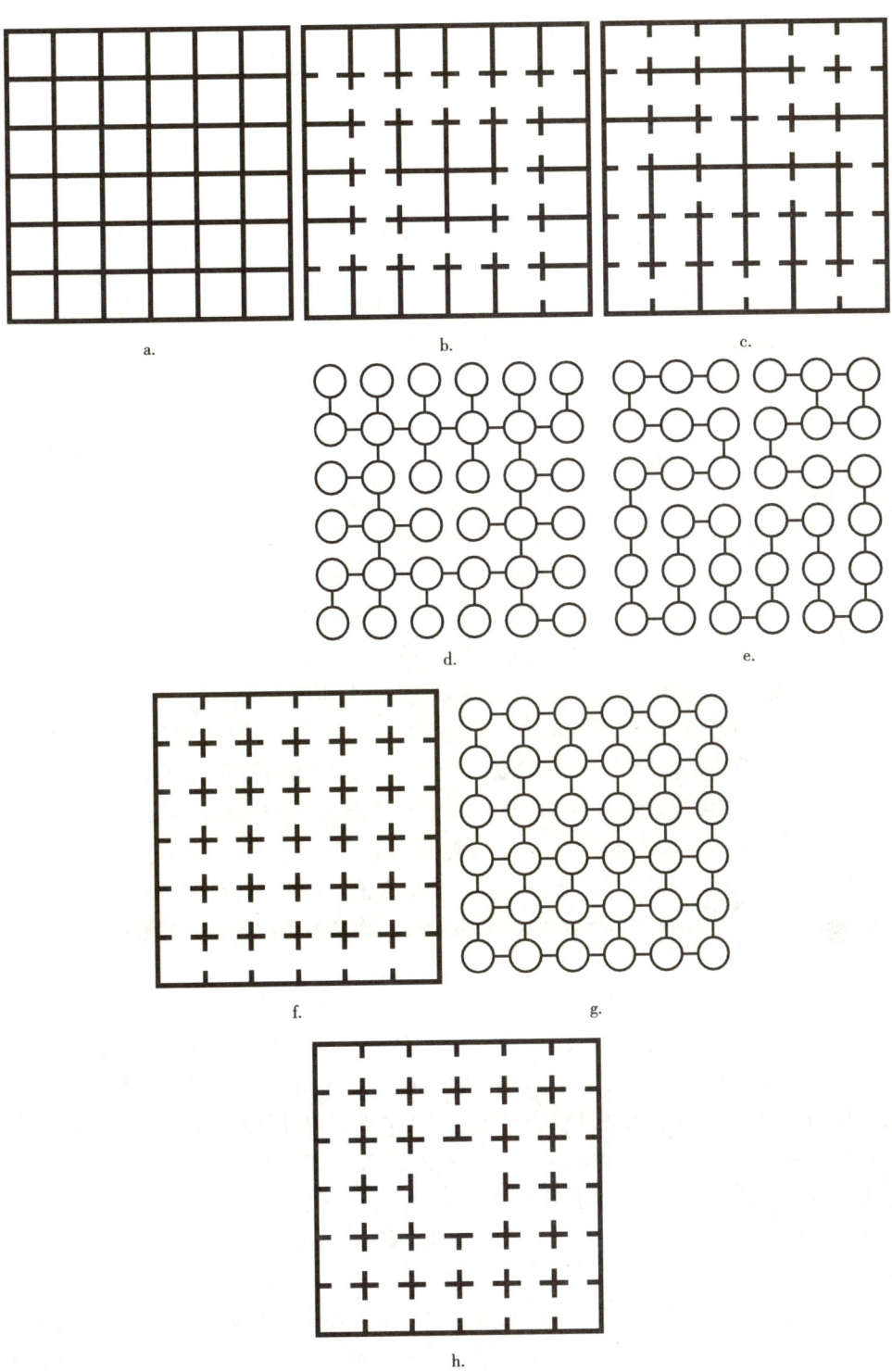

图 8.1

比方，考虑如图 8.1a 中 6×6 的 a 复形，在每个方格之间的隔断中间开口，占方格边长 1/3，如图 8.1f 和图 8.1g。显然，每次关闭（或者打开）一个缺口，其中的 p 复形将会改变其空间模式。如此开关，可以得到多少种空间模式不同的 p 复形？简单的组合计算就能回答这个问题。首先，$n \times m$ 的方格网中共有 (m($n-1$) + n($m-1$)) 分隔，如在上述 6×6 的 a 复形中，共有 (6(6-1) + 6(6-1)) = 60 个分隔。当第一次选择关闭一个缺口，就会得到 60 种可能的 p 复形；接着选择关闭第二缺口，就会有 59 种可能，因此选择关闭两个缺口就可得到 60×59=3540 种 p 复形。然而，有一半的 p 复形是重复的，因为它们仅仅是关闭的顺序不一样，因此，不同的 p 复形共有 (60×59)/(1×2) = 1770 种。由此类推，关闭第三个缺口，会有 58 种可能性，得到 60×59×58=205320 种 p 复形，其中重复了 1×2×3=6 倍，于是关闭三个缺口的 p 复形组合共 (60×59×58)/(1×2×3) = 34220 种。

对于关闭 n 个缺口的组合共 (60×59×58⋯×(60-n+1))/(1×2×3×⋯×n)，推而广之，即 n($n-1$)($n-2$)⋯($n-m+1$)/m!。换言之，组合总量是从 n 起递减的 m 个选择分隔的可能性之积，而其中重复的次数是 m 的阶乘。一旦 m 到达 $n/2$，分母和分子将会出现可以抵消的相同数字。实际上，当 m 为 $n/2$ 时，组合方式是呈中心对称分布，所以从 60 个位置中设置 30 个隔断的组合方式是最多的，而设置第 60 个隔断的选择只有一种可能，如同我们不放置任何隔断的时候也只有一种选择。以上计算表示了一个简单的直觉，即当一半的位置设置了隔断之后，可选择作为隔断的位置要小于已经放置隔断的位置。当放置了 59 个隔断后，就只剩一个空位了，所以此时选择可能性就是 1。

组合数字如何精确描述呢？实际上，上述的组合过程可以用一个熟知的组合公式简单模拟，它用于计算在位置数量已知的前提下，放置一定数量的隔断的排列组合。如果有 d 个缺口，p 个隔断，组合数量是 $p!/d!(p-d)!$，这与上一段的计算结果一样。当 p 为 60 时，如果 d 等于一半缺口时，这个公式能获得的最大值 60!/(30!(60-30)!)，即 118264581600000000；当 d 为 29 或 31，得到第二大值 114449595100000000；当 d 为 28 或 32，得到第三大值 103719935500000000，以此类推。当 d 为 0 或 60，得到最小值 1；当 d 为 1 或 59，次最小值 60。

从组合学的角度来看，这些数字还相当小，然而它们几乎是不可把握的。上述 a 复形还相对较小，其中 p 复形数量的最大值为 118264581600000000，这里可以给出一个直观的概念，把它与另一个 18 位数做比较，即 441504000000000000。如果这个 18 位的数字表示以秒为单位的时间，那么它就是从 150 万亿年前宇宙大爆炸到目前的日日夜夜。这就意味着：如果计算机从宇宙大爆炸起开始画这么多 p 复形，它也需以大约每四秒画一个的速度才能在今天完成。如果把这些结果打印在 A4 的纸张上，然后一张张连起来，总长度相当于从地球到太阳系外最近的恒星的来回距离，或者从地球到太阳来回距离的 141255 倍，或者略短于地球周长的十万亿倍。

很多方法都可以把这些大数变小。比如，每个 p 复形都有重复的，它们和与之对称的复形一样多，除以这个重复次数就能减小组合总量。还可以只考虑那些能表示一栋建筑物的复形，即从每个方格都可以从内部到达任意另一个方格的复形。能保证复形不被分成两个或者多个子复形的最大隔断数为 ($n-1$)($m-1$)，在这个例子中为 25。在具有 25 个或者更少隔断的复形中，不可能计算出其中能表示单独建筑物的复形数量。在任何案例中，这种限制的真实性其实也值得怀疑，因为我们没有考虑建筑物室内外的联系，而且在现实中，某些复杂建筑物也可能被分为互不相通的两部分。

深入分析，还需考虑史第曼（Steadman）提出的"采光和通风"对形式的限制。然而，这种限制对 p 复形的影响比我们设想的要弱得多。如图 8.1h 所示，可以在图形中加入一个内院，以此保证每个彼此相连的房间也能自然采光和通风，或者略微平移一下分隔，让处于死角的黑房间也有面向内院的机会。从组合来看，加入内院后，内部隔断将减少了 4 个，总数为 56 个；复形不被分成两部分的最大隔断数将减少 1 个，总数为 24 个。然而，在这个 a 复形中的 p 复形还是有上千万亿个。

上述的分析是普遍的，即每个房间需要直接采光和通风的限制基本上不影响可能的 p 复形数目。直接采光和通风的要求也意味着系统内需要更多的对外缺口，这都是我们还没有考虑到的，因此 p 复形的数目还有可能更多。很明显，虽然采光和通风是影响 a 复形的重要因素，然而它们对 p 复形数目的限制作用不大。甚至可以更大胆地推论，类似采光和通风等的生理要素影响建筑物的 a 复形方面，而不影响建筑物的 p 复形的数量。通过前面章节的阐述，我们可以看出：决定空间组构以及 p 复形的数量的最主要因素是心理和社会因素，下文我们还将对此作更普遍的探讨。

如果把建筑物看成物质与空间二者合一的形式（也必须这样看待建筑物），即蕴含多种 p 复形的一个 a 复形，那么可以认为，除非在人为的强烈限制下，建筑物作一个组合体系都具有不计其数的可能形式，从而 a 与 p 复形的枚举都毫无实用意义。那么，建筑的组合问题是否是个伪命题？如果成立，那么我们应如何解释这个事实，即建筑物中空间布局的基本方式确实相当少？我认为我们必须重新定义这个问题。简而言之，建筑不是组合系统，就如同语言不仅仅是一个由词汇和组合规则构成的组合系统。在语言中，大部分词汇即使按照正确的语法进行组合，依然是没有意义的，它们是非正常的语句。正是限制这些组合可能性的方式（和原因）才形成了语言的结构，建筑也是如此。绝大多数的部件组合不能形成建筑。为什么不能呢？如何限制并构筑这些组合域，从而形成已有的和那些未来的建筑物？这将成为建筑形式理论——它是限制和生成建筑组合方式的法则，而不是组合法则本身。

那么，我们应如何探索那些生成建筑组合域的限制？这里有些重要的思路。

第一，依据第四章到第八章的结论，在建成环境中，空间的组构特征，也就是 p 复形的属性是形式与功能之间最有力的联系。根据这些概论，可以合理地假设：在建筑物形式演变过程中，影响 p 复形的因素可能决定了那些影响 a 复形的因素。影响 a 复形的生理因素也许能一定程度上限制 p 复形的演变，可是那些影响 p 复形演变的因素最终决定了建筑物的空间布局，这是由于 p 复形与区分建筑类型的那些功能密切相关。

第二，p 复形的属性与功能相互影响，而且这种属性是整体性的，或至少和整体关联的；而组构属性，如空间整合程度，反映了每个空间与其他很多空间的关联，甚至与其他所有空间的关联。比如，一条特定轴线上的平均人车流量不是取决于这条轴线中那些独立于外界的局部特征，而是主要取决于它在街道系统的整体布局之中的位置关系（见第四章）。通常，就形式与功能的关系而言，我们可以说，组构重于空间元素的内在属性。

通过一系列针对不同类型的建筑物和住区的研究，可以得出以上那些普遍的结论。然而，从这些研究中可以推导出一个更广义的结论，它对我们目前的探索有着直接而有力的影响。如果考虑在所有可能组合中真实 p 复形所占据的区间，我们发现当复形变大时，从复形的全局空间整合度来看，真实复形所占的比例越来越小，越来越聚集在那些整合度最高的组合区间尽端之中。例如，最近博士生研究了从 19 世纪中叶到 20 世纪早期的 500 多栋英格兰住宅，每栋的平均空间大小为 23.6 个单元[6]，研究结果表明大部分住宅在整合度最高的、前 30% 的组合区间之中，并且所有这些住宅在前 50% 的区间之中。对一个较长时期内的大量建筑物的研究还表明了当空间单元大约为 150 个的时候，所有这些建筑物位于整合度最高的、前 20% 的区间之中，其中大部分建筑物还小于这个比例；当单元为 300 个时，几乎所有建筑物位于前 10% 的区间内；当元素为 500 个的时候，大部分都位于前 5% 的区间内。很明显，当建筑物更大，其中可能的 p 复形也就占据更狭窄的区间内。这规律也适用人类聚居地的轴线图。[7]

简而言之，p 复形最为重要的特征看来与空间的整合程度和分布有关，也就是与每个空间元素到其他所有元素的拓扑总步数有关。这样，如果从理论的高度上可以认识到这些空间整合特征是如何形成的，那么我们就有可能获得某些重大突破，去解释可能的建筑如何变成真实的建筑。那么，在一个 p 复形中，那些程度不一、分布不均的空间整合度是如何产生的？虽然任何 p 复形都非常大，然而它们的特征仅仅是由大量的局部物质活动建立起来的，比如：放置隔断、开门、设置边界等等。首先，我们需要理解这些多样的局部物质活动是如何影响 p 复形的全局组构特征的。关键在于建筑物中每个部件的变动都会影响 p 复形中的整体空间特性，包括对空间整合的程度以及模式的影响。既然这些空间整合的程度以及模式是根据一些法则建立起来的，那么这种影响的系统性本质是非常关键的，以此可以理解建构中的各种组合方式是如何被限制从而形成建筑物的。

一旦认识到这些法则的系统性本质，我们就可以从两个根本方面来质疑建筑组合理论的有效性乃至合理性。首先，我们将质疑空间"元素"这个概念的有效性，这是由于每个空间元素的最重要特征来自它的组构关系，而不是它内在的性质。甚至对于那些明显的内在特征，比如大小、形状以及边界范围等，只有与 p 复形这个整体比较时才能显示出来，这就表明了基本的组构属性。实际上，我们会发现组构关系比元素更重要，在这种意义上，不得不说元素的概念不仅无用，而且有误导作用。[8] 我们认为，空间元素不能看成是具有内在特征的独立"元素"，把这样的独立元素组合起来不可能生成更为复杂的特性；空间元素应该看成具有整体效应的局部空间策略，根据明确的法则，局部空间的变化能导致整体空间的改变。

第二个质疑伴随着上一个质疑，组合本身是不能创造复杂的建筑，而是那些从局部到整体的法则制约了组合的过程，于是，从不计其数的组合可能性中可以明确地选择出那些与真实建筑相对应的组合。我们的理论不是探索理论上的组合可能性，也不是孤立地解释真实的建筑，而是去认识理论上的组合可能如何变成了真实建筑。我们认为这种转变过程取决于特定法则，即支配空间组构与"基本功能"之间的关系的法则。我定义的"基本功能"不是指人们在建筑物中的各种活动，也不是指各种建筑物所容纳的各种功能，而是指人们进行各种活动或者定义功能之前对空间的占有行为的内涵。比如，人们占有空间的行为意味着他们感知到了这个空间与其他空间的关联；再比如，人们占据了一栋建筑物就表明他们有能力在其中走来走去，他们首先就需要能理解这栋建筑，在头脑中可以勾画它。这种可理解性及其功能性就是复杂空间的形态属性，构成了关键的"基本功能"，正是与之相关的空间结构限制了组合方式，形成了实际的建筑。

整合的形成

先研究一下图8.1f，这是6×6的半隔断的a复形，其中包含了一个与之同构的p复形，即所有的隔断都是可通过的。我们感兴趣的是当关闭或者打开那些隔断之时，那些关键性的整体组构特征是如何变化的。为了让这个过程尽量明晰，我们不计算i值（标准化的总拓扑深度），而是计算每个单元格的总拓扑深度数，其实这样也可以得到i值。复形中的半隔断可以完全隔断，这样单元格的某一侧就和其他单元格完全分开了；这些半隔断也可以去掉，两个单元格就可以变成一个大空间了；如果一个单元格的四周都全隔断了，它就成了系统中的孤立点。

根据第三章的形状分析，可知i值在图8.1f的p复形中有一种分布模式。在图8.2a中，我们用总拓扑深度（一个单元格到其他所有单元格的拓扑深度之和）来表示这种分布，图下方标明了总深度之和为5040。既然这种分布特征不是一目了然的，那么我们需要理解这些单元格的不同之处是如何产生的，这点很重要。于是，我们需要明确区分复形的形状以及它的边界。乍一看，单元格的不同显然在于它们距离复形的边界不同。位于顶角的单元格具有最大的深度，位于四边中央的要小些，而位于复形中心的就更小。如果我们改变复形的形状，比如变成图8.2b中12×3的矩形，所有单元格的总深度改变了，且总深度之和变成了6330，表明单元格与复形边界之间的关系发生了变化。

然而，如果把复形左右边界合并在一起，形成圆柱体，然后把它的上下边界合并起来，形成环面，这样我们就消除了复形的边界，那么所有单元格的总拓扑深度将会相同。这是由于失去了边界后，从一个单元格出发，计算每一步内遇到的其他单元格，对于所有单元格而言，这个数字是相同的。其实，每个单元格的总深度等于具有边界的复形的最小总深度，即正方复形中央四个单元格的总深度108，以及长方复形中央两个单元格的总深度132。但是这也表明了即使边界因素消除了，正方复形和长方复形还是有总深度的差别。这种差别看来不是来自复形的边界，而是来自复形的形状。

简单的思辨可以证明这一点。对于6×6的正方复形，把它折成环面以此消除边界，然后选择任意一个单元格为起始点，建构一个J型图，即拓扑图中起始点放置在最下方，每个点根据它距起始点的拓扑深度大小排列成为有序的分层图。这样与起始单元格比邻相通的单元格构成了第一层，与第一层中的单元格比邻相通的单元格构成了第二层，如此类推。在消除边界之前，复形中有些单元格比邻边界，当它们其中的任意一个出现在这个J型图的某一层之时，它应位于J型图的一个分支内，然而与之比邻相通的单元格中将会有一个位于另一个分支内。因此，即使边界在环面中已经被消除了，J型图还是揭示了原有形状的限制作用。

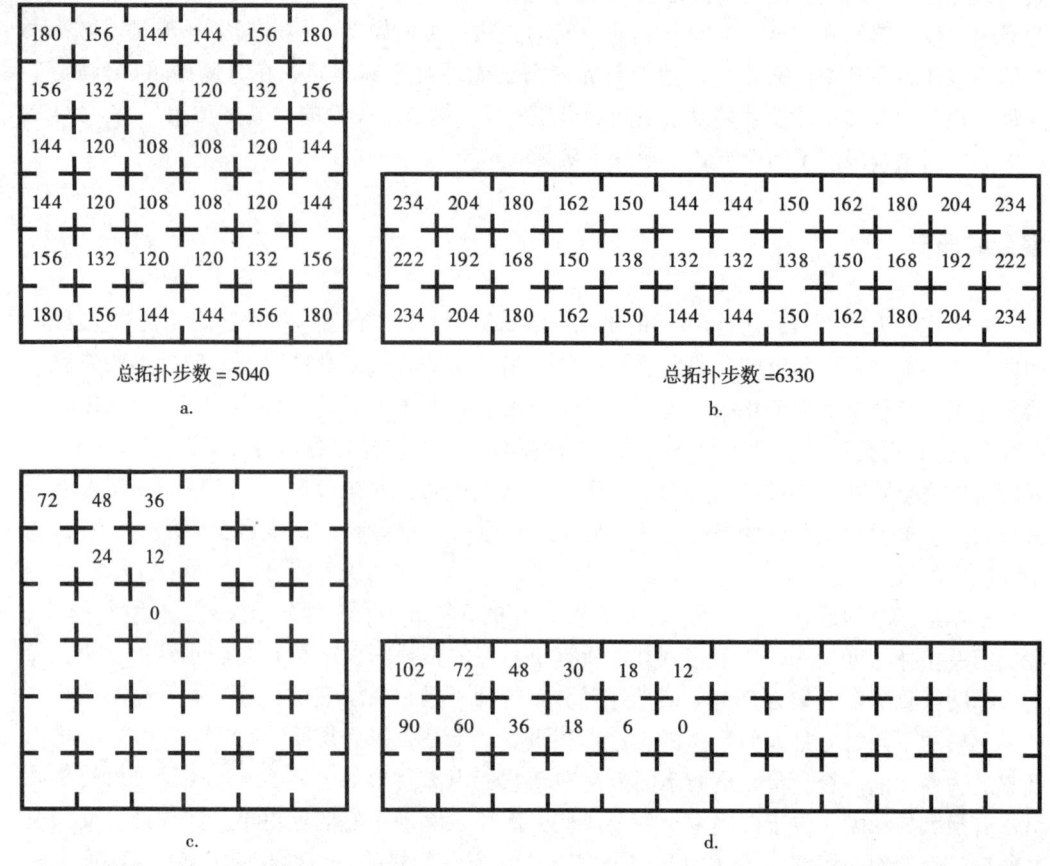

图 8.2

J型图也表明了任何环面的各个单元格有相同的拓扑深度，等于原有复形中的最小拓扑深度，它反映了形状这个要素。在上面的例子中，正方复形中单元格的最小深度为108（它是这个复形单元格数量的3倍），这是由正方形这个形状导致的，而长方复形中单元格的最小深度为132，是由这个矩形的形状决定的。对于一个标准形状的研究，如果需要，我们可以消除形状对单元格拓扑深度的影响，而只考虑边界对拓扑深度的影响。图 8.2c 和图 8.2d 分别表示了 6×6 的正方形以及 12×3 的矩形，其中的数值表示由边界而生成的拓扑深度，它源于复形与周围区域的隔绝状态。如果把复形的边界去掉，并把外界区域看成是系统中的一个元素，那么所有单元格的拓扑深度将会变化，位于边界的单元格将比位于中央的具有更小的拓扑深度。这提示了我们，复形的边界其实就是最初的隔断方式，如同其他隔断方式，如将复形中的半隔断变成完整的隔断，这都会影响拓扑深度的分布。基于上述的讨论，我们回到平面展开的正方复形，保持形状与边界不变，来研究新隔断对复形拓扑深度的影响。

显然，新隔断至少会增加某些单元格的拓扑深度，这是由于新隔断使得从某个单元格到其他单元格的路径变长了。随新隔断距边界位置的不同，新增加的拓扑深度及其分布方式也会产生变化，这点可能较不明显。比如，在图 8.1 的复形中加入一个隔断，放在第一行单元格的最左侧,见图 8.3a,总深度之和将会由 5040 增加到 5060,增加了 20 步。如果我们把这个隔断向右移一格,见图 8.3b,总深度之和将会由 5040 增加到 5072,增加了 32 步。

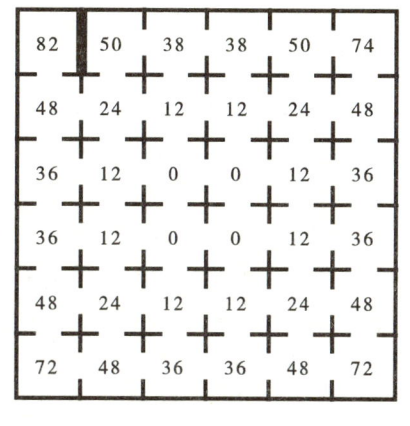
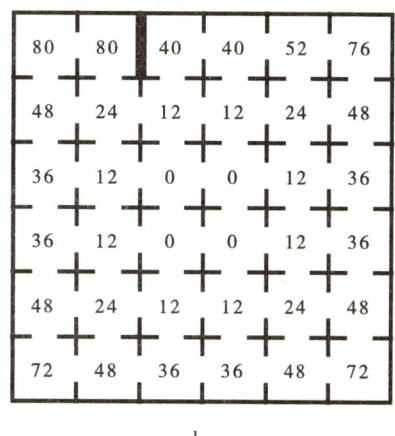

a.　　　　　　　　　　　b.

图 8.3

这是如何变化的?首先,在图 8.3a 和图 8.3b 中,所有新增的拓扑深度来自新隔断所在那行的单元格的深度变化。仔细想想,情况的确应该如此。如果这一行中两两单元格之间的最短路径需要绕到比邻的另外一行中,拓扑深度就会增加。显然,除非其他行内加入了新隔断,目前从这一行的单元格到其他行的最短路径没有受到新隔断的影响。因此,由新隔断带来拓扑深度来自新隔断所在的那行的单元格。但是这个新隔断在那行中的位置变化将会影响拓扑深度在那行的分布。每个单元格中新增的拓扑深度等于该行中与之分隔开的其他单元格数量的两倍,这是由于在该行中,从这个单元格到与之分隔开的其他单元格的最短路径需要绕过邻近那行的两个单元格。显然,对于这个隔断左右两侧的单元格,新增的深度之和总是相同的。当新隔断越靠近该行的中央,每个单元格的新增深度越接近;当这隔断位于该行的中央时,每个单元格的新增深度是一样的。而当隔断位于或者邻近该行的中央时,新增深度之和将会趋向最大值,而它位于该行边缘时,这个数值将最小。图 8.4a、图 8.4b、图 8.4c、图 8.4d 表示了 6 个单元格排成一行的例子,隔断从边缘逐步移到中央。

当隔断位于边缘,新增深度之和最小,但单元格之间的差别最大;而当隔断位于中央,新增深度之和最大,但单元格之间的差别最小,这点非常重要。它表明了隔断的位置对隔断两侧之外的其他单元格也会有影响。在系统中,如果摆放某个隔断被定义为"局部的决定",这个决定对整个系统的影响被定义为"整体空间效应",那么,局部的决定显然有系统性的整体效应。在上述例子中,系统性的效应遵循了"中心化原则"。

根据如何放置隔断的决定,我们可以预测出那些局部的决定所带来的整体效应,而把这种"从局部到整体"的效应看成"设计原则"可能会有所帮助。在这个例子中,设计原则有两点:隔断越靠近边缘,新增拓扑深度越小,而它越靠近中央,新增拓扑深度越大;

边缘的隔断会导致某些单元格之间的深度差更大，而中央的隔断会使得每个单元格的新增深度相等。

当加入第二个隔断时，见图8.4e-j，相似的原则控制了从局部到整体的效应。每个单元格中新增的深度等于与之相隔的单元格数量的两倍。如果某个单元格比邻的另一行中没有隔断，那么在同一行中，从这个单元格到与之相隔的其他单元格，这之间的最短路径只要一次路过与之比邻的另外一行，这说明了只有距这个单元格最近的隔断才会导致拓扑深度的增加。从图8.4k到图8.4p都表明了从三个隔断到五个隔断的情形，其中导致拓扑深度增加的原理都是一样的；在五个隔断的情形中，每个单元格彼此隔离，因此，任意单元格中新增的深度等于这行其他单元格数量的两倍。这些例子说明了第二个原则：当一个线性空间被连续分隔时，后续隔断放置在最短的区间内，新增加的深度会最小，而后续隔断放置在最长的区间内，新增加的深度将最大。我们称之为"延伸原则"：分隔较长的线段比分隔较短的将会获得更大的拓扑深度。当然，对于每条线段，中心化原则仍然适用，图8.4的每个例子都表明：新增深度的分布都同时遵循延伸原则与中心化原则。因此，研究一下图8.4g和图8.4j，它们在左数第二个位置上都有一个隔断，对于图8.4g，第二个隔断紧邻前一个隔断，而对于图8.4j，第二个隔断和前一隔断之间有两个单元格，它距右边界也是两个单元格。尽管图8.4g中第二个隔断位于中央位置，但是它的新增总深度比图8.4j小，这是因为在第一个隔断位置相同的情况下，第二个隔断在剩下最长区间的位置决定了新增总深度的大小，而图8.4j第二个隔断位于那个剩下区间的中央。这说明了中心化原则与延伸原则的一个重要内涵：当同时运用这两条原则去最大化拓扑深度的时候，隔断的分布应均匀，即每个隔断都要尽可能地距其他隔断远一些；而当最小化拓扑深度的时候，隔断要尽可能地沿着直线聚集在一起。

现在，假设我们把第二个隔断放置与第一个隔断相邻的另一行中。图8.5a到图8.5j给出了第二个隔断一系列的可能位置，但是目前忽略了两个隔断连成一条线的情况（这将在后面讨论）。当被分隔的两行彼此相邻时，对于每一行，新增拓扑深度之和将大于单独考虑分隔这一行的深度之和，然而，如果被分隔的两行彼此不相邻，如图8.5k和图8.5l，这种效应将会消失。如果两个隔断位于相邻两行的任何位置，而且没有位于边界上，形成的效应都是相同的。这些效应可以如此解释：把需要分隔的相邻两行看成一个整体空间，它被分隔成一个"内部区域"和两个"外部区域"，从"内部区域"到其他与之相隔的单元格至多绕过一个隔断，而从"外部区域"到其他与之相隔的单元格有可能需要绕过两个隔断。那么，从"外部区域"的单元格到另一个"外部区域"需要首先绕过所在行的一个隔断，然后再绕过比邻行的隔断，所以说这种增加效应完全都来自"外部区域"。因此，一个单元格在这两行中都有与之相隔的其他单元，那么它新增的深度就等于与它分隔开的其他所有单元格数量的两倍。比如，对于图8.5a第一行中最左边的单元格，在第一行中有五个单元格和它分隔开了，第二行中有一个单元格和它分隔开了，所以它的深度等于六的两倍。同理，对于第一行中新增深度为2的单元格，与它分隔的单元格在第一行中有一个，在第二行中没有，因而它们的深度为1的2倍。如果隔断是非连续的，即每个单元格总能通过一个最短路径到达其他任意单元格，那么上述计算方法对于任意大小的网格都适用。

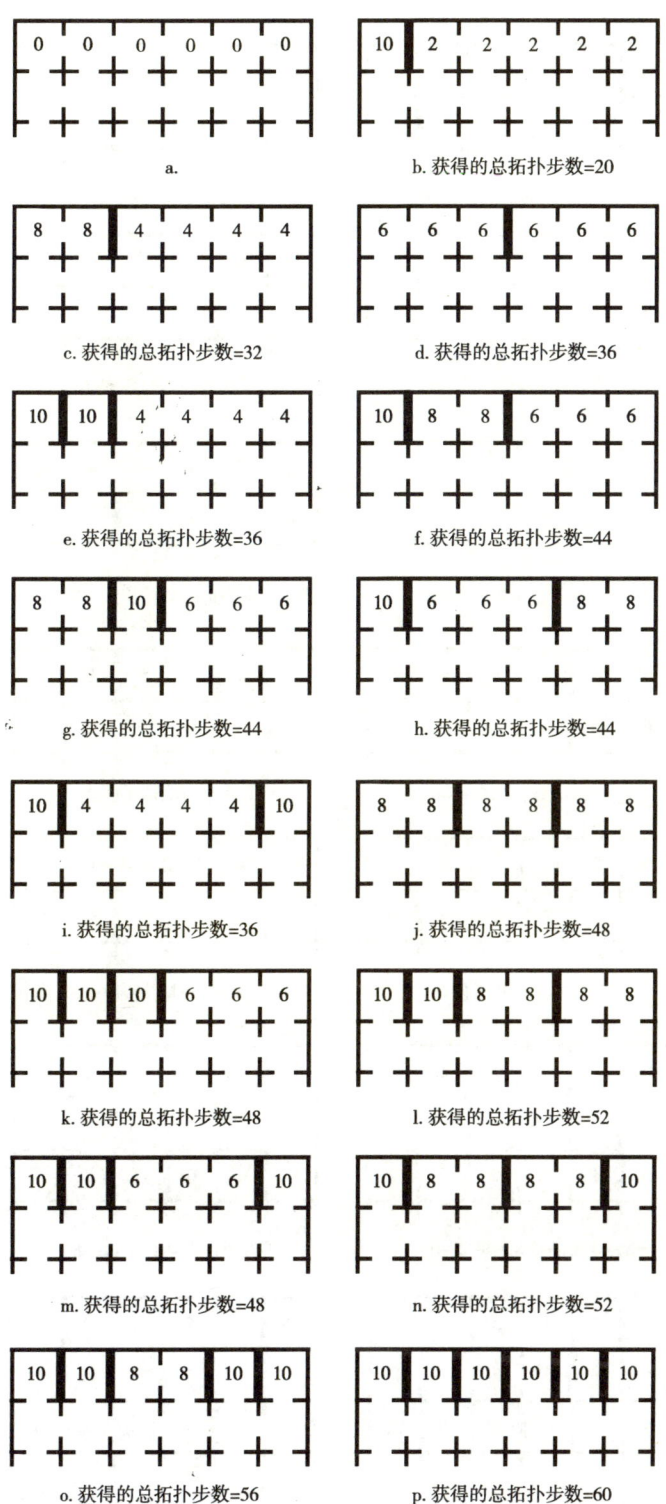

图 8.4

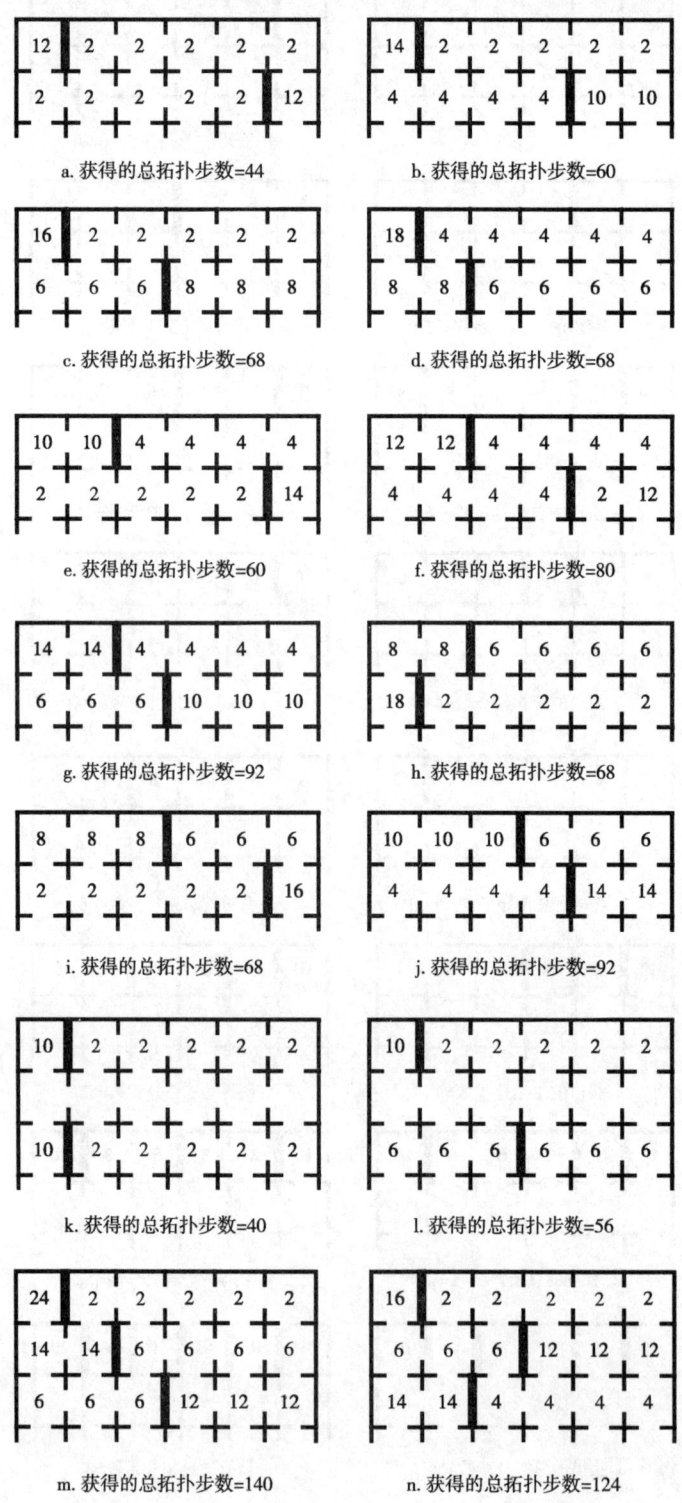

图8.5

如果在第三行加入第三个隔断,而不使这三个隔断连成一条线,共有两种可能性。如果三个隔断呈阶梯状排列,见图8.5m,这三个隔断一侧的"外部区域"(从"外部区域"到其他与之相隔的单元格有可能需要绕过两个隔断)中,单元格新增的深度是与各行上之相隔的单元格数量的两倍。这是由于当隔断排成阶梯状,从"外部区域"出发,绕过本行的隔断,到达比邻那行时,还会遇到另外一个隔断,还需要绕过它才能遍及单元格。对于"内部区域"(从"内部区域"到其他与之相隔的单元格至多绕过一个隔断)中的单元格,它们新增的深度是同一行中"外部区域"中的单元格数量的两倍。

当隔断没有呈阶梯状排列之时,如图8.5n,位于中央那一行的隔断将不会阻隔第一行与第三行之间的最短路径,因此每个单元格的新增深度仅仅由相邻的两行中的隔断所导致。然而,对于位于中央的那行,深度的增加来自它与上下两行单元格的关系,可以分别计算而合计在一起。在四行相邻的单元格构成的复形中,每行中的那个隔断未两两连成一条线,新增深度的计算将取决于相邻的三个隔断是否排列成阶梯状等等。如果同一行中有两个或者更多的隔断,或者相邻的一行单元格位于复形的边缘,单元格的深度仍然可以根据前面所说的方法而计算。

未连成一线的多个隔断有可能按照同一个方向排列,比如排成一行。如果第二个或者更多的后续隔断与第一个隔断成直角排列,如图8.6a,那么深度又是如何变化?从前面的论述中,我们知道一般第二个隔断作用于它所在的那行单元格。它是否也作用于第一个隔断所在的那行单元格?如果它与第一隔断没有相连,它不会起任何作用的,这是由于它与第一隔断呈直角关系,且它们之间有缝隙,不同行之间的最短路径可以从它们之间穿过。因此,如果隔断不相连,后继的隔断与前面的隔断排列方式呈直角关系,那么这个后继隔断不会增加第一个隔断所在行或者列的拓扑深度。

如果隔断相连,情况又如何?存在两种模式:两个或者多个隔断可以连成一条连续的线段;两个或者多个隔断彼此成直角相交而形成折线。对于这两种模式,我们都可以发现某些隔断的两端都与其他隔断相连,而某些只有一端与其他相连。首先,研究一下两个隔断构成"L"形的案例。图8.6b到图8.6e表示了这种简单的"L"形隔断位于四个位置,而导致单元格获得了不同的深度。在这四种位置中,"L"形隔断两翼对应的单元格所新增的深度是完全对称分布的,虽然每种情况的具体分布是不一样的。在图8.6b中,"L"形隔断位于复形的左上角,被"L"形隔断围合的那个单元格获得最大的深度值,这是由两方面构成的:一方面,每个隔断导致了它所在的那行增加了拓扑深度,正如我们在前面讨论的那样;另一方面,两个隔断形成了"L"布局,共同形成了一组新增深度为2的单元格,以复形对角线为轴对称分布,看似像"L"形的"阴影"。这种现象是我们以前没见过的,因为在隔断不相连的情况下,所有深度的增加都是由每个隔断各自导致的。

当"L"形隔断由左上角移到右下角,并保持其开口方向,见图8.6c、图8.6d与图8.6e,虽然两个隔断各自仍然影响着拓扑深度的变化,但是它们合力所形成的"阴影"效应在减弱,这是由于当"L"形隔断移向右下角时,那些代表"阴影"的单元格,即需要绕过隔断到达"L"形阴角的单元格越来越少,而且"L"形与右下角的边界形状是吻合的,而不是相对立的。我们还发现如果"L"形的阳角面向移动方向,当"L"形隔断从复形中心向边缘顶角移动，新增的深度总和将会减少；但是如果"L"形的阴角面向移动方向，新增的深度总和就会增加。

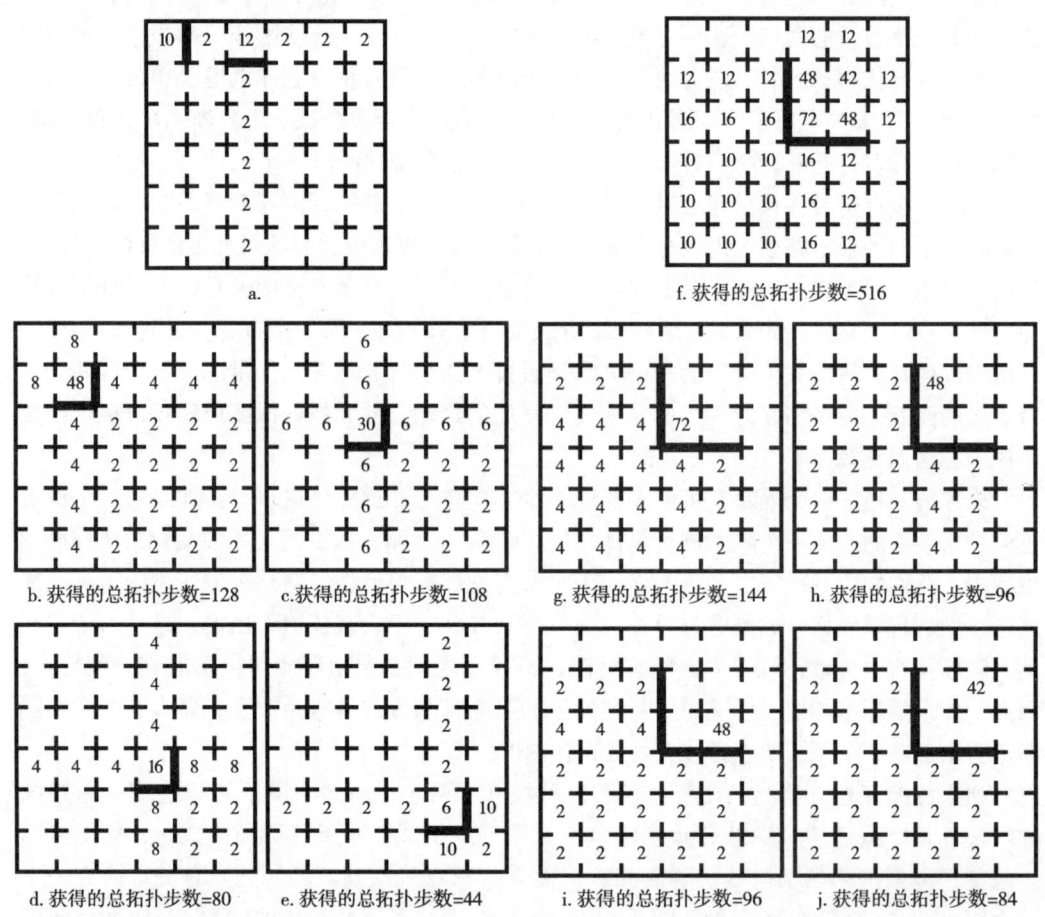

图 8.6

乍一想，这看似与前面提到的原则矛盾，即靠近边缘的隔断会导致更少的深度增值，而靠近中央的隔断会带来更大的深度增值。实际上，图 8.6a 说明了一个明显的隔断效应，即最靠近边缘的隔断产生了最小的新增深度之和，然而，边缘与隔断之间的单元格获得了最大的深度增值，可以说所有的深度增值都几乎集中在一个单元格内，实际上也是这样的。在图 8.6b 中，深度增值更加集中在一个单元格内，这是由于两个隔断所在行的单元格与构成"阴影"的单元格共同影响而形成的。也就是说，连续的隔断形成了某种"围合"趋势，而相对于这种围合的外部范围在扩展。我们可以说，围合是相对于某种外界而言的：相对于围合区域，外界范围越大，围合效果也就越明显，于是新增的深度也就越集中在围合区域内。实际上，这就是"延伸原则"的推广：更多的拓扑深度的增值来自更大的分隔区域内。在图 8.6b 中，两个隔断在各自的两行内形成了较长的一段单元格组，它们之间的区域就是"围合区域"外部延伸的一部分，这增加了由隔断构成的围合区域的延伸效应。

如果这个"L"形两翼的隔断增长,那么"延伸原则"的效应越大。例如,图8.6f标明了"L"形两翼加长一倍之后,各个单元格所新增的深度值。与前一个"L"形隔断案例相比,这些数值的分布模式很相似,但是数值之间的差别更显著。如图8.6g到图8.6j所示,它们标记了"L"形阴角内的一个单元格与其他所有"阴影区"内的单元格相隔而导致的深度增值,在这四张图中,"L"形内外之间的数值差别在逐步减小。从每个"L"形阴角内的那个单元格开始,计算从它到"阴影"区所有单元格所需要绕道的次数。而图8.6f中的"阴影"区中的数值显然是从图8.6g到图8.6j的数值之和,再加上"L"形与边界之间的四个单元格所导致的深度增值(这没有单独表明)。

然后,研究一下隔断连成一条线段的情况。图8.7a到图8.7g表明了隔断从边缘向中心延伸出去的一组例子,分别是两个、三个格长等的案例。对比"L"形隔断的例子,这些例子中深度增值更大。此外,增长的速度不仅仅与隔断从边缘移到中央有关,而且与隔断的长度有关,后者的影响是更明显的。例如,位于边缘的一个隔断所造成的深度增值为20,如果把隔断从边缘移到中央,深度增值就变成36,见图8.4,但是如果这个隔断延长到两倍,深度增加到180,如果延长到三倍,深度增加到504。这表明一个简单的事实:绕过一个隔断,如位于边缘的某个隔断,而到达本来与其相邻的单元格需要路过两个单元格。但是如果隔断延长到两倍,就需要经过5个单元格,如果延长到三倍,就需要经过7个单元格,如此类推。隔断连成一条线段是增加系统拓扑深度最有效的方法:首先,由于它使得从任意一侧绕到另一侧的距离最远,这是建立隔断的最经济的方法;其次,隔断越长,它两侧被分隔开的单元数目也就越多,从而越容易形成整体上的彼此隔绝。显然,隔断两侧的单元格数目相同,所增加的整体深度越大。因此,在图8.7g中,居中的隔断就尽量地延长,它几乎可以把整个复形分成对等的两份。

图8.7h和图8.7j都表示了直线化效应对三种连续性隔断的影响。在这三种布局中,至少有两个隔断位于距边界两个单元格的位置。在图8.7h中,三个隔断构成了"U"形,增加的总深度为124,如果比较这些隔断在彼此分开的情况下所导致的深度增值,"U"形布局要多28步深度。而且位于"U"形中的那个单元格获得了最大的深度增值。在图8.7i中,三个隔断构成了"L"形,总深度为200,如果比较这些隔断在彼此分开的情况下所导致的深度增值,这种布局要多104步,而"L"形围合的那个单元格还是获得了深度增量的峰值,不过相对数值有所降低。在图8.7j中,总深度增值为336,增值分布也较均匀,未出现一个峰值,如果对比这些隔断在彼此分开的情况下所导致的深度增值,这种布局要多240步。因此,这些深度增值的差别仅仅来自三个隔断的不同形状。从中可以得出一个原则:隔断的形状越呈卷曲状,那么卷曲中心获得的深度增值越可能是峰值,而系统的总深度增值也就越小;而当隔断是孤立的直线段,那么系统的总深度增值也会极大化。既然图8.7h中的"U"形就类似一个"房间",那么我们可以认为把三个隔断组合成"房间"的模式能够让系统的整合程度最大。这样的"房间"不仅仅使得整个系统的拓扑深度增值最小,而且使得"房间"与其余的空间之间具有最大的深度增值的差别。这种现象类似于图8.4中的边缘分隔现象。

再仔细研究一下图8.7j,系统深度的增加除了取决于单个隔断本身,还取决于中间的那个隔断与其他两个隔断的连接方式。如果我们先放置那两个分开的隔断,然后再用隔断把它们连成一线,那么第三个隔断能够增加的深度为272。这种把隔断尽量连成一条直线的方式能最有效地增加系统的拓扑深度,至少是由于这种方式尽量地避免了系统中呈卷圈状布置的方式。

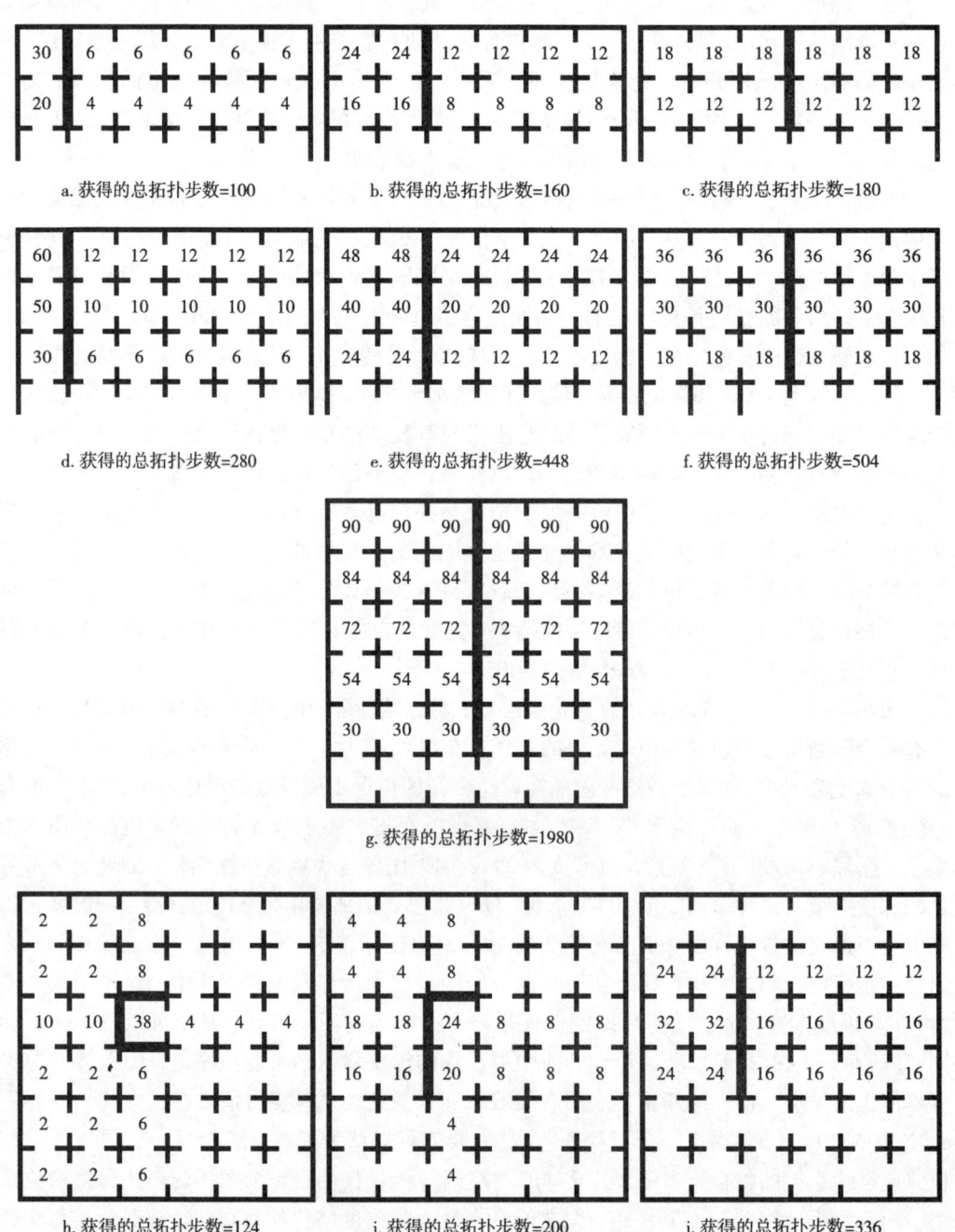

图8.7

于是，上述这些效应可以总结为四个广义原则，它们支配着隔断增加拓扑深度的方式。中心化原则，即隔断的位置越靠近系统中心，系统的拓扑深度增值越大；延伸原则，即系统中被隔断的范围延伸得越多，比如"L"形的两翼增长，那么隔断所导致的深度增值也就越大；连续原则，即隔断彼此连在一起，比它们彼此分开更能增加系统的深度；直线化原则，即把彼此相连的隔断排列成为一条直线，比把它们卷曲起来，或者部分卷曲起来更能增加系统的深度。这四个原则支配着局部与整体的效应，即每个局部的物质性变动都对整个空间组构产生整体性的独特影响。当然，这些效应也依赖于系统中已有的隔断数量以及它们的位置关系。通过这四个原则，我们可以研究复杂系统中已有的各个要素与变化着的整体性效应之间的相互关系。因此，我们可以模拟一系列变化过程，其中不同的隔断变化顺序将会导致不同的整体性组构特征。

作为组构策略的基本元素

我们将立刻证实上述的说法。然而，我们得首先说明那些控制隔断开关的原理也同样支配着其他所有类型的空间变动，如走廊、内院或者通风天井的形成，甚至建筑群的外形变化，而且这些变动是影响整合度的。首先来考虑通风天井。从建筑物中无法进入通风天井，因此它不是这个空间结构的一部分，实际上它是交通系统的阻断物。我们会发现不同形状以及不同位置的阻断物对整个系统的组构结构有影响，这里遵循的原则与那些隔断遵循的是完全一样的。

首先，让我们根据已经讨论过的隔断系统来建立阻断块的概念。一个阻断块就是对多个隔断的排列，这种布局在前文没有试验过，也就是将四个或者以上的隔断组成一个完全封闭的块，因此从空间系统中，一个或多个空间被完全地分隔出去了，也被有效地排除了。实际上，一个阻断块是从空间系统中分离出来的一个或者多个单元格。在图8.8a、图8.8b与图8.8c中，显示了单个单元格被分离出来的例子以及其增加的拓扑深度。因为这些阻断物在两个方向上隔断路径，于是阻断物导致的拓扑深度的变化模式也遵循了从边缘到中心的规律，类似于隔断的情形。这儿也不存在"L"形隔断所导致的"阴影"效应，因为"阴影"效果来自"L"形隔断的阴角与阳角空间之间的关系，而隔断阻断块没有阴角，从而消除了那种关系。当然，我们发现这儿新增深度的数值要比简单的隔断例子中的要小，不过，这仅仅是由于这儿除去了一个单元格。如果想更正这点，我们可以用i值（标准化的拓扑深度值）代替拓扑深度，因为前者消除了系统中单元格总数的影响，但是在这个阶段，不必那么复杂，只需记录拓扑深度增值，并且注意到缺少一个单元格的影响。

图8.8d至图8.8g显示了由四个单元格组成的阻断物，它们有四种可能形状与位置，也标记了每个单元格获得的拓扑深度增量，在图的右下角，还标明了总拓扑深度增值。从我们对隔断的研究可以预知，紧凑型的2×2的阻断物获得的深度增值要远远小于4×1的条状的，同时条状阻断物在中心位置时获得的拓扑深度比它在边缘时多（紧凑型的阻断物也是如此）。我们也会注意到，从隔断例子可以推论到：通过改变阻断物形状得到的深度增值远远比改变它们的位置的大。然而，位置对于那些具有较大深度增值的形状（如长条形）的影响远远大于它对于那些具有较小深度增值的形状（紧凑型）的影响。

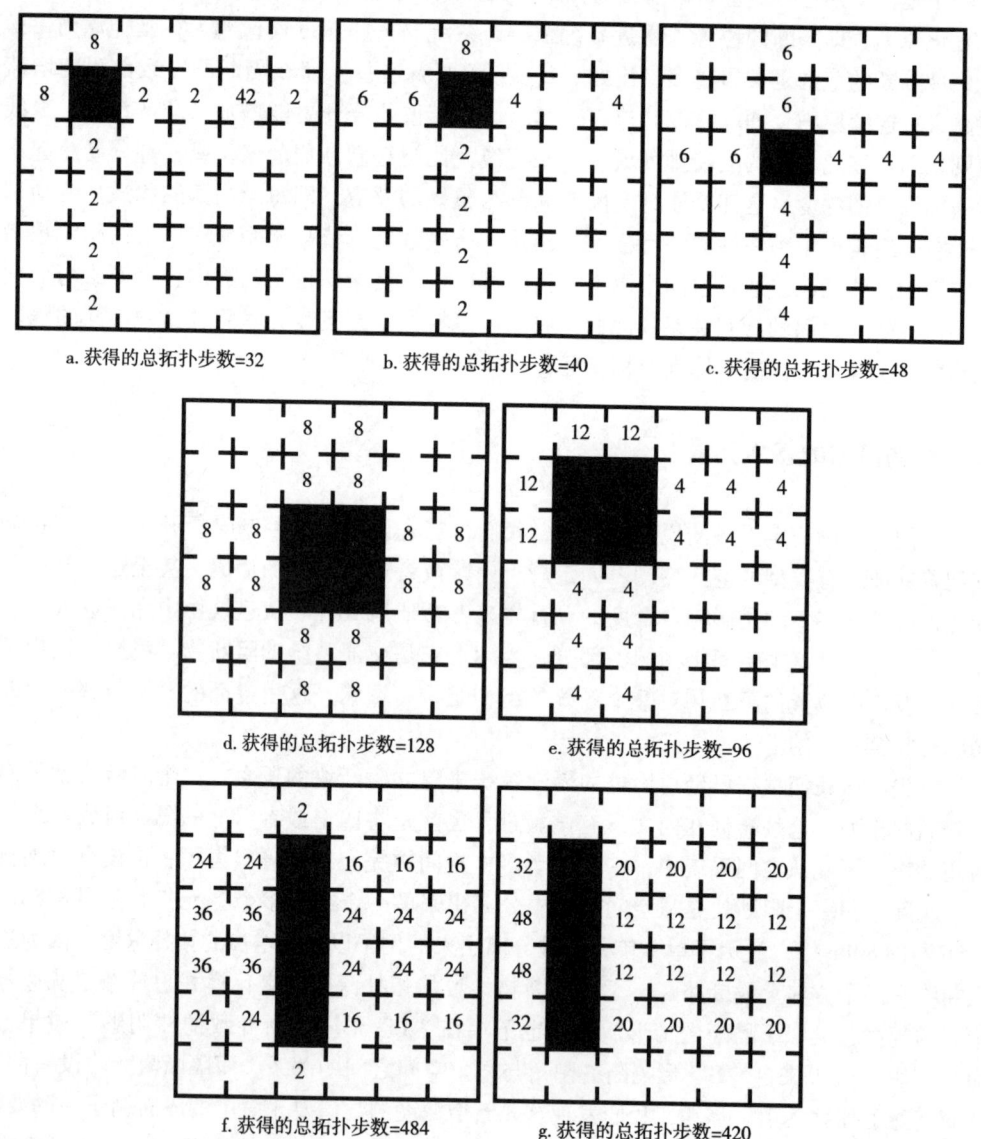

图 8.8

显然，按照这个方法，我们可以计算任何形状中的任意阻断物对拓扑深度的影响，它将遵循已有的关于隔断的普遍原则。然而，还有另外一个重要点，这就是我们可以对位于复形边界的阻断物进行同样的计算。重要性在于那些位于边界的阻断物不是在复形内部的"通风天井"，而是改变了复形外部的形状。于是，我们显然可以借用分析复形内部"空洞"的方法来研究复形外在形状的变化。既然我们已经说明了这样的"空洞"是特殊的隔断案例，那么这里就有了明显的统一。从构筑整合度（这是复形中与功能有关的主要空间关系）的观点来看，复形中的隔断与复形形状的改变是同样的东西，不管是内部的，如通风天井，抑或是外部的，如整体外形的改变。

现在我们将讨论复形中的较大空间，如庭院和走廊，它们可以被归到这个范畴内，而且它们也是同一种现象且遵循同样的规则。首先，我们必须根据设置隔断的过程来形成较大的空间，从而将我们的意图概念化。消除已有的2/3隔断而不是补上1/3隔断，就可以得到复形中较大的开放空间，这实际上将两个相邻的空间合成了一个大空间。图8.9a 至图8.9d 表示了这个过程，开放的空间代替了前例中的阻断物，并且标记了每个单元格拓扑深度的损失量（即整合度的增值）。用较大空间的新值减去原有的各个单元格中的深度之和，就得到了这个大空间的深度损失量。图的下方是拓扑深度损失总值。

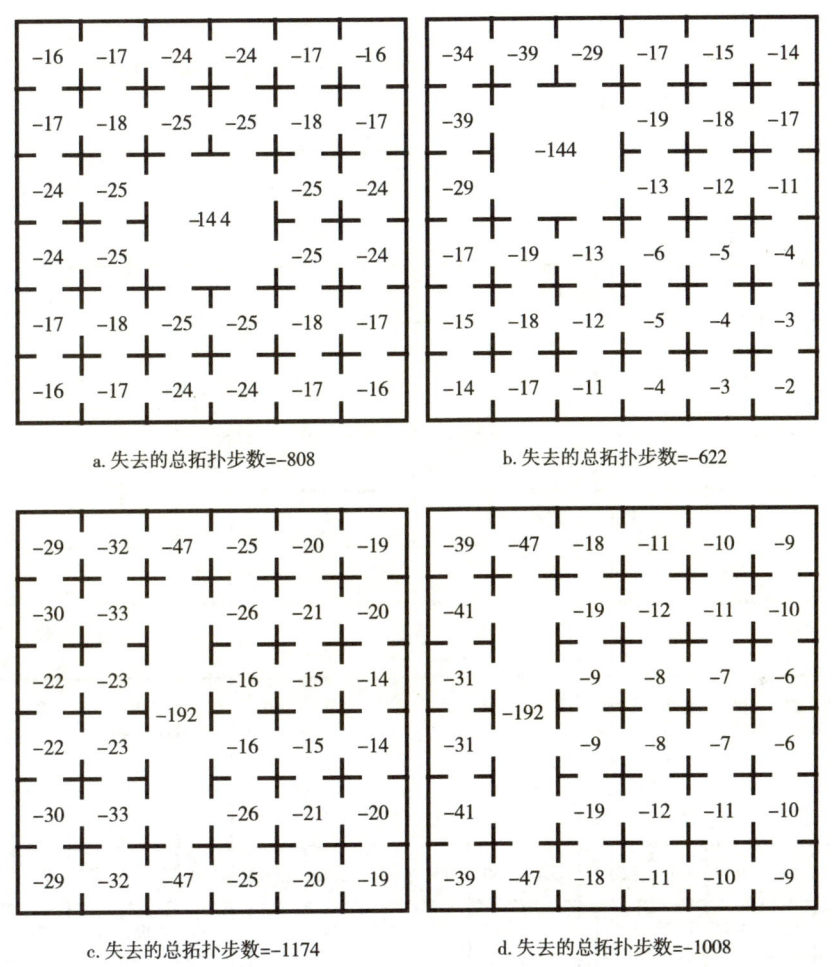

图8.9

第一个要点是对于大小固定的形状，不管它在组构中的位置，其深度损失是一个常数。这是因为从大空间的角度来看，用一个空间来代替两个或者以上的空间将改变这些空间互相之间的关系，也就是减掉了一定数目的拓扑深度，但是并不能改变这些空间与整个系统之间的关系。然而，尽管对于大空间来说，深度的损失是恒量，但是它对系统其余部分的影响却不是这样的。实际上，它与阻断物的作用正好相反。位于边缘的阻断物对系统所增加的深度比放置在中心的少，而位于边缘的开放空间对系统所减少的深度比位于中心的少；条状的大空间比块状的损失更多的深度（即增加整合度），而当条状的大空间放置在中心而非边缘时，这种效果更加明显。

图 8.10 中前四个复形是与图 8.9 相同的例子，但是每个空间中标注的是这个空间距系统其他部分的拓扑深度，而不是深度损失。在此，我们发现当相同形状的较大空间处于不同的位置上，它们不同的拓扑深度总和将反映它们在复形中的位置。只有当两个或者以上的空间合成一个大空间时，深度损失才是相同的，而在复形中，反映这些较大空间位置的拓扑深度是不一样的。由此，我们可以看到一个位于中心的开放"方形"会比位于边缘的更加整合（即较少的拓扑深度），而条状大空间会比块状的更加整合。当然这些效果刚好与那些阻断物是相反的，由此也许可以说它们遵循的是同样的规则。在图 8.10 后两个例子中，四个单元格组成了两个由两个单元格构成的大空间，而不是一个由四个单元格合并而成的大空间，它表示出另一个相反的法则：一组不连续空间比相同面积的连续大空间更加不整合。

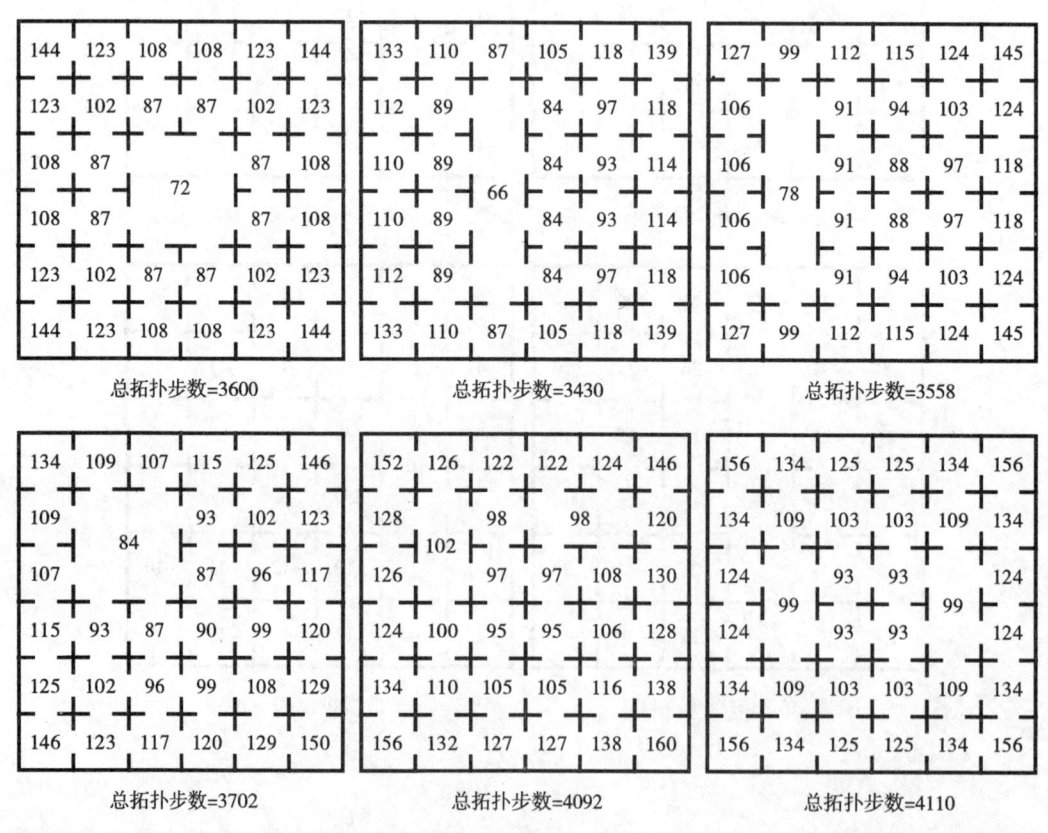

图 8.10

因此，隔断与阻断物增加拓扑深度遵循四个原则，即中心原则、延伸原则、连续原则以及直线化原则，它们也同样控制着较大开放空间对整体系统的拓扑深度的影响，尽管其效果相反。对于较大空间而言，越靠近中心，整合度越高；越多的线性空间从大空间延伸出去，整合度越高；空间越连续，整合度越高；大空间越呈线状，整合度越高。在此，有一个实用的意外收获：在这个较大空间的例子中，可以发现这些效应不存在于空间本身，而存在于空间对系统其他部分的影响过程之中。

现在我们可以得出一个重要的结论。不仅仅隔断、内墙以及外部形状的改变，而且房间、条状和块状开放空间，如走廊、内院等，它们都可以采用同样的形式术语来描述，因此在实用的意义上，它们就是同类的事物。这具有重要的意义：在任何空间系统中，我们总是可以采用一致的方式来思考任意空间运动的效果，同时完全有能力根据所知道的法则来预测它们的普遍效应。这使得我们从运用统计分析来研究系统中的局部改变所带来的整体效应而转向着手分析空间的动态过程，其中每个局部改变都具有某种目的，比如让某一种结局极大化或者极小化。当我们这样做时，我们将会发现局部组构，即我们所说的元素，以及空间复合体的整体模式显然都是某类空间持续变化而产生的突现现象。我们将这些动态试验称为"分隔过程"。

分隔过程

例如，我们可以研究分隔过程，它们以某种持续方式运作，比如最大化或者最小化拓扑深度，然后来观测会产生何种单元的组构结果。在进行试验模拟时，我们显然不能想像我们正在模拟已经发生的建造过程。设想一个建造者事先知道运用不同类型的分隔依次获得拓扑深度，这也是不现实的。然而，如下过程是完全可能发生的：按照某种建构惯例，进行一系列单元格布局的试验，探索我们感兴趣的知识，比如，某些类型的局部变化会对整个模式产生全局效果，它可能有助于功能，也可能破坏功能。那么，我们可以设想我们的试验关注的不是模拟某个特殊建筑物的一次性建造过程，而是为了掌握演变的逻辑，也就是通过一个反复试错的试验过程来逐步了解不同类型的局部分隔与变换所带来的整体后果。在这种意义上，我们的试验是关于如何发现设计原则，而不是关于如何建造某些特定的建筑物。

首先，建立一些定义。我们把分隔的变动定义为放置一个隔断，它惟一的已知后果（或者从演变意义上来说，就是已被发现的效应）就是整个系统的拓扑深度发生变化。分隔的操作就是一系列有计划的两步或者更多的变动，其中我们需要考虑整个变动次序对拓扑深度的影响，而不是简单地考虑个体的变动。根据它们变动次数，操作可能是2步，或者3步等等。变动是1步操作，它基于如下道理：一旦把一个隔断移到某一处，它就消除了这个位置上没有隔断的其他所有可能。例如，一个隔断放在远离边界的地方，那么它就消除了两种两个隔断不相连的可能性；而把它放在靠近边界的地方，那么它就消除了一种两个隔断不相连的可能性。这一点很重要，因为一个隔断的位置常常会影响下一个的布局。比如在 6×6 的方格网中，逐步放置隔断，如果它们不与边界相邻，那么大约在14步以内，就可能出现相连隔断；而如果它们与边界相邻，那么20步以内就会出现相连的隔断。这将使得一个变动过程中出现了明显不同的结果。我们在变动中就得遵循这些规则，因为如果我们理解了这些原则，那么在变动过程中，我们就会立刻在局部上发现这些规则其实就是变动的某些效应。

因此，变动与操作都可以预测拓扑深度的变化，但是只有操作才可以预测未来的变动。一个随机的分隔过程表现为隔断的变动是互相独立的，也没有考虑到深度变化或者其他后果。那么，我们也许可以说在描述变动与操作时，我们描述了一个过程被计划所控制的程度。随机过程的极端对立面就是被 n 步操作所控制的过程，其中 n 是隔断的可能位置的数量，这意味着整个的分隔过程是事先想好的，而且计划中确定了每个隔断的位置。

现在我们来考虑分隔过程的不同类型。图 8.11a 至图 8.11d 表示了 24 个隔断的一个分隔过程，它们按放置次序编号，保证每次隔断的放置都可以获得最大的拓扑深度。我们选择 24 个隔断，这是因为如果超过 25，空间就会被分割为不连续的两个部分（实际上成了两个建筑物），而比 25 少 1 意味着这个系统中仍然有个循环畅通的"环"（即拓扑图中的一个环），因此如果存在一个过程可以最大化这个"环"的空间属性，那么我们也许可以发现它。隔断已经按照放置先后顺序标号，那么我们将按照这个顺序来研究。

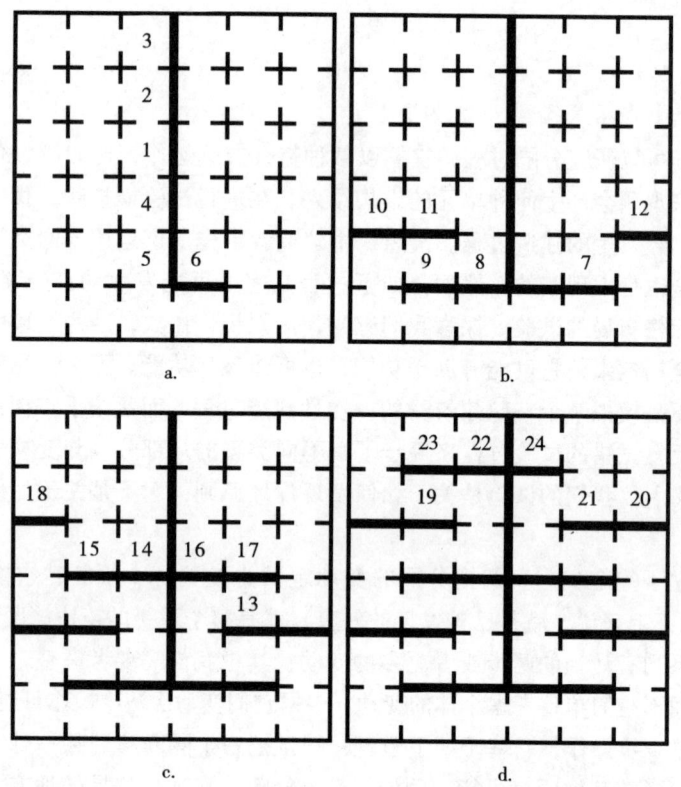

图 8.11

为了获得最大的深度，第一个隔断 1 必须正好放置在网格的中分线上。因为中分线上所有位置的效果都是一样的，所以放置的位置可以任意选择。但是隔断 2 的位置选择就必须考虑第一个的位置了，因为要获得最大的深度，那么它就得与第一个隔断连成一条线。同样的原则也适用于隔断 3、4 和 5。因此，在放置了 5 个隔断之后，我们必须形成一个置于中央的长隔断，而且它与一个边界相连。实际上，图 8.7g 已经显示了这个形式，它是最有效的获得深度的方法,也就是通过最少数量的隔墙将空间"几乎分割"成为两个部分。因此对于整个目标而言,我们获得了显著的整体效果,尽管在每一步我们遵循的都只是一个单纯的局部规则。尽管每一步的变动来自一个特定的抉择,我们还是可以看到整体的组构效果是非常确定的。

如果继续分隔,中央隔断线就会将网格分割成两个单独部分,因此,我们必须寻找下一步获得最大深度的方法。我们知道必须将最长的单元格序列分开,如果可能的话,新的隔断要与已有的隔断相连。要找出最长序列,我们必须认识到分隔进行到此,它已经改变了复形的形状。例如,此时我们可以沿上述五个中央隔断分割复形,几乎将它一分为二。于是,在中央隔断的两侧形成了一组最长序列的单元格,虽然这个序列不仅仅只有一条,然而它是复形中所有最短路径中的最长序列。通过靠近中央的位置来分割这条序列,就可以获得最大的深度,这意味着需要以直角方式把新隔断与这条线相连,放置在两个可能位置之一。放置下一个隔断时,必须考虑到已经放置了这个隔断,那么就将之延伸一下。下两个隔断必须在中央分割线的另一侧重复上面的步骤,于是也就得到了第 9 个隔断。同样的原理可以运用到下面的步骤中,实际上,我们所要做的就是在分隔过程中连续运用同样的原则方法,去应付出现的各种新情况。当隔断 24 被放置后,最后的形式就如图 8.11d 所示。

看到最后的图形,首先我们敢肯定:一旦加入了第 25 个隔断,那么再加一个隔断就会把图形一分为二了。我们还注意到分隔过程所形成的空间组构,除开那个会被隔断 25 所消除的小环,就是单一的线性序列,这种形式使得从所有点到其他所有点的总深度极大化。每个阶段都在极大化深度增值,那么最后就得到了一个整体上深度最大的形状,这也许就不意外了。在分隔过程中,通过运用一个简单的规则,那么在理论上可以生成无限种整体形式的过程就不复存在了,它变成了一种几乎注定只形成一种特殊形式的过程。

图 8.12a 至图 8.12d 显示的正好是一个与上面相反的过程,每一步变动都是为了使拓扑深度最小化,图中所标注的数字也是隔断的放置顺序。隔断 1 必须在单元格的一条边线上,此外,为了让非连续的隔断最多,它应该尽量接近任意一个顶角处。一旦我们放置了隔断 1,那么接下来为了最小化深度,就必须把隔断放置在已被阻断的线上,因为这条线已经比其他的线短了,而且每次放置的隔断都要尽量靠近剩下的线的尽端。那么按照这种方式,隔断 1 至 5 就被布置好,并且有了一个很特别的整体图案。然后,在另外几条边线上,也按照同样的方法布置,显然要避免新隔断与已放置的隔断呈直角关系,因为这将会把系统一分为二。由此,连续地放置了隔墙 1 至 16,直到穷尽各种可能性。

接下来放置的必须与已有的隔断不相连,且尽量靠近边线。因为存在几个等价的候选位置,所以隔断 17、18 和 19 必须连续地分隔同一条线,剩下的不连续位置就明显只有 2 个,我们选择其中 1 个,放置隔断 20。到此为止,没有不连续的位置可供选择了,因此我们必须选择连续但是深度增值最少的位置。结果表明分隔隔断 20 所在的那条线所增加的深度最小,即在位置 21 处,尽管它与已有的隔墙形成了三面围合之势。然而,下一步却不能在其右面对称布置,因为这样不仅形成另一个三面围合,还会形成一个双线的分隔。因此,在 22 号上分隔那条没有隔断的垂直线,这比分隔它右侧的垂直线所增加的深度更少些,于是也得到了隔断 23 的候选位置。还有 5 条线还未放置隔断,其中 4 条形成了一个"环",

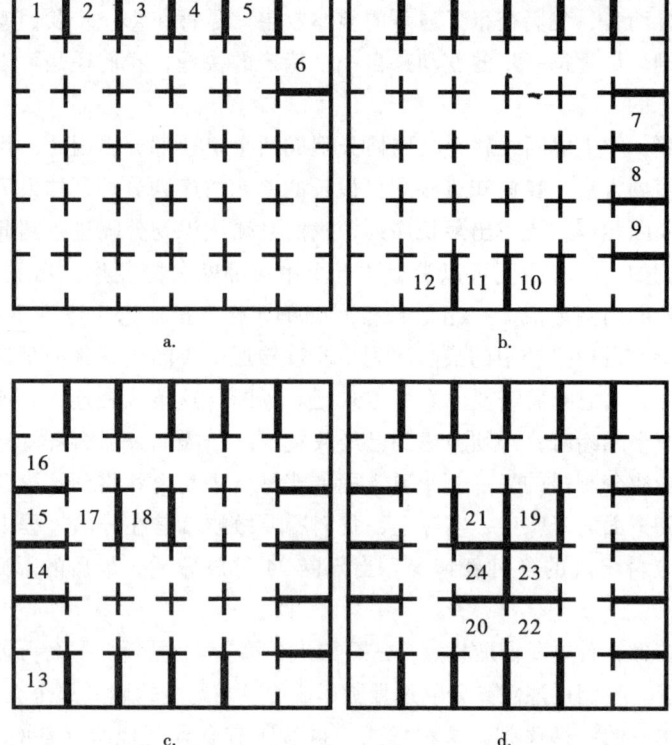

图 8.12

而第 5 条横穿中央，最后一个隔断就必须位于其中的一条线上。打断"环"将会比阻断中央那条线增加更多的深度，因为它将形成一个 4 个格长的隔断，且与边界相交。在那条中线上，隔断放置中间将获得最小的深度增值，这是因为如果隔断从中间向右移动一格，就形成一个 2 格深的半封闭区，这样增加的深度将大于隔断位于中间位置与位于偏离中间一格的位置所带来的深度差。

由此，与最大化深度而获得的形状一样，最小化深度而生成形状也是很特别的：一个由开放单元格形成的环，其外部以及内部相邻的单元格与之相通，且只有一个拓扑深度。我们只要保证环形两侧的空间可以进入，就可以形成一个基本的建筑形式：环形走廊连通着两侧单独的"房间"。这是由于最小化深度的策略会产生两种线性布局方式：一种是沿直线把一排单元格分隔开来；而另一种是把开放单元格顺次连成一条线，彼此互通。奥卡姆剃刀原则的崇拜者们（即极简化的崇尚者们）会注意到这两种相反效应都遵循简单的规则，也就是隔断总是放置在由单元格所构成的最短线上，且尽量靠近边界。这意味着一旦一条线被打断了，那么最小化深度增值的策略是再次打断它，既然所有的线在开始都是同样长的，相对于其他未被打断的线，这条被打断的线的剩余部分总要短一些。图 8.13a 和图 8.13b 表示了这两个过程所生成的最后形式，每个单元格中标注了各自的深度值，图形下方标注了总深度值。根据最大化深度的过程而获得总深度是 15284，而根据最小化过程而获得总深度为 5824，略高于前者的 1/3。既然两个图形有着相同数目的隔断，而仅仅是布局的位置不同，这就更加突出了它们之间的差别。

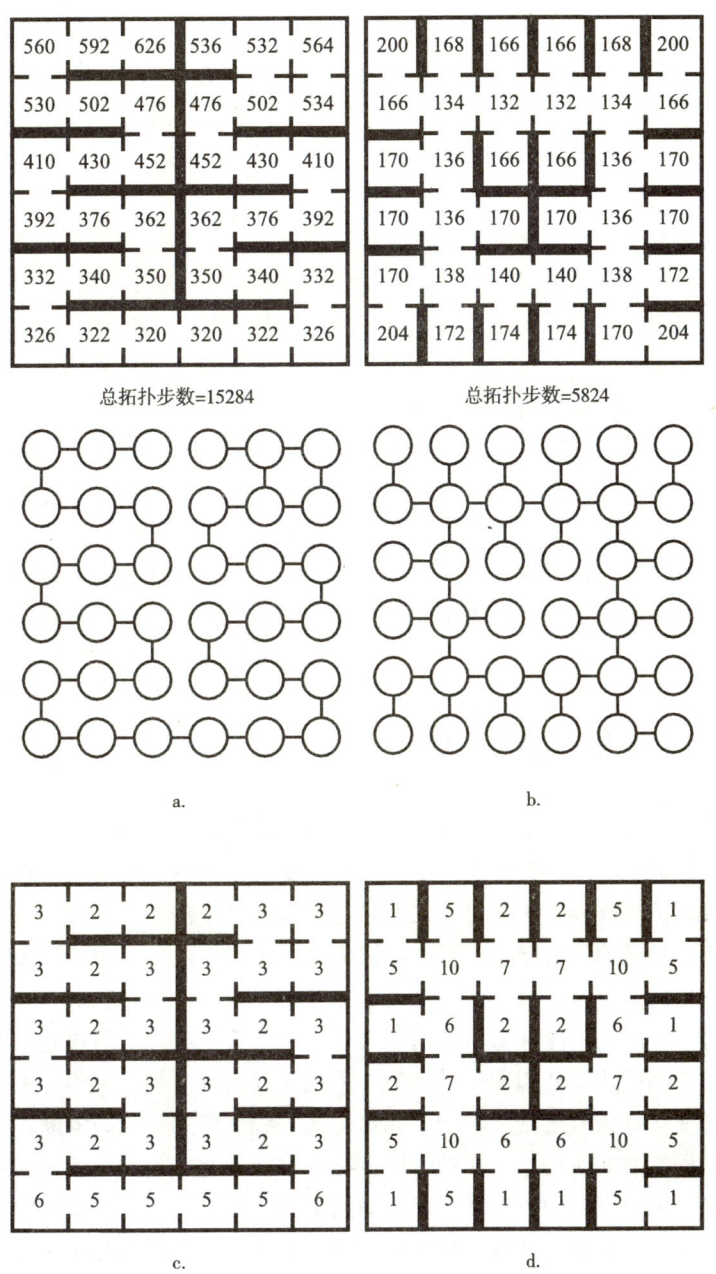

图 8.13

然而，尽管它们有区别，产生的这两种形式看来是非常基本的布局。拓扑深度最大化的形式接近于一个单线的序列，所有单元格的布置方式使得总深度值最大。拓扑深度最小化的形式虽然未呈簇丛状，但也几乎是基于一个环的簇丛状形式。通过一些很简单的规则，我们将组合的过程限制到特定的发展过程上，从而得出了这些形式。这些明确的结论是通过形态学的过程产生的，尽管选择与实施这些规则是一种人为的决定，它仍然是客观的，这些规则所具有的从局部到整体的形态学效应，不管是过程中的个体变动，还是累积的效果，它们都是完全独立于个人的决定之外的。空间最终的整体模式是从一步一步的局部过程中"突现"出来的。同时，过程中的那些规则都是相似的，从而这些过程将"汇聚"为几种特殊的整体类型，它们可能在细节上不尽相同，但是至少具有某些最基本的不变特征：趋向于形成长序列，而少分支；趋向于形成一步之遥的死胡同；趋向于形成较长或者较短的环等等。

这种突现与汇聚的过程是相互结合的，很有启发性。它自然解决了本章开篇的一个明显悖论：尽管组合的可能方式非常巨大，但是直觉表明了空间设计的方案是相对很少的。现在，我们也许可以把这个悖论重新解释为一个假设性的结论：空间中的有效变动可以被理解，同时具有功能作用，却也可以是不可理解的，或者没有功能作用的，不管怎样，它们都会生成一些简单的规则，可以反复运用规则，这些规则彼此组合，汇聚成为某种清晰的整体性空间类型，从而就形成了明确的发展过程。建筑组合的集合中具有结构关系，这种关系就来自上述"从突现到汇聚"的法则。那么，那些法则有什么作用呢？我认为它们形成了我们所定义的"基本功能"，也就是所有或者至少是大多数"良好"的建筑物以及建筑环境所共有的空间布局的属性，因为它们的产生不是为了满足特殊功能要求，即特殊的使用形式以及特殊的运动模式，而是为了使建筑物或者城市能够支持任何形式的使用或者任何模式的运动。

基本功能的理论：可理解性与功能性

基本功能的首要方面体现了史第曼（Steadman）所提出的"可理解性"，它也许是限制建筑可能性的关键因素之一。在第四章中，我们曾提出城市形态的可理解性可以通过比较形态的局部以及它的整体模式来衡量，也就是分析且整合度的分布特征。这可以用散点图来表示，它比较了街道的连通度与全局整合度值之间的相关性，其中连通度是街道的局部属性，即站在一条街道上就可以发现与之相连的其他街道，而整合度是某条街道与整个系统相关的整体属性，因此不能从那条街道上就发现它的整合程度。通过物质性的变动，如何把这个概念与空间模式的建构关联起来呢？可视性其实很有趣，因为它的变化与分隔过程中拓扑深度的变化有相似之处。对于单元格构成的线形序列而言，隔断对可视性的影响正好体现在拓扑深度的变化之中，尽管它们变化的方向彼此相反：设置一个隔断，系统增加的拓扑深两倍于系统降低的可视度，随着隔断从周边向中心移动，沿线的总体可视度下降，而同时构成这条线的单元格的可视度将变得较为均匀，当隔断移到中心时，它们的可视度最终将变得一样。

在两个复形中，我们可以很简单地定义可视度：从每个单元格中心可以看到的单元格数目。从深度最大化与最小化的两个复形（即图 8.13c 和图 8.13d）开始计算可视度。这些可视度以及它们的平均值表示了复形中视觉连通度的分布。我们还可以画一个用最少线穿过所有单元格的轴线图来表示，其中能发现每根线穿过多少个单元格，以及这两个图有什么不同。为此，我们可以计算出深度均值与可视度均值的比率。对于深度最小化的图，单元格的平均深度为5.3，平均可视度为3.9，那么可视度与深度之比为0.74。在深度最大化的图中，平均深度为11.9，而平均可视度为2.8，它们的比率为0.24，大约是最小化深度图的1/3。这与直觉是相当吻合的。

　　这说明了复形中的可视度与拓扑深度是如何互相关联的。进一步，我们比较一下每个单元格中表示行走的拓扑深度与可视度之间的关联，并且把这种关系在散点图中表示出来。它们的相关度越高，我们越可以认为当你站在单元格内，你所见到的就能很好地引导你去理解复形的整体性深度模式，而这个整体模式是无法在一个单元格内看到的，却又是必须被理解的。因此，这个相关度表示了复形的可理解度。图8.14a和图8.14b是两个案例的散点图，也表示了它们的相关系数，说明了最小深度图的可理解性远大于最大深度图的。

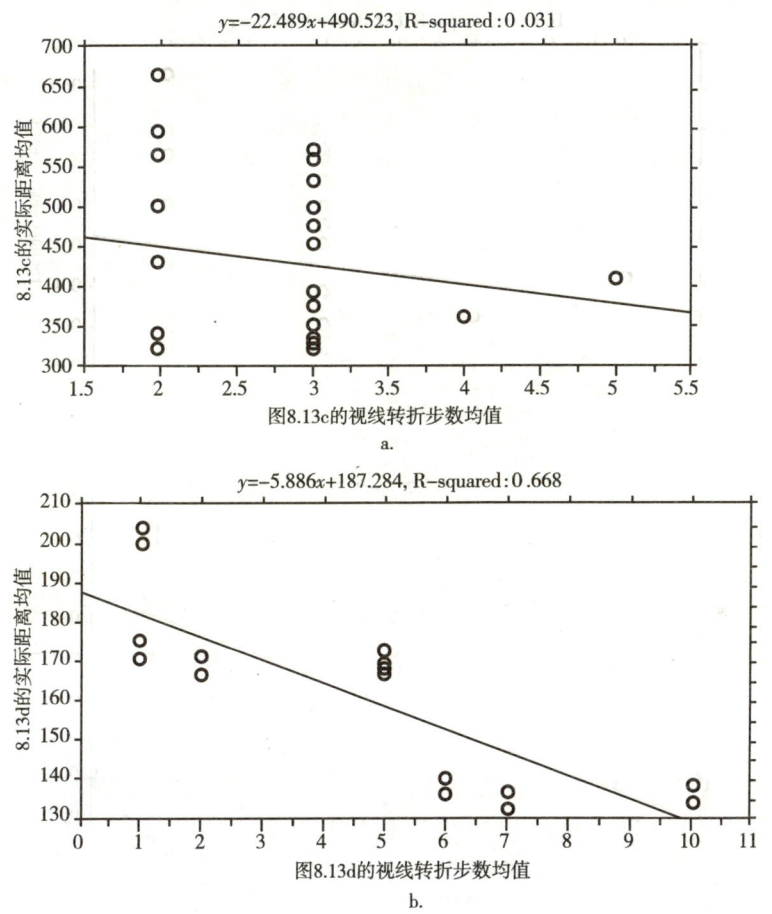

图8.14

　　这严格地证实了我们的直觉：尽管最大化深度的复形是一个单一序列，但是它很难被理解，因为这个序列是盘绕在一起的，而且每个单元格提供的信息都太少，复形的每个局部都不能暗示出整体结构。然而，最小化深度的复形则正好相反。仔细想想，我们可以发现最大化深度的过程也表明了这一点，因为最大化深度的隔断变动其实也是最大化地限制可视度。

因此，如史第曼（Steadman）所提出的，人类认知的天性与复杂空间的本质会选择拓扑深度最小化的过程，而避免拓扑深度最大化的过程，其中必然存在着根本的原因。通过可理解度这个客观属性（我们度量的是物质的属性，而不是精神的属性），我们可以将基本功能的一个方面看成是构筑了从建筑组合的可能性通向真实建筑的道路。

然而，深度最小化的形态比深度最大化的更受欢迎，还有其他原因，与功能性有关。我们将功能性定义为建筑物在普遍意义上适应功能要求的能力，因此这是一系列可能的不同功能，而不是某个特殊功能。凭直觉来看，较深的树状形式，如拓扑深度最大化的形态，它功能的伸缩性小，不适合多种功能模式，而拓扑深度最小化的形态却是灵活的，适合多种功能。这一点能被严格证明吗？

尽量从普遍的角度上来研究建筑物中的人类行为类型，这将大有裨益。为此，我们也许不需要考虑行为目的与意义，而只需考虑它的物质与空间表现，也就是比方人类的活动可以被外行星人所观测，而外星人不知道发生了什么事情，只能记录下观察结果。一般而言，观察者可以总结出空间中的两类行为：占据和移动。占据意味着使用空间的活动至少是部分静止的，且在大多数时间内也是静止的，例如交谈、会议、阅读、饮食、睡眠，或者在跟踪记录的期间内，活动是局限在一个局部空间中，例如烹饪或者试验台前的工作，正如图8.15所示。

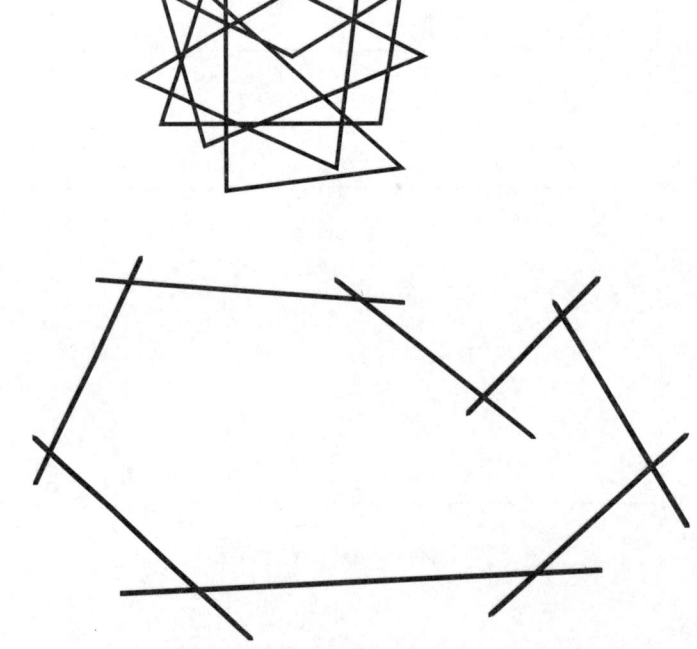

图8.15　（上）局部凸空间中的走动；小规模的走动交叉形成了一个局部凸区域
　　　　（下）全局线性走动；大尺度的走动形成了线状或者环状的线

我们不能把小规模的局部活动当成移动，因为它是与某种形式的占据有关，也就是某种形式的占据，而移动是在占据空间之间的运动，或者是类似出入空间复形的运动。本质上，移动是关于空间之间的关系，而不是空间本身，相反，占据是对空间自身的使用。我们可以将此视为一种尺度的不同。占据体现了是特定空间的局部属性，而移动体现了空间模式中更为整体的属性。

　　占据与移动之间的不同还在于它们各自所采用的空间形式。因为空间占据是静止的，或者仅涉及局部移动。从广义而言，它需要的空间是凸空间，即使在空间内有局部的移动。特别是任何活动涉及一些人的共同到场与交往，它们更加可能需要凸空间，因为只有在凸空间中，每个人才会意识到他人的存在。另一方面，移动本质上是线性的，它需要空间呈连续的线状，至少在局部观察中，它与占据的关系是这样的。如果有意识而高效地移动，空间之间的线性关系必须清晰而相对未受阻碍。

　　那么占据与移动需要的空间是根本不同的，一个是凸形的，而另一个是线形的。因此，如果需要在同一空间内，同时有占据和移动就会格外困难。当然，也总会有现实或者文化的原因，不同形式的占据不能安排在同一空间：互相干扰、空间大小、私密性的要求等等，尽管事实上这些都是凸空间，而且理论上也可以并置在一起。然而，在原则上，要把移动与占据的形式安排在同一个空间则更为困难，因为除了功能冲突之外，占据与移动对应着本质上不同的空间形状。占据与占据之间以及移动与移动之间的干扰效果与占据和移动之间的冲突是不同的类型，因为后者的空间需求是更加难以协调的。

　　正因如此，在空间复形中，移动与占据的关系常常是比邻的，而不是交叠的。不管空间是完全开放的（例如在一个公共广场内同时有移动路线与静止占据的场所），或是完全封闭的，如房间与走廊相邻，或者是一个空间开放的，而另一个封闭的，如住宅临街，上述结论都是正确的。在每个案例中，容纳移动的空间是掠过占据空间，而不是直接穿过它，从而移动获得它所需要的线形特征。

　　现在，我们来考虑满足占据与移动的空间类型。首先，即使在复形的层面上，拓扑上不同的类型空间也具有不同的潜能去适应占据与移动，因此我们必须考虑复形的拓扑图中所体现的最基本的拓扑属性。让我们首先来考虑一个熟悉的图形，如图 8.16a、图 8.16b 和图 8.16c。

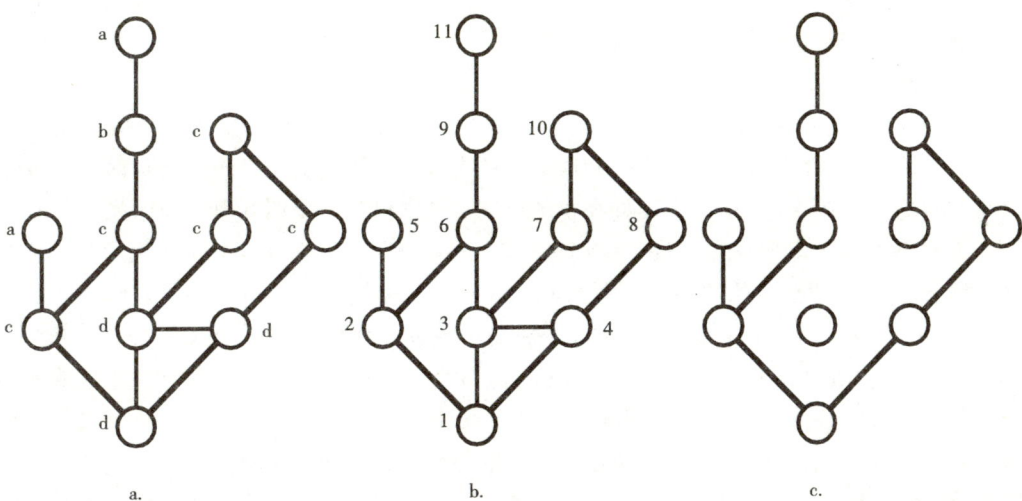

图 8.16

如其他拓扑图，在这个图中，组成该图的空间可分为四种拓扑类型。

第一，只有一个单线联系的空间。这也就是死胡同空间，移动不可能穿过该空间而到达其他空间。这种空间只有进出自身的移动，因此它们的拓扑本质就是纯粹的占据空间。图 8.16a 中标记了"a"的就是这种空间。这种空间只有一条关键连接与图形中的其他部分相连，如果切断了它，图形将分为两部分，即这个空间与剩余部分。因为被切断的关键连接仅仅通向一个单独空间，所以切断对于剩下的复形影响很小，除了这个单独空间损失后，复形剩余部分的拓扑深度略为减小了。

第二，某些空间的连接大于1，但是它们构成了某种子复形，其连接数比它的空间数正好少1，也就是拓扑树。这种空间本身不是死胡同空间，但是它至少通往（或者回到）一个死胡同空间。不管每个空间的连接数有多少，所有通向这种空间的连接都是关键连接，即如果该连接被切断了，就会把一个或者多个空间从复形中分离出去。图 8.16a 中标注"b"的就是这种空间。该定义表明了在任何这样的子复形（或者复形）中，不管该子复形有多大，以及它是如何被定义的，每个空间通向其他每个空间的路径都只有一条。这意味着穿过每个空间的移动只能是通往或者回到一个特殊的空间或者一组空间系列。这还意味着一个从出发点到目的点的路径必须经过 b 型空间时，那么返回出发点的路径也必然经过相同的 b 型空间。

第三，某些空间的连接大于1，它们构成的子复形中既不包含 a 型空间，也不包含 b 型空间，其中所包含的空间数目与连接数目是一样的。图 8.16a 中标注"c"的就是这类空间。这个定义表明了一个 c 型空间必须在一个单独的环上（尽管并不是在环上的所有空间都是 c 型空间），因此切断 c 型空间的一个连接会自动地将环状变为一个或多个树。从一个 c 型空间出发的移动，将会通过它相邻的空间，返回时并不需要再通过这个相邻空间，但是必须经过另外一个相邻的空间。

最后的一种空间有超过两个的连接，它们所构成的子复形中没有 a 型或者 b 型空间，其中必须至少包含两个环，而且至少有一个空间是两环共有的。这种空间至少位于两个环上，图 8.16a 中标注"d"的就是这种类型的空间。移动从 d 型空间出发，就会经过一个相邻空间，而返回时，可以选择经过另外两个或者以上的相邻空间。

我们也许还可以将子复形定义为 a、b、c 或 d 型，其中包括同种类型的空间以及所有使之成为那类空间的其他空间，即使其他空间还有可能属于别的子复形。换句话说，一个特定类型的子复形至少包括一个同种类型的空间。再来研究一下图 8.16b 中标注数字的空间，空间 5 和 11 是 a 型空间，那么由空间 2 和 5 或者由空间 9 和 11 组成的子复形都可被称为 a 型子复形。空间 9 是 b 型空间，那么由空间 6、9 和 11 组成的就是 b 型子复形。空间 2、6、7、8 和 10 是 c 型空间，每个都是环的一部分，或者 c 型子复形的一部分：空间 2 和 6 是由 1、2、6 和 3 组成的 c 型子复形的一部分，7、8 和 10 是由 3、7、10、8 和 4 组成的 c 型子复形的一部分。空间 3 和 4 是 d 型空间，也是由 1、2、3、4、6、7、8 和 10 组成的 d 型子复形的一部分。实际上，根据空间在复形中的位置，它们被明确地定义了，但这并不意味着它们就不能成为其他复形的一部分。例如，一个 a 型空间可能是一个 b 型复形的一部分，或者一个 c 型空间也可能是一个 d 型复形的一部分，在每个例子中，它们并没有牺牲掉自身作为一个 a 型或 c 型空间的特性。

这些基本的拓扑特征与深度最大化或者最小化的过程之间存在着简单而基本的关系。深度最小化的过程会自然地首先避免细长的空间被阻断，又保持该长线与其他长线的相交关系，其次是将不间断的隔断围成一个小而深的"房间"。图8.17a显示了这点，前八个隔断阻断了最短的线，在两边形成末端房间，在中央形成潜在的房间。标注了"a"和"b"的虚线表示了在这一点上有两个可能选择，而下方的数字表示了系统中在虚线上放置隔断后的总深度。这说明了两个一步深的房间所增加的深度远远小于一个两步深的房间所增加的，实际上这是因为两步深的房间需要五个连续隔断才能形成，而一步深的只要三个连续隔断就可以形成了。因此深度最小化的过程总是形成 a 型空间，由整体的 c 型和 d 型复形相连，正如图8.13b中 6×6 的例子。与之相反，在深度最大化的过程中，如图8.17b 所示，连续阻断最长的线性空间，形成的是 b 型空间以及其序列，而不是 a 型空间，而且在此过程中，尽量在局部生成 c 型和 d 型复形，尽量减少 a 型空间，它只出现在长序列的尽端，此外，在系统中任何环都只出现在局部。

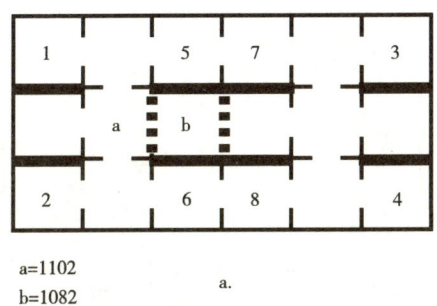
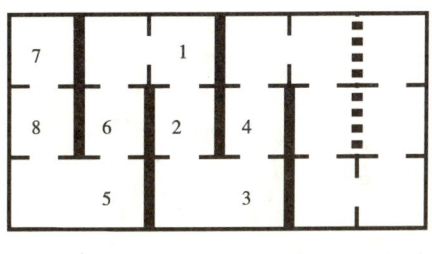

图 8.17

换句话说，深度最小化的过程会形成局部的 a 型复形，以及整体的 b 型复形，如图8.13b，只有当隔断24最后加上去以后，才将一个整体的 d 型复形转变成了一个整体的 c 型复形。而深度最大化的过程会在整体上形成 b 型复形，而在局部形成较小的 c 型复形。这一点很有用，因为它说明了在空间的复形中，这些基本组构如何与功能上关键的空间整合特征相关联。从根本而言，a 型和 d 型空间促进整合，而 b 型和 c 型空间则促进分隔。换句话说，复形中的空间割裂几乎完全是由空间序列导致的。

然而这一点还未表达清晰，需要进一步的阐述。如图8.18，在左边一列中，我们把组成环的空间由8个增加到12个，i 值（标准深度值）由0.4285 增加到0.4545，即整合度减小了。在第二列中，我们将每个 c 型空间外增加一个 a 型空间。两个复形都变得更加整合了，其中12环的复形变得相对更加整合，平均值为0.2848，而上面8环的为0.3048。实际上，在12环的复形中，环状空间的整合度为0.2410，比8环的略小，而8环的为0.2381。然而，12环复形的 a 型空间显然比8环复形的更加整合，前者为0.3281，后者为0.3714。在右边一列中，我们将每个 c 型空间连接上两个 a 型空间，效果更加明显：12环复形更加整合，平均值为0.2011，而8环的为0.2200，环上空间的值分别为0.1630和0.1621，但是 a 型空间的值则分别为0.2201和0.2490。

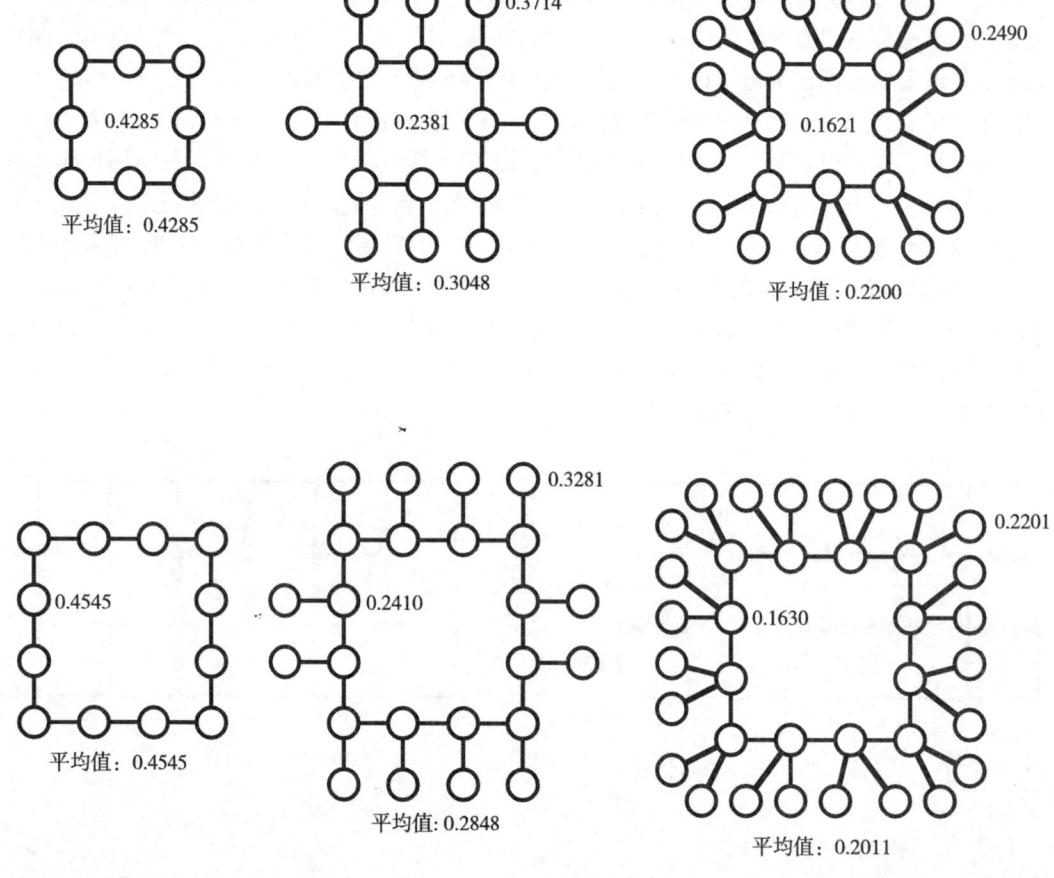

图 8.18

目前,对于空间模式生成的过程、不同类型的局部与整体空间复形的形成,以及整合模式的组成,我们大概彻底说明了它们三者之间的关系。那么我们可以提出讨论的中心问题:对于占据与移动,这些空间变化的含义是什么?也就是对于空间复形的普遍功能,空间的变化代表什么?在研究这点时,我们需要记住在第五章至第八章中提到的一个主要发现:在复形中,如果从任意部分到其余所有部分的移动越多,那么移动模式就越倾向于遵循空间整合的模式。

首先,我们必须注意到我们所确定的每种空间类型以及由此定义的复形类型,它们对于占据与移动的空间有着本质上不同的含义。正如我们所指出的,a 型空间中根本就没有穿行,因此它反映的是与移动相关的占据问题,而不是进出这个空间本身的移动问题。b 型空间中有穿行的可能性,却对这种移动有很强的控制效应,不仅由于穿越一个 b 型空间的每条路径都是独一无二的,而且由于返回路径必须经过同一个空间。c 型空间中也有穿行的可能性,同时也将这种穿行限制在特殊的空间序列中,尽管它不要求同样的返回线路。d 型空间中允许移动,但是几乎没有什么内在的控制,因为在两个方向上,它都有不同的路径选择机会。

显然，对于移动的控制作用，b型空间最强，c型空间其次，而它们都要远远强于a型与d型空间。a型空间不允许穿行，d型空间中的移动有多重选择，而b型与c型空间允许穿行，但也限制了通过空间的特定序列，而b型空间的限制性最强。对于任何从始发点到目的地的路径，每个b型空间所提供的恰好是一个进与一个出，而在b型复形中，每条的往返路径必然经过同样的空间序列。相似的效应还出现在c型空间与c型复形中，尽管稍微弱一点，这是由于虽然在整个环中，任何出行都有两个方向，但是出行一旦开始了，就必须沿着一个单一的空间序列，于是路径就类似b型，尽管在回程中并不要求穿过同样的空间序列。这个结果来自一个简单的事实，即对于任意穿过b型与c型空间的路径，空间是两两相连的，进出同一个空间的次数只能为2。从路径的角度来看，两两连接的基本特性使得b型与c型空间具有了独特的性质，既允许了穿行，又限制了移动方向。

这意味着b型与c型空间引出了占据与移动之间的问题，这是那些具有一个或者大于两个连接的空间所未遇到的。这是因为在每个凸空间中，b型与c型空间都调和着占据与穿行的关系，这也强烈地影响着空间的使用以及这类复形的空间结构。一般而言，这种效应有其前提：即这样的连续空间序列体现了其中占据功能的先后次序，同时沿着这些空间序列中也存在着与之对应的移动，且这种内部移动也符合其功能需求。

例如，很多种宗教建筑也利用了这种空间性质，形成了一个从世俗到最神圣的连续空间序列，每个空间都有不同的占据特征。再比如，我们在前厅也常常会发现这种现象，一个机构中的高级人员会在前厅中安排一位下属，占据那个空间，同时又控制人员的进入办公区。在住宅中，这种移动与占据的依存关系也很常见。实际上，住宅的室内空间也许就具有这种依存的模式。如图8.16所示的住宅，一个最简单的b型复形（由空间6、9和11构成）与男性活动有关，另一较为简单的c型复形（由空间3、7、10、8和4构成）与女性活动相关，然而，最简单的a型复形（由空间2和5构成）就是正式的接待室，此外，在一个主要的d型空间中（空间3，即起居室），则聚集了所有的日常生活功能，包括非正式的接待，它也把整个住宅空间联系在一起。值得注意的是，如果将这个空间（空间3）从复形中移走，如图8.16c，那么整个复形就转化为一个单独的序列，以及一个一步深的分支。[9]

一般而言，只有在文化与实践上认可了占据性空间在功能上的相互依存，而且该依存关系的基本属性符合前后交替的序列，它既体现在移动中，又反映在局部的空间布局之中，通常这样的空间才会被依次排列。[10]这种前后交替的相互依存是相对较少的，因为一旦如此，它们出现在哪儿，就会被局限在那个局部之中。简单的组合道理可以解释这一点。这种相互依存需要内部移动通过先后交替、且没有分支的空间序列体现出来，然而，即使在两两相连的占据性空间所构成的复形中，这种依存关系都不常见，那么对于每三个空间彼此相连的复形，或者每四个空间彼此联系的复形等，这种依次关系更是少得可怜了。这就是它总是保持局部化的原因。

尽管在小型建筑物中，那些功能上需要上述依次关系的空间序列构成了建筑物的绝大部分，甚至是整栋建筑，然而当建筑物扩大时，就需要更多的占据性空间，那些必须构成连续序列、且先后依存的占据性空间将会逐步减少。随着建筑物的增大，越来越多的移动将不是局限在某个局部空间系统内，仅仅满足局部功能，而将会发生在局部系统之间，虽然这些局部在功能上彼此更为独立。

这意味着较少的移动被"程序化"，这也是功能互相依赖的一个必要方面。其实移动常常是偶发的，或者说"非程序化"的。[11]移动的模式会遵循两点：首先，在空间复形中，它取决于不同占据性空间的布置方式以及这些空间作为起点或者终点的数量大小；第二，它也取决于这种布置方式是如何与复形本身的空间组构相联系的。更多的移动是随机地从所有地点（或者甚至是复形的所有部分）到其他地点，那么这就会更接近"自然人车流"的情况，也就是穿过空间的人车流是由空间自身的组构产生的，则会有更多的移动遵循建筑物的空间整合模式。当这成为了普遍情况时，移动的功能就中性化，即它不再是由建筑物的功能程序所决定的局部功能块之间的内在关系，而是一个整体突现现象，这种现象是由建筑内的空间布局结构以及其中占据性空间的位置所产生的。

中性化的移动将会遵循组构的拓扑结构，它形成了建筑物中的整合模式。a 型空间只能是移动的起点或者终点；b 型空间中仅有穿过它的移动，且它控制着移动的出入；c 型空间中也有穿行，但它只控制移动的入或者出；而 d 形空间则自然吸引着移动。那么 a 型空间最适合占据，因为它最不适合移动，而 d 型空间最不适合占据，因为它最适合移动，尤其是当这种移动是从复形中的所有地点到其他的所有地点。

然后，在不断增大的空间复形中，其中 b 型与 c 型子复形的比例将减少，因为它们只是为了满足占据性空间在局部功能上的相互依存，而 a 型与 d 型复形的比例将增加。在这种情形中，更多的空间会自然而然地转变为适合占据的 a 型空间、以及适合移动的 d 型空间，由此，占据性空间与移动性空间将会自然构成邻接关系。

正如我们所见，深度最小化的过程形成的正是这样的复形。它们还具有其他优点。首先，因为 a 型与 d 型复形的混合是最为整合的，那么从所有空间到其他所有空间的平均行程在拓扑意义上（也在实际距离的意义上）比其他任何复形的都要短。第二，这种的复形最大化了 a 型占据空间的数量，而最小化了 d 型移动空间的数量，因此使得占据与移动的关系尽量直接有效。第三，越是如此，在复形中从特定出发点到特定终点的移动重叠得就越多，于是形成一个共同出现与共同意识的整体模式，而这点在复形的功能性局部中是无法实现的。换句话说，占据这个需求把复形分隔成各种局部空间，而移动模式将它们整合在一起了。这反映了基本的事实：尽管在同一空间中，重叠不同的占据将会导致它们之间的干扰，而当移动的功能被中性化后，重叠这些移动将会形成了空间使用的一种突现形式，即通过移动而形成的共同在场，它们本质上都是同一类型的。因此重叠看来不应该被认为是干扰。恰恰相反，它应该是不无裨益的。

那么，当建筑物规模变大以及占据性空间变多时，这种空间复形就会自然成为了主要类型。这种类型的组构来自普遍功能，即在考虑建筑物特殊功能之前的占据与移动这种基本功能。根据复形中优化占据与移动关系的已有原则，我们只需在 d 型复形中加上更大的开放空间与更长的线性空间。

所以，建筑是门组合艺术吗？

本章开始提出的问题其实也体现在本章的两则引子中，现在我们已经给出了答案。把建筑理论看成是组合元素与关系的艺术，这根本毫无意义，因为它和语言一样，限制组合可能的方式才产生了"语言的结构"以及构成语言的"元素"。绝大多数的组合可能与那种语言是不相关的，正如随意组合的词语与自然语言毫不相关。空间语言的结构消除了大多数的可能性，它的起源不是基本元素组合的基本规则，而是来源于在从物质变动到空间组构中的那些从局部到整体的法则，它在某个层面上形成了稳定的局部，我们称之为元素，而在另一层面上，它形成了更高秩序的模式，刻画了建筑物普遍的空间形式。

形成"空间语言"组合的可能性是如何得以限制的？对于它的理解有两个方面。首先，我们看到了在任何实用的意义上不存在基本元素。虽然元素形成于局部空间策略，然而这种局部策略其实考虑了（而且刻意考虑了）从特殊局部到整体布局这一系列空间模式。所有这些都被表述为突现的空间现象，这些现象来自空间分隔这一基本的物质性过程，它遵循了一致性的规则去添加或者移走物质元素。由于我们发现了这种运用规则的一致性，于是我们将一种局部组构称为一种特定元素。如果我们随机地分隔一个复形，如图 8.19 的四个例子，我们不能找到那种一致性，因而我们也不能识别出元素。我们应当将"元素"完全视为"基因"，也就是抽象化的信息系统，它控制着物体，而物体的外在显型则是变化无穷的。只有通过这种方法，我们才能正确定义"元素"：元素来自系统的组构关系，一方面组构决定了元素内在的形式，另一方面组构界定了它是如何根植于整个系统之中的。在某种意义上，我们已经将空间复形中明显的基本元素简化为一些更为基本的东西：即一小族局部的物理变动，它通过遵循不同的规则在复形中形成了各种空间效果。然而，在更重要的意义上，我们已经将元素分解为了两套组构法则：一是产生了元素自身的法则；二是支配元素影响整体复形的法则。

第二，如果有人认为整体模式是简单地来自元素之间的关系，那么我们认为这是无益的。在空间组构中，每个局部的移动都有其独自的组构性影响，并且正是那些控制着从局部到整体效应的自然规则控制了整体的组构。那么，空间理论所需要的正是这些规则所构成的知识，而不是组合的可能性。这些规则不仅仅产生了我们称之为元素的局部组构类型，还形成了整体组构模式，它通常勾画了建筑物的整体特征。因此，我们可以解决这个明显悖论：大量的组合可能性与少量的基本模式类型的对立。正是从局部到整体的自然法则限制了组合的可能性，从而使得空间组合集中在真实的模式类型中。

这些法则的明确形式支配着可能的空间组构与基本功能之间的关系，这在于个体的局部移动，例如设置一个分隔或者阻断一个入口，就会有整体性的组构影响，也就影响着整个空间模式。这些整体模式对局部移动的影响是系统化的，因而持续地运用不同类型的移动就会带来迥然不同的组构性影响。这些从局部到整体的法则不以人的意志为转移，因此它们更近似自然法则，而不是由于人存在而发生的偶然事件。这并不意味着人类与空间的关系是受自然法则控制的，而是意味着从可能性发展到现实的过程中（或者历史过程中），存在着调和人类与空间之间的自然法则。那些新兴的以及已有的建造形态都不是关于可能性组合的简单子集，虽然往往它们被认为是这样的，其实它们只是那些控制着从可能性转变到现实的法则的不同表达。因此，这些法则以及它们与基本功能的关系才真正地限制了建筑和城市设计中空间组合的可能性，而一种空间的理论就必须是论述这些法则的。

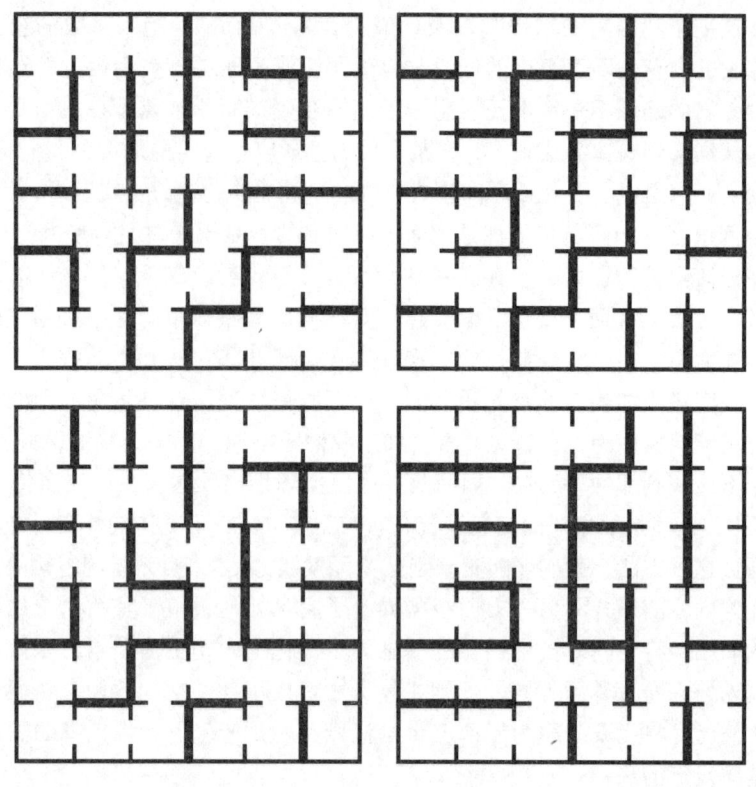

图 8.19

这意味着我们应该完全抛弃组合学吗？不是这样的。组合可能性是真实建筑存在的框架，而一种理论的正确形式是描述可能性是如何变成现实的。现在，我们正在为建立这样一种理论而提出了大体框架。我们认为：大量可能的空间组合在其成为真实建筑物之前需要经过三层的过滤。这些过滤在不同的层面上运作，但是所有这些都必须与我们建造房屋的目的有关，也就是这些过滤是对于可能形式的功能性过滤。

第一层过滤是最基本的，也就是我们上面所论述的基本功能。它控制了如下特性：所有的空间布局对任何人来说都必须是可用的，能够被理解，也就是人们可以占据其中，可以在其中移动以及认知它。第二层过滤是文化的过滤：在文化意义上，建筑物总是形成某种特定类型，因此在一个特定的时期与空间上，那些在文化意义上有着相同功能的建筑至少具有某些相同的空间属性。我们也许可以把这层过滤称为文化的基因。第三层的过滤发生在特定建筑物的层面之上，那些没有被文化基因所支配的特征可以按某种结构化的或者随机的方式进行变化，它赋予了建筑物的个性。这三个功能性的过滤不是彼此独立的，而是按顺序进行的。例如，第二层文化基因的过滤就是在第一层基本功能的过滤所设定的范围之内进行的。同样，第三层的过滤也在第二层的限制之中进行的。

然而，我们之所以不能抛弃组合学还有其更深刻的原因。尽管在本章中，我们已经指出建筑中关于形式与空间可能性的组合就其本身并不能推导出建筑可能性的理论，然而这并未圆满地回答问题。尽管理论上的建筑空间只是理论上的空间组合的一部分，然而它毕竟是组合学领域的一部分,因此它必须遵循这个领域的法则。如果是这样,那么当我们否认建筑是组合艺术的这个理论之时,我们必须承认组合学是建筑学的元理论(用以阐明某一或某类理论,而本身又更高超的一种理论——译者注)。

从一个精确的例子开始讨论。在第二章中,我们讨论了一个称为"埃伦菲斯特游戏"的思想实验,它建构了熵的概念。在一个罐子里放入 100 个标注了号码的球,如果我们随机地选择一个号码,然后把相应的球从一个罐子放入另外一个罐子中,那么直到最后,两个罐子中的球几乎相等。之所以会这样是因为一半一半的状态是最可能的状态,也就是更多的微观状态(标号球的实际分布情况)对应着一半一半的宏观状态(那时每个罐子中的实际球数),而不是球非平均分配的宏观状态。这个可能性变化的过程精确地解释了"熵"的本质。

关于"埃伦菲斯特游戏",其中重要的一点是它有效地类比了"熵"的物理含义,正如混合气体的例子。它与我们的讨论相关,因为我们可以用埃伦菲斯特模型来研究一个随机的分隔过程,这样可以发现普遍意义上的分隔。我们对空间复形建立一个随机分隔的过程:在 6×6 的复形中,在 60 个出入口上设置隔断,并标号,然后建立一个随机的选择器,在 1 到 60 号中选择一个号码。随后,我们旋转着指针依次选择号码,每次选出了一个号码,就改变标记着这个号码的出入口的状态:如果分隔处有隔断,就打开出入口,如果没有,就设置上隔断。那么会发生什么呢?直觉告诉我们,最后结果会是一半的分隔处有出入口,而一半不会有,而这也是最可能的状态。我们已经知道在这种状态下,有着最多可能性的不同布置方式。

仔细思考一下这个随机过程,并且理解它的相关意义。第一次选定一个号码,打开一个出入口而不是关闭的几率是 60/60,或者 1,这是非常肯定的。第二次存在 1/60 的机会,我们将会关闭刚刚打开的这个出入口(0.0167 的几率),同时有 59/60 的机会,我们将会打开另外一个隔断(0.9833 的几率)。第三次,存在着 2/58 的机会,我们将会关闭在上述步骤中打开的出入口(0.345 的几率),而打开另一个隔断的机会是 58/60(0.9667 的几率)。显然,在随机过程中,关闭一个出入口的几率与打开另外一个隔断的将会逐渐接近,直到有 30 个打开和 30 个关闭,这样几率就相等了。因此,打开与关闭出入口成为"同等可能"的操作。

换句话说,和埃伦菲斯特游戏一样,我们有着同种类型的分隔过程的组合学,因此也是关于熵的组合学。这个结论明显具有建筑上的含义。例如,如我们已经注意到的,它解释了分隔状态最终形成半对半的可能性要远远大于其他的可能性。那么,如同拓扑深度最大化或者最小化的例子,对于一个复形,存在一个较大的区间,其中的状态接近最大几率。这也表明在这个区间内,分隔状态的细微改变将会对整合程度有最大的影响,比如一个隔断就能切断一个较大的环形通道空间。尽管建筑物只占据了狭窄的组合可能性的区间,其中仍然存在着一系列由空间基本组合学发展而来的类似问题。

因此,空间组合学的法则不是建筑的空间理论,但是它们的确控制了它,也构成了一个理论元结构。在理论上,真实建筑中可能的组合空间就从属于这个结构框架。因此,空间组合学是建筑空间的元理论,而不是它的理论。这种关系正类似于"信息论"中的数学理论与语言科学之间的关系。关于交流的数学理论就其本身不是语言的理论,但是它是语言理论的元理论，因为语言学存在的规则都是处于它的基本法则框架之中。如同语言一样，组合学的数学法则在建筑可能性的各个方面都有体现，因为它们是那个可能性系统的框架。因此，它们应该被理解为是广义理论，包含了建筑空间理论的框架。

在下一章中，我们不再分别研究各种空间分隔的可能性，这已经被充分论述了，而是探究各种城市系统以及大型建筑中那些空间聚集的过程，于是，我们将会发现组合学作为建筑可能性的元理论具有更加普遍的意义。如同在第八章里简要讨论的，我们还将发现组合的可能性实际上在建筑形态演进中扮演着建设性的角色。

注释

1　W. R. Lethaby, *Architecture*, Home University Library, London 1912.
2　Hellick M, Varieties of Human Habitation, 1970.
3　Trigueiro E, "*Change and Continuity in Domestic Space Design: a comparative study of houses in 19th and early 20th century houses in Britain and Brazil*", PhD thesis, UCL 1994.
4　评论见 P. 史第曼（Steadman），*Architectural Morphology*, Pion 1983, chapter 8 and Appendix.
5　P. 史第曼（Steadman），p171.
6　Trigueiro, "Change and continuity".
7　这些比例是根据对案例中大数的"第二次标准化"的结果而估计出来的。必须强调的是它们在这个阶段是试验估计值。但是基本的观点看来是可靠的。
8　关于语言中"元素"性质的确切类比性结论可见 de Saussure in *Course in General Linguistics*, McGraw-Hill, 1966（原文是法文，1915）. 例如："语言没有根据它们的意义和语序而为自身提供一套预先界定的符号"，P. 104；"如果我们从独立单元是词语这个观念出发，我们就会试图这么想……具体的单元不是词语，而是其他什么"，P. 105；"从说话的角度来看，语言是一种只是由复杂术语组成的代数……语言是一种形式，而不是一个实质内容……所有给事物命名的错误方式都源于一个偶然假设，即语言现象必须有实质内容"，p. 122。
9　换句话说，每种占据空间都有一个独特的局部组构，这取决于在整体上，它们的空间整合程度与中心起居室的功能关系。正是由于不同的局部空间组构成了一个单独的组构使得住宅成为一种独特的建筑物类型。住宅并不是我们平时所认为的那样是最简单的建筑物。恰恰相反，作为一种功能互相依存的复杂模式在空间中的映射，它也许是最复杂的。
10　在建筑物中，如果某种独特模式的移动方式是一个主要的功能要求，我们可以预见空间是被序列所控制的。例如，画廊与展览建筑，它们的设计明显是为了使人在其中的移动能够穿越所有空间，而不用过多重复，通常都有较高比例的 c 型空间，使得它们具有独特的形式，在 J 型图上有大量深而交叉的环。但是这还没有说明白。如果我们研究画廊空间功能上的微观结构，我们会发现整体移动穿越序列空间的路线是没有影响观赏区域中局部的移动。至少在局部凸空间与线性区域的关系是相邻接的，而不是真正互相干扰。
11　或者如在第七章中的讨论，会有或长或短的模型。

第九章 基本城市

在大海中，我的身体在膨胀，体内与身外充分地交融；然而，身体浸没得越多，我膨胀得越大，海水也更难浸透身体，那些部分依然干燥而麻木，不过，体内这份乏味的厚重感也仅仅是我快乐中的一线阴霾。那些被浸透的层层表皮，暴露在体外，如手套般充分伸展，同时，又内外翻转，丝丝渗入体内……也许，我可以说，现在舒服多了。

——伊塔罗·卡尔维诺（ITALO CALVINO）《血，海》

空间构成的城市

前一章提出了人与空间的深层次联系是由两个法则控制的："突现空间法则"，根据这个法则，通过改造纷繁的局部物质形态可以形成更大尺度的空间组构特征；"普遍功能法则"，根据这个法则，大多数人的基本活动，例如简单地占据空间与走动，能够限制空间构成。在本章中，我们认为在很大程度上城市空间形态体现了上述这些法则。如果期望理解城市，我们必须学着把它们看成"由空间构成的物质"，由空间法则控制着，人们可以根据法则获得某些空间效果，但没法改变法则的本质特征。这个观点暗示着在20世纪的设计中（见第五章的论述），关于城市与住区的常用空间概念由于没有考虑上述法则，形成的空间不同于过去历史上的形态，缺少根据这些法则产生的基本形态模式。如果这些法则是存在的，那么目前整齐划一的城市观念需要加以改变，回归到由这些法则控制的轨道上去。

然而，城市形态的演变遵循普遍规律，这种想法显然会受到反对。最突出的反对观点是认为城市是独特个体，因为它们的形式与特定时代以及所处的位置密切相关，其中包括港口、河流与山脉等地理特征，贸易发展、人口迁徙与征服占领等特殊的历史事件，以及交通枢纽、开发资源等现状条件。每类因素看似对不同城市有相似的普遍影响作用，但是综观考虑，任意两个城市基本上不可能有相同的一组影响因子，而且影响因素出现的顺序也不尽相同。那么，虽然这些因素可以作为粗略比较的基础，但是它们会导致千城千面。当然，这也取决于我们如何去体验城市。

第二种反对观点也是基于类型的，但是不是很突出，它与第一种观点还有矛盾之处。城市空间和物质建设完全折射了社会经济过程，这不仅非常正确，也是它们存在的基础。不同的发展过程很可能导致不同类型的城市。在第六章，我们给出了一个类型对比的例子，一类是生产的城市，另一类是社会再生产的城市。它们不同的空间和物质形态体现了城市不同的基本功能。比如在地中海南北地区中，不同的城市物质和空间形态很明显与欧洲和伊斯兰传统社会经济的差异有关系。看来应该是特定的社会、经济和文化历程，而不是那些普遍的空间法则推动着城市形态的演进。

这两种反对观点看似非常合理。一方面，从个体角度看待城市，另一方面，从类型角度看待它们。这些看待城市的角度如何能接纳如下的观点：普遍的空间法则可能作用于城市的空间演变？事实上，这些角度和上述观点不是对立的，它只是说明了我们讨论问题的层面有所不同。空间法则对城市的作用不在个体层面上，也不在城市类型层面上，而根植于个体城市和类型城市的共通之处，即城市在空间布局上之所以为城市的道理中。虽然人类聚居地的演变过程受到了不同社会和地理因素的制约，但是它们倾向于保持"几乎不变"的空间组构特征。简而言之，"几乎不变"的特征就是说组构方式落入了非常狭窄的空间组合区间内。如果不了解这些"几乎不变"的特征，在我们把城市看成类型或者个体之前，就不能很容易地大致理解城市。

到底这些"几乎不变"的特征是什么？先比较一对城市轴线表现图：一个是目前伦敦的一部分，见彩图 2c 至彩图 2e；另一个是 20 世纪现代化之前的伊朗设拉子的中心区，见彩图 7。它们的空间格网明显是不一样的。设拉子的轴线结构更加复杂，而事实上也更缺少整合性与可理解性。如果我们研究一下轴线和凸空间的关系，伦敦的轴线穿过更多的凸空间。比较整合中心结构，我们也能发现不同点。虽然在拓扑半径 n 处（没有表示设拉子的这种情况），两个例子都有明显的核心结构，从中心扩展到边缘，但是在有效拓扑半径（即半径-半径）处，伦敦具有一个覆盖全城的空间核心结构，从中心向边缘扩展，是欧洲城市的典型代表，而设拉子的空间核心结构显然局限在某些角落。城市格网结构的不同与熟知的环境行为不同有关联，比如在欧洲城市和伊斯兰城市对比中，居民与外来者、男人与女人等之间的接触方式是不一样的。我们可以称这种城市形态与社会行为的关联为"空间文化"，这也是城市形态理论的一个主要的研究方向。

从这两张图中，虽然我们能发现空间布局明显的不同之处，但是也能找到城市格网的很多相同点。例如，至少在三个层面上，建筑物所围合而形成的空间不可思议地呈线性化：在微观层面上，建筑物彼此相邻或者相对，形成的空间是线性连续的，而不是封闭的；在较为中观的层面上，视线或者说运动趋势能从一个空间穿过很多其他空间，这种现象也不是随机的；在较为宏观的层面上，我们发现某些特定的线性空间在城市格网中连续延伸，导致了宏观尺度上人车流运动的可能性。在这两个案例中，这些特征的表现程度有所不同，但是它们也都呈现出来了。在大部分聚居地中，这些特征都能或多或少地呈现出来。

在更大的尺度上，我们还能发现这两个案例的共同点，这也是聚居地所共有的"几乎不变"特征。最显著的现象是其中既有某些布局良好的局部空间，又存在很明显的整体空间格局。在这两个案例中，虽然在局部与整体层面上，空间格局彼此不同，但是在每个案例中都存在着这两种尺度的空间格局，这种现象也普遍存在于其他城市中。一般而言，我们也发现了城市整体形态中"几乎不变"的特征。其中最重要的一点是随着城市的生长，它会向各个方向扩张，或多或少地呈现紧凑的城市形态，即使某些城市在其发展初期呈线性状，这种现象也会发生。"变形的格网"看来是最恰当的术语，它可以总结所有城市中"几乎不变"的特征，这是由于虽然大部分城市空间要么清晰，要么支离破碎，然而一般而言，建筑物还是会聚集在一起，形成面向外部空间的街坊块，同时定义了街坊块周边的环形空间，它们彼此相联，并且在较大区域内，或者整个城市内奇妙地形成线性的网格布局，这种现象在组构分析中比比皆是。

我们认为这些共同点来自共同的空间文化，也就是上一章谈到的普遍功能，即这种功能不是指人们在空间中不同的活动，而是指在发生这些活动之前，人们占据空间的方方面面：占据空间的行为表明人们了解这个空间同其他空间的关系；占据某个复杂空间体就表明人们有能力在其中走动，而走动取决于能否完全理解这个复杂空间体。

空间复杂体的主要特征就是可理解性与功能性，这是"普遍功能"的核心。在聚居地中，普遍功能不是指不同文化、社会以及经济形态的个性，而是指从空间角度看到的上述这些形态的共性。我认为普遍功能导致了突现的不变量，它表现为城市网格中基本的不变形态结构，然而文化、社会与经济的差异导致了城市类型的不同，同时地理和历史特征的差异又赋予了城市的个性。实际上，基本的聚居地演变过程是存在的，它几乎不变，超越文化因素；而空间文化则是其中的参量，对于所有城市形态，这个参量可以形成不同程度以及不同模式的空间整合方式以及相应的可理解性，也可以形成不同程度的局部与整体的布局方式。本章就是揭示这个基本的聚居地演变过程是什么，以及它又是如何从基本功能与空间突现的法则中产生的。

在回答这些问题之前，我们必须首先明白我们到底要解释什么。很显然，当聚居地规模较小时，它们的形态多种多样。同时，历史进程中也发生过非常激进的城市形态试验，比如第六章提到的那些城市。然而，当城市增大之后，它们的特色将会削弱，在某种程度上它们的格网也变得彼此更为相似。我们寻求的就是较大城市的生长过程中的那些不变量，即城市演变的主线。那些"奇怪"的城市的确存在，甚至一时规模较大，然而在本质上，它们是城市演进的死胡同。它们布局的原则与其之后规模不一的大量城市案例或者类型并不吻合。

由于基本城市反映了深层次的规律，而且决定了城市的共同结构，也许有人认为这种城市太抽象了，而没有任何实际价值。恰好相反，城市空间法则的影响是普遍而深远的，它存在于我们观察与体验城市的过程之中，也存在于城市的本质结构之中。为了在不同层面上理解城市个性与类型，我们必须首先正确理解影响形态的基本法则是什么。如果认为城市是由空间将建筑物联系着而聚在一起的，那么根据前一章的论述，空间法则是其第一层过滤，它将聚集过程中不计其数的形态组合过滤为几近为零的几种组合方式，称之为城市；社会经济过程是其第二层过滤，使得城市在基本演变过程中获得可识别的类型特征；而特定时期以及地形限制是第三层过滤，它赋予了城市最终的个性。

理解基本城市就是回答两个问题：第一，在城市空间演变的过程中，这些特定的不变量是如何产生的？为什么会产生？第二，在决定城市形成的那些社会性以及功能性过程中，哪些方面主导了城市的演变？在本质上，答案存在于上一章的讨论之中：在单元块聚集体（也就是城市）中，空间法则存在于从局部空间构筑到整体空间模式的各个层面之中，而"普遍功能"推动了这一聚集过程，同时也当然伴随着主要的社会经济与地形因素的影响。

两个悖论

在城市发展中，这些"几乎不变"的因素是如何从成功地布置建成形态的过程中突现的？为什么会产生这些因素？首先，我们必须明白建筑物聚集的过程受制于"突现"的法则，这是理解城市生长的关键。比如，如果没有任何限制，一个随机聚集生长过程趋向于最终形成一个圆形，这仅仅是由于这种形态出现的几率最高。[1] 这与城市生长相关，因为圆形是最整合的空间形态，这意味着如果出行是从城市中任意一点到其他任意一点的过程，那么圆形中的出行平均距离是最小的。于是在随机过程中，圆形出现的概率就会很奇特地高。

这种"突现法则"对于城市生长很重要；然而，更为重要的是一些类似的基本法则对城市的影响不是简单地表现为生长体系的突现特征，而是赋予系统以一系列相互冲突的张力。这些矛盾的解决本质上决定了系统生长的路径。突现法则的运用实际上就是解答悖论，这也必将通过生长过程来解答。城市生长中有两个悖论：一是中心化悖论，二是视程悖论。

中心化悖论是这样的。在出现几率最大的圆形聚集中，中心区域的整合程度最高，它逐步向边缘衰减至最低。据我们所知，整合度的高低对空间系统的功能有影响，从这个观点来看，中心是很重要的。例如，如果人车流是从任意地点到其他任意一点，或者说目的地与出发点是随机的，而且人车流遵循最短路径，那么中心区域通过的人车流将更多。

然而，只有我们根据城市系统内部空间关系来考虑这个系统的时候，上述的情况才会出现。一旦我们考虑它的外部联系，比如区域内的其他聚居点，或者甚至只是这个系统的外部空间，那么整合程度从中心向边缘衰减的分布是不成立的。实际上，空间形态的整合度越高，它越接近圆形，那么它整合程度最高的内部空间区域也就与外部世界越隔绝，即根据定义，这部分与这个系统邻近部分的其他聚集物越没有联系。换句话说，最大化系统内部整合度也将最大化它与外部的隔离程度，这就是"中心化悖论"。

相反，当圆形变换为线段，即各个元素排列成一条线（这是生长过程中出现几率最小的形状），那么这个形状本身的整合度最低，但是它最大可能地融合到外部区域之中，或者融合到这个区域的其他系统之中，这是由于构成这个形状的每个元素都直接与这个形状外的区域相联系。简而言之，圆形与它之外的空间具有最小的整合关系，而其内部整合程度最高，这是由于它内部的元素最多，而边缘的元素最少。反之，线段具有最多的元素位于边缘，最少的元素位于内部。

因为城市形态既需要内部的整合度，又需要外部的整合度，而最大化内部整合度，就必然会失去外部整合度，反之亦然，所以城市系统的生长必需回应这个中心化悖论。内部与外部整合程度之间的张力导致了城市演变必须去克服了这个悖论。例如，随着城市规模的增大，从边缘到中心的某些线形空间的长度会随之而增加，这就是对上述悖论的一种回答。确切地说，这个道理还可以直接推出我们的第二个悖论，即视程悖论。然而，这个例子未清晰地表达出它本质的复杂性，这是由于路程距离与视程之间还存在着差异。

这个视程悖论可以很简单地解释清楚。如果我们把元素线性排列，见图9.1a与图9.2b（以及对应的拓扑图），那么两两元素之间的路程距离的总和将会最大化。元素越多，路程距离的总和越大；如果出行方式是从任意一点到其他任意一点，那么其中的出行效率将越低。如果研究对象不是实际出行距离，而是可视性，那么结果就恰恰相反。例如，我们在图9.1c与图9.1d中加入一条线表示视线，所有元素都被穿过，于是这个形状的视程（相对于路程）的整合度将会最大化。在拓扑图中，这意味着所有元素都与这个表示视线的元素相连。换言之，元素聚集成为线形时，路程的整合度极小化，而视程的整合度极大化。仅仅考虑路程，线形的拓扑深度的均值随元素的增多而变大；然而，如果考虑视程，虽然元素排列成为一条长线，可是其最大的拓扑深度为2，而实际上，随线段的增长，拓扑深度的均值向2收敛。

第九章　基本城市　　*221*

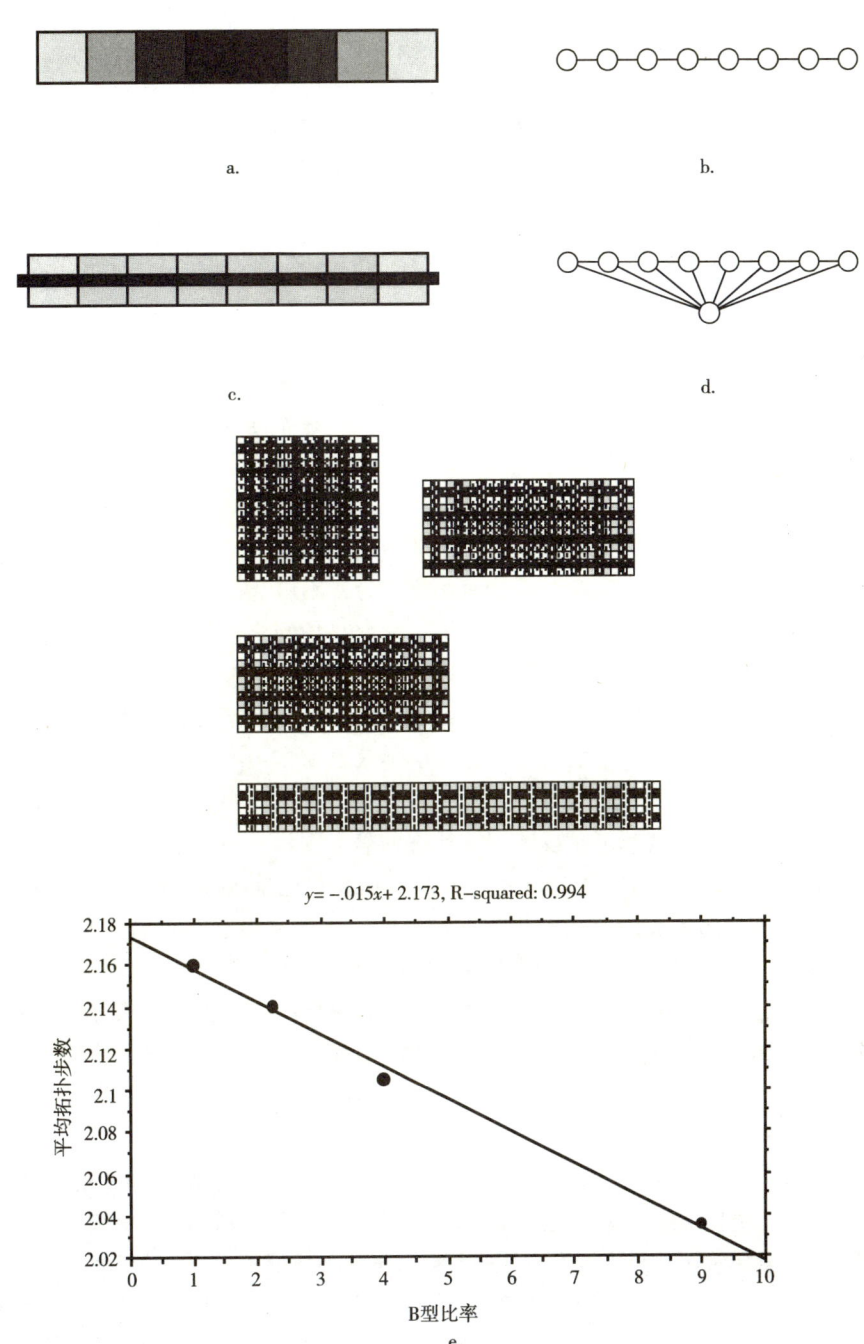

图 9.1

于是，可以认为形式中的视程整合能力与路程整合能力恰好相反，这点很重要。它也适用于研究由单元格与视线组成的网格。例如，保持单元格数目为 36，研究包含视线的不同网格，分别是 6×6、9×4、12×3，以及 18×2，随网格变成窄长形，拓扑深度的均值逐步减少。我们可以认为随着格网的长宽比增加，视程整合度增大，见图 9.1e。如果不考虑视线，网格本身的长宽变化效果将是相反的。

换句话说，从视线角度与路程角度来分别看待形式中那些代表地点的基本元素，它们的整合效果是不一样的。对于格网，从视线角度来看，格网越窄长，整合效果越好，而从路程角度来看，结果恰好相反。对于线形，从路程角度或者出行的能量消耗的角度来看，它的整合效果最差，而从视线角度来看，它的整合效果最好。这是显然的，但也是基本的。如果把一系列城市空间组合成为一条街，平均总路程是最大的，但可以一眼看穿这条街。同样的原则也限制着城市格网的延伸过程。

城市形态必须解决这两个悖论。第一，城市为了与外界联系，而需要增加与外部的整合能力，同时，它为了加强内部不同地点的联系，则需要促进内部整合能力，虽然这两方面在理论上是彼此对立的。我们可以认为这种悖论发生在不同尺度层面上，至少包括局部与整体这两个方面，而城市形态必须克服它。第二，城市为了促进高效率的出行，布局需要紧凑；同时，它也要考虑可视性以及可理解性，从而形成了线性空间。我们认为这两个悖论在不同尺度上导致了城市格网中那些"几乎不变"的特性。

那么，城市形态如何解决这两个悖论呢？我认为答案就是结构化的城市网格，不管它是"变形的"还是"正交的"。[2] 城市网格的结构化就是指网格以某种形态模式去整合空间元素，使得整体布局容易被理解，从而支持城市的运作。本质上，所有街道与地区根据不同程度的整合程度与可理解度被区分开来，使得城市系统的各部分彼此不同，这样城市就得以结构化。这就是为什么整合的核心与分散的地区是城市系统的基本功能属性。这反映了构造系统的过程，其中各个组成部分都不一样。在城市系统中，整合度的分布、与之相关的建构形态以及用地模式都不是反映当前状态的静态图示，而是记载着这个系统结构中历时性的演变。当然，这种城市演变中的"结构性惯性"也是城市未来发展中的基本限制。

城市形态是如何通过克服这两个悖论而形成的，这就相当于在布局建筑物的过程中，城市是如何通过获得更多的基本空间属性去实现一种突现的模式，即结构化的城市格网。这儿有一个方法论的难点。到目前为止，本书中所有分析的空间都是已经存在的复杂城市系统，即这些城市都已经建成了，或者经历了各种演变过程。而我们研究的问题是城市系统的建立，即城市是如何从一张白纸中生长并演变出来的。这张白纸看似毫无结构可言。那么，我们又怎能想像并分析那种来自一片虚无之中的城市聚集过程？

答案是简单的，它把我们引入了新的理论天地。空间不是没有结构的虚无。我们只能采用物理系统的含蓄类比来解释这个观点。不管是人工的、还是自然的物理系统，它们都以某种方式把组成元素构筑在一起才能形成结构。空间与这种情况不一样。在它的原始阶段，空间就已包含了所有可能的空间结构。在这种意义上，空间才与"物体"相对立。物体仅仅具有它们自身的特征，而空间具有所有可能的特征。当我们把物体放入"基本空间"之中，我们没有创造空间结构，而是消除了某些结构。在空间中放入一个物体，就意味着原有的某些视线与运动线路就被阻隔了。当我们谈论一个由建筑物组成的城市网格结构时，在这个城市还未建成之前，这个结构其实就早已存在了，它与其他所有可能的结构共存于"初始"空间（我们没有干预这个空间之前的空间）之中。我们称之为格网的空间系统不是在规划建筑物的过程中创造出来的，而是由于其他可能的网格已经被消除了。城市格网是在排除过程中生成的，而不是组装出来的。它的存在得以关注是由于它排除了其他"虚拟"的结构。

这种看待空间的观点既可以在哲学上成立，又可以在实践上立足。在无限可能的结构中，一种舞蹈描绘出一种可能的空间结构。舞蹈就是在无限的空间结构中进行一种探索，也许就是一种庆祝仪式。任何开放空间都没有消除任何可能性，而人类的活动就是在其中连续不断地建构以及重组这些结构形式。如果我们不这样来思考空间，我们就不可能调和人类的自由与空间的构筑。实际上，空间绝不能构筑人的活动。而在物质构筑空间的过程中，人们选择了某些可能，而放弃了其他可能。然而，这些建筑物之间的缝隙仍然是"开放"的，在它们的限制之下，仍然具有无数的空间结构可能，于是，我们还可以带着铰链跳舞。

全视线图

在基本空间中，实体的加入是如何消除其他可能性，而生成空间结构的？为了理解这一点，我们必须正式地定义基本空间，即存在于建设之前的这个包含所有可能结构的空间。把理解城市结构看成是基于轴线的分析，这看似毫无道理，却效果颇佳。那么，我们就可以把基本空间看成由无数条任意长、任意方向的线构成的矩阵，称之为"基本线图"，在其中放入任何实体都会阻断一些线，而不触及其他线条，从某种意义上来说，这就创造了结构。

当一个物体在基本线图中创造出结构后，我们如何判断并且度量它？显然，在这个阶段，我们不能应用"轴线图"，虽然它在分析真实城市结构时非常有效，然而现在，我们却没法画出那些轴线。当一个物体被放入基本线图中，无数条线触及到它，无数条线与之相切，也有无数条线在它四周。这些线条构成的图看似不能用于分析。

然而，根据物体对基本线图的结构影响，我们找到了一种基本方法去描述这些物体，甚至几组物体。如果把物体看成一栋简单的建筑物，那么有一组线恰好与这个建筑物相切，既包括通过建筑物某些点的切线，也包括正好滑过建筑物表皮的那些线条。为了让这组线的数量更少，我们只考虑那些与建筑物相切于一点的线条。这样就消除了那些滑过建筑表皮的线条，因为它们必须与建筑物的两点相切，即滑过的那个面的边缘上的两个点。然而获得了所有我们希望得到的切线，即用计算的术语来说，就是只通过建筑物的一个像素点的那些直线。

即使如此定义，然而通过一个点的线条还是无数的，它们会形成一个开放的扇面。然而，没有采用那些穿过建筑物的线，也没有采用与建筑物表面有两点相切的线，这组线已经定义了建筑物在基本线图中的约束条件。在实用的意义上，这些切线得以精确定义了，而且也是根据建筑物的出现而产生的。在此，我们至少把问题简化了一些。

然而，一旦在第一栋建筑物附近加入第二栋，我们就能定义一组新的线条，它们与两栋建筑物都相切。找出分别仅与这两栋建筑物上一个点相切的线条，延长它们，直到与我们定义的研究区域边缘或者另外一栋建筑物相交，这样就严格定义了第三章提到的轴线图。实际上，这组线就是所有同时与两栋建筑物都相切于一点的视线，这样就构成了"全视线图"，两栋建筑物上的点也能彼此"相视"。如同其他彼此相连的轴线图，"全视线图"也可以进行整合度分析。这样，我们发现了任何物体组都能创造出某种空间结构。

于是，我们可以将此作为基本方法，分析物体被放入到基本线图中的空间效果：首先找出与所有物体都相切于一点的线，形成"全视线图"，然后进行整合度分析。为了分析方便，我们需要定义系统的边界，让包含所有物体的基本线图的形状尽可能地规则化，以此减少边界效应对分析的影响。根据物体之间的彼此关系，我们将物体放入基本线图中，然后就可以分析出关于整合程度的空间结构，它反映了那些物体的形状与位置。如彩图 3a 就是一些物体构成的"全视线图"以及它的整合度分析。既然每条线都是一对物体中的一对点所确定的限制性视线，那么可以认为这是在分析由这组物体界定的空间的可视性。

这些可视性分析图非常有效，它们综合了组构分析中看似毫无关联的方方面面。例如，从定义上就可清楚知道，轴线图是"全视线图"的一个子集。因而，可以认为全视线图涵括了轴线图。它们就如轴线图一样，也包含了组构中整体空间结构的某些方面，这将在后文有所论述。

然而，我们还发现全视线图也对第三章中提到的形式分析有所帮助。例如，构筑一个 5×5 的街坊块组成的正交街道网格，对此进行"全视线图"分析，我们发现虽然在这种情况下，轴线图分析的结果将会是每条线的整合度相同（因为所有的轴线恰好与其他 50% 的轴线相交），但是"全视线图"给出的分析却是整合度从边缘向中心逐步变化，见彩图 3b。中心区域出现了高整合度的核心，这是由于它除了包括轴线图中表达整体结构的那些线条之外，它还包括许多相切于两两建筑物之间那些视线，其中很多仅仅比街坊块稍长一点。这些密集的短线就如同前面提到的格网分析，导致它们自身的整合度从边缘到中心不均匀分布，而且把整合度不均匀地传递给了那些更长的线。也就是说，全视线图整合度分析不仅得出了轴线图分析中那些长线构成的整体空间形态，而且得出了类似格网分析中的那种局部形式结构。

全视线图也得出了如图 9.1 中提到的格网与视线叠加效果。例如，把 36 个方块排列成为 6×6、9×4、12×3，以及 18×2 的模式（称之为长宽比，或者"方块形状比"），然后分别进行全视线图分析，我们发现当长宽比越大时，平均拓扑深度越小。也就是说，如果方块总量为常数，平均拓扑深度随行数的减少而降低：2 行排列模式中的平均拓扑深度比 3 行排列模式的要小，而 3 行排列模式的比 4 行排列模式的小，如此类推，正方形排列模式的最大。这表明形状更窄长，整合度越高。

进一步研究，我们发现如图 9.1 中 18×2 这样的"2 行"格网更加有趣。如果保持行不变，增加方块的数量，平均拓扑深度随方块的数量增加而增大，但对于行不同的排列，这种增加曲线是不一样的。例如，图 9.2a 和图 9.2b 分别表示了 1 行排列与 4 行排列中平均拓扑深度与方块数量之间的关系，也就是比较方块形状比不同的情况。对于更大系统的研究表明，在这两种排列中，平均拓扑深度会随方块数量增加而增大，至少这对于正常城市那么大的系统是适用的。然而，图 9.2c 表示了 2 行排列的特殊性。在方块增加的早期，平均拓扑深度增加较快，然后变缓，持续到了 18 个方块（2×9）的时候，然后，到了 20 个方块（2×10）或者更多的时候，平均拓扑深度开始下降，而且持续下降，至少持续至正常城市的极限。为什么只有 2 行系统如此特殊呢？原因简单但也深刻。当方块被排列成一行，两个方块之间有其他方块，它们就不能彼此相见（这是由于排除了与同一个方块两点相切的视线，即相切于方块整个表面的视线），那么 2 行排列是所有排列之中任何方块都可以看到 50% 以上其他方块的特例。这是由于在其他排列方式中，任何不在同一行的两两方块之间的视线都有可能被其他方块阻碍。因此，当 2 行排列系统增大时，它的可视性就会比其他排列方式更好。

第九章 基本城市

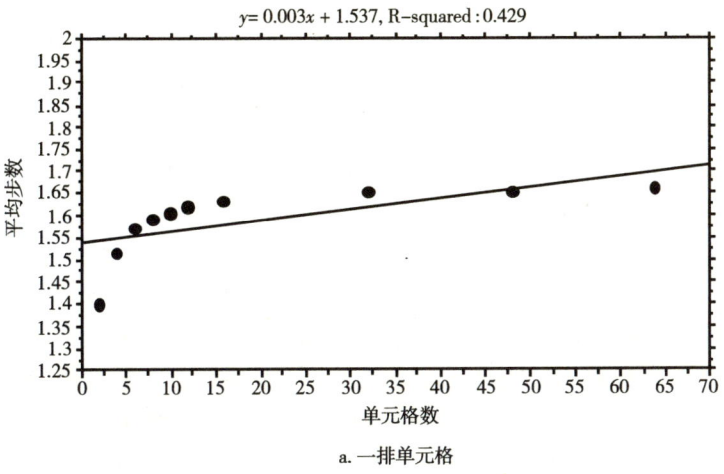

a. 一排单元格

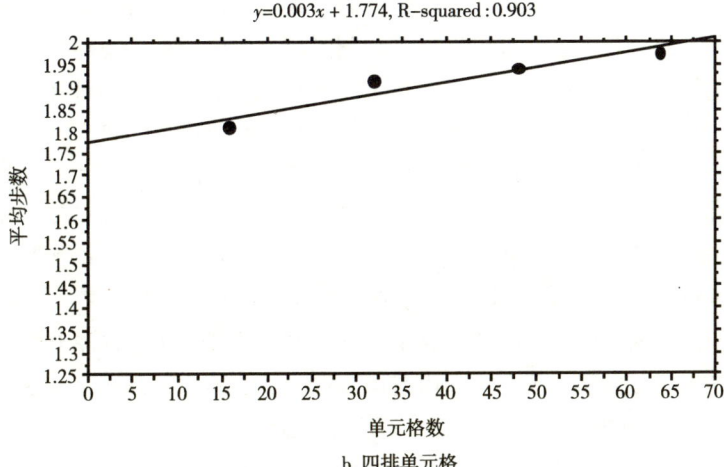

b. 四排单元格

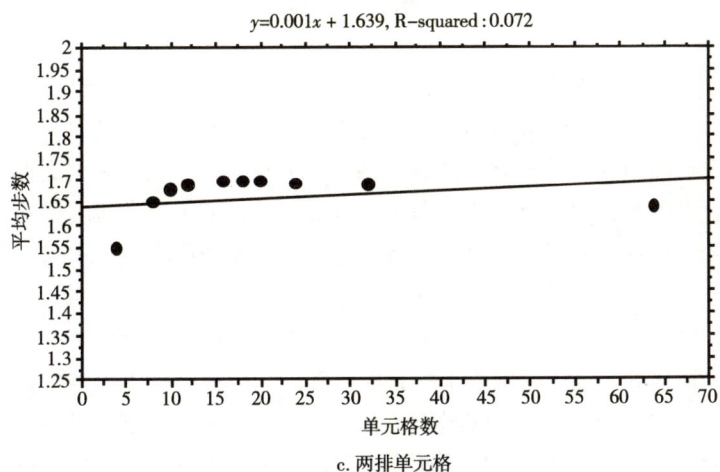

c. 两排单元格

图 9.2

当考虑全视线图中整合程度的时候，2行排列系统在所有方块排列模式中具有特有的理论价值。它其实与城市中一种基本的空间类型相对应（或者它就是基本的空间类型），如街道、大道、小巷、林荫道、车行道等线形空间。这至少暗示着2行排列系统中特殊的视线整合程度应该是这种基本空间类型遍及城市的原因。

相关的解释也许与其他主要城市空间类型有关，比如"市场"、"场所"、"广场"等较大的开放空间。如果在网格中生成一个广场，比如删除6×6格网中央的四个单元格，见彩图3c，那么平均拓扑深度减少，因而系统的总体整合度也增加了。如果把这个广场移到网格的边缘，见彩图3d，比较6×6的网格，平均拓扑深度也减少了，但是与广场放在中央的情况相比，平均拓扑深度减少得少些。这种效应与上一章谈到的整合度生成原则相一致，即位于中央的大空间比位于边缘的更具有整合能力。如果把这个开放空间替换为相同大小与形状的实体，见彩图3e与彩图3f，那么中央放置的实体比边缘放置的更能降低系统的整合度。如果替换为相同面积的窄长空间或者实体，它们也遵循这些原则。

换句话，全视线图生成了从局部到整体空间关系的机制：复杂空间体中整体组构特征来自局部变动。因此，我们也许可以提出有趣的问题：怎样的局部变动能导致不同类型的城市格网中都能发现的空间结构特征？例如，对于6×6的格网，全视线图分析中平均拓扑深度为1.931。在彩图3g中，北部边缘附近的一个方块面积扩大一倍后，切断了一条南北向的视线，开始这条线由于位于格网中央而具有最大的整合能力（东西向的那条视线也同样具有最大整合能力），而现在它的整合能力下降了，同时，整个格网的平均拓扑深度增加到1.949。在彩图3h中，这个面积扩大的方块移到靠近中央的位置，更加削弱了位于中央的那条南北向视线的整合能力，同时，位于南北边缘的视线变得更蓝了。还有另一个效应，位于中央的东西向的视线比南北向邻靠这个大方块的视线具有更弱的整合能力，这是由于与这条东西向视线相交那条位于中央的南北向视线的整合能力被削弱了很多。实际上，这种效应在彩图3g中也发生了，只不过整合度变化不够明显，没有导致色彩的变化。在彩图3j中，大方块没有阻断中央视线，而在北部角落。比较一下彩图3g，可发现这次整合程度减少的幅度变小了。在彩图3k中，大方块向中央位置移动了一下，整合度减弱的幅度比彩图3j大，比彩图3h小。

很显然，上述这些现象遵循上一章提出的空间原则。大方块越靠近中央，拓扑深度越大，也就是整合程度越低。因此，需要在普遍意义上研究方块的布局如何生成不同的网格结构。例如，在彩图3l中，在网格中央放置四个大方块，每个大方块占据两个方格，于是立刻生成了一种变形车轮的整合结构，即一个具有核心、辐条以及边缘的图示。这是由于这些大方块阻断了连接中央视线的那些视线，这是形式本身决定的，而且它们使得边缘的视线仍然保持了最大限度的相连，从而获得了相对较大的整合度。这些大方块后的视线与它们侧面的视线没有联系，而且与中央的也没有联系，形成了整合程度非常低的视线，限定了车轮中的扇面区域。这样就形成了整合度分散的车轮模式，隔绝程度相当高的区域靠近格网中央。对比彩图3m，大方块略微离开中央视线，这样中央视线的整合程度更高，而边缘视线的整合度降低了；整合度低的视线也分割出紧邻中央四个区域，但是没有前一个例子明显，这是由于这些视线不仅与周边区域有联系，也与中央视线有联系。于是它的整体整合度较前一个例子更高，具有更明显的中央结构，但是其分区结构以及变形的车轮效果较弱。

在这些例子中，这些空间效应也遵循了上一章提出的空间复形中结构生成的原则。它们表明了在空间复形中，相对简单的局部扰动可以改变整体结构组构。甚至基于已知的原则，我们可以提出空间结构的生成过程，它极小化或者极大化整合程度以及与之相关的可理解度（见第三章的定义）。一般而言，方块布局中，它们以直角阻断视线，将会减少整合度与可理解度。最常见的方式看来是矩形块交错分布，呈 T 型，见彩图 3n。这种交错的 T 型使得与已有矩形长边平行的视线被比邻的矩形阻断，因此与矩形各边平行的视线都呈直角相交。这个过程称为直角生成过程。相关图表明由这个过程生成的形态具有极低的可理解度，而且如果这是主要布局方块的方式，这种现象会一直存在。如果采用正方形，以相似的方式让它们交错布局，也会产生直角生成过程。为了让所有方向的视线都得以阻断，边角的方块之间的空间略微大些，见彩图 3p，这样整合度与可理解度将会比前一个例子的更弱。

直角生成过程需要每个新加入系统的单元格与原有的某个单元格呈直角相错。如果我们至少让方块的一条边不是与已有方块的边呈直角关系，也就是至少让新加入的方块有一条边与已有方块的边在一条直线上，即零角度关系（或者说连成一条线）。彩图 3q 就是按这个规则随机生成的例子，其中当然形成了直角与零角度关系，简而言之就是非连续的 L 型。这样就生成大量的内院空间，以及长度不一的视线。然而，在这个规模上，它们就已经构成了从边缘到中心的结构，不仅相当明显，而且其整合程度与可理解度都较高。然后，我们可以在这个过程中加入上一章提到的"延伸"原则，要求保持最长的视线。彩图 3r 是按这个原则形成的一种组合模式：不仅获得了更为明显的结构，而且其中整合程度高低的差别更大；同时，整个系统的整合度与可理解度也非常高。目前，我们可以认为纯粹的正交格网是简单地应用"延伸"原则的例子：在各个方向上，使得视线沿边长方向零角度地延伸，于是视线长度尽可能地未被缩短。

然而，现实中不存在这种纯粹的正交网格，这仅仅由于城市中某些道路会优先延伸出去，连接到其他聚居点之中，而其他道路不会如此延伸。在实践中，我们还可以发现几何规则的格网，比如古希腊、古罗马、古中国以及现代美洲城市中的空间格网，但是它们内部不是完全整齐划一的。有时，由于城市整体形状而导致了某个方向的道路更加明显，而更为普遍的是某些道路正交于某些建筑物立面，而其他道路则一直延伸出去。因此，我们称之为"正交网"，它与"变形"网格一样是一种空间结构。

这些简单的例子演绎出我们研究的问题：网格中的空间结构是如何从街坊块的局部变化中生成的？正交网的分类完全是基于街坊块的形状以及它们相互阻断的关系。从而，我们可以基于这些方法总结正交网格的理论纲要。然而，最常见的网格不是正交的，而是变形的。两者的区别是显而易见的。在正交网格中，所有主要道路（全视线图中构成轴线图的那些空间）或与街坊块的一个点相切，或以正交的方式面向街坊块。这意味着道路要么一直延伸，要么直角转弯。这样所有的运动都是零角度前进或者直角转弯，于是称之为正交网格。而变形网络就是道路相交角度在 0° 与 90° 之间的网格。

这两种网格的共同之处就是不管道路之间的角度是如何生成的，每条道路的长度不可能是完全一样的。保持道路长度的不同是城市结构生成的机制之一。在这两种网格中，大部分空间结构都源于"延伸"原则的运用：较长的道路会尽量保持以零角度或者较小角度的方式延伸，而尽量避免以直角或者较大角度的方式延伸。因此，在变形网格中，我们常常发现主要的空间结构是由一系列较长的道路彼此以小角度相交构成，然而较短的道路彼此以接近直角的方式相交，构成局部结构。例如，在第四章，我们发现伦敦老金融区中较长的道路倾向于以钝角方式彼此相交，而局部较短的街道偏向于以直角或者接近直角的方式相交。而对于很多阿拉伯城镇，虽然钝角相交的那些街道相对短些，而且它们与局部街道的长度差别也小些，以及其他的种种不同，但是类似的上述现象还是存在的。当然，这些空间变量的差别也表明了阿拉伯城镇与伦敦老金融区中不同文化在城市演变中的折射。然而，这种现象显然与第六章提到的"奇怪城镇"是截然相反的。在"奇怪城镇"中，最长的道路总是以直角方式终止于主要公共建筑之前。

实际上，这种现象还体现在更细微的层面上。如果考虑西方城市与阿拉伯城市中局部地区是如何嵌入更大尺度的道路网之中的，我们就发现了在这两类城市中，局部地区内部的街道基本上都以直角方式连接到更大尺度的道路网格中，然而它们自身避免以直角的方式向其局部中心延伸。也就是局部地区中的主要结构也遵循整体网格中主要结构的逻辑，虽然这种现象发生在更小的尺度上。局部地区是以线性方式去整合该地区的边缘与中心，从而形成中心结构，这与城镇本身在更大尺度上整合边缘与中心机制是相通的。

道路相交的不同模式是由不同的街坊块布局方式决定的，特别是变形格网中相交角度大小不一，而正交格网中角度要么是0°，要么是90°，这些都是理解真实的城市是如何形成空间系统的关键。既然很多大城市都是变形的网格，那么可以相信，从某种角度来看这种结构比正交网格更复杂而微妙，我们必须更进一步研究变形网格。

突现是如何克服不确定性从而建立局部秩序

假设不存在空间网格，那么我们在规划布局街坊块时，必须首先知道局部的秩序是如何在这个规划过程中产生的。局部秩序就是指一个街坊块与其相邻的街坊块之间的不变关系，而关于它偏差的讨论成果不仅具有理论价值，而且具有实践的重要性。在局部与整体两个层面上，我们都可以发现城市系统同时存在着不变的秩序，这是由于缺少局部秩序，突现的整体城市结构将是不确定的。建筑物位置与形状的微小变化都可能导致全视线图中空间结构的整合度的巨大变化。这样，如果局部秩序是不确定的，那么大尺度的布局也不可能建立起来，这也是我们能在城市系统中同时发现局部与整体秩序的原因。遵循了局部规则，就可以形成可预见的局部突现的空间结构；如果这些"突现"的局部结构能保持充分的稳定，就能支持更为整体的突现结构，如同形成局部的突现结构一样。因此，在最细微的城市尺度上，我们也能找到"几乎不变"的结构形态，它们就是连续的局部性外部空间，由建筑物的入口以及局部线形的建筑布局所界定。这种局部秩序将是构成整体城市形态的基石。缺少它，局部系统不够稳定，难以建立整体的空间模式。

我们必须着手研究系统中最基本的关系，即一个元素与相邻元素的关系。彩图4a、彩图4b、彩图4c分别显示了一系列全视线分析的案例。我们可以看到，每个案例中确切的空间整合模式是不一样的，它们取决于建筑物的形状以及彼此之间的位置关系。但是其中也存在着不变之处。不管每栋建筑物的形状或者相互位置关系，在全视线图中，两两建筑物之间产生了整合程度较高的区域。进一步的研究表明了这个事实：在基本空间中，任意给定一对相邻的建筑物，那些具有相同整合度的视线一般会出现在它俩所限定的区域中，仔细想想也应如此。这表明了每个建筑物都与其他建筑物共享一组整合视线，顺着这些视线，有可能从其他建筑物到达该建筑物。这个例子就是我们所说的不变之处。甚至在相当多的几何变化中，这也总是一个结构化的前提。此外，它也是突现的特征，因为它不是由放置后续建筑物的起始规则所决定的，而是在任意放置后续建筑物的过程中突然产生的一种现象。在这个特别的例子中，不变的突现效果就是"之间"这个空间概念。

一旦我们考虑具有两个以上的建筑物的系统，那么在突现结果中，上述的不变之处就会消失，从而将会发现一个深层次的问题，即突现现象的不确定性，它与局部秩序的思路是南辕北辙的。一旦加入了第三栋建筑物，我们就会发现全视线图中生成的突现结构是不可预测的，任何细微的形状与位置关系的改变都会导致显著不同的结构。非常幸运，对于这个问题的解决将会构筑出关于城市空间的整体理论构架。只有按照某种特定方式布局建筑物，确定它们之间的关系与方位，系统演变中的局部不确定性才能被克服，局部秩序才能被建立起来。

假设我们在前面讨论的两栋建筑物中增加第三栋建筑物，见彩图4d与彩图4e。看似没有任何可信的突现模式。相反，彩图4d与彩图4e中不同的整体结构仅仅来自街坊块位置的细微差别。彩图4f与彩图4g表明了更复杂的系统也具有这种现象。它们之间惟一的差别只是一栋建筑物大小的不同，而不是形状与位置的差别，然而它们的全视线图迥然不同。进一步的研究表明这种情况是常见的，当然是局部决定论在起作用。然而，这个过程对形状与位置的细微变化是如此敏感，如果不知道这些细节变化，事实上我们就不可能预测任何整体结构。

在前面那些章节中，我们论述了真实的空间系统，其中空间模式中结构的不确定性是我们最不希望看到的。实际上，我们发现了所有不同类型，以及不同规模的空间系统都是根据某种基因原型在自我组织，这种基因就是相同模式，它们存在于看似完全不同的系统之中。很明显，这些系统不是不确定的，也不是一个小小的变化就能改变它们的整体结构的。相反，它们的结构富有顽强的生命力，常常不需要较大地改变其结构就能适应重大的变化。在这种意义上，我们可以说真实系统具有很高的冗余度。其中蕴藏的冗余度以及伴随的坚强生命力仅仅来自建筑物布局中的某种一致性，即源于布局建筑物的行为过程中所产生的一种局部规则。既然我们发现了真实空间系统遵循如下规则：建成形态的局部线性化，以及通向入口的线性空间相互关联，那么我们应该首先考虑它们导致的结构化效应。

假设我们规划一组建筑物，见彩图4h。其中就有突现的不变之处。在全视线图中，整合度较高的空间出现在这组建筑物所形成的某个长侧边上。显然这是由于建筑物的顶点能彼此互视的空间具有较高的整合度。然而，哪一侧具有较高的整合度是不确定的。这依赖于这组建筑物两侧相当细微的差别，以及这些差别之间的关系。例如，把彩图4h中间三个建筑物的位置略微调整一下，得到彩图4i。这样，整合度高的空间从一侧移到了另外一侧。解释这种差别很简单，但是这种差异常常难以发现。在这个例子中，它取决这组建筑物长边上最长视线的相对长度，以及每栋建筑物阻碍它的细微差别。因此，全视线图的整合度分析对于这个例子并不是强有力的。我们只是解决了半个问题，仅仅知道全视线图中整合度高的空间呈线性模式，但是我们并不知道它在哪儿出现。

当然，如果把建筑物的形状标准化，且将它们排列成为一条完美的线段，这就是一种解决方案，它使得整合度平均分布在排列形状的两侧。然而，这样还存在另外一个因素，不需要完美地几何排列建筑物，它也影响着排列的冗余度，那就是外部空间与建筑物入口的关系。如果我们不是把每栋建筑物简单地看成一个凸形，而看成一个具有室内空间以及入口的形状，那么很显然，整合度将会聚集到那些路过入口的空间轴线上，见彩图5a。或者说，当全视线图考虑了室内外空间，以及联系它们的入口，那么垂直于入口方向的外部空间将会获得较大的整合度。略微推论一下，我们甚至可以认为一栋有着一个入口的建筑物也可以生成类似街道的局部空间模式。很显然，这是必要的突现效应。因此，在局部范围的全视线分析中，那些与建筑物室内联系的视线将会增加空间的整合程度，如果不考虑其他因素的影响，这种室内外的联系将会主导整个结构的整合模式。

显然，如果我们排列这些建筑物，让它们的入口大致面向同一个方向，全视线分析图中的整合度将会很明显地集中在与这一个方向垂直相交的视线上，这种现象是可信的，见彩图5b。我们实际上运用了排列方式与入口布局去强化了它们彼此之间的关系，从而使得空间结构获得了冗余度。如果两栋建筑物相互对视，如彩图5c，或者它们前后相继排列，如彩图5d，上述现象就会消失。空间结构的稳定来源于排列方式与入口布局之间的协同效果。

于是，我们发现了城市形态中最局部的两个不变量：室内外空间与入口的关系以及局部形态的排列方式。这两者相互协调，就创造了上述例子中突现的局部结构，这是很明确的。建筑物的排列意味着沿排列形状的长边形成了整合度高的线性空间结构；入口的方向决定了哪一侧出现整合度高的线性空间。缺少其中任意一个因素，我们都不可能发现不变的空间模式。它们两者的合力消除了局部形态的不确定性，也在城市聚集中创造了稳定的空间整合这种突现效应。

此外，在小规模建筑物聚集中，形成一排与原有建筑物群大致平行的建筑物群，稳定的空间整合模式也将突现出来。第二组建筑物不必很完整，然而它越完整，就越有可能消除全视线分析中空间整合模式的不确定性。例如，在彩图5e与彩图5f中，建筑物群的形状与排列具有很细微的变化，如彩图5e中左下角的建筑物略微向左移动，得到彩图5f，主要的整合空间就从左右向的线变成了上下方向的斜线；然而，在彩图5g中，在第二组建筑物中增加第三栋建筑物，建筑物形状与排列的变化很难导致主要整合空间的位置变化，它还是位于两排建筑物之间，同时，空间整合度的分布很稳定。此时，建筑物形状与位置的细微变化很难影响空间整合程度的变化。

在小规模街坊块聚集中，空间整合模式的局部不确定性在三个方面得以解决：一是建筑物的排列方式；二是入口的布置方式；三是建筑物群的平行布局。我们发现在真实的城市中，上述三方面是相辅相成的。可以推论，在微观层面上，城市空间布局是在这三个方面彼此互动，从而获得突现的整体结构中的整合模式。也就是说，即使在最微观的层面上，城市也遵循空间的突现法则。于是，我们可以精确地分别研究主体人与客观法则这两方面。主体人决定建成物的形状、位置以及布局方向等；而主体人的这些物质性决定产生了突现的空间效应，这才是客观法则的来源。可以说，建成形态来自人对形状、位置以及方向的确定，但是这些过程的效应是受空间法则所控制的。

生长法则

如果上述的讨论是位于最局部的层面上，那么在更高层面上的整体结构又是如何呢？这儿，我们回顾一下效应相对的两个基本空间原则：线形布局促进了基于视觉的空间整合；紧凑布局促进了基于路程的空间整合。我们认为城市形态包括"变形"或者"正交"的空间网络，它们尽量线性生长的同时，也尽量紧凑地发展，从而调和这两个对立的空间生长原则。这种调和原则存在于城市形态演变的各个层面上，甚至存在于城市萌芽的初期，虽然此时聚居点的规模非常小。

在《空间的社会逻辑》[3]一书中，我们论述了某些自发的小城镇所具有的基本拓扑形态，其中较大的公共空间虽是偶然出现的，但它们相互联系，共同形成了不规则的链状街道空间，如同珠链一般。这种空间形态可以运用"有限制的随机生成过程"来模拟：每个元素代表建筑物，具有入口并且带有入口前院，它们随机增长，仅仅遵循如下的原则，即每个新增元素的前院与已有元素的前院相连接，两个元素之间不可以只有一个顶点相连（这是因为在真实世界中，两栋比邻的建筑物也不会仅有一点相连），见彩图6a。

我们也认为大部分城镇的演变始于上述过程，以此逐步形成"整体化"的法则。这些整体化的法则表现为复杂城镇的各部分都有那些较长的空间轴线、较大的公共空间以及它们之间良好的关系。这些法则的效应就是从城镇边缘到中心的拓扑步数等主要属性趋向不变。这样，城镇发展扩张之后，在相应的规模上自然形成了空间结构。分析[4]表明这些法则使得城镇空间结构容易被人理解，使得它的功能趋向合理，也使得它的各个部分与整体、以及整体与其外部世界保持着良好的空间关系。

在上述的"珠链"形态中，随着城镇的发展，两个关键的局部空间特征趋向恒定：一是所有局部的"凸"空间，即各种建筑物入口前的空间，即使有些空间很小或者很窄；二是这些凸空间彼此可视，也彼此可达。既然我们明白这两个特征是突现的，以此保持城镇空间形态整合程度的稳定，那么我们有理由相信这就是城镇形态的局部空间生长理论。然而，城镇的整体化生长过程又是什么样的？

把城镇空间系统看成"珠链"，这对于理解城镇结构是很重要的。第一，公共空间中整合程度的分布不是均匀的，而是集中在某些街道和地点；第二，联系城镇内部与外部的那些道路更有可能具有较高的整合程度。当然，这在理论上可能是正确的，因为在任何较小的系统中，那些联系城镇内部建筑物之间的街道（它们都会与建筑物相交）比那些联系城镇内外的道路更有可能要短些。这点非常重要，它涵括了城市结构的关键特征：整合程度高的核心空间至少是那些联系着城镇内部关键地段与城镇边缘地带的公共空间。

为了解释它是如何成为城镇生长的关键点，我们需要回顾一下上一章提到的"四项原则"，以此来诠释城市公共空间形态的演变过程。第一，中心化原则，即在一条街道中部放置建筑物比在街道边缘更能增加拓扑步数，也就是更能减少空间整合程度，反之，在街道中部建构公共广场更能增加空间的整合度；第二，延伸原则，即一条街道越长，阻断它后所获得的拓扑步数越多，反之亦然；第三，连续原则，即连续地打断一条街道比不连续打断这条街道能获得更多的拓扑步数，反之亦然；第四，直线化原则，即线性方式排列建筑物比组团方式排列建筑物能使城市空间获得更多的拓扑步数。

城镇聚集过程中可以生成线性结构，从这个角度而言，上述四项原则看似变得更为简单。中心化与延伸原则可以简单表述为尽可能地延长已有的最长街道。如果建构一栋建筑物时需要阻断一条街道，那么就阻断那条较短的街道。虽然对于一大片空地，由于有无穷条可能的街道，这条原则并不适用，但是当城镇变得越来越复杂，就越有可能区别对待不同的街道。于是，城镇中已有的最长街道在生长过程中都得以保留，并变得更长。从街道演变的过程来看，连续与直线化原则也可以得以简化：使得街道的延伸尽量不偏离直线。很显然，连续地放置建筑物来打断一条街道，那么这组街道空间偏离原有直线空间的数值也就更大；而线性方式排列建筑物比组团方式排列建筑物而生成的街道空间更加偏离原有的直线空间。

四项原则可以精简为如下表述：选择最长的街道，尽量保持它的直线化；对于其他街道（不可能保持最大可能的直线化），让它们偏离直线的数值最小化。在城镇空间的整合过程中，这个法则可以解决路程紧凑化与视觉线性化之间的悖论。于是，可以较为容易地发现它如何自然地导出了前面提到的类似珠链的城镇空间结构；进而，还可以推论出这个法则也解释了更大城市格网中更为复杂的"空间整合核心"。在下文中，我们甚至可以发现，在更大城市中，它还能自然而然地解释最为常见的局部空间结构。

那么，这些城市的整体属性是如何产生的？为什么会产生呢？先考虑如彩图6b中假设的"珠链"型城镇结构，这是变形网格发展的最初阶段，研究一下它的全视线分析图、以及其可理解度分析图示。空间整合核心联系了城市中心与边缘，而且图示表明了城市的可理解度较高（我们可以认为局部整合度与全局整合度也具有更高的相关度）。此时，我们认识到任何城市系统中最长的街道不可能是那些仅仅联系城市内部空间的街道，而应是那些联系城市内外的道路，这是由于联系城市内部空间的街道一般位于两栋建筑物之间。那么，可以假设我们新添加的建筑物是遵循这样的规则：尽量延伸最长的街道。彩图6c表示了一种可能的结果。

这是一个相当常见的城镇演变模式（彩图6c），然而，这个规则不足以解释更大城市系统的演变，因为它会导致很多发展空隙，从而使得城市失出紧凑性。通过分析，我们还可以发现空间整合核心在城市中心非常明显，而在城市边缘则较为模糊。这正是我们所预期的，因为这个城市并未沿所有方向紧凑发展，那么它边缘的空间构架不会很完善。在相关性图示上，我们还可以发现其整合程度较高的地区所拥有的可理解度较低，这反映了它朝着不同方向独立发展。事实上，这种发展模式在小城镇中很常见，而在较大城市中就很少见到了。从形态的角度，看似可以找到解释这种局限性的理由。在城市发展过程中，我们所期望的任何属性都不可能超越某种特定的发展阶段。

我们可以做个试验，让一个假想城镇以紧凑模式发展，这有两种可能模式。在第一种模式中，我们遵循前面提到的二元法则：让已有的最长街道尽量线性延伸；让其他街道避免过度地偏离直线发展。在第二种模式中，我们违背第一个法则，让建筑物以直角的方式打断最长街道，这实质上也让其他街道偏离了直线发展的方式。两种发展模式都按环状方式生长，彩图 6d 比较了它们的全视线分析图与可理解度示意图。在第一种模式中，空间整合核心连接了城市中心与边缘，并保持了较高的全局整合度与可理解度。而在第二种模式中，整合度高的空间从城市中心到边缘较为均匀地分布，它们彼此不能被区分开来；空间整合核心更集中在城市中心，没有覆盖到整个城市；整体的整合度与可理解度也比第一种模式要低很多。如果我们接着进行相似的比较试验，如彩图 6e 与彩图 6f，可以得到相似的结果，虽然在彩图 6f 中，空间整合核心分成了两个。同样，彩图 6f 的整合程度与可理解度也都比彩图 6e 要低很多。

当然，这是对真实城市演变过程的高度简化，但是它们揭示了一个基本机制：在城市局部层面上，我们遵循排列建筑物及其布局入口的法则，使得城市局部的整合程度更加稳定，然后在城市整体层面上，线性地延伸最长的街道，并使城市系统中其他街道不至于过度地偏离直线发展方式，那么城市就会自然生长出一个空间整合核心，在各个方向上联系着城市中心与边缘。这不仅仅解决了线性发展与紧凑发展之间的悖论，使得城市中心与边缘联系起来，而且生成的城市系统具有较高的内部整合度以及较好的可理解性。于是，至少从可视性与可理解性的角度，中心化的悖论得以解决。这是由于空间整合核心不仅把城市内部空间整合在一起，而且把城市内部与外界空间良好地联系起来了。或者说，在一个演变的系统中，视程悖论的解决中结合了"中心化"与"延伸"的原则，在这个过程中，中心化的悖论也自然解决了。从这个意义上来说，我们至少可以认为在基本的城市演变过程中，随着空间悖论得以解决，整体秩序的某些重要不变量就自然是城市基本功能的产物。

然而，我们仍然还有一个问题：局部地区中的空间结构是如何产生的？看看彩图 6e 中变形的城市网格是如何扩张的。我们认识到城市系统逐步形成从中心到边缘的空间整合核心，以此维系着发展过程中那些关键的系统属性。然而，当系统发展到更大的时候，该整合核心也导致了越来越多的空间结构问题，如彩图 6c 所示：当那些构成整合核心的那些道路向外延伸时，它们之间的缝隙越来越大，城市系统中也就生成了越来越大的空地。当城市系统继续发展下去，这个问题变得越来越严重。这些缝隙的规模变得越大，也就意味着那种简单地尽量顺着直线发展的方式不可能解决这个问题了。于是，需要一种类似于整个城市结构那样的空间布局来发展这些缝隙。虽然在整个城市层面上，这种空间结构解决了中心化的悖论，但是如果考虑到紧凑发展的法则，那么必须在那些半封闭状态的缝隙中建造房屋，因此，这种空间结构将会带来城市局部层面上的问题。空间结构的发展必然会解决这个问题。

我们需要研究的，仅仅是把前文论述的城市中心的演变过程运用到这些放射状道路之间的空地之上。既然空地的边缘已经存在建筑物了，那么这个演变过程将会从这儿开始。由于布局新建筑物的过程是保持最长街道的过程，那么生成的第一条线性空间可能将侧向横穿这些空地。虽然开发过程将从边缘开始，但是在这些空地中，从边缘到中心的街道还是主要空间结构，它们至少有两个发展方向，或者有更多的。于是，空地被开发了：街坊块的布局是尽量不偏离直线发展的方式，从而在城市局部地区中形成了空间整合程度更低的较小地区。这是由于这种局部演变的过程有前提限制，即空间结构从局部地区的边缘开始，然而那些整体层面上的放射状道路的演变却没有这些限制。这些带有限制的局部空间的演变将会始于一种更近似正交的网格。因此，在这些间隙中，而不是城市的起源形态中我们将发现更多的正交网格秩序，这几乎是城市演变过程本身决定的。

当上述演变的过程中包含一个较为原始的城镇形态，比如已有的城市村落，这一村落将成为街道穿过空隙地的吸引点。这样，在空隙地中将会形成局部的变形网格，这就是伦敦"城市村落"形成的方式。正如伦敦其他局部地区一样，其中毫无例外地形成了整合程度较高的局部空间核心，表现为"变形的车轮"（空间整合核心表现为一个轴心、一些辐条以及轮缘，而那些辐条之间是安静的地区），它们的边缘不是城市郊区，而是大尺度的城市演变下形成的放射状道路。于是，类似伦敦这样的城市中，在两个层面上存在着"变形的车轮"：一是在整个城市的层面上；二是在局部地区的层面上。这样也形成了本章开始就提到的城市局部与整体层面上的几何形状，其中街道的长度与它们之间的夹角是重要的变量。

当然，不是所有的城市都具有这样的局部城市形态结构。然而，伦敦这个案例的形成过程较为困难。它体现了如下事实：即使在城市的局部层面上，城市基本功能以及与之而来的空间演变过程也在连续地发展。虽然这不会使得伦敦的初始形态更为独特，但是这使得伦敦成为空间结构完善的城市范例。这也许是由于在伦敦演变的历史中，规划干涉的力量是非常弱小，从而伦敦的发展获得了最大的自由度，也就形成了最纯粹的城市形态。

这样，伦敦这个例子就具有特殊的理论价值。其他的城市按照完全不同的方式建构局部区域的空间结构，其实它们的建构过程更复杂，这是由于它们不仅仅由基本的空间演变过程而形成的，而且加入更多的文化影响。例如，设拉子的局部线性结构比伦敦的更为破碎，然而它们仍是城市中规模较小、空间较为简单的局部地区。在其大部分的城市局部地区中，街道之间是直角相交，而且它们需要转一个弯、两个弯、三个弯或者四个弯才会到达主要的空间整合核心。这些局部街道显然与这些局部地区之外的空间相连，但是这种空间序列是简单的，且层次繁多。因此，我们发现在这些地区之中，拓扑半径3步内的空间整合度与拓扑半径 n 步内的空间整合度之间只有较小的相关度。实际上，如彩图7，我们［伦敦大学学院（UCL）博士生凯文·卡瑞迈（Kayvan Karimi）所示］发现拓扑半径6步内的空间整合度与拓扑半径 n 步内的空间整合度之间的相关程度能够揭示那些局部空间结构。我们也发现与之对应的几何属性：形成一个局部地区的所有街道都完全位于该地区之内，即在那个局部区域内，任意一条内部道路都不会穿过主要的空间整合核心，也不会延伸到其他局部区域中。于是，可以认为设拉子的局部地区都被线性地分隔开来了。这种情况在伦敦是少见的，伦敦局部地区内的某些道路至少会延伸到了相邻的局部区域中。正如我们在前面发现的，空间的组构属性最终还是来自街坊块布局过程中形成的线性空间的几何特征。

设拉子是一个相当极端的案例，局部空间结构较小，彼此分离，而且高度依赖整个城市的空间结构。与之对立的极端例子是类似芝加哥的城市，街道的平均长度较大，有些街道甚至穿过了整个城市，这表明空间整合度很高。那么，整个城市的街道连接度与全局整合度的相关度很好，而且局部整合度与全局整合度的相关度也相当高。在芝加哥，任何一条街道都不太可能只局限于某个局部地区内。相反，在构成局部地区的所有街道中，都有一些街道属于整个城市，这构成了城市的主要空间结构属性。然而，这并不表示这个城市没有局部结构。恰恰相反，如果我们选取某个局部地区内部的街道以及那些穿过这个地区的街道，可以发现它们的街道连接度与全局整合度之间的相关度较高，高于以整个城市的所有街道为研究对象的相关度。或者说，芝加哥的局部空间结构可以用街道连接度（拓扑半径1步内的空间整合度）与拓扑半径 n 步内的空间整合度之间的相关度来描述，伦敦的需要用拓扑半径3步内的空间整合度与拓扑半径 n 步内的空间整合度之间的相关度来表达，而设拉子的可以用拓扑半径6步内的空间整合度与拓扑半径 n 步内的空间整合度之间的相关度来表示。这种相关度表示了每个城市都根据自身的空间结构需求来适应基本的演变过程。

然而，这三个城市中都具备描述基本城市的所有不变量。我们发现，不仅仅深层次的空间结构相似，而且街道的长度以及它们之间的角度等几何特征也相似。这些几何特征不仅仅构筑了空间结构，而且让文化在空间中得以表达，于是人们从中意识到了空间结构以及文化的空间存在。由于存在着这种相似的几何语言，城市的不变因素与文化特色相得益彰。在深层次上，我们所使用这些几何语言为所有的文化所共享，同时也蕴藏在人类共同的空间表达之中。

注释

1　这在20世纪70年代早期已有研究见 Daniel Richardson in "Random growth in a tessellation", Journal of the Cambridge Philosophical Society, 74, 1973, pp. 515 – 528.
2　"变形网格"与"正交网格"的区别在于：在前者中，可控制的不规则性基本上来自城市街道结构的几何变形，这是欧洲城市的特点，而在后者的中，可控制的不规则性来自建筑物或者其他公共设施总是打断某些街道，这在希腊、罗马或者美国的城市格网中比较普遍。通常这两种格网的轴线模型都可以形成一种明确的空间整合度分布模式。更详细的讨论见下文。
3　见 B. Hillier & J. Hanson, The Social Logic of Space, Cambridge University Press, 1984, chapter 2.
4　B. Hillier et al. "Creating life : or, does architecture determine anything?", Architecture Behaviour, vol. 3, no. 3, Special Issue on Space Syntax research, Editions de la Tour, 1987.

4

第四部分
理论的综合

第十章 空间是机器

> 空间是引发什么的起因？它不属于四因说中的任何一个因子：它既不是构成事物的材料（因为它是虚空），也不是物质的形式与定义，也不是事物的目的，更不是任何事物的来源。
>
> ——亚里士多德（ARISTOTLE）《物理学》第四卷，第一章

形式与功能，建筑与社会

无论是常识，还是大众语汇，它们都肯定了建筑物的形式和功能是有关联的。如果我们给某类建筑物命名，例如"学校"、"住宅"或者"教堂"等，以此来诠释我们的意图，就会发现这些词语至少有两种理解方式。它们既可被理解为一种特定的社会组织，也可被理解为一种特定的建筑物形式。也许一种组织或者一种形式的表达还太特殊了，一组可能的组织或者一组可能的形式也许能更加精确地传达我们的想法。这些词汇和我们对"学校"、"住宅"或者"教堂"的直觉理解是紧密相连的，以此我们能够把它们区分开来。这些相关的概念并不是局限于认知中，也影响着人的行为。建筑类型的认知就是形式和功能的对应，以此，我们可以恰如其分地在不同类型的建筑空间中举手投足。这种对建筑类型的直觉认识决定了我们的一举一动都是对建筑形式的合理反映。

尽管建筑的形式和功能之间有着显而易见的紧密联系，然而两者的关系却常常难以被分析。虽然从众多的实例来看，这种关系直观明显，而且建筑师们设计建筑物来满足大多数不同的功能也并不太困难，然而形式与功能的关系却因建筑物类型的不同而大相径庭，这些还是很难说明白的。也许有人要说设计者会设计某种对应的形式与功能，以此来满足特定目的，但这并不意味对于那种特定目的在这个设计中的任何方面都是必要的。知道什么是必要的，也就意味着知道各种可能性的限制前提。这些限制前提并没有被根本地理解。至少以现阶段的知识而言，怀疑它们的存在并不是没有道理的。也许形式与功能的关系没有被很好地界定，以至于我们不能很好地理解那些限制前提。此外，建筑物的功能是很容易被改变的，这个事实也支持了上述怀疑。如果不加鉴别地只根据建筑物的不同类型来判断，形式与功能的关系也许不是那么重要。

在某种程度上，正如在前两章所提出的，这种情况的产生也许是因为没有能够区分建筑物所表现的特殊功能和"普遍功能"。普遍功能意味着如果建筑物的功能可以转换，这是因为建筑物必须具有满足任何功能的通用空间。在任何特殊的案例中，普遍功能空间在空间布局中越多，那么功能的弹性也就越大。然而，这并没有解决现有的问题。直觉、语言习惯以及特殊化的功能都明白的告诉我们学校就是学校，住宅就是住宅。难道在这个判断中直觉和语言都错了？

这个问题存在两个方面。第一，我们对于建筑物的看法已经充满了社会概念。第二，

我们对于社会机构的概念是伴随着与之相连的建筑物产生的。每个方面都提出了建筑理论的一个问题。第一个方面引向了我们描述过的形式与功能的问题。那么当我们试图明确建筑物的形式与功能之间的所有类型关系时，我们的常识是不是欺骗了我们？如果不是的话，这种联系难道只是偶然的吗？难道是因为一种功能导致一种形式，而另外一种功能又导致了另外一种形式吗？或者存在更为系统化的理解：功能的变化和形式的变化是相联系的？如果后者是事实的话，那么在建筑中就可能存在着一个形式与功能的理论。如果不是，那么就不可能存在。第二个方面引向了建筑物作为社会客体这个问题。我们关于社会机构的概念是伴随着与之相关的建筑物而产生，这一点重要吗？是否在某种程度上建筑物是社会物质的一部分，例如学校，僧侣院等等？如果是这样，那么它仅仅是一个相关概念？或者在某种意义上，关于社会形式的变化是通过建筑物形式的变化来体现的？

仔细想想，我们很难全面地掌握事物之间的所有关系。乍一看，一个社会组织，例如学校，它是由一系列的职能和彼此之间的关系组成的，我们可以完整地描述它，而不涉及建筑物。但是事情并非这么简单。如果不是从组织结构图表来说，学校的概念并不仅仅意味着抽象的职能和关系，在某些程度上，这些职能和关系是在空间形式中得以实现的。例如，学校必须有某种互动空间界面提供给老师和学生，而这种互动界面构筑了最基本的空间内容，然而这不是简单地由建筑物来决定的，而是先由组织结构决定，然后才作用在建筑物上。但是这些组织结构的空间量度不是来源于组织自身的形式，而是来源于它的运作方式。我们可以描述一个组织结构而不涉及其空间构成，因而，也不涉及建筑物，但是一个组织的运作过程却不能不涉及这些内容。

关于一个学校的概念看来确实意味着对于某种空间类型的认识。正是由于意识到组织中存在这种最基本的空间关系，从而产生了关于建筑是"居住者"和"来访者"之间的"互动界面"（例如牧师与祷告者，老师与学生，家庭成员与客人）的理论，也涉及在《空间的社会逻辑》中提到的各种不同人群。互动界面定义了建筑中基本空间的"基因型"，我们常常会根据功能或者所有者给这些"基因型"空间命名。然而，这又产生了另一个难题，如果社会组织经常需要在建筑中形成"基因型"空间，那么在某种程度上，这些"基因型"空间对于社会是必需的，即使它们只是社会的部分需求。现在一个更深奥的问题又接踵而至，如果我们很难解释建筑物是如何获得必需的社会属性，那么要解释社会是如何获得必需的建筑属性，这将更加困难了。

那么，我们的困惑是双重的。建筑看来是个实实在在的东西，而社会和组织是些抽象的概念。然而我们关于建筑的概念似乎包括了社会的概念，而关于社会组织的概念也包含了建筑的概念。两个关系中的共同点看来是空间的概念。空间不仅给社会抽象概念赋予了形式，即建筑物，而且它看来也是建筑物的一部分，由此可以得到关于社会和组织的更为抽象的概念。前一个方面提出了建筑中的形式与功能问题。建筑的形式和使用建筑的组织之间在多大程度上存在一个固定的关系？第二方面是建筑的社会属性问题。社会组织的运作真地离不开建筑吗？这两个相关的问题会在后文中依次解答，我们先从一些建筑历史的分析开始。

最近的建筑历史

尽管很沮丧,然而不可否认在公众视野中,关于建筑形式与功能的理论在建筑上运用总是以失败居多。一个建筑设计,例如一个内城更新项目或者大型住宅区,当它出现问题的时候,公众往往指责建筑师的那些不切实际的理论。这是个一面倒的游戏。然而,当建筑物和外部空间协调一致时,很少会引发这些具有认识论性质的评价。好的建筑和空间都被认为是自然产生的,而不是深思熟虑后的人为产物。没有人会因为一个建筑有很好的设计理论支撑而赞扬它。看来只有当建筑失败了,如过街天桥上毫无人气,或者广场变得空荡荡的,人们才会意识到建筑具有很强的理论性。

然而关于建筑学,这些理论批评家到底要说什么呢?他们似乎不讨论建筑的结构,因为无论事实上的对与错,结构都被认为是可知的技术,所以结构只是可不可以做到的问题,而不是理论批评问题;他们也不讨论建筑审美或者风格,因为这些被认为是艺术品位的问题,是关于个人的感受,而不是理论问题。建筑理论批评看来正好指的是维特鲁威(Vitruvius)所提出的三原则"坚固、适用和愉悦"[1]中的第二点:适用。这一点强调着建筑的实体和空间形式深远地影响了我们的生活方式,也就是形式与功能的关系。

如我们所见,形式与功能的关系很容易被泛泛而谈,但是要准确的描述却很难。甚至,我们如何来谈论它们都不太清楚。形式与功能的关系不同于结构问题,后者是把建筑当成科学,因为前者没有清晰的事实,更不要说清楚的表达以及可以测试的理论了。形式与功能的关系也不属于建筑艺术的范畴,我们不能将北佩克汉住宅区(NORTH PECKHAM)或者普鲁蒂艾戈低收入住宅(PRUITT IGOE)看成是艺术上失败的例子。然而,形式与功能关系的问题看来确实是人们所希望讨论的建筑理论内容。再三思考之后,我们会发现建筑师和建筑理论评论家都会同意这一点:建筑是一种技术,也是一种具有社会效应的艺术,这种社会效应是内在的,而不是外来的。它们存在于物体自身的本质中,也存在于联想与象征意义中。它们不仅体现物体的本身自然属性,同时也涉及联想和象征意义。因此,建筑理论通常并不是关于结构或者艺术的命题:它们是关于建筑与生活之间关系的基本命题,以及关于建筑的功能与形式之间的命题。这也许是建筑与其他人类活动最大的差别。至少它部分的社会含义存在于它的形式之中,这一点包含在我们关于建筑理论是什么的观点之中。

现实中,很多关于建筑的公共讨论也是针对形式与功能关系的。人们担心城市空间不好用;担心城市的发展缺乏都市应有的活力;担心住宅区的建设不能带来良好的社区氛围。他们或对或错地认为,建筑在某种程度上都牵涉上述问题。这就在建筑和公众交流之间产生了一个问题,因为尽管设计形式符合功能要求是建筑实践的一个基础,但是实际上大多有用的建筑知识都来自前人或者个人的经验。关于形式与功能关系的理论其实是很少的,我们甚至发现很难连贯而理性地来讨论它。幸运的是,那些在街头评论建筑的人们其实和我们一样,他们对于形式与功能的问题没有清晰的看法,很容易和大家一样把它简单化为建筑结构或者审美的问题,甚至会认为可能是缺少商店、交通站或者托儿所的问题。

很多人也许会大感惊讶,辨析形式与功能的理论居然是如此之少,因为大家普遍地相信 20 世纪建筑的失败很大程度要归咎到"功能主义"理论。[2] 传统的看法认为现代主义之所以失败是因为它注重的是形式与功能的关系，而不是形式与意义的关系，然而，出现这种情况是因为在二战之后的特殊社会压力之下，建筑更加关注于解决社会问题而不是建筑本身。此后，反思了功能主义作为标准化的设计，然而，同时也抵制了把形式与功能关系作为建筑理论主要侧重点，转而支持形式与意义的关系。现代功能主义被扬弃，不仅仅把它认为是一种错误的理论，而且认为它针对的问题是错误的。

回顾过去，这种扬弃远远没有被深刻地反思过。其实非常清楚，现代主义的"失败"不仅仅是功能主义哲学的失败，它也是功能的失败。新的住宅形态不能很好地满足社会功能要求，例如社区氛围和特色、人们的交往等等。因此，可以合理地推断，过去设计师运用的功能主义理论是错误的，但是功能的失败也正好证实了形式与功能关系的中心地位。毕竟，如果形式与功能之间的关系不重要的话，也就不会有功能的失败了。这也就要求有一种新的功能理论。然而，普遍意义上的功能理论是被放弃了的，当功能失败引起了公众的关注时，形式与功能问题就被聪明地回避了。

为了理解公众这个明显不正常的反应（在一定程度上它也是有一定道理的），我们就必须清楚抛弃的到底是什么。可以说，我们抛弃的并不是形式与功能的关系本身，因为这种关系在建筑实践中已经发挥过作用，也必将继续发挥它的作用，其实，被抛弃的是关于形式与功能问题的一种特定表达方式，它为建筑具有社会性功能这个观点提供了基石。我们将之称为"机器范式"，即通过建筑实践可以解决社会问题，它起源于建筑和社会科学的思辨过程之中。因此，社会科学中关于社会与物质实在关系的某些理论问题就引入到建筑科学之中了。当认为建造这种物质实践可以解决社会问题之时，机器的范式就侵入了建筑思考的范围，它吸收了建筑的语言和组织结构，变得普遍而具破坏力。

机器的暗喻与机器的范式

我们必须开始分清楚机器的范式和机器的暗喻。20 世纪最有名的建筑理论（也有人可能说是臭名昭著的理论）就是勒·柯布西耶（Le Corbusier）的"住宅是居住的机器"。[3] 从字面上看，他提出了建筑物与机器之间的直接类比。实际上，当深入研究后，我们发现并不是这么回事。机器是通过自身的运转将其他事物进行转化的组织。而在柯布西耶的表述中是找不到这种概念的。从机器转化为建筑物就不得不将关注中心放在建筑平面上，把它作为建筑物中各种活动的组织者。如果把建筑物看成机器，那就意味着建筑平面与其中的各种活动之间的关系在某种程度上机械化了，平面决定了或者精确地表达了位于其中的活动。这种想法在柯布西耶的表述中也是找不到的。恰恰相反，在柯布西耶的"居住守则"中，他详细地解释了"住宅是居住的机器"的概念，他描述了各种房间，鼓励业主对一系列的房间提出新的功能要求，但是他没有讨论如何把众多房间组织成为一个平面的问题。[4] 很明显柯布西耶关注的并不是将机器作为住宅组织形式的类比，而是将机器作为一种新风格的暗喻，这种风格来自对过去建筑装饰的简化。

当柯布西耶在书的后半部分谈到建筑平面的时候，也证实了上面的结论。他的方法是充满热情的，具有历史感的，也专注于空间的潜在象征。[5] 显然，柯布西耶将平面看成建筑的一部分，由平面组织的空间是建筑创造力的首要表现。他的空间哲学是很特别的：主要空间元素是轴线，即建筑空间体验的序列，建筑的布局就是它轴线的布局。轴线之所以是基本原则，这是因为人在建筑中直线运动的体验就是对空间的体验。"建筑布局是按照轴线的秩序安排的，它也是按照空间使用目的的不同而被分门别类。"[6] 这种观点不是决定论，只是严格的理性主义，它表达了人将自己意志中的几何观念用外部世界的几何形式体现出来，并被称之为建筑。可以发现柯布西耶提出的是机器的暗喻，而不是机器的范式。通常可以在现代主义重要建筑中找到这种例子。房屋作为机器的范式而不是暗喻这种想法可能存在于空间形式决定功能或与之相反的断论之中，然而，人们试图在 20 世纪建筑宣言中再三寻找这样的断论，这都是枉然。[7]

功能决定论使得 20 世纪的建筑如此有名，也使现代主义建筑受到了广泛的批评，那么我们在哪儿可以找到声名狼藉的功能决定论呢？当建筑被认为是可以解决社会问题的时候，社会学和政治学的理论越来越多地被移植入到建筑实践的背景之中，这就是答案所在。在社会工程学中，建筑的中心主题是：通过各种方式安排建筑布局可以达到既定的社会效果。换句话说，建筑中的形式与功能关系可以类比成工程师们处理的类似问题。如果建筑真的是社会工程，就需要一个理论解释它是如何运作的，而机器的范式正好弥补了这个领域的空白。我们应该称之为机器的范式，而不是机器的理论，这是因为范式是一组现象中关于基本构成的一系列示范理念与假想，它告诉我们理论化的对象是什么。它是理论上与实践中的一个思考框架，并且确定了一系列目标；它实际上告诉我们面对的是什么样的问题。理论告诉我们现象是如何发生的，从而建议该如何去解决问题。[8] 我们认为机器的范式提出了关于形式与功能的问题，却不可能产生一个可靠的关于形式与功能的理论。

读者也许会反对这样一个观点：既然建筑中的空间形式具有社会决定作用，而且将会带来社会效应，那么本书其实就是在重申社会功能可能会通过建筑来实现。这是一个有效的反驳，然而我们提出的命题实质不是这样的。本书的中心论点是形式与功能的关系可以通过空间组构的变动而存在于建成环境的各个层面，从单栋住宅到整个城市。空间组构的影响不是针对个体人，而是作用于由个体人组成的集体，以及他们是如何通过空间而相互关联的。这里提出的实际上是一个复杂系统中的空间模式，它会影响这个系统中的使用集体和参观集体的共存和共识。这一点是很明显的，最可能的答案就是："那是当然的……"有人会认为这只是无足轻重的想当然，而不是形而上的本质。但是，前面章节就是非常严谨地说明这些是如何发生的，这些低层面上的效应是如何与更加有趣以及更为明显的社会效应联系在一起的。

社会工程学的本质是试图解决建筑中形式与功能关系，然而它是缺少空间组构的概念，由于缺少这个概念，我们会发现自己寻找的不是一种模式对另外一种模式的作用，而是物质形式对个人感受的直接影响。建筑物本身被看成机器，于是建筑物的物质形式决定人的行为。然而，这种关系是不存在的，或者至少没有什么研究的意义。相信这种关系的存在是违反常识的。像一所房子这样的实物如何能直接影响人的行为呢？如果我们放弃了空间组构作为影响人活动的一个因素，那么就只好相信这个机器范式了。实际上，机器的范式是让我们相信建筑形式到建筑功能的传递不是由建筑产生的空间模式作用于人的共存和共识的模式，而是难以置信地直接由建筑传到个人。

这种想法有很多版本。有的是假设建筑与行为的直接关系应该是行为对空间形式的"适应"。有的强调认知这个角色的参与，例如，对于行为而言，建成环境充当了一系列的"暗示和线索"，或者建成环境充当某种戏剧的背景幕一样，对于发生在幕前的行为来说，这些背景幕是"适合"的。它们的共同点就是它们都预先假设了建成形式与行为的关系，而空间组构未介入其中。[9] 但是这种关系是不存在的，因为不仅各种研究成果充分地证明了没有这种关系，我们所能找到的那些关系只能通过空间组构来传递。因此，机器范式对建筑理论和实践的影响是把建筑置于一个既不能产生研究成果，又不能预测设计效果的理论基础之上。实际上，把建筑当成社会工程学的想法是建立在一个建成形式与人体功能的假设关系之上的，而这种关系是无法证明的，因为它根本不存在。

随着现代主义建筑的死亡，上述这种关于建筑形式与其功能关系的幼稚想法也被抛弃了。很遗憾，上述的幼稚想法其实起到了规范化设计的作用，从而它又陷入到了所有关于形式－功能问题的泥潭之中，比如对于范式的抛弃至少暂时性地变成了对于这个问题的放弃，进而完全放弃了寻求真正的关于形式与功能的建筑理论。这一连串事件证明了范式能够改变人的想法。建筑师们对于机器的范式总是感到陌生，但是它却是现代主义建筑的实践基础，特别是在二战后，它在社会工程学中起到了一定的作用，建筑物参与到实现社会功能的过程之中。关于建筑的机器范式从来没有成为一个适当的建筑思想，这仅仅是由于就是机器范式所假定的关系根本不存在。它们假定性的存在只是一个关于范式的错觉。

一旦确定机器范式作为建筑实现社会功能的必要理念系统，就可以开始追溯它的起源和理解其真实本质。它的起源远远比我们想像的早，涵盖的理念范围也很广，它在18世纪末、19世纪初就盛行于知识界了。这种引发了机器范式的思潮具有更广泛的基础，它就是我所称的"有机论－环境论范式"。要理解它的本质，就必须先理解其关键概念构成的起源："环境"的概念。

环境的起源

"环境"是一个不寻常的词，这个词我们以为一直就有，其实它是近来才添加到我们的词汇与共识之中的。这是一个有趣的复杂概念。它暗示的不仅是我们客观存在的背景，而且是围绕着我们的氛围。环境意味着围绕，所以环境不但是物质背景，而且它积极有效地围绕着我们。因此，在某种意义上，被围绕的对象也能意识到它周围的"环境"，或者被这个"环境"所影响。环境作为围绕物意味着在其中心存在着一个可以体验环境的主体。在20世纪后期，我们认识到环境这个术语中的复杂性，它不但表达了我们对周围物质世界重要性的重新认识，而且强调了我们与它的关系。

直到上个世纪之交，这种理念才勉强成为人们的共识，而且，只有在过去的三十年中，它才开始主宰我们对于自身的看法，以及自身在这个世界上的定位。由于这个概念在当今思想界的重要地位，我们就需要谨慎对待即将进行的讨论。在某些范式的形成过程中，环境这个概念是非常重要的，然而我们对周围事物的感知是在不断变化着的，也就是环境这个概念在变化，但是我们并没有注意到，所以这个概念中潜藏着危险性。如果我们要全面地了解建筑中机器范式的溯源以及负面影响，我们就必须了解"环境"这个词的起源和含义。

　　康吉昂（Canguihem）曾提出[10]，我们应该在18世纪的现代意识中找寻环境概念的起源，当时有关自然领域的科学认识有了一些显著的发展。要了解科学的发展，必须先知道它所强调的问题所在，由此我们要回溯到亚里士多德（Aristotle）。在自然世界中，特别是在当时现代科学所覆盖的领域中，例如生物学和动物学中（也包括今天的物理学和化学），亚里士多德在本质上发现了普遍的形式与功能问题：一些自然物种是如何以特定的形式去很好地适应它的功能需求？在这点上，我们可以说亚里士多德把自然看作了一个设计问题，同时试图解释为什么自然界会产生如此成功的形式与功能关系。

　　亚里士多德的回答采用了类比建筑的方式。在他对自然的解释中，这个类比是如此普遍，也许应该把它看作是亚里士多德范式。亚里士多德提出房屋的形式不能被单纯地看作是把石头层层堆砌的物质过程。这个"物质"过程应该是被假想的房屋形式所引导的。这个想法的本质是什么，它又是从何而来的？亚里士多德的回答是：目的。房屋的形式是由人的目的决定的。因此，形式成了目的的再现，在某种程度上它就是目的。亚里士多德认为出，既然在自然界中我们也可以在形式和目的之间发现同样的对应关系，那么自然界的形式也来自目的，就像在建筑中的那样。这样，亚里士多德就把这种关系加以普遍化了。物质的原因解释不了什么，最终原因就是目的。因此，自然界的秩序必然源于有目的的设计。也许可以不太夸张地说，亚里士多德的整个自然系统是建立在建筑的基础之上的。[11]然而，它的错误也是显而易见的。从科学观点来看，从设计出发解释不了任何东西。只不过是求助于另外一个谜题来解决一个谜题，在解释一种规律前先假设另一种规律。

　　18世纪的这些思想之所以重要，这是因为此时，某些关键的科学研究领域出现了，例如物理理论的诞生，它不但看似是真实的，而且表明了不需要先假设一种规律来解释另一种规律是可行的。与亚里士多德的物理学比起来，此时人类思想的解放是非常惊人的。在亚里士多德的物理学中，基本假定是建立在常识之上。如果某个物体移动了，那必定是有另外的物体在推动它，我们所有的经验都证实了这一点。然而这也导致了一种不可能的物理学，例如按照这些假设，不言而喻，引起运动的力是不可能在真空中起作用。于是，可以推出真空是被物质充满的，而不是空的。在这样的世界里，运动链是无止尽的。什么移动了，必然有另外的物体也被移动。那么，这条链的终点在哪里？亚里士多德用一个变戏法似的词汇回答了：不动的移动体。

　　牛顿（Newton）理论非常成功地解决了亚里士多德那些似是而非的物理观点所带来的难题。根据早期伽利略（Galileo）和笛卡儿（Descartes）提出的不太完善的公式，牛顿提出了"惯性定律"，它和当时所能进行的所有体验相矛盾，"惯性定律"认为如果没有外力作用改变，所有物体将永远"沿着直线"进行运动。[12]这也将运动放在"与静止相等的位置上"[13]，所以它与亚里士多德理论相反，运动不再是一种变化，而是一种状态。这就是为什么运动可以永不停止的原因，这也是为什么惯性定律可以作为数学物理的基本定理，它描述了在我们看到的世界中，力是如何作用于惯性物体上从而产生运动模式的。

　　当然，与牛顿同时代的人也提出了反对意见，那就是牛顿在对常识去伪存真的时候，也消除了物理学，这是由于他提出的是一个数学描述，而不是一个物理学理论。[14]另一方面，牛顿的理论以最少的假定和最大的简洁性，不仅精确地解释了以前一系列迥异的现象，而且为很多领域的预测提供了惊人的准确性。换句话说，尽管它没有说明世界为什么会按照符合我们常识本能的方式运作，但是它空前正确地说明了世界是如何运作的。最为重要的是牛顿理论说明了宇宙中存在着可被观察的规律，而不需要去援引一些预先假设的规律。然而，接受了宇宙是按照数学方式运作的假设，就如同接受肥皂泡是椭球体的，这是因为它代表了力最有可能的分布状态。

规律的发现不再需要依靠已有的规律，证实了这一点，就为牛顿以后的尝试提供了概念模式，使我们能够用同样的开放思想来理解其他的自然现象。从这个观点来看，曾经激发亚里士多德研究的问题：自然界的物种形式以及它们和功能的关系，看似难以处理了。如果关于自然物种的初始规律理论不是从任何已有规律或者已有"设计"理论推导出来的，那么这些理论又是如何得到的？考虑到存在着如此丰富而不同的物种形式，亚里士多德开始就反对：数学不能作为科学预言，因为它太精确和抽象，这种反对观点似乎仍然有说服力，尽管物理学已经被数学征服了。

本质上，现代的"环境"概念的出现就是试图去解决这个问题：也就是物种的环境决定论。在世界的不同地方存在着不同的环境条件，迥然不同的物种模式也就产生了。环境决定物种形式的概念很轻易地就为问题找到了答案。如果在不同的地区找到不同的物种，那么除了在这个区域中，主要的自然条件导致了不同的物种形成这个首要原因，还有更多别的自然规律吗？在环境决定论这个基本系统中，存在很多的变量，与此同时也没有明确地提出环境决定形式的实际运作机制。[15]但是自牛顿以后，我们在相信出现一个理论之前并不需要先确定机制，而环境决定论之所以具有强大的力量是因为它第一次显示了复杂世界中的自然形式规律可以主要由自然过程来产生，而不需要先存在一个假设的规律。在某种意义上，环境决定论的这种认识方法也是归功于一些物理学理论的成功。我们关于"环境"的现代概念也起源于这一思想体系。环境不仅仅是包围我们，它同时也作用和影响着我们。环境概念指的不仅仅是人或者生物接受了这些作用和影响，同时也将通过它们自身的内部属性与外部生存世界产生相互作用，于是在它们的形式与行为之间产生了关系。

有机论–环境论范式

这个思想体系在西方文化史上是如此重要，也许应该称之为"有机论–环境论范式"。[16]这意味着它并不仅仅是环境决定论的概念，同时包括与之对立的活力论和主观论，后者认为生物体本身参与到了它的形式进化[17]，而事实上，它们都是由环境决定论引发而产生的。有机论–环境论范式这个概念迫使我们在这两个概念之间作出选择：客观的"环境"决定论与主观的有机论。这个知识框架对一定的学术领域仍然具有意外的巨大影响，因为在世纪初，这个思想体系已经被该领域中更为复杂的范式所代替，即进化理论。进化理论提出环境不再是介质，而是选择物，同时生物体与环境的关系也不再是直接的因果物理关系，而是一种不直接的关系，它以我们现在所称的基因信息结构为中介而代代相传，逐步进化，而不是只有一代就能完成的。达尔文（Darwin）理论不是对有机论–环境论范式的修订，而是以一种另外的范式来代替它。这种范式认为起决定作用的过程不是生物实体与它所处环境之间的相互作用，而是一种抽象的统计机制，生物体内的信息结构在进化种群中由于随机的变化而扩散与衰退,最终优化了剩下的后代。[18]我们可能注意到,从方法论的效果而言,形式的随机变化代替了形式的环境决定论,就如同牛顿理论的惯性概念替代了那种需要直接接触才能导致运动的概念。通过这些说明自然中的规律是不需要预设规律的,而这也将对自然的研究水平提高达到了与物理学研究的同等水平上。

分析建筑中机器类比观点的起源,必须先理解有机论-环境论范式所具有的强大隐喻力量,尽管在18世纪末和19世纪初它并没有什么科学说服力。远在达尔文之前,科学概念已渗入到人类的文化,虽然这个机制还未被理解。我们发现有机论-环境论概念的范式作用大大超越了"自然历史"的范畴,从而进入了文化范畴。例如巴尔扎克(Balzac)在《人间喜剧》中明确将它作为一种主导思想,把社会种群看作环境的产物,把自己的小说写成了他们的自然史。巴尔扎克写道:"人间喜剧的概念起源于对人性与兽性的比较……我们可以发现神秘主义者的作品既涉及无限苍穹,也涉及那些最伟大的自然科学家的作品……在莱布尼兹(Leibnitz)的单子理论中,布丰(Buffon)的生物分子学说中,尼达姆(Needham)的植物生命力学说中,查尔斯·博内(Charles Bonnet)提出的相似器官的关系学说中……我们发现了自我私欲这个伟大法则的基本原理,它是"结构统一法则"的根基。世上只有一种动物。造物主按照一个简单的模式来构造了每种生物。'动物'是基本元素,它们由于环境的不同,而发展成拥有不同的外在形式。动物学中的分类就是这些差异的结果……早在这个自然体系被讨论之前,我个人就已经接受这样的观点,认识到社会与自然在这点上是类似的。如同动物学中复杂多样的种群一样,难道社会不是按照人类居住和活动的环境把人类塑造成了多姿多样的人群吗?……如果布丰可以将整个动物王国精彩地呈现在他的著作中,那么就没有机会再写一本同样的关于社会的著作吗?"[19]

我们发现,巴尔扎克的小说是最早精确地描述自然环境的氛围,以此来预言角色和他们的不幸命运,从而使读者脑海里产生关于环境与人物之间的准自然联系,而这正是19世纪小说的典型技巧。[20]就我们现在讨论的主题,更为重要的是环境决定论。在18世纪末19世纪初,它为"建筑决定论"的潮流提供了思想的火种:机械论的概念认为如果建筑设计处理得正确,它应该有益于人的精神和社会生活,它也成为当时社会改革者的主流思想,也影响着监狱和救济院的建造者们。[21]正是它形成了一个范式概念,对建筑的理解和使用可以直接类比为机器,这在理解上与19世纪初的思潮是一致的。建筑决定论将建筑问题规范化,使之看起来像工程问题。由于19世纪初建筑的社会功能目的扩大了,以及国家对此研究的投资增加了,建筑决定论看起来变得强有力而具有科学性,它被再次定位成为了建筑中形式与功能关系。

当然,建筑决定论并不比环境决定论更加正确,我们也不应该期望它如此。就像拉马克学说,虽然我们开始相信了它,但是最后它也被证明是有误的。但是与环境决定论命运不同的是建筑决定论,它在达尔文之后还存活了下来。也许有以下三个原因使之不恰当地生存了下来。第一,环境决定论是科学错误,因此它可以被驳倒的,然而建筑决定论涉及更广泛的文化范式,经常是下意识的,所以很难直接被驳倒。第二,因为它是一种文化信仰,而且变得制度化了。如果你花钱在建筑上希望获得精神功能,那你就不得不相信它。第三,达尔文的变革没有消除文化领域中遗留下了许多环境决定论的副产品,因为在文化上,达尔文主义的隐喻表达到处可见,例如适者生存,以及人类是猴子的后代,然而,达尔文主义中有关自然界中的形式与功能问题的重新论述仅仅只有专家才关注。

无论什么原因，有机论－环境论范式存活到了20世纪。在一定程度上，因为它与"建筑－社会功能决定论"联系在一起，从而成了解决人类与建筑环境关系中所有问题的默认思考方式。这种默认的表达方式有很多种形式：研究人对建成环境的"反应"；研究我们对建成环境描述过程中的认知体系；将建成环境视为舞台背景或者道具，从而研究它对前台发生的行为所具有的暗示作用；对于"领域"的研究，即对个人影响力范围之内的外部空间的研究。所有这些运用的都是基于相同的基本范式体系：个人总被环境所包围，而个人也总试图诠释和影响环境。

就像建筑与社会工程被结合一样，通过建筑与"形式－功能问题"之间的默认推理，建筑也与机器的范式结合到了一起，而且个人与个人所处的环境之间也被假定有直接的机械联系。我们也许可以说，当机器的暗喻和机器的范式结合起来了，它们就形成了对思想的禁锢。通过世俗暗喻对日常思考模式的强大影响，它们不可避免地自然形成了所有的关于建筑与社会环境问题的思考模式，以至于即使像吉登斯[22]这样的学者呼吁到在"社会构成"中需要重新考虑时间和空间的作用，然而，也由于这种机器范式还是持续发挥着它无形的影响力，使得这种呼吁实际上没有任何效果，就如同回到了19世纪的机械论。

随着有机论与环境论体系吸收并重新诠释了一些古代的二元论，这种范式的力量轻而易举的重焕活力。例如笛卡儿的二元论：一个是认识的实体（Res Cognitans），即人的理性；一个是具有伸延性的实体（Res Extensa），即被认识的对象，它们被重新表述为了抽象的个人意识与具象的周围环境之间的关系。与之类似，主体与客体被区分为主观体验的思想与被体验到的客观环境。即使是历史上对立的理性主义与经验主义的思考也在一个较高层面上休战了，显然，根据个人感知与建构的经验性概念思想是被具有影响力且变化的物质环境所围绕着。看起来，一个历史的错误被重新阐述为一个进步的主流理论。

然而，机器的范式与它的思想起源"有机论－环境论体系"一样有着糟糕的结果，通过人类主体描述为被一个有影响力又会受影响的环境包围在中心的客观对象，它建立起了人文科学形象，那就是关注于建成环境对人的社会、认知和情感生活的影响。但是在这种具体表述中却找不到这种影响，能看到的只是简单的个人受环境影响而表现出来的自然反应，例如空气污染对健康的影响，日照对皮肤病的影响。因此归根结底，这种人文科学其实不是在研究人文。

根本上之所以会出现这样的结果是因为机器的范式在研究人的活动与体验时，将建筑环境视为一个没有生命力的物理背景。事实上，人为的环境正在被当成一个纯自然的环境。这使得寻根问底者看不到一个关于建筑环境最根本简单的事实：它不是社会行为的一个简单背景，它自己本身就是社会行为。在它被主体体验之前，环境中已经充满了各种模式，它们反应了环境所产生的行为的起源。这些模式首先作为空间组构而被反映出来。如我们在前几章所讨论，只有当我们理解了空间的结构属性，以及社会行为中建筑环境空间组构的起源，我们才能开始了解它对社会行为的影响。这些基本元素，即空间组构元素和社会结构元素，都被机器的范式无形中放弃了。

相反的，机器范式的特点乃是追求物质、认知或者象征的影响力，这种影响力来自个人周围的建成环境，而且在某种程度上"引起"个人的某些行为或者反应。然而，这个范式假设了这些对个人有影响的环境是没有历史的，没有实质的社会内容，以及它们与更大尺度上的社会也没有关系的。人与环境的关系被简化成为那些存在于局部物质空间中的关系，而没有将之置于一个上下文更为广泛的逻辑空间之中。它的影响作用就仅限于当时当地的某些个人，而没有空间或者社会的文脉。没有任何证据证明那些系统性的影响都不是凭空想像的。

作为建筑追求社会工程目标的延伸，建筑在寻求与社会科学的互动，无论何种情况下机器范式都是一个主要的范式，问题产生于此，研究也从此开始。正是这种形式与功能问题的机械表达成了关于体验主体与客观环境之间的机械联系，其中并没有空间组构作为中介的参与。随着现代主义的没落，这种机械表达的形式－功能问题被决然放弃了，因为它将建筑实践和理论领进了一条死胡同，使形式与功能的关系看似自相矛盾。悖论的一方面是：如果建筑决定论是正确的，那么建成效果应该是与设计相符的，但现实中并不如此。然而，如果建筑决定论是错误的，那么设计就毫无作用，因为我们所做的并不能产生任何好或坏的社会影响。那种被赋予了最大社会功能性的建筑：现代主义中新的住宅区，最终证明了这个悖论。这种住宅区拥抱着良好愿望：以建筑实现社会功能。然而正是这种社会功能使它失败了。这样，建筑决定论失败了，而建筑似乎也注定要失败。

非常不幸，当这一切变得清楚的时候，那种机械表达的范式凭借其看不见的影响力控制了语言表达，而且凭借潜意识的束缚支配了思维方式，这使得它看起来成为了形式与功能问题的惟一表达方式。于是，形式与功能不再是建筑理论的中心问题，被形式与意义问题取而代之了。在建筑争论中，机器的暗喻被语言的暗喻所替代了，在以后的篇幅中，我们将要讨论不合理的机器范式也同样地被不合理的语言范式所代替了。从思维的结构性上，机器的范式有效地排斥了空间与人之间的模式关系，而这种模式关系正好是建筑形式与功能关系的基础。

让我们来回顾一下我们希望摒弃的概念，即建筑决定论、机器的范式和"有机论－环境论"范式。它们有着共同的基本思想体系，只是名称不同而已，而现在它们的基础都已经被我们彻底破坏了。建筑决定论出现在建筑领域的概念体系中，它遭到了实践和理论的抵抗。机器的范式是由于历史的原因而被植入在建筑论述中的，它是一种无形的思维体系，在它的框架下，其实是社会工程学者们定义了形式与功能的关系。"有机论－环境论"模式是一个更广泛、更古老的准科学概念主体，整个不合理的结构都是建立在这个概念体系之上的。由于这三层次体系形成了一种思维模式，使得无论是建筑中的形式与功能关系，还是社会中的空间作用都无法被研究与定义，也就无法被理解。

建筑中形式与功能的关系以及空间与社会的关系是由空间组构作为中介的，这个命题的提出终结了以上三重理念结构。空间组构提出了一个理论，在其中我们可以发现空间对人或者人对空间的影响模式，而不需要借用机械的决定论。同时组构范式也挽救了建筑具有社会作用这个概念。通过改变房屋或物质环境的设计，我们可以改变其建成效果。毕竟，建成环境与人之间具有某种机制，然而建筑不是机器，空间是机器。

空间是机器

在第二章中，我们已经看到每个理论的存在都基于一个更为普遍的概念范式体系，这样才能够定义这个领域的本质以及应该研究的问题类型。那么,一个全面的范式体系该如何来阐明建筑物与人的关系呢?有一点很清楚,过去关于这种关系的定义往往是用"场"作类比,而不是直接用建筑来类推的。这里的重新定义没有采用任何外来的类比物。它就是建筑的范式,如果我们正确的话,建筑的范式就是一个组构的范式。建筑的组构范式如何能形成一个全面的概念体系呢?让我来假设一个方法,尽管它乍一看有点奇怪:建筑物与机器之间详细的对比。这将有可能最终阐明问题,尤其是根据前面章节中所得到研究结果。

如果考虑机器的形式和功能,那么可以很清楚的发现:对于形式的描述应该是构成机器的不同部分的整体性描述,而对于功能的描述则是关于这些部件如何协调运作,进行加工某些物质的动态描述。从概念上,机器有三个方面:是什么、如何工作、如何处理别的东西。如果我们试图把它运用到建筑形式上(很明显不包括建筑的机械工程部分,那本来就是机器),那么我们在以上三个方面都会遇到困难。首先,建筑物的空间元素各部分差别很小,或多或少会存在一些差不多的空间类型:房间、走廊、庭院以及其他等,它们的大小和形状不一,但是基本属性一致。在第八章中,我们看到了这是如何产生的,而这些空间类型是组构方法所必需的。即使如此,从实用的目的来看也说明了为什么空间类型的词汇是如此局限。我们可以发现,这就是为一系列特定活动而设计的建筑物可以很容易转变为其他用途建筑的原因之一。第二,建筑物各部分是不能移动的,只能描述它们的静止状态。第三,人,这个假定的加工材料,是运动的,但不是被建筑物驱使的。相反,人是按照自身意愿独立运动的。讽刺的是亚里士多德将建筑物中的人视为不被驱动的运动者。正如我们所要讨论的,对亚里士多德物理学的参考并不是没有价值的。

然而,通过结构分析和实例调查,我们知道关于建筑物和机器之间有着很多直接的不同之处。首先,尽管一栋建筑物中的空间类型相当类似,但是从组构的观点来看,它们有着显著的不同。"整合度"即建筑物的部分是如何形成一个空间结构的这个概念,表明了空间之间最显著的差异之一。看来组构最终将建筑物变成了一个由不同部分组成的系统,它不是机器感觉的,而是具有很独特的建筑感觉。

我们也知道关于功能的差异有两种方式。第一,功能可以用组构上的差别在建筑空间形式中体现自身,所以建筑在空间形式中物化了社会与文化信息。由此,建筑物不再是一个单纯的物体,就如同〔在达尔文(Darwin)之后〕生物体也不仅仅是一个单纯的物体。像生物体一样,建筑物通过不同组合来容纳和传递信息。第二,尽管建筑物各部分自身是不动的,但是它们通过不同的组构影响了人在其中的运动模式,同样,空间被穿行的程度也是由它们在组构中的位置所决定的。这不是建筑对个人的影响,而是建筑空间布局对于人群分布可能性的一个系统影响。因此,我们可以不必像建筑决定论那样,来假设建筑物是如何进入人的思维状态而驱使他们向某个方向运动的。我们已经将机制从亚里士多德式的模式转化到了牛顿模式。自然运动是一种惯性理论:它说的不是人如何被建筑物驱使着朝某方向运动,而是人如果运动,那么他们在空间结构中将根据某种数学或形态学的规律来分布,如果移动是从所有的地点(至少是大多数的地点)到所有其他地点,那么路线的选择将遵循一定的经济原则。

达尔文首先意识到，建筑物通过它们的空间组构物化了社会信息，这些信息控制着事件必须在何时何地发生，我们可以说建筑物是伴随着社会演变而变化的。在某种严格意义上，建筑空间形式是它社会功能的一个产品。然而，牛顿学说继而意识到空间组构产生了人们运动的彼此关系，由此，它也促使了人们有可能同时出现在同一个空间内，这样建筑物就被认为不会随着社会演变而变化。同样，在严格意义上，也可以说建筑功能是由它的空间形式产生的。换句话说，建筑物通过空间组构接受来自社会的信息，同时也反作用于社会。

那么这些分支流派互相之间有什么关系呢？问题答案包含两个方面。首先，这两者是动态相关的。在建筑物的组构形式中，功能的"基因"是暂时固定的文化规则。然而在第八章中，我们已经提出了功能的"基因"是根据"基本功能"法则而表现出来的：一方面，根据从局部到整体法则，局部的物质变动不仅会改变它们自身，而且当这种改变持续发生时，就会对空间组构有整体影响；同时另一方面，这些规则把局部到整体作用与基本功能相联系，这样空间就容易被理解了，也具有了功能特征，使得人可以适应复杂的空间，在其中居住和活动。换句话说，在"达尔文学说"模式中，建筑物作为一个空间复杂的系统，它物化的社会信息已经通过"牛顿学说"的法则体现出来了，即建筑物自身已经形成了可能的供人们走动以及共同出现的领域。例如，一个整合的日常生活空间能够促进人车流动，这时这个空间形式就自然地符合它自身的功能；然而，在一个特殊用途的隔离空间中则不能产生这样自然而然的活动，形式就不是自然地符合其功能的。

因此，通过构成使用空间的文化模式，基因型空间已经开始反映空间的生成法则了。如果它们做不到，那么也许是设计的失败，也许只是反映了空间形式不可能满足文化模式的复杂要求，但是不可能设计一种空间形式能同时满足所有的社会规则要求。无论是哪种情况，我们发现空间如果不能支持某种文化模式，那么使用者个人会通过自己的特意行为弥补空间的那些缺陷，从而延续那种文化模式。尽管空间具有客观法则，且这些法则影响着其中的活动，然而空间布局自身仍然与其中的活动之间有某种程度的互动，因为如果空间不能适当地满足某种社会规则的要求，那么可能会由人的特殊行为来补救。例如贾斯丁·德·萨莱斯（Justin de Syllas）在他开创的研究中指出[23]（这些研究仍然没有被发表，因为专业杂志不愿意刊登对建筑师作品严肃的分析性批评），一个儿童评估中心由于建筑物本身不能满足对于儿童的监管要求，只能由工作人员的日常行为模式以及建筑物中极其复杂的出入安排来加强监管，空间控制的缺失使得工作人员只能像狱卒一样频繁的锁门以及实施严格的限制措施。

答案的第二个方面是这两种相反的分支是不对等的，在某种意义上"牛顿学说"即生成论认为建筑物总是在自我运作的，除非社会规则和实践限制它的运作，而"达尔文学说"即信息论则认为建筑的运作通常需要社会规则和实践的支持。换句话说，空间组构自然而然地遵循生成法则，除非它在某种范围内被社会规则所限制。正如我们在第七章里讨论的，建筑物要么会表达或限制社会关系，要么会产生新的社会关系。当发现强有力的空间基本模式时，也能发现它们与强有力的行为规则相关，因为此时，建筑的布局已经映射了行为方式。但是当社会规则衰退，或者不是被强化的时候，空间组构就会恢复到生成模式，即它的空间模式将只会决定人们共同出现在同一空间模式，这是自然出行理论中所能预测的。

例如，在一个法庭中，如果将法官和被审判的人全部移走，而放入游乐设施，那么法庭也就消失了，从而变成了一个单纯表达生成法则的空间。空间组构与人们活动的关系不是由社会规则所决定的。虽然这些活动本质上表达的是社会规则，但是空间所起的作用仅仅是影响人的运动模式，从而影响人的各种活动。可以说这个空间系统保持了它建造之始的惯性，然而这种惯性就是一种空间规则。

因此，建筑物是空间概率的机器，通过它的组构存储和释放社会信息。那么在一个很严格限制的意义上，我们可以说建筑物是像机器的，因为它是物质系统，可以通过空间属性形成明确的功能产物。在另一种严格意义上，建筑物好似语言，因为它可以体现、赋予和传输社会信息。然而，只有当我们在本质上以及动态上理解了建筑物不是机器或者语言时，我们才能理解这些带有前提条件的事实。因此，建筑物不是任何东西的类似物，而是空间概率的机器。

作为空间概率的机器，建筑物遵循三种法则。第一种法则是自洽的"空间法则"，表现形式涉及了从局部物质设计到整体空间的组构性效应。第二种法则桥接了第一种法则所生成的所有可能性与"基本功能"，它表达了空间中基本的可理解性和功能性，尤其是自然出行。在第三种法则下，借助前两种法则，社会形态以及它所引发的且受规则支配的活动模式表现在时空之中，由此，这表明了在深远意义上来说，建筑物就是社会性客体，这对于理解社会也很重要，甚至在某种意义上，建筑物就是社会的一部分。这也推出了第二个问题。

作为社会性客体的建筑物

正如已经描述的，通过形式与功能之间的机制，作为物质客体的建筑物以及作为抽象物的社会是如何通过空间的介入将抽象的社会概念植入建筑物之中，而同时社会概念也可以被建筑物所影响。这也回答了这样的问题：建筑物是如何蕴含社会概念的？我们现在可以思考相反的问题了：社会组织是如何蕴藏建筑物的概念的？又是如何影响的吗？简单的说就是建筑在社会中的作用是什么？

我们也许开始会想起第一章提出的一个基本区别，它就是整个组构理论建立的基础。这是一个简单的命题，即人类生活在两种共存的世界中：一是连续的物质时空世界，我们的身体占据其中，且四处活动；另一个是形式、图像以及符号表达的不连续世界，通过认知我们存在其中。前者是"真实"空间，后者是逻辑空间。通过空间和形式中组构的形成，建筑物将两者合二为一。一个组构性的世界是一个连续的物质空间世界，然而在组构的形成过程之中，逻辑表达也变成了连续的。于是，建筑物成为了两个世界的交汇点，在这里真实空间转变为逻辑空间。

通过真实世界与表达世界的结合，建筑物把我们生活的物质世界转变成一个不可言表的文化世界，触摸到了文化积淀的灵魂。通过这种转变，物质世界变成了信息与概念，而不只是一个物体。由于我们直觉性地去感受文化，只可意会，所以蕴含在建筑世界中的信息与概念也显得那么自然，人造的建成世界也看似是天然而成。我们越来越没有确切地意识到它，因为它已经成为了我们所能识别的文化中的基本元素。建筑物变得看似非物质化，进而只可意会，从而进入了文化范畴，然而同时也保留下我们身处其中的物质空间环境。

对于我们而言，建筑文化中的物质体现一直是个难解之谜。我们如此习惯于它自发的文化性，以至于想起它的物质本质时会感到吃惊。我们开始区分房子与家，建筑物与居所[24]，反对建筑物"只是物质的"，而其他一些非物质的人文因素才是这个物质客体的本质。在这些区别之中就形成了一个严肃的哲学难题：当我们对于社会和文化的体验占据我们意识中心时，那么物质又如何能参与到我们的社会和文化生活当中呢？在试图将社会组织与它们所占用的建筑物区分开时，我们也遇到了同样的难题。显然，我们所指的社会组织就是人的安置。而这种安置没有一个建筑物的参与也是肯定可以存在的。因此，我们会说如果没有牧师与集会，那么一个教堂"只是砂浆砖石"，任何缺失这两者的废弃教堂都证实了这个事实。

可以说，一个没有社会组织的教堂建筑物就不再是"一个真正的教堂"，但是这个事实并不意味着有了社会组织的教堂建筑物就仅仅只是一个物质附属物。[25]社会组织给建筑物"赋予的意义"不仅仅是一个机构的概念。一旦一个社会组织和它的建筑物一起共存了，建筑物就远远不只是一个舞台或者背景了。建筑物本身就将社会组织形式的关键部分转化成为了自身的空间与物质形式。教堂的案例尤其清楚，因为建筑物的整个形式就是为了支持某种空间仪式，以及为这种仪式提供拜谒的场所。通过为一个特殊仪式提供一种合适的空间形式，建筑物成为了社团举行这种仪式的一部分。由于仪式只能在真实的时空范围内举行，建筑物因此成为了一个强有力的工具，使仪式可以永远地传承于未来，并转化为文化。

然而，事情还更为复杂。要理解一个房子是如何成为一个家的一部分，一个建筑物是如何成为一个社会机构的一部分仍然是困难的，这反映出我们无力去理解抽象的概念与物质的东西（如社会机构与建筑物）是如何真正相互关联的。事实上，这只是一个更为普遍的难题的一部分。社会结构或者整个社会是否真实存在？抑或它们只是群体意识中简单的常识而已？我们在试图弄清楚这些问题的时候，也会遇到同样的困难。如果按照我们对"社会"这个词的通常理解，这个词应对应某种物质形式，然而它的抽象概念是如何获得物质形式呢？如果社会确实存在，那么它是如何存在的？很明显，在将社会存在物质化时，我们会遇到将个人存在物质化时同样的问题。然而，如果社会不以一种物质意义存在，那么在何种意义上它们可以被称作是"真实存在"的呢？这个问题是我们在理解建筑物与社会的关系的又一个阻碍。如果我们不赋予社会某种物质存在性，那么也就很难回答为什么以及如何通过空间化使房子成为家，使教堂成为教会的一部分，而这一切是如此和谐地成为了社会的一部分。由此可以提出一个问题：如果社会不需要空间化，那么它为什么要形成如此相一致的空间形式？如果社会是非物质化的，那么肯定会不需要这种与物质一样的一致性。

很幸运，个人或者物质实体是连续而有限地存在于一个界限分明的时空之中，从这个意义上说，社会"真实存在"于有限种可能性之中。我们再次发现范式的概念阻碍了对问题的解决，而这些概念本质也过于机械化了，因而使得抽象世界与物质世界的关系变得模糊不清。归根结底，我们之所以不能把社会概念化为一个物质，其中最基本的原因在于我们唯物论的成见：关于物质的概念。物质不是它们看起来的那么简单。

我们也许可以先研究一个著名的哲学问题：关于河流的定义。这个问题据称由赫拉克利特（Heraclitus）提出来，而奎因（Quine）[26]又进行了充分的讨论（近来根据哲学标准它又被探讨着）。当河流的基本组成元素：水分子在不断变化时，我们怎么可以称之为一个物质呢？这些水分子一会儿在河流的这儿，一会儿又蹦到了河流的那儿，要么在附近的海中，要么在雨滴中。难题一提出，就千头万绪。永久性的消失或者部分地被取代同样会发生在人类身上。也许我们不应该把自身视为物质，而是应该视为过程。常识中，将个体定义为物质，甚至是一般而言的物质，这看起来都是虚幻的，也是对世界的一个肤浅感知。

但是哪里是个结束呢？是否所有的一切都是"不断变化"的，而所有关于"物质性"的命题都只具有暂时决定性？或者我们可以给物质概念一个更加严谨的定义？考虑一下具有三种不同状态的物质：微风习习的夏夜里，一个$1m^3$的空盒子放置在一棵树下；盒子上方3m处有一群小昆虫；这群虫子东面的3m处有$1m^3$不含虫子的空气。盒子明显是一个物体，而$1m^3$的空气却看似不是的，尽管它是时空中一个有限的物质客体。我们本能地也把虫群看成一个物体，尽管看起来与常识标准不尽吻合。那么，我们能否得出一个普遍的定义来区分什么是物质而什么不是？

首先，虫群有的，而$1m^3$空气却没有的东西是什么？让我们来看一下虫群是如何存在的。虫群看起来是随机的，其实并不是。这个部分随机的系统至少遵循一个原则：个体虫子是随机移动，但是当它们看到要飞出虫群的区域时，就会改变方向飞回到群体中。个体虫子都遵守的一个规则使得一组单独的虫子成为一群。不时地都有个别的虫子飞走，但是又会有其他的加入，但是这不会影响到群体，因为虫群不依靠于任意的单体而存在。它源于一堆个体虫子相当一致的行为方式，而不需要任何单体具有一个群体的概念。[27]

然而，我们确实有一群昆虫的概念，而且愿意将之称为一个物体。为什么？我们如何概念化这种感觉上的物质？答案在两个层面上。首先，物质感觉的产生是因为我们注意到了在虫群中，存在着与时间相关的连续性，也就是昆虫之间互为关联，从而使它们出现在一定空间中，且有时间的延续性。因为这种关系是多元而同步的，我们可以将之称为组构性的持续状态。第二，这些组构性的持续状态具有相当客观的影响，使我们认为自己看到了物质，例如昆虫群，它会抵抗试图改变它的外力，例如我们注意到刮起的微风。在这两层意义上，昆虫群和空气立方体各不相同。空气分子是不具有那种可以抵抗微风影响而又相对延续的内在关联。微风可以把空气分子吹走，以其他的来代替，但是昆虫群仍然留下了。当然如果风很大，那么空气立方体和昆虫群可能都被吹走了。然而这并不能抹煞我们的观点。昆虫群的组构性持续状态可以在某种程度上抵抗外力，从而使它自身在时空中有暂时的稳定性，而这已足够被称为一个物体了。

根据这些标准，空气立方体显然不是一个物体，而地上的盒子则明显是。它的组构性持续状态比昆虫群更加持久而稳定，然而很明显，这种持续状态使得我们称之为盒子而不是一堆木头。盒子的这些组构性的稳定尽管要比昆虫群强，但并不能无限地抵抗外力。一个较大的爆破可以有效地破坏盒子，对我们而言，盒子就不再存在了。一段足够长的时间也可以达到同样的效果。然后，我们进一步来辨析一下物体的定义，它看似对于河流也适用。我们认为那种组构性的持续状态存在且受制于堤岸、水分子以及地面的坡度，而不仅仅存在水分子之中。从这可以看出，它也显然适用于不那么复杂的案例，例如人类。如果其中存在组构性的持续状态，那么我们也可以说它就是一个物体。

现在有趣的一面是，当我们将看到的称为一个物体时，我们是将它定义为一个过程，或者更准确的说是一个过程中一个特殊阶段，具有组构性的持续状态的一个特征。换句话说，我们定义一个物体是更倾向于它是一个过程，而不是固定物，这才是定义的核心。我们可以来看一下哲学家最初的问题，因为任何时候，当我们看到各种物体状态时，我们会肤浅地认为状态是最重要了，而过程只有当它会引发某种状态时才会被关注。这就是对我们所见的事物不恰当的理解。当我们看到宇宙、人类、盒子或者昆虫群时，我们所看到的是一个既符合形态学的必要性，又在时空中展现的建构过程。正是由于这个联系，物体呈现出的稳定状态。

让我们将这些组构性的持续状态称为"结构"，注意到它们是过程中的不变化阶段，那些命名的物质就是来自这些结构。这又如何使我们能解决如下的问题：社会是否"真实存在"？即是否存在某种物质呢？我们也许可以从平常在时空中所见与所感开始。在时空中，我们所见的社会（不包括它的物理和空间环境）是无数个体的互动、交流以及彼此影响，也许还有包含的关系。那么难道社会就是我们在时空中所见的这些相互关系的总和吗？

事情不是这样的。无论社会是什么，有一点是明确的：它必须在时间上有持续性。不管这些相互影响是什么，它们自身不可能是社会，因为缺乏持续性。当社会在变化时，不仅某个时刻的个体，而且不同时间的个体都与社会相关。就算现在生活在一个社会中的所有个体全部消亡而被他们的后代所取代后，仍然会有一个被认可的继承了原有社会的"社会"存在下来，尽管后者可能发生了显著的变化。社会至少是比个人生存得长久。尽管那些自称为现实主义的人将社会简化为个体群，但是这种简化实际上在逻辑上是行不通的，因为它不能解释社会的首要特征，即它持续地超越了任何在当时构成它的个体人群。因此，我们也就不能将社会简化成个体之间的相互影响了。

当我们谈论"社会"时，如果我们所说的不是存在于时空中的各种相互作用，那么我们说的又是什么呢？根据我们对于事物理解的常识，问题可以更好的表述为：在时空中，我们观察到了人们之间的无数交流，那是什么在持续地支撑着这一切呢？当这个问题一提出，我们立刻就接近答案了。持续的不是相互交流，而是这些相互交流中所蕴含的某种组构模式。个人之间的相互交流是会不断被取代的。然而支持着这些相互交流的基本模式在持续着。正是这些模式，我们称之为"社会"。这些模式可以是任意多的不同"模式体"的结果，这些"模式体"包括生产形式、社会机构等等。然而，只有这些模式本身才是我们所谓的"社会"。这种区别有效地使我们可以将社会的空间形式归结到这些"模式体"中。空间可以产生并限制人们相遇以及交流的概率，的确这就是空间成为社会一部分的方式。

那么，社会在时空中的外在体现就是那些在时空中持续出现的相互作用的各种领域，然而社会不是这些领域，而是支撑这些领域的组构性的持续状态。由此不可避免地得出一个推论：我们所谓的"社会"不是一个物体，而是一个抽象概念。这是否意味着社会是大众头脑中一个共同的虚幻之物，而没有物质的真实？答案是否定的。它是真实的。那么这种真实从何而来？答案是惊人的简单：社会在时空中实现着。我们生活着，彼此交流构成了一个可见的物质世界，然而就这个世界本身而言，它并不是社会；社会作为抽象物，通过这个世界在时空中自我实现，于是社会从过去延伸到未来。通过时空中的实现，社会作为一个组构性的持续状态系统，它在时间的长河里延续并传承着。

根据我们现有观点得出了关于社会的定义，其中重要的一点是它可以让我们很快地认识到建筑物与物理环境的作用。我们与物质环境的隔离感根植于我们社会存在的本质之中，这种本质就是要超越空间：通过形成那种抽象的组构体，社会本身不具有空间性，它是在空间之外的。在这种意义上，社会是抽象的。在时间的长河里，社会结构的基因被不断复制，因此，有时即使它以某种特殊形式出现在某个时刻，我们仍然可以在相对的缤纷复杂之中把它识别出来。在这个意义上，社会是一个非物质化的东西，这也是为什么我们会很难承认它的存在是真实的。

然而，尽管社会是这样一个非物质化的"基因型"的东西，但是它在时间中延续的手段却不是非物质化的。虽然社会的物质形态在任何时刻都不是那个社会本身，但它却是让那个社会得以延续到未来的手段。在某个时间点上，社会的物质形态是一组关系的系统，但是它不是那个社会本身，当然也不是它的结构，但是通过社会"基因"的实现，物质形态成为了一种工具，以此，社会从一个抽象体变为了存在于时空中的真实，然后得以再生产。社会本身不是物质形式，然而即使这样，它也只能通过物质形式而存在。这个不寻常的双重身份就是为什么所有的社会实践总是采用了抽象的结构，例如语言中的语法，它从来没有以任何实物的形式存在，但是仍然通过构筑事件发生的过程，以此控制着现实，而且它产生了真实的时空事件，通过它们这些结构自身将会永远流传下去。

建筑物恰好就存在于这种双重身份之中。正如它们所包含的社会事件一样，建筑物本身是抽象事物在时空中的具体表达。建筑物与社会事件不完全一样：因为社会事件是由人类的即时行为和思考过程组成的，但是建筑物是真实世界长时间的演变，甚至几乎是永远不断的演变，折射了抽象事物支配着真实世界的形式。建筑物不是人们交往的地图，而是人们交往的社会"基因"的地图。这也是它们强大的原因。社会交往是空间型的事件，也是抽象概念的瞬间实现，因此它们是表象的；而建筑则是随机地容纳了社会交往的基因类型。机器范式最基本的错误在于它试图精确地在这些局部的表象活动中寻找人与建筑物的关系规律。建筑物蕴藏的不是社会交往的表象，而是社会行为的内在基因类型。

建筑物神秘的社会属性于是变得清晰了。显然，物质客体的基本属性是要赋予抽象概念以具体形式，由此使得这个抽象概念得以在现实中表达并流传下去。建筑物反映的不是某一任意时刻中社会特殊的物化，而是组成社会本身的基本抽象概念的一部分。正是这些抽象概念而不是某些特殊的表现需要传承下去。建筑物具有这种双重的力量，既将这些基因类型建成了我们生存的物质世界，同时又通过无所不在的组构形式将这些相同的社会"内容"不可言表地再现出来。

因此，建筑物成为社会在时空中形成且延续到未来的最有力的手段。在这种意义上，尽管社会本身是非空间性的，但是却完全依赖于空间。由此可见，建筑行为不可避免地成为一种社会行为。而这个过程也必然具有风险，即建筑形式有可能不是社会再生产出的自然形式。在一个现代社会，这些风险存在于建筑物本身以及那些规范和控制建筑物的社会机构之间。建筑之所以能永恒存在，既因为社会不断变化，它就必须改变现有的建成环境，使之与过去稍有不同，从而社会本身也能够永恒；同时也因为社会存在的风险并不存在于某一单独建筑或者特殊项目之中。这些都必须经得起未来的检验。真正的风险在于同样的错误持续出现，也就是建筑形式不适应良好社会的持续发展。直到在 20 世纪晚期，我们才意识到需要避免这种高风险。

注释

1 Morris Hickey Morgan 又译为"耐用、舒适与美观"，见 Vitruvius, *The Ten Books on Architecture*, 卷 1, 第三章, Harvard University Press, 1914, Dover edition, 1960.

2 关于此观点的重要评价见 Stanford Anderson, "The fiction of function", *Assemblage 2*, February 1987; 以及 J. Habermas, "Modern and post-modern architecture", 9h, No. 4, 1982; A. Colquhoun, "Typology and design method", *Meaning in Architecture*, eds. C. Jencks and G. Baird; Barrie & Rockliff, 1969.

3 Le Corbusier, *Vers une architecture*, 1923; translated by Etchells F. , *Towards a New* Architecture, Architecture Press, 1927; Version used: 1970 Paperback of 1946 edition, p. 89

4 Le Corbusier pp. 114 – 115.

5 同上, p. 173 et seq.

6 同上, p. 173.

7 事实上，关于哲学上基本理念的最清晰陈述也许是可以追溯的。例如，Sir Leslie Martin 经典的"Architect's approach to architecture" in the *RIBA Journal* of May 1967 也许是最明晰的说明。然而，即使在这里也有一些疑惑。Martin 在他文章的开始宣称他不想谈及形式，而是产生形式的过程，但是他接下的讨论几乎就是关于形式的。也许真要一直等到 20 世纪 60 年代，现代主义主导了建筑学派，才从学术上恰当地表述了现代的形式与功能理论，比如 1964 年 Christopher Alexander 在《*Notes on Synthesis of Form*》就开始讨论了这种理论，这点将在下章中详细讨论。

8 在后库恩时代（post-Kuhn），关于"范式"性质的一个讨论见 M. Masterman, "The nature of a paradigm" in ed. I. Lakatos & A. Musgrave, *Criticism and the Growth of Knowledge*, Cambridge University Press 1970.

9 关于这个命题最广泛的讨论见 Necdet Teymur's complex and difficult, *Environment Discourse*, London, 1982.

10 G. Canguilhem, "Le vivant et son milieu", in *La Connaissance de la Vie*, Librairie Philosophique J. Vrin, Paris, 1971. 同样的内容又见"Machine et organisme".

11 亚里士多德（Aristotle）关于"建筑的类比"的两个最重要的参考文献也许是"Physics", Book 2, Chapter 8, pp. 250 – 252 in the Mekeon edition of 1941, 以及"Parts of animals", Book 1, chapter 5, pp. 657 – 659 in the same edition, 但是这个理念贯穿了亚里士多德（Aristotle）思想的始终，它在引用的参考文献中具有概念上的重要性。

12 "惯性或者说事物的内在力量，它是物体保持自身现有状态的力量，或是静止，或是沿着一条直线运动"。I. Newton: Definition III from Definition & Scholium, Book 1, *Principia Mathematica*, version used: ed. H Thayer, *Newton's Philosophy of Nature*, Haffer, New York and London, 1953.

13 Koyre 的精彩论述见"Newton and Descartes", in A. Koyre, *Newtonian Studies*, Chapman & Hall, 1965, p. 67.

14 见 A. Koyre, "Huygens and Leibniz on universal attraction", Appendix, "*Attraction an occult quality*", p. 140.

15 关于此点的讨论见 C. Gillispie, *The Edge of Objectivity*, Princeton University Press, 1958, chapter 7, "The history of nature". 例如，Gillispie 这种成熟的想法来自 Lamarck, Lamarck 认为生物体自身的形式进化应该归功于生物体自身，这来自生物体自身应有的创造力与环境模式影响之间的相互作用，Lamarck 并将这个过程类比为地质侵蚀而形成河流与山谷 (p. 275)。

16 见我早期的（with Leaman）"The man-environment paradigm and its paradoxes", Architecture Design, August 1973. 我认为关于范式的早期术语不只是在策略上不正确，更在技术用法上也不正确。

17 见 Gillispie, *The Edge of Objectivity*.

18 再次，关于这个观点最可靠的历史可以见 Gillispie, chapter 8, "Biology comes of age".

19 H. Balzac, Author's Introduction（to La Comedie Humaine）1842; available in English as "Author's Introduction" in

At the sign of the Cat and Racket and other stories, Dent, London, 1908.
20　最好的例子也许可见于 *Eugenie Grandet* 的书开头几页。
21　例如见 D. Rothman, *The Discovery of the Asylum*, Little, Brown & Co Boston-Toronto, 1971。如在第 84 页:"作为这种想法的结果,监狱建筑和平面成为了当时改革者关注的中心。与前辈们不同,他们把所有的注意力放在了组织之内的时间与空间的分配。监狱内单身牢房的布置、劳动的方式、睡觉和吃饭的方式都是很关键的事情。波士顿监狱纪律协会这个最有影响的慈善组织积极参与监狱改革,认为建筑是最重要的道德科学之一。协会宣称'建筑中存在着法则,通过研究它,在这些完全被社会所抛弃的人群中,伟大的道德改变可以变得容易一些……建筑这种事物是适合道德的;其他也一样,道德中改进的方面在某种程度上依赖于建筑物的建造'。那些想改变异类的人最好致力于这个科学……和其他任何科学一样,道德建筑的提倡者期望从监狱试验得出的原则在更广泛的社会中也会有明显重要的运用。一个帮助邪恶堕落人群的改革也许会有效地规范其他情况下普通市民的行为。通过监狱的示范以及它对社会组织中固有法则的发现与辨析,监狱可以成为整个社会的一个模式。"悲观主义者也许会得出结论:这正是 19 世纪晚期 20 世纪社会住宅中所发生的情况。又见晚期的 Robin Evans, *The Fabrication of Virtue*, Cambridge University Press, 1983。
22　见 A. Giddens, *A contemporary critique of historical materialism*, MacMillan, 1981, chapter 1, "The time-space constitution of social systems"。
23　J. de Syllas, *Aesthetic order and spatial disorder in a children's home: a case study of the Langtry Walk Children's Observation and Assessment Centre in the London Borough of Camden*, January, 1991; 基于一篇科学硕士论文研究 Msc in Advanced Architecture Studies in the Bartlett, UCL, 1981。
24　M. Heidegger, "Building, dwelling, thinking" in: *Basic Writings*, Routledge & Kegan Paul, 1987, pp. 319 – 339. Originally in German.
25　这个基本事实通过一些重要的新研究得到了进一步的认识,例如 Tom Markus, *Buildings and Power*; *Freedom and Control in the Origin of Modern Building types*, Routledge, 1993。
26　W. Quine, "Identity, ostension, hypostasis" – in *Form a Logical Point of View*, Harper and Row, New York, 1953, pp. 65 – 79。
27　见 R. Thom, Structural Stability and Morphogenesis, Benjamin, 1972, pp. 318 – 319。

第十一章　理性艺术

意向根植于场景中、人类习俗中以及制度中。如果国际象棋的规则不存在，我也不会去玩国际象棋。如果我每说一句话都需要预先考虑如何遣词造句，那么我是否能够讲话都是个问题了。

——路德维希·维特根斯坦（LUDWIG WITTGENSTEIN）
《哲学研究》，第一卷，337 页

在过去的六年中，我形成了现在的信念：设计师的思维和交流模式是存在的，它不同于科学思维模式，但用于解决自身问题时，它却与科学方法一样有效。

——布鲁斯·亚契尔（L. BRUCE ARCHER）（1984，P. 348）

关于创新的悖论

在建筑学中有一个关于创新的悖论。大多数建筑都是个人创作的；建筑越重要，它就越被视为个人独创性的作品。然而，随着时间的流逝，即使是最具独创性的建筑也会被视为是它所处的那个时代与社会的产物。这并不是贬低了对建筑师个人的作用，而是在评价建筑时，加入了它所处的社会与人文环境方面的因素，而在它建造之初，这些因素也许并不是很清楚的。它们的影响不仅仅局限于风格与外形，尽管这两者是最明显的。很多建筑理论家，比如非常著名的罗宾·埃文斯（Robin Evans）[1]、马克·格罗伍德（Mark Girouard）[2]以及最近的汤姆·马卡斯（Tom Markus）[3]，都注意到了空间组织中也有类似的影响因素。

也许可以说，回顾建筑以此来理解建筑的思维方式仅仅是因为建筑是一种"社会艺术"，而只有通过时间所带来的"社会距离感"才能把建筑展示得更加清楚。然而，这只是重申了悖论，还没有解决这个难题。建筑作为一种社会艺术具有两种含义：狭义上，建筑物具有社会功能；而广义上，建成环境反应了社会。在建筑创作与建造之时，我们一开始会认为一个建筑作品是一种社会艺术，但仔细一想，其实不然。我们可以很容易地发现一栋建筑是一种社会功能的表达，但不清楚这种表达的形式是如何在某种意义上体现了那个特定时代与场所。只有随着时间流逝，第二种含义才能清晰地被表达出来。

问题在于建筑创作的个人行为不仅仅在一个建筑物中实现了社会目的，而且它还承载了建筑创作所处的那个时代的社会信息，而这些社会信息只有伴随时间的流逝，才能逐步变得清晰。那么我们就要提出这样一个问题：这些社会信息是如何在创作过程中进入设计师的脑海之中？它们是如何以建筑的形式展现呢？当然，我们已经看到这些是如何在民居中体现的。尽管个体之间有很大的差异，文化与社会的延续通过民居得以保存，因为这些建筑的创作过程是组构思维的自然流露。正是由于这样，形式与空间合为一体，而某种程度上的组构相似性也得以保存，从一栋建筑物传递到另一栋。然而，建筑创造过程中至少会有意识地审视空间与形式的组构内容，而文化正是通过这些组构内容得以延续的。如果认为建筑的本质在于超越代表某些特殊文化的传统形式，那么建筑如何能同时表达建筑师的个人意志与个人所处社会的内涵？

意图与现实

20世纪的一些建筑事件以极端的形式提出了上述这个问题。大约从20世纪中期起，以建筑创作的名义展开了大规模的城市改造活动。大量充满城市生活气息的传统联排住宅被推倒或者重建，被划定为住宅新区，它们与被取代的传统城市相比，就像特奥蒂瓦坎城一样奇怪。在很多语言中，这些新区有一个特殊的名称，这样就把它们与其他的城市结构区分开，在英语中被称为"住宅小区"（estates）。这些语言的不同表达反映了空间形式的基本差异。由于在这些小区中常常设计了各种障碍，或者至少改变了形式与空间的布局，连续的城市肌理大多被突然打断。于是，除非不得已，外人一般不会路过这些小区。它们变得就像艾里逊·瑞维茨所精确描述的"专用区"。[4]

在这些小区内，差异更加显著。公共空间不再是通过建筑物的精心排列与定位，以变化流畅而又清晰易懂的模式来建造。取而代之的是，在小区局部层面上布置了无尽的小院子、广场、绿地与人行道，显然这是想创造一种半私密的场所感，热切地追求邻里感觉。然而，在小区整体层面上，它们看来造成了普遍的空间隔离感。在更大的尺度上，这些彼此分隔的小区片断连成了抽象图案，其中的空间似乎只是一种几何构图的偶然附产品，我们只能在平面图上理解，而无法在真实建筑的尺度下体验它们。

我们已经在第五章中详细讨论过了这些"病态的"空间形式。正如我们所见，社会体验中的空间本质完全是由建构形式决定的。这些小区中的居民（因为空间结构性的孤立，所以他们的小区体验不会为外人所感知）目睹了正常的城市日常生活被破坏了，代之以一种讽刺性的城市生活模式：人们由于城市中空荡荡的空间，而会产生了一种被关注感，从而感到恐惧与疏离，这种感觉竟然成为了人们对城市的正常感觉了，就如以前，在热闹的城市公共空间中人们会感到适当而舒适的匿名感。

这些结果的产生当然不是故意设计的。事实上，改造的目的恰恰相反：通过运用空间的新形式创造社区的新形式。这些构想随着时间而变化，首先采用的是未来主义的想像，然后是一个更加技术性的计划，即试图用空间设计来改变社会的方法来创造新社区，最后是对城市过去生活的怀念，也许只是虚幻性地怀旧。这些构想都一个接一个地失败了，结果都没有形成城市生活的基本景象特征，而是形成了各种不受欢迎的城市面貌。如果建筑构想是要通过一种建筑或者空间形式带来一种社会效应，那么至少在建筑构想与现实生活之间会存在一个惊人的错位。

然而，这些建筑构想绝对不仅仅存在于建筑界。在进行城市更新时，很多政府部门以及相关的执行机构都相信通过空间改造可能形成新的社区形式。正如其造成的后果，这些建筑变化的显著原因具有深刻的社会性。那么，关于建筑创作与社会关系这个问题就有了聚焦点。这些变化真地是建筑导致的吗？理想与现实的错位在哪点上是建筑上的错误？或者因为在一段时期内，某些社会力量支持那些建筑决定社会的观点，而导致了上述错位的出现？我们的问题是：建筑的最极端形式如何能体现它是一种创造性的社会行为？难道是社会因素进入了建筑创作，而又以某种建筑形式体现出来吗？如果是这样，我们就要立刻弄清楚这是如何发生的。如果我们以理性的方式考虑建筑物中的直觉内容以及社会内涵，以此来重新定义建筑，那么上述问题的解决就更为必要了。

要了解这确实有可能，我们需要更深入地了解建筑构想的本质与起源，以及建筑师们如何使之成为现实中的建筑物。也就是说，我们必须理解建筑师们是如何工作的，即设计过程。对设计过程的理解是20世纪后半期建筑理论中的难题之一。[5]然而，关于设计问题的提出总是就设计过程而言的：建筑师们是如何完成他们的设计任务的？是否可以改进以取得更大的成功呢？[6]在本章中，我们将以全新的方式来提出这个问题，即对设计作品的进行探求：这些作品是（至少看上去）如何能够既是个体的，又是社会的？什么是设计的本质？它既是个体的创造行为，同时又能够被社会力量和价值观所影响甚至被推翻？

设计是推理还是直觉？

20世纪60年代，设计作为一种行为开始得以关注，一方面是由于人们普遍希望通过在建筑中运用"科学手段"来实现社会目标[7]，另一方面是由于在设计中使用了计算机，这样看来能更好地理解设计师是如何工作的，然而，更为关键的是由于设计领域（比如建筑设计）是否能形成正式的学科在很大程度上取决于是否能在理论的高度上理解设计过程。[8]

尽管对于设计过程有诸多研究，但时至今日，它的大部分过程仍然没有得以清晰的解释，这样说应该不至于冒犯在这个领域内著述的学者吧。因此，坦白地说，对于设计本质的探求以及由此引发的一些争论都不是热点问题了，而且这类研究已经停滞了相当长的时间。从学术的观点来说，对于设计目的的恰当研究看来比对于设计本质的研究更有广阔的前景。然而，如果我们要回答自己提出的这些问题，就不得不重新从某些特定角度来研究设计本质的问题，以及重新考虑一些过去试图解决的关键问题。例如，我们就不可避免地会遇到以前研究设计时也遇到的主要障碍：设计行为是一个理性过程吗？如果是，那么在某种程度上它可以被表述出来吗？或者，设计是一个纯粹的"直觉性"过程？如果是，它就必须保持某种神秘吗？

乍一看，关于建筑设计是"直觉性"的说法可能会遇到一些质疑。不管它是什么，如果我们按照本书第一章提出的建筑定义，即：建筑设计看似就像把人类有序的思想活动强加在物质世界之上，那么我们就更会觉得建筑设计不是"直觉性"的。在我们所处的建成环境中，通过建筑我们可以看到那些起源于人类思想的规则模式。那么也许可以认为，建筑师们会以为设计过程主要就是依赖于人类有序的思维活动，用一个不严格的术语来说，那就是推理。然而，当我们听建筑师们谈及设计时，却很少听到他们对推理的谈论。如果一定要他们描述设计的思维过程，他们更可能提到直觉。

我们也许会理所当然地讥讽道：在建筑设计中，这种偏向于把建筑看成艺术而不是科学的表现只不过是一个为了维持专业神秘感的把戏，因为艺术是神秘的，而科学从它的定义上就知道应该是可以探索推理的。然而，我认为在设计中强调直觉也许有更深层次的理由，它是与设计本身作为一种行为所具有的性质有关的。我相信从纯粹的技术原因来看，我们所称的直觉不可避免的是设计过程中的发动机。问题不在于在设计中是应偏向于直觉的方式，还是应采用推理的方式。道理很简单，在设计中需要采用所有可能的思维方式，因此在设计过程中就没有理由不使用"直觉"这个词了。

这并不意味着设计过程中就不包括理性思维。恰恰相反，设计行为中很明显地也存在着推理活动。把直觉与推理截然分开的争论本身就是错误的，推理与直觉同样都是设计不可少的。我将证明建筑是由推理构成的领域中运用了直觉，在这种意义上，建筑成为了理性的艺术。

初一看，这也许是个奇怪的概念。在人类思考的过程中，推理往往是和直觉相对立的，有时甚至是互相冲突的。"直觉"在字典中的经典定义就是"未经推理就能立刻理解掌握的……立刻洞察的"。而推理用来指思考的过程（与本能相反），强调论点结构的客观具体化，"通过环环相扣的思想形成或者试图形成结论"。设计是直觉的还是理性的这个问题指的就是这个区别。设计在多大程度上是从不成熟也道不明的"黑箱"过程发展而来？在多大程度上它采用了外化的推理形式（这种形式的本质是为了推理清晰，至少能清晰表达），从而便于研究？

二十年来，这个问题具有实践的紧迫性，这是因为它阻碍了我们试图用计算机来支持建筑师们的创意工作。不幸的是，努力解决这个问题的结果往好处说加大了理论与实践的鸿沟，往坏处说得出了完全自相矛盾的悖论。事实上，只要我们试图深入研究这个问题，就会发现设计过程变得越来越令人迷惑。

设计作为过程

乍一看，设计过程是非常直接明了的。它通常从一个"设计任务书"开始，或概括、或详细地描述建筑设计必须做什么。经过一系列的阶段，拟建的建筑物首先会有一个草图，然后逐步完善至初具雏形，最后设计师交出一个建筑物的方案，用图说明建筑物将是什么样的，将如何满足设计任务书的要求，甚至做得更好。

这个看起来很简单。但是如果再进一步的观察，就会发现不是如此明了。这个过程之初的"设计任务书"有可能是一个很详细的正式说明，也有可能只是一些口头用语的词汇，但是不管采用何种形式，一个任务书基本上说明的不是一栋建筑物，而是这栋建筑物必须用来干什么，就是它必须满足的功能。任务书说明的是功能，而不是建筑物，这是因为建筑物将来会是什么样，外观以及空间如何，这都是建筑师的专业，这也是甲方雇佣他们的首要理由。如果我们知道建筑物会是什么样，而不是它必须用来做什么，那也就不需要建筑师的帮助了。

找到适合的形式来满足任务书中以抽象形式提出的功能要求，这也许恰当地描述了建筑师的作用。任务书开启了"设计过程"，设计师往往是经过很多尝试或者失败，最后他们递交给业主一份建筑物的设计方案，通过图文解释建筑物会是什么样，以及会如何满足任务书提出的要求。这使得很多人相信要了解设计过程，必须揭示如何从功能说明的文字发展到形式与空间实体的思考全过程。一开始，这听起来很乏味，但仔细琢磨却会发现这是个很深刻的难题。这个思考过程是用什么可能的方法使文字的说明变成了物质与空间的形式？这两个领域是不可以用同一标准衡量的。同样，它也适用于将功能概念转化为形式概念这个想法。正如我们已经发现"形式与功能"关系也许是建筑理论中最没有被理解的问题，难怪设计过程也显得很神秘。根本不清楚的是，是否存在一个清晰的过程可以表达这两个不可比较的领域是如何转化的？

然而，很多试图解释设计过程的研究者把设计师脑中所想的，或者应该想的，作为定义设计过程的要点，从而提出问题，试图解释通过怎样的推理形式，或者其他思考过程，设计师从获得的功能信息发展到一个实物空间物体。这个概念值得进一步研究，因为这样我们至少可以全面了解问题中所有的困难所在。

设计作为程序

关于设计作为程序的观点，最有力的陈述也许仍然是克里斯托弗·亚历山大（Christopher Alexander）的《形式合成简注》[9]，尽管它写于三十年前，但仍然值得一提。虽然它是错误的，而且作者本人也知道错了，但是它严格地构想和运用一种相当简洁的方式提出了关于设计行为概念化这个最深刻的问题。

这本书中的论点建立在现代主义引入建筑的一个基本争论上：在多大程度上可以认为设计是一个直觉的过程，由想像所支配，也许被理性所阻碍？在多大程度上直觉过程会逐渐被一个以推理为基础的程序所代替，从而建筑师可以运用更加广泛的知识？反对设计中直觉主义的基本论点是这样的：如果无可置疑地依赖直觉，那么建筑就局限于意象主义与历史主义，前者认为建筑主要内容是视觉形象而不是功能，后者认为建筑创新主要来自过去的建筑形式。[10]

亚历山大的这本书是第一次正式而严肃地试图把上述想法付诸实践。书中认为设计过程，即从设计任务书中对功能的抽象陈述到一个建筑物实体形式的产生，是首先对功能信息进行分析，然后进行形式整合的过程。当时他提出了几个模型，但所有模型的中心概念都是一样的，即从一个从抽象功能陈述到具体建筑方案产生的过程可以是（也应该是）：首先对问题进行分析，然后提出一个综合解决方案的过程。当我们试图用一种理性分析过程来代替以直觉为基础的设计过程时，分析与综合想法看似自然而然地产生了。

现在看来当然并非如此。这之后，可以较容易地发现分析与综合根本不是一个自然而然的思维模式，在某种程度上它更类似一种范式的想法，要理解这点就需要先了解一下关于这个概念的历史。我们会认为"分析与综合"是一个20世纪的想法（我们在"建筑决定论"上也犯了同样的错误），其实不然。17世纪数理哲学家勒奈·笛卡儿（René Descartes）的著作《方法论》就第一次清晰地提出了这个想法。[11]笛卡儿提出的目的与20世纪设计理论家们提出它的目的很相似。笛卡儿希望消除那些根植于自然语言中的偏见，从一些无可置疑的简单概念入手，从而重写整个人类知识结构。他的模型是几何学的，我们可以从一些少量的无可置疑的（如同他所构想的一样）基本定律和公理着手，运用它们来产生推理链（数学上的定理、论点、证明等等），最终形成可信的知识结构。

笛卡儿相信对于所有知识领域，只要从简单定理入手，严谨推理，都可以建立良好的结构和可信度，就如欧几里德定理一样。笛卡儿把语言的重建比喻成按照几何原则布局而建立了秩序良好的城市：城市是一步一步地发展积累而成，其中也不乏随机因素，就如同语言与习俗是由人类知识的积累而形成的。[12]在笛卡儿这儿，我们发现了现代主义哲学的所有元素：对于破除偏见的渴望，与混杂传统的决裂，通过对公理的辨析以及严格推理出更加复杂的概念，从而建立一个全新的思想结构。

亚历山大在那本书中就此提出了自己的看法："程序有分析的性质，而（建筑的）实现有综合的性质"。他将此总结成为了两个有相互关联且等级分明的图示。一侧是"从上而下"地按等级展开对"要求"的分析，其中关于"要求"的最主要方面被首先分解为几个主要部分，然后继续分解这些部分，重复这样的步骤直到最基本的要求层面。而建筑形式的"从下而上"的层级则是根据另一种方式进行，金字塔最底层的是最基本的元素，往上一层进行一些综合，重复这个步骤直到整个的形式是"综合的"。

亚历山大为了说明他的方法，他描述了一个实例：印度一个村庄的更新设计。他的程序首先是将所有的"不恰当的变量"（指那些很有可能被放置在错误关系之中的设计要素）列为"一个拥有正常功能的村庄所必需满足的要求"。这些包括所有的"明显被村民认为是必需的要求"、"那些国家与区域经济以及社会功能的要求"以及那些"目前村子已经满足的一些隐晦条件（指那些必需的，但是没有被任何人感知到的需求）"。这 141 条要求包括一些例如："在宗教上，贱民被认为是不纯洁的，不能接触的等等"，"种子肥料能够快速而有效地从总部被分配出来等等"，"简化劳动力在村子里、田间地头、工厂以及居所中的流动"等等。所有要求之间的关系也被列出来，这样就会得到一个图表，其中组成元素就是各种"要求"，而"相互关系"就成为了那些元素之间的链接。

然后，这个图表被分为"四个主子集"，每个主子集由两到四个"次子集"组成。次子集是一组相关的要求，而主子集则是多组要求所形成的群。每个"子集"被转化为一个"建构图表"，大致表示一个空间布局是如何来满足子集内的要求。然后这些图表被组合成更为复杂的"建构图表"来代表"主子集"的要求，于是四个主子集结合在一起就形成了整个村子的一个建构图表。亚历山大宣称可以用这种方法首先分析一个领域内所有要求的信息，最终整合成一个设计方案，也就是关于村庄整体空间设计的概要。

像反感以前种族中心主义者的傲慢自大一样，很多现代读者可能会抵制这种奇怪的解决方案。但这不是我们这里要讨论的要点（尽管从认识论的角度而言，它也许与种族中心主义很相关）。这里要讨论的是亚历山大到底做了什么。他是否真地依靠一套形式上的程序，从一些抽象要求的描述开始，衍生出了一个物体：村庄？如果答案是肯定的，那么他就可以真地宣称：他成功地用一个系统化的程序代替了直觉化的设计。

实际上，亚历山大的程序中有一个致命的错误，这个错误使得他用理性理论代替直觉理论的目标彻底失败，他只是将直觉，甚至是偏见，隐藏在理性的外壳之下。这不是一个简单的错误，而是一个普遍的错误。它破坏了论证的每一步。这个错误可以如下陈述。亚历山大反对的是以直觉为基础的设计，他认为这样会使设计师不能正确理解功能需求，从而也不能在那些理解之上得出一个综合的解决方法。例如在实践中，如果要设计一所"学校"，那么马上在脑海里反映出一系列针对设计问题的解决方法，即一所"学校"必需有的功能模式，例如，根据某种惯例，班级、集会、老师与学生、校领导与教师等等都有特定的布局方式，而且当"学校"这个词出现时，这种建筑形式的意念就会立刻从头脑中蹦出来，但是亚历山大对此是持反对意见的。实际上，亚历山大反对的是如下观点：在通常的语言使用中，类似"学校"这样的词可以让建筑师本能地联想到某种形式，在分析与综合的意义上，这些就是关于功能与空间的模式。通过这些功能与形式之间的直接联想，惯例就得以延续与再现。因此，亚历山大的理性程序是否成功就取决于他是否超越了上述这种直觉性的直接联想。

他超越了吗？当然没有。这也正是他的程序所做不到的。不管你如何将"程序"解析分拆，都没有一种分析手段可以将一个程序中的元素，或者功能元素，转变为建筑的，或者空间的元素。这只有运用已有的关于如何将功能概念转化为空间的知识或者构想才能做到。换句话说，整个程序中关键的一步，即从信息到实体、从功能到形式的转化，亚历山大所依靠的正是他声称要避免的东西：依靠直觉来构想功能与形式的关系是什么，或者应该是什么。

然而，亚历山大并没有由此得出正确的结论，即他的技术没有能够超越设计中的直觉，而事实上，他只是把对于直觉与构想的运用掩盖在一个程序之下了。这也许是因为他过于受"建构图表"的影响，这个图表也就是那种将信息与功能转化为空间与实体设计的方法技术。亚历山大通过一个具有欺骗性的案例来推广这种方法。他说如果你用图示来表达一个道路交叉口的车辆运行情况，用线条的粗细来表示车辆流量，那么这些线条以及线条的粗细代表的就是实际空间的解决方案。然而，这几乎是与"建构图表"惟一吻合的实际案例，因为它涉及的仅仅是工程技术，而不是文化。其他那些从功能到形式转化的案例都涉及文化模式，如果要把这个交通案例成功推广到其他那些案例中，只可能是亚历山大故意忽视文化模式，或者把他自己关于文化的构想强加到设计中去。

由于对文化的漠视且取而代之地强加入自己的观点，亚历山大违背了他技术中的所有基本原则：在从功能到形式的每一步设计中，他都没有任何可供选择的方案，只能依靠他自己已有的那些自以为是的知识，也就是那些自己构想的那些功能与形式的关系，以及那些构想如何与形式设计相联系。换句话说，不管他如何分解设计问题，亚历山大仍然在他本人最初所反对的道路上前进——那就是假设形式与功能的关系是已知的。而这种已知的设计内容恰好是我们在第一章中称为"不可言表"的那些方面，而它们在民居中却是通过建构过程而下意识地表现出来。那么，我们可以说亚历山大的程序远远不是以设计程序代替直觉设计，而是退回到了一种民居化的设计模式中，而且他牺牲了那些已经被当地文化认可的东西，反而把完全个人化的价值观加以转化，并强加其中。

明白了这一点，那么以上那些错误也存在于分析程序中的那些元素关系之中，以及"综合而建成"的环境的空间关系之中。换而言之，尽管采用了所有的"理性方法"，实际上在整个设计过程中起作用的还是直觉知识。令人奇怪的是亚历山大似乎也知道了这一点，而且实际上他的书中也谈论道："设计师在着手设计之初，在脑海中必须有了一些关于问题解决的具体概念"。的确，设计师必须这样，而且实际上，他们在每个设计阶段也都采用了这样的思维模式。很显然，这种观点必然冲击了那些重要的关于"分析－综合"模式的观点。把信息转化为实物，或者把功能转变为形式，我们都必须用到已有的知识。这具有很重要的意义：设计是一个思考过程，它并不简单地把知识拼凑综合在一起，而是设计师基于知识而如何运用它们的过程。

再三思考，也许我们可以发现设计的分析与综合模式到底错在哪儿。从文字的设计任务书发展成为一个实体的方案，而这方案描述了整个设计过程的外在形式，同时也表明了设计过程是如何根植于更广泛的社会体系之中。然而，我们不可能期望它也能描述了设计过程的内在过程，也就是设计师的构思过程。根据我们对亚历山大的方法的分析，以及我们对民居建构与直觉设计的分析，可以推断出：设计的构思过程是以知识为中心的，而不是依靠程序的。亚历山大提出的程序也许能将知识隐藏，但它不能使之不存在。相反，正如我们所示，它的每个步骤都建立在某种知识之上。如果我们要理解设计的内在构思过程，那么我们首先要建立一个以知识为中心而非掩盖它存在的模式。那么这样的模式如何建构呢？

设计作为"假设－检验"的过程

模式建构的第一步是容易的。从根本上来说，分析与综合的模式是对科学方法的一个误解，而20世纪关于"科学方法论"的概念已经有了一次革命。我们关于科学的概念已经发生了变化，科学家不再仅仅是收集数据，然后进行"归纳概括"（比如，根据太阳升起的次数足够多，那么科学家就可以假设它总是升起的），而是需要基于"归纳"去建构一些被认为是"正确"的理论。现在，我们将科学视为了一种具有高度想像力的行为，"数据"在如下三个方面变得不是那么重要了：作为建立理论的基础，作为检验及推翻理论的手段[13]，以及作为直觉性的理论跳跃的根据。[14]卡尔·波普尔（Karl Popper）是这场革命中最具影响力的哲学家。他认为归纳不仅是不可靠的，而且自然界内部机制中那些复杂模式是不可以逻辑地"归纳"出来的。科学理论模型只能是先提出假想，然后通过严格的数据测试，支持或者推翻假想，但是没有任何理论能够永远"正确"。每种理论永远都是不确定的，都可能被更好的理论来替代。即使归纳理论（而不是简单陈述太阳升起这个事实或者及其周期）是逻辑上可行的，对于科学来说仍然是没有什么用的，因为如果理论是根据所有数据归纳出来的，那么就没有必要再通过这些数据来检验它。既然那些相互对立的理论几乎经常都是由一小部分数据而非所有数据支持的，那么，如果科学要进步，就只能是采用这小部分的数据去反驳理论，而不是用很多其他数据去支持理论。

尽管科学是被想像与直觉所引导，但是它仍然是一种理性的行为。既然这样，那么我们为什么要寻找一种更有力的模式来解释设计中的理性。实际上，设计看似更像一种对假设的检验过程，而不是一种"分析与综合"的过程。这个观点（我和其他一些人在20世纪70年代早期提出的）[15]有效地把直觉与理性生动地联系起来，并且提出设计与其他类型的人类行为没有很大的区别。例如，对于语言来说，假设检验也是一种合理的模式：首先是对于一个复杂语义的假设，然后试图通过言语加以检验它。[16]设计与其他行为的差异不是它的过程，而是目的与设计结果，因为设计之所以困难在于那些被设计的对象。因此，有人提出理论家们要想取得成果就应该把他们的注意力从设计的过程转移到设计的成果。

直到现在，这个观点还是意义的。然而，简单地将设计与科学作类比，如果认为这样就可以解决设计过程的问题，这显然是不行的。对于设计这个过程，设计师会发现它与科学过程很不一样，实际上设计的成果也明显不同。然而，通过设计与科学的类比，我们可以消除一种错觉：思考中的理性是必须的，而只有理性的思考才会形成一个过程或者程序。那么这个讨论又该如何深入发展呢？

实际上，与科学作类比并未到此为止。正如科学家不能通过一系列的"归纳概括"来"归纳"出一个复杂的理论模型，同样，我们也可以识破亚历山大理论中的破绽，即设计师也是不可能通过分析某个程序的每部分，从而"归纳"出某栋建筑物。这个理由是简单而基本的。无论从空间，还是形式来看，一栋建筑物都是一个整体的组织构成，而它的作用也是作为一个组构来体现的，人们所体验的也是这个组构。现在我们知道了一个组构的基本特性：每当它变化的时候，也就是增加或者删减它的某些部分之时，那么整个组构都会发生变化。有规则的变化，即那些遵守一贯规律的变化，在很大程度上都可以被预测的，而那些小的或者不规则的变化则无规律可循，从而也不能被预测。如我们在第九章里看到的，从空间组构到它表象的空间布局，都存在局部的不确定因素。

因此，设计师们必须从整体上思考问题，当然他们也正是这么做的。建筑设计的核心是把各部分构筑成一个整体。很显然，设计就是一种整体地组织构成的行为，由此产生了两个结果。第一，由于一个组构是一个"整体"，所以它的特性会因很小的变化，而产生很显著的改变，因此，设计师必须整体地自上而下地设计。建筑师的构思对象是一个组构，即一个完整体，它不是各个部分的拼凑。这当然就是我们所指的一种设计构想，也就是对整体组构的构想。它也不可能是别的方式，因为组构不可能由一个累加过程而得到。第二，因为一个构想就是整体的组织构成，而且它在人类思考中是不可言表的，这就可以得出组构的形成也是不言自明的。于是，建筑师们当然会认为设计是直觉的。因此，一个组构的构想过程只能是直觉性的，它不能遵循一个推理的程序，或者经由一个自下而上的累加过程。从自身属性来看，设计是一个整体性的直觉过程，然而，这个结论是来自对设计过程的理性分析。

因此，我们引出了一个问题。如果设计既是一个不可言表的构想，同时又是一个以知识为基础的过程，那么这两个因素是如何调和在一起的呢？也就是我们如何来建构一个设计过程的内在表达模型：它既可以"确定"设计中的直觉明显先于理性，同时又可以"确定"设计是一个基于知识的过程，而且在这个过程中人类的理性推理也是同等重要的？

如同我们将看到的那样，因为设计是一个认知的过程，那么建构设计构思的模型就是探求建筑物中那些不可言表的内容，即如何得到一个建筑形式和空间布局的整体性。在前一章里我们已经注意到了，民居中的那些不可言表的部分赋予了建筑形式与空间模式的文化特质，它们在建造的过程中无意识地再现。形式和空间模式以及功能模式，简而言之，形式与功能关系都是事先知道的，只需要被再现而已。因为建筑的本质是不依赖于固有的社会知识来创造出建筑物的模式，那么这些不可言表的方面就变得不确定了。当我们把设计理解成一个基于知识的过程之时，我们需要说明那些只可意会方面是如何被表达的，而这些方面正是亚历山大在他程序理论中要彻底掩藏的。

审视设计过程

让我们尽可能清晰地将建筑设计定义为一个知识问题。我们必须从一个基本的事实开始：设计是一种表达，而不是一个物体。设计一栋建筑物是再现一个具有未知性与独创性的物体，这个物体的特性必须事先弄明白，以便可以大胆地进行建造。这些必要的已知特性当然包括所有的"技术性"因素，即那些已经被一些物理规律所支配的因素，比如结构或者气候条件。然而，它们还包括那些不可言表的直觉特性，即建构一种外形以及一个空间结构。前者是预测拟建建筑物的审美与文化价值，后者是预测建筑物作为一个空间体将如何服务于发生在其中的行为活动（其他一些不可预见的方面也许会被及时地逐步发现）。

在建筑里，这些不可言表的直觉方面是最具吸引力的，这是因为在这个方面，建筑被认为是一个"超越建筑物"的物体。这意味着在设计过程中有两种不可言表的直觉问题：生成一种拟建的形式，以及预测它的功能性质。我们的问题是解释它们各自是如何发生的，特别是它们各自是如何学习并运用某种知识而完成的。[17]最好的方法也许是探究在设计进程中发生了什么，或者看似发生了什么。能观测到的事件至少应该可以视为设计构思内部过程的外在折射。

如果我们在设计中观察所发生的事情，那么我们将发现两种明显不同而又密切相关的行为。一种是针对手头上的问题提出构想形式，把它作为可能的解决方案，这经常需要勾画一系列的草图与成图；另一种则是对多种形式的探讨与分析，即解释、定义、评论它们，进而提出修改意见，实际上，这是在讨论当它们建成时的效果。我们也许会注意到对于形式的构想看似在很大程度上是采用了不可言表的直觉模式，但是对于形式的理性分析则主要是采用可以言说的模式。

让我们首先来看一下设计过程中的可以言表的方面，即可以预测的部分。然而，如何有可能去预测一个未知的原创作品的建成效果呢？抽象地考虑这个问题，可以发现可能性其实是有限的。预测要么就是基于与已知案例的类比，要么就是根据已有规则，即那些对所有可能案例都可行的原则，或者是两者兼有，比如"经验"，它往往表现为基于个人已知案例的一个临时原则。

在建筑工作室中仔细聆听讨论时，我们会发现以上那些是相当有用的指南，尤其是当设计师们如何评价设计方案的时候，以及他们预测方案的建成效果的时候。有一种粗略的评论是倾向于很直接地反应个人直觉，例如，像"好极了"或者"我真的很喜欢它"。然而，很少会有人在评估方案时就只说这么几句话。往往他们还要加上一些话，例如"不知道对不对，这让我想起了什么什么？"或者是"你似乎考虑到了什么什么"。换句话说，这就是人们试图将设计的形式类比到某些已有的案例形式。

注意到了这些，我们便可以得到一个有用的概念。即使建筑物的空间与外观形式是不可言表的，但这并不意味着进行比较的评价过程也是不可言说的。恰恰相反，这个比较过程可以不损害形式的不可言表性。在进行比较的时候，并不需要描述出一种形式，可以用语言来表示同意或者不同意，然而，这仍然保持了形式的不可言表性。因此，我们会发现即使评价的对象是不可言表的，我们仍然很明显地采用了理性推理的方法并用言语表达出来了，这个方法看似没有出现在设计构思产生的过程中，或者至少没有证明是这样的。设计师们很少会声称"我作品的这部分来自这儿，那部分来自那儿"，因为如果他们这样说，就意味他们的作品就不是原创的，而是模仿的。但是一旦提出了设计构思，理性的言语对比就是设计评价过程以及预测的一个合理方面。

当我们预测建筑物的功能效果，而不是从审美上评价它的形式时，那种与已有建筑物的对比就更加明显了。我们通常会把拟建建筑物和与之在某种程度上相似的已有建筑物进行比较，这种方法在争论中是最有说服力的。这又存在一个很明显的原因：建筑师们设计的是形式，但期望满足的是功能要求。对于建筑构想的预测，其中最难的方面是从形式预知功能。只有在已有建筑物中，功能才能与形式一样是可见的。从案例的经验来看，功能是设计过程中关键的未知元素，它可以成为形式预测以及推理的一个依据，这也正是设计过程的特色。

基于这个原因，用来预测建筑特性和功能效果的理性推理形式变成了某种经验。其他所有论点与之相比都变得无力了，而实际中我们发现经验往往成了最终主宰。这也就是为什么在设计的理性推理与预测阶段，我们注意到的那些主要道理既是经验主义又是理性推理。实际上，正是那种经验性方法使得设计的各个阶段变得可以言说。

也确实应该如此。如果设计构想的评判都诉求于规则要求，那么不仅对于设计师来说，这种评论是没什么作用的，而且对于规则要求的发展也是无益的。这与科学中前伽利略时期的情况相类似，当时在亚里士多德方法论的影响下，科学试图通过从公理出发来解释特定现象，但是我们很可能失去了根据意外现象进行学习的机会。设计中的情形也是如此的。对设计构想进行评估时，用已知的案例来检验这个设计常常是最灵活的方法，也是最具有潜在破坏力的。通过这种方法，现实世界的建筑物被带入了设计世界，这就如同在科学中，事情以同样的方式和理由发生着。

看来我们已经至少把设计中的某个阶段定义为一个基于知识的过程，也定义了设计过程中被运用的某种知识。建筑物中不可言表的经验知识，尤其是空间形式与功能的关系，对设计的"假设－检验"阶段中的预测和推理是必须的，而这个阶段也正好体现了设计过程的特色。我们从哈金（Hacking）[18]那儿也许可以注意到，科学中的经验现象也许也是理论中的启发点，不经由任何逻辑过程，而是通过不可言表的直觉式飞跃触发理论的形成，这正体现了科学理论的特色。类似于建筑中的已有案例，即已知的建筑现象，也可能直觉式地启发一个新的原创设计。

建筑的理念从何而来？

然而，在这个设计过程中，第一个不可言表的直觉性阶段中有什么呢？也就是设计构想的形式如何产生呢？让我们再看一下设计中关于形式构想过程的证明。通过对这个过程观察，我们往往能看到一系列描绘出来的构想方案。我们很少会发现只有一个方案，往往也不会只有一种类型的方案。更普遍的情况是一组方案，针对当前问题提供不同的可能策略。那么我们实际看到的是一系列的可行的形式构想，这些构想其实是从更多的可行性建议中得到的，而且最终将被逐渐升华为一个方案。

换言之，从表面上看，在设计的构想阶段中我们所见的并不是从信息到实物，或者从功能到形式的转化，而是一些更容易概念化的东西：从建筑的多种可能形式转化为建筑的独特形式。当然，有人会反对这个提议，认为它不证自明。然而，从设计如何被看成一个基于知识的过程这个观点来看，这个提议却是很重要的。从分析者的角度来看，形式的产生是设计中最棘手的方面，这个提议认为形式并不是在一些不可比较的不同领域之间转化而产生的，而是形式大体上只存在于一个单独领域：建筑形式的领域。如果是这样的，那么在设计过程中，最重要的因素就是设计师如何理解外形与空间的可能性。

这并不是我们从事物表面所看到的全部内容。设计构想不仅仅只是一个构想的形式，而是一个包括了功能构想的形式方案。形式的构想中其实已经完全包括了功能的预测，这个预测为任务书中提出的问题给予了解决方案。那么，通过设计师对建筑可能性的理解，功能的概念以及它与形式的关系被表现出来了，至少也表明了一种外形的构想，以及一种功能的预测。实际上，设计师绘图不仅是根据所知的形式可能性而构思特定造型，也是根据所知的功能可能性而预测某些功能。

我们也许可以说，形式的概念化是一种认知行为：根据设计任务书的抽象陈述，它把外形与空间的可能性转化为外形与空间的现实，把功能的可能性转变为功能的预测。换言之，设计不是在不可比较的各种领域之间进行诠释，而是在这些领域之中进行转化，而这些领域与建筑物的本质息息相关。那么，设计师构思时所运用的知识与他们检验这些构思时所使用的知识是相似的，某种程度上，它们都是关于建筑物的知识，更确切地说，这些知识更是关于可能性的，而不是关于现实性的。问题是这些知识是什么样的？在检验阶段，这些知识显然是关于真实案例的经验知识，而且也可以说这些经验知识是最好的必要性知识。那么，这些对于设计构想的产生是否也同样适用呢？

让我们立刻确定一个讨论方向。我们曾在分析民居时看到：一种民居形式的诞生是基于其组合关系的常识经验，那么我们就可以不加思辨去组合其中的那些物质与空间元素，而不用刻意设计。这与语言是类似的，语言中的创造行为必须基于我们的常识，即不用刻意思辨的语法和语义。而建筑也意味着将这些无以言表的组合关系变成了理性思考，很大程度上类似于科学家将一些司空见惯的常识进行自省抽象（基于抽象概念的思考以及反思等——译者注）。通过这种思维转变，建筑不是简单地复制某种在特定文化下不可言表的共识模式，而是基于这些模式的多种可能性进行自省抽象，从而产生一种新的不可言表的共识。

然而，自省抽象是如何出现在在设计行为中的呢？要理解这个，我们必须首先认识到设计本身并不是一种自省抽象的行为。从它本身来说，只有通过自省抽象，才能理解形式。然而，设计是对形式的创造，它是一个依赖于抽象的具体化过程，但是它自身却不是一个抽象的过程。这个具体化过程必须与自省抽象相结合，但是它自身却不仅仅是自省抽象。这是如何发生的呢？答案很简单，一旦得到仔细的辨析，就很明显了。在具体化的创造行为之中，如设计，设计师必须先拥有一些不必再三思考的定式，或者，至少是暂时拥有它，以便他们在各种可能性中进行思索，并寻找出解决方案。这是因为这种难以用语言描述的具体化行为（对于外形与空间形式进行不可言表的直觉式的猜想活动）就其本身不是对自省抽象的简单运用，而是当建构和探求某种可能性之时，它会使用到自省抽象，这样自省抽象就成为某种搜索引擎，使得设计师可以感知到他或者她已经接近所要寻找的东西。

换言之，在建筑设计过程中，自省抽象就如同那些不用刻意思辨的常识，它暂时被认为是理所当然的定式，于是根据那些自省抽象，设计师才有可能去建构并探求可能的方案。在设计中，不用刻意思辨的定式是很必要的，因为它们使得设计师可以知道自己在寻找什么，同时也可以知道得出什么样的成果。事实上，一个好的设计师都会有自己的特有的定式，依此来建立和探求各种可能性，从而获得成功。设计行为必须（至少暂时性地需要）坚持这些不必再三思考的定式，以便设计师可以基于这些定式进一步地思考与体验。这在行为逻辑中是必要的。为了提出这样或那样的形式构想与最后作品，设计师必须知道，或者相信自己明白，那些难以用语言表述的形式与空间，以及它们对最后作品的一般性影响。

方案类型学

这些概念是什么样的？它们又从何而来？我们可以再次研究设计过程本身的行为。这次我们应该从最早的阶段开始，因为它是设计构想的来源，而这正是我们现需要寻求的。最早的阶段应该是设计任务书了，它是启动设计过程的首要信息。

我们已经讨论了这个问题，当命名某一种类型的建筑物时，比如"学校"，它所指的已是一套非常复杂的概念了，不仅包括具有某些特征外观的建筑物，还包括人在其中的特定行为模式，因为在这种特定空间组织中，人们的社会角色已经被清晰定义了。换句话说，根据常识用一个词语来命名一个建筑物时，这就已经描述了建筑物中那些不可言表的内容之间的可能关系，而这是设计师试图通过设计来寻找的：即一种功能性的安排、与这种功能安排所对应的一种空间模式以及通过建筑物外形来体现的"学校特性"。反复思考之后，我们认为必须是这样的。这也是对民居分析的另外一个方面。不仅仅是建造者，我们所有的人都身处不断演进的建筑文化中，以此，我们才能够理解和使用建筑物，同理，建造者们才能够建造它们。然而，当把建筑物视为一种关系复杂的形式与空间时，我们和建造者所拥有的建筑文化知识是难以言表的。我们必须还注意到，尽管我们是凭借图像或者外形可以意识到民居中不可言表的组合关系，就如同建造者是通过建构外形来复制这些组合关系，但是从本质上来说，建筑者关于民居的直觉认识是抽象的组合关系。

一组不可言表的直觉模式包括相关的人类活动形式、空间模式以及外形表达，它们是相互关联的，这组模式就是用类似"学校"这样的词语概括而表达出来的，其实设计任务书也应该起到同样的作用。这些复杂概念不太可能以某类单一文化的形式表达出来，就像我们在民居里看到的一样，它们往往是一组可能性，包括了这类设计问题在当前与过去的所有解决方案，而设计师可以对此，并进行战略性选择。对于由过去的实践所决定的各种战略性选择，我们需要对此命名，由于在别处[19]它已经被称作"方案类型学"了，我们就继续沿用这个表达方式吧。方案类型学最重要的方面体现如下：它是由设计师所需要的一组难以言表的定式概念所构成的，因此，当寻求可能的解决方案时，它就立刻给予了一套可行但又不需要刻意思辨的"定式"。民居建造者也采用同样的方式，在建构时，他们采用具象的方法将抽象的直觉通过外形与空间的组织得以实现，同理，设计师也是通过对以前案例的回顾，有意无意地就吸收了每个解决方案中那些不可言表的直觉模式。因此，方案类型是由一些基因类型形成的，或者由暗示着基因类型的显性具象而构成的。设计师并不一定要使用这些基因类型，但是概念是存在于那儿的，而且他们抽象思维的本能意味着他们要摆脱这些基因类型的影响并不容易。我们也许会注意到，对于任何设计问题，历史上都已经存在着一套不可言表的基因类型可以反映它们。也就是说，已有的那些基因类型首先是可以限定一个"设计问题"的先决条件。尽管问题是以新面貌出现的，这种"设计问题"往往具有一个历史背景。

即使是最有创意的设计师，他们认可的某种设计方法都是基于建筑历史的框架之内进行，也就是他们会针对设计任务书中要求的建筑类型去回顾那些已有的解决方案。对于被回顾的案例已经有一个很好的术语，那就是"先例"。先例是针对某个特殊设计问题已有的解决范例。对于先例的回顾很少只是研究单一类型的解决方案。它们往往是尽可能地遍及一系列解决方案[20]，也包括那些被认为是不太好的类型。但是回顾先例之后，我们很难发现建筑师们就是对其进行模仿。恰恰相反的是，当明晰地回顾了先例之后，设计师不会就根据一个最好的先例来模仿，而是在各种可能性中建立某种类似里程碑的概念，以便有新的发展。对于先例的回顾不是去损害一个新设计的原创性，相反，通过清晰明白地回顾先例从而保证设计的原创性。通过作一个先例回顾，一个设计师将会认识到历史的延续性，这不仅包括建筑的解决方案，也包括建筑中存在的问题。它使我们意识到在建筑设计的任何阶段内，我们会遇到那种类型的问题往往是因为我们曾经有过那类问题的解决方案。

因为方案类型暗示了相对抽象的形式中的一系列不可言表的直觉型定式，所以它们自身就形成了认知机制，以此设计师就可以建构各种方案的可能性。但是设计师可以按两个方式来这么做，要么是明确的，即有意识地做一个先例回顾；或者是不明确的，即在决定一个解决方案时他们下意识地借鉴了先例。后一种策略总是保守的，它显然总是倾向于遵循已有的解决方案。前一种策略认识到了已有的解决方案类型，它往往会更加主动，因为它已经明确地回顾了先例，这使得只是简单地遵循先例进行建筑创作更加困难了。

不管设计师是否对先例做了明确的回顾，在设计构想形成的过程中，已有的基因类型至少不可避免地成为了一个强有力的影响因素，甚至是可怕的强制性因素。已有的基因类型可以渗透到建筑的创作过程中，它们成为设计构思时所运用的思维定势的一部分，不管建筑师是否愿意接受。那么，完全可以预料，建筑师们在探求可能形式的时候，就会发现那些具有文化含义的基因类型，而且他们至少会下意识地认同某些概念。在探求形式可能性的设计构思中，已有方案的类型或者它们的基因类型成为了思维定势，从而带来了文化的稳定性，于是在很大程度上形成我们常说的建筑历史，也就是这种文化的演进历程。

我们也许会认为这类建筑作品是"正统"的建筑，与之类似，汤姆斯·库恩（Thomas Kuhn）认为在一个无容置疑的范式中"解决疑难"，这才是"正统"的科学。[21]这个类比并不精确。建筑领域是更加多变的，没有一个范式存在。虽然如此，在广义上，也许这个类比是正确的。在一定程度上，建筑创造性的活动延续了文化，因为在设计构思阶段，已有的方案类型是最有力以及自然而生的思维定势。正是因为这样，尽管每栋建筑物都是独立个体，它们仍然在逐步地演变成为某种类型。现在，我们可以发现这些建筑类型的基因传播是如何通过相当不确定的个体创作来实现的。

方案类型与正统建筑

然而，在运用方案类型时存在着极大的危险性。从认识论而言，方案类型的存在以及它们对不可言表的抽象概念的传播，使得建筑有民居化倾向，也就是它们从普遍意义上超越文化的雄心消失为完全遵循社会共识的已有建筑做法与形式。那么，"正统建筑"，即那些受已有方案类型影响最大的建筑，是否和民居一样只是通过建成物来传播文化？

答案是否定的。在设计中，正统建筑所使用的认知机制与民居的相似，但这并不意味着它们所采用的那些不可言表的知识是与民居相同的那些类型。恰恰相反，它们似乎反映了两个基本的新事实：首先，建筑师们是一个从事专业知识创造和使用的群体；第二，这些专业知识被更加广泛的社会组织所认可并实践，而且成为那些社会组织的一部分知识。于是，这产生了一种新的可能性："建筑知识"反映的不仅仅是建筑师与其他社会成员由于共同的文化背景而分享的知识，而且这种知识反映的是在一定社会状况下，建筑师们的行为其实代替了其他成员对文化的理解。换句话说，建筑物不仅能代表人们共识的文化内涵，而且能代表人们对文化的不同理解。

在多大程度上这种情况将会发生取决于一个新的因素：社会与建筑师之间关于建筑目的与意义的无休止争论，这个争论其实是随着建筑师作为一个专业群体的存在而产生的。我们可以时髦地称之为"建筑对话"。建筑对话产生于一个简单的事实：因为社会生活是在有组织的建筑空间中进行的，而且社会价值是通过建筑形式得以体现的，所以在社会意义上，建筑不可能是中立的。恰恰相反，每个建筑行为都直接参与社会进程，并与之形成一个永恒的辩证关系。正是由于这种亲密关系使得建筑与社会之间形成了更加高层次的第二种辩证关系：在形成建筑的"意向"之时，就涉及了建筑理论与社会理想之间的辩证。建筑意向是普遍意义上的方向性建议，它指导着具体的建筑设计。它们也有可能是那些关于建筑与生活关系的复杂建议。然而，这种建议都是理论性的，因为尽管它们非常宽泛，但是它们都是指导着空间与外形的组织构成。另一方面，这些建议又是关于社会的建议，同样不可避免地引发了更加广泛的社会争论，并且往往成为其中的一部分。

有鉴于此，关于建筑意图的陈述不能也不应该只取它的表面意思。如果在具体的方法技术层面上，建筑完全卷入到了社会因素之中，这将导致一个永恒的危险：那些指导具体设计与设计目标的抽象理论与意向将会完全从属于流行的社会意识。对建筑思考与辨析之中，这导致了持续的争论。一方面，建筑与社会如此紧密相关，关于社会的本质与发展趋势的争论都必然会牵扯到建筑；另一方面，建筑的本质是一种建造活动，有其自身的逻辑和行为方式，而这又是以一种社会活动的本质体现出来的，这就导致了关于社会的争论又回到了对建筑本质的讨论。这可能看似自相矛盾，但这是一个关于建筑与社会关系的结构性的必然矛盾。从建造过程而言，建筑的确属于社会活动的范畴，然而，建筑的存在又是独立于社会活动的，而且它们的演变促生了新的形式与新的独立存在方式，这些也在改变它们参与社会进程的方式。

这个具有两面性的争论就是我们所说的建筑对话，它是关于建筑理念以及它们与社会价值之间的持续争论，而且它也在建筑与公众之间被相互传递。尽管对话需要自主性，然而建筑中的对话与其他对话一样，都不是一件独立的事件，而是讨论一大堆不断变化的概念，反映并促成了更加普遍的对话模式，以此社会将会不断地自我反省。通过建筑对话，建筑既积极参与，同时又试图独立于文化和社会结构的逐步演进与调整，这就是每个现代社会的标志。因此，尽管原则上建筑是独立于某种文化限制的房屋，但是建筑必须把这种独立结合到与公众的对话之中，从而推动自身发展，这样建筑才不会被排斥在人类智慧和社会之外。"建筑理念从何而来？"这个问题总是可能会存在一个错误的答案：任何建筑理念也许都可以独立于社会结构之外，然而，时间也许会证明它在无意识地体现着某种特定社会思想形态。

于是，建筑意向的表述之中存在着一个永恒的问题：这些意向是否是建筑思想中的自主构想？由此，建筑是对社会有建设性的贡献吗？或者，既然在某种程度上，建筑意向来自社会，而社会与文化的演变又能体现为社会行为或者组织，那么通过这种相似的普遍社会进程，那些建筑意向是否能够以建筑形式表达出来？简而言之，建筑"意向"不断变化的语言表达了关于建筑与社会的概念，而这些概念某种意义上是社会所构筑的吗？

就空间而言，这个问题是很急迫的。建筑意向常常是一些提议，它们通过空间组织来引发了某种社会效应。因此，建筑意向的陈述不可避免地将社会价值与空间概念联系起来，从而实际上形成了这样的方案，它反映了建筑与其空间中的生活行为之间的关系。理论上，它们是形式与功能的命题。例如，小区的布局与社区形态之间的命题，或者开放式办公室或者学校与机构组织的功能之间的命题，或者家居空间布局与家庭行为之间的命题，这些都是形式与功能的命题，它们将空间与正常或者良好的社会行为联系起来了。有时候，这些命题很明白，然而，更多情况下它们却很隐晦，通过共识的建筑物形式以及我们谈论它们的共同词汇与术语才得以传递。

正因如此，建筑理论的研究有两个对象，同时也是理论形成的最初来源。一是建筑客体，也就是已存在的、或者也许存在的建筑物与场所；二是"意向"，尤其是建筑意向中潜在的那些不用再三思辨的"常识"，这是支撑建筑对话的一些变化的概念，在更广泛的意义上，它们看似经常主导了建筑形式的演变。很多人会视后者为基本的研究对象，他们认为建筑对话是先于建筑物本身的，只有作为社会产品的建筑物通过对话表达出来，建筑物才能被理解。然而，在20世纪建筑实践中，最关键的教训就是：建筑概念和意向的表达常常与那些体现着建筑意向的实际建筑物以及空间形式之间存在一个错位。我们不能继续假设理想与现实之间存在着的紧密联系。也许更好的办法是平行地来研究这两者，但是为了这么做，我们必须首先分别研究它们。一方面是从社会角度上所建构的意向，另一方面是已有的方案类型，它们的合力构成了一种潜在的力量，它实际上让建筑不情愿地服务于各种社会力量，同时又不能达到那些社会目标，尽管建筑仍然在追求自身的独立与自主。

一个案例研究

关于这点有一个很重要的例子，它涉及的就是第五章里所描述并讨论的那些奇怪住宅区的起因，这也是一篇早期论文中的主旨，题为"反对封闭住宅小区"。[22]这篇论文发现了在20世纪中叶中[23]，大量的社会住宅方案体现了一系列几乎相同的空间设计理念，以及随之对应的普遍的社会观念。空间理念偏好"封闭":好的空间就是封闭的空间;而社会观念认为这样的"封闭"应具有可识别性,最好服务于一小群人,外人不容易进入其中。联系这两者的指导观念就是:如果一群邻居必须经常见面,而外人不必这样,那么这一群人就会开始形成一个小区。这一理念也运用在更大规模上的住宅区中,即"由一组封闭小区组成的封闭住宅区"。在规划图上,就建筑布局而言,这就是让住宅建筑形成组团,每个组团都有可识别的而又不同的公共空间,以及用醒目的几何空间联系着它们,因此这些局部组团与整体住宅区的关系可以清晰地表现出来。整个设计思想体系可以用三个相关的原则表达出来:"封闭、重复、等级"。不管住宅区所处何种背景之下,都用这些原则来生成一个新的"平面布局"。这三个相关概念的运用非常普遍,在很多不同类型的建筑物与几何空间中都可以找到,看似它们自身形成了一种"设计范式",体现这种范式的方案类型将它稳定地传承下去,并且使之成为公共住宅设计的鼻祖。

不幸的是,正是由于这一系列的理念导致了支离破碎的城市景观,这是第五章中我们所研究的病态对象。小范围的局部"封闭",以及每一个"封闭"对应着一个较小的可识别社区[24],这些被认为是新住宅区的首要元素,然而,这种观念恰恰摧毁了虚拟社区,即那些基于街道格局的社区,其中日常人车流动带来了自然而然的相互见面的行为与同舟共济的感觉。这些观念带来的真实后果是:以前那些由连续的公共街道系统组织的社区转变成了一系列毫无关联的"口袋空间",从一个个有人情味的公共空间变成了住宅与公共空间之间的一个个复杂的迷宫地带。正如我们在第五章中所见,现代公共住宅的危机就是这种空间的危机。不管这些"住宅"创造者所声称的集体社区意图是什么样的,它的结果却是把我们社会中最底层的群体从公共领域中排斥出去了,实际上,把他们发配到了一个外人不愿意进入的区域,那里的情况只有他们自己才知道。由于官僚化的建筑思想的持续影响,这些区域才得以继续存在。

即使在小尺度的"封闭社区"内部,只要具有常识,并且多一点的实际考虑,设计师们就应该知道他们的意图不可能实现的。在邻里关系中,人们总是试图表现出礼貌,或者避让某些难堪,因为那种过于密切的关系或者过于经常的见面,往往很容易让人备感压力,甚至觉得讨厌。如果空间设计过分地夸张了这种面对面的关系,同时又消除了一般街道上那种陌生人出现的几率,这些看似都加强了,而不是缓解了控制邻居以及回避陌生人的社会规则。在空间孤立的小区中,那群居民只能彼此面对面,我们认为应该尽量缓解这种精神压力过度的邻里关系。问题不仅仅在于这种邻里关系的范式是如何失败的,而更在于这种强迫性的邻里交往的幻想如何能流行这么长时间?

这些空间与社会的构想形成了20世纪中叶公共住宅的设计思想基础,然而关于它演变的轨迹以及频繁的历史变化并没有被研究,但是有三件事情是很清楚的。第一,尽管邻里关系和社区这些词都是"柔性"的表述,然而强迫性地面对面交往这个基本理念是被彻底的机械化了,它与我们在上个章节中讨论的"机器的范式"是如此的相同。第二,我们可以注意到"封闭、重复、等级"的范式本来是一种解决问题的新方法,然而它所要解决的问题往往正是它自身造成的。例如,克希蒙(Kirschenmann)和穆撒拉克(Munschalek)出版了他们的著作,其中有很多我们所说的"封闭、重复、等级"的案例;在同一年,大伦敦政府也颁布了新的住房平面设计导则[25],目的是更正过去的错误,并且提出新的原则。实际上，尽管采用了很多新的语言，它所提议的和它所要取代的其实是完全相同的形式，即"封闭、重复、等级"，只是用了新的说法和图解来装饰而已。第三，在社会住宅政策演变的每个阶段中，都可以找到这种设计范式的每个元素，实际上这些都可以追溯到19世纪"博爱的"伦敦房屋计划。实际上，这些理念是如此普遍深入，它们不可能不会作为设计范式出现在社会住宅中，社会就是通过建筑将某种设计方法强加到了某些社会阶层上。

这两方面的事实显示了，"封闭、重复、等级"的设计范式本来是为了超越那些关于建筑的社会工程，虽然它们表达方式不一样，然而这种设计范式其实与那些社会工程的目的是完全相同的，那么那些社会工程的目的就通过"封闭、重复、等级"这个范式而得以永恒存在。对此我们不应该感到惊讶。因为范式的本质就可以把新的方案纳入到它的基本概念之中，并能发现新方案是否偏离了那些基本概念。而基于这个设计范式的方案类型能被广为传播也是有其原因的，这是由于社会公共机构既制定了居住的社会目的，同时又负责大规模的社会住宅计划，如果住宅方案类型没有以新的形式表现出来，那么就会被不断地重新诠释，从而被误认为是新的方案，从而得到广泛接受，然而这些"新"方案显然并非是新的，还是在表达了那些公共机构所假设的居住模式。

在社会环境中，建筑方案类型本身就蕴含并体现着社会知识，然而就基本社会形态本身而言，其中是没有任何建筑的，那么方案类型所体现的社会知识与构成基本社会形态的那些社会知识是完全不同的。相反，这两种社会知识都有可能被一个社会中那些流行的类型结构所影响，由此可以折射出社会本身的偏见，在这种意义上，它们又是相同的。问题在于那些方案类型，尤其当它们已被设计导则认可之后，它们的社会本源往往被掩盖了，如它们理论上的本质一样模糊晦涩。不可言的直觉自然涌现，它不是表达文化的一种手段，而是把文化强加在方案类型上，常常服务于不明确的社会目的。在这种情况下，需要合理地探求建筑意向，但是方案类型中不可言表的本质使得建筑意向中那些隐藏的社会思想很难被发现。然而，建筑传统很难从这种禁锢的观念中解脱出来，比如现代住宅计划就是如此，于是，建筑不仅存在着失去其自主性的危险，而且还具有另外一种更加危险的特征：它们不情愿地充当了社会力量的奴性代言人，然而对于这些社会力量，它知之甚微且无法驾驭。

风格是不可言的个性

"封闭、重复、等级"范式的本质是这个范式采用一个社会理想——"理想的分隔"——代替了对于空间与社区关系的理论分析。然后，类似于民居，它提出方案类型，以此达到了建筑目的，然而在这种范式中，我认为它的目的是不可取的。同时，它也创造了建筑的外形，于是导致了一种假象：关于建筑目的的讨论其实是在讨论建造方式与建筑外形。民居往往就如此，建筑目的是隐含的，它是通过建造的方式体现的，但是在这个方式下，建筑目的不再是那些共有文化中的目的，而是社会某些团体的私自目的。

在20世纪的建筑历史中，这种品质低劣的建筑操作模式扮演着非常重要的角色，这值得更加深入的研究。它实际上就是通过空间的手段，以代表小集体利益的社会工程的名义将建筑贬为了官僚的民居式样。那么就有了一个建筑设计理论的问题：建筑师在社会中作为一个特殊利益集团的存在，他们所带来的明显不公正的后果应该如何避免？这个问题有两个方面。方案类型不加批判的运用带来了各种危害，如何能在具有普遍影响的方案类型之外产生新的解决方案？创新的方案如何能被预知？只有这些问题被解决了，我们才能根据建筑本身来定义建筑，这样才能自主性地探讨建筑是如何反映和创造新的可能社会组织方式，而不是根据社会来探讨建筑。根据我们以前的分析，可以认为这些都是知识性问题。那么，一个自主建筑的知识性前提又是什么呢？

让我们再一次从设计过程提供的证据开始，尤其是那些有形的作品。我们发现在一位有创意的设计师的作品中，最明显的特点就是可识别性。在某种意义上，它自身形成了的一种建筑类型。简而言之，它获得了某种风格。很清楚，风格是一种无法言表的概念。风格存在于一系列无法用言语来表述的方方面面，无论是形式还是空间，从普遍原则来看都呈现出统一性。用时髦而有效的话来讲，风格就意味着不可言的个性。

风格形成了对一种建筑类型的理解：在文化上，现有建筑类型中存在着常规的形式与功能的解决方案，但是基因类型的生成不是来自这些方案的传播，而是来自不可言表的直觉过程，通过这种过程才形成一种独特的结构，或是形式上的，或是空间上的。风格的存在意味着反省抽象的对象不是一系列的可能方案，而是那些关于形式与空间的不可言表的直觉性方法，这样才可以创造方案。简言之，一种风格就是一种方法的基因类型。它产生了一种个体化的建筑类型，包括了建筑意义上的文化类型，也许还包括所有的房屋类型。

由于风格直接源于不可言表的直觉过程，也是由于我们会相信我们不可能凭一栋建筑物而承认一种风格（尽管单独一栋建筑物可以形成风格），那么我们对形成风格的直觉性手法的理解就其本质是一种抽象。这是理解一系列建筑物的共性。这也表明了我们具备抽象具体事物的能力，可以从一组表象中发现某种基因类型，而且也可以把抽象的基因类型以不同的形式具像地再表达出来，形成新的表面现象。

当然，我们概念中的建筑风格一般会表现在最明显的建筑视觉形象之中，也就是体现对形式的第一印象之中。如果我们仔细地研究个体建筑师的作品，就不会再用这种表面化的眼光来看待建筑物。好的建筑师都有一种空间与形式的风格。有时候，这一点是非常明显的，如弗兰克·劳埃德·赖特（Frank Lloyd Wright）。但是即使在这种情形下，我们也是很难解释清楚的。研究表明[26]，解释建构方式的基因类型比解释民居形式的基因类型要更为困难。但是解释建构方式是我们理解个人建筑师作品的关键，这是值得做的。例如，伦敦大学学院（University College London）的一位研究生[27]比较性地分析了路斯（Loos）的五个住宅与勒·柯布西耶的五个住宅，从而发现了每个住宅的功能组织方式各异，而且这两位建筑师的作品中都不存在一个固定的基本模式。这种现象一般在民居中是不常见的（参见第一章）。当然，在这个案例中，不同的功能还在空间上区分开了，但是这些功能组织在一起的空间模式在不同住宅中都是不一样的。这就好似这两位建筑师都意识到一个原则，即在空间上应该区别不同的功能，但是这个建构过程对他们来说像一种实验与革新，而不是来自文化上共识的基因类型。

然而，这位学生所能下的结论就是两位建筑师的作品都有不同的空间风格，这是由于不管这两位建筑师如何处理功能模式，他们不同的空间手法都用来达到各自的目的。例如，在路斯的作品中，视觉的关联与可达性的关联结合起来了，增加了空间模式的"可理解性"（定义见第三章），而这在柯布西耶的作品中是不存在的。同样，在路斯的作品中，平面的几何特征强化了平面的空间布局，因为主要的空间整合轴线恰好位于几何图案的中心，而在柯布西耶的作品却不是这样的。从视域范围的序列来看，这位学生也表明了在路斯的作品中，视域范围非常大而且序列复杂，但是序列展开得相对平缓，而在柯布西耶的作品中，视域范围更多地是根据一种线性的空间序列精心设计的，每个视域与其他视域的差别非常具有戏剧性。综上所述，这位学生认为在作品中这两位建筑师透露了他们之间更为本质的差异，即哲学上的差别：路斯在住宅中试图创造性地表达文化上的宜居性，而柯布西耶更关注于创造一种理想化的严谨抽象，而不太关注宜居性。他们看似都没有否定室内家居生活的社会与文化本质，然而他们首要目标是考虑住宅功能在建构方式中的表达，而不是设计最终的功能空间布局，于是他们通过空间上功能分区的不同方式而赋予了空间的文化内涵，但是遵循了一种恒定的空间风格。这些住宅中的基因类型存在于表达最终功能布局的空间建构方式之中，而在民居中，基因类型却往往存在于最终的功能布局之中。然而在上述这些住宅中，建构方式创造性地表达了最终的功能布局，使之成为更为丰富的文化的一部分，从而建构方式改变了最终的布局结果。[28]

我坚信目的与手段之间的区别是我定义建筑的关键。在任何建筑中，我们都可以有效地区分社会内涵与美，而在上述的例子中，我们区分的是空间美。在空间中，文化与功能的区分形成了社会内涵，而空间构筑方式是生成空间美的基础。前者表达了清晰的社会目的，而后者是基于社会目的的建构体验。社会内涵是限制，而空间美是自由。形式的空间内涵表达了建筑之所以作为社会客体满足了社会目的，而空间美体现了建筑之所以成为建筑。然而，虽然空间不是社会知识的特殊形式，但是它具有社会属性。空间形式与社会形式的关系不是偶然随机的，而是遵循恒定的模式，以至于我们几乎不会怀疑这些关系是自然法则。通过这些法则，空间美获得了社会内涵。因此，建构方式的自洽性存在于这些普遍法则之中，它的自由不是局限于某种文化的特定空间习俗之中，而是受制于空间法则本身。

两种理论

风格这个概念的分析表明了风格不仅仅是一种可识别的外表，它更是建筑本质的核心。进一步回顾设计产生的各个过程，我们就能解释为什么是这样的。在第二章中提到了艺术理论与科学理论的差别，也许我们可以从这儿开始来解释。科学理论是探究与理解，一旦我们理解了事物，就可以付之行动。然而，艺术理论是讨论创造，本质上也就是发现可能性。艺术理论就是提出新的途径去寻求可能的形式。这样的理论不是普适性的，而只是生成性的，这是由于它们采用抽象想法去形成那些以前没有见过的艺术可能性。

显而易见，风格作为不可言的个性以及"建构方式的基因"，它具有完全相似的作用。风格就是建立了一种抽象的设计过程，以此寻求一种空间上的解决方案，也就是在不可言表的设计过程中，风格成为了一种"不用再三思辨的共识"，基于这个"共识"才能完成不可言表的设计过程,于是风格本身也就开拓了通向可能的建筑的途径。因此,它开辟了全新的途径去探索各种可能性:当基于类型学的解决方法发现了一系列不连续的类别,也就形成了一系列的可能性,从而把探索过程限制在这些种类的原型附近,然而,在所有的可能性之中,风格作为不可言的个性形成了一张连续的网,创造性地包含了更多的丰富多彩而又富有潜力的方案,这样就超越了那些类型学中的原型。米歇尔(Mitchell)简洁地总结为:"一种风格的获得是必要的。缺少风格,建筑师的设计就会类似于《格列佛游记》中格列佛(Gulliver)在拉加多学院(Academy of Lagado)遇到的那些学者们试图随机组合单词来著书写作。要是那样,建筑师就永远不能完成设计。"[29]这具有深刻的意义。它来自空间布局的本质,也源于在缺少已有空间导则的情况下,空间布局是如何进行的。当然,有人会说这仅仅是一位建筑师想创新才会遇到的情况。

然而,不管我们如何复杂地解释风格这个概念,但是它仅仅适用于设计的第一个阶段,即构思一个可能的方案,而不适用于第二个阶段,即预测阶段。第二章提到建筑学的独特之处在于它建立在两种理论之上:艺术家的理论与科学家的理论;关于可能性的理论与关于理解的理论;教我们在哪儿寻找以及如何寻找的理论,与教我们寻找什么的理论。现在,我们完全明白了为什么会是这样的。确切而言,这是由于在寻求方案的过程中,往往缺少方案类型提供的那种功能性保证(虽然类型能提供设计保证的观点是一种误解),目前,设计师比以往更需要解决第二个阶段的问题:预测方案的功能性与实验性结果。当今我们往往不是根据已有的类型来设计建筑方案,因此从定义方案设计的角度而言,得到的方案更有可能远离已有的经验与建筑,那么预测方案的结果必将更为困难。在目前的设计中,方案预测的手段必然远离依靠先例的方法,而趋向采用判断原则的方式。既然只有两种可能的方式来预测方案的建成效果,设计师就会偏向遵循方案设计中的自由本性,从而构建设计理论。建筑越具有原创性,设计理论也就是越注重自由与独立。

那么,建筑存在的重要性就在于风格与理论都是自由的。理论分析所得到的知识形成了那些人力可及的可能性,创新就只能建立在这样的知识基础之上,这仅仅是由于在当今设计中,民居或者建筑类型中所拥有的那些文化或者精神上的一致性也许不复存在了,于是这些知识就可以指导设计并预测它们的未来。理论是基本的探索可能性的知识,因此也是关于限制的知识。于是,我们需要客观地把不可言表的直觉特征与分析性理论联系起来。当然,这种联系的前提是,在可能的建构过程中具有客观的限制,而不是由技术因素导致的。我们已经发现了这种限制。理论本质上就是关于这些限制的知识。

只有基于这一点,才能从建筑这种文化传播的实体中得到分析性理论。如果缺少分析性理论,建筑就会在超越理论限制的过程中追求自由,从而失败,这可以在20世纪建筑的某些发展阶段中看出这一点。建筑获得自由的代价就是分析性理论。缺少了它,建筑中个人创新与社会传播这两个方面将会变得无序且不可理喻地相互冲突;缺少了它,关于建筑最终形式的争论就不可能是公开的争论;缺少了它,建筑设计的范式将会被掩盖起来。简而言之,分析性理论是建筑自由设计的必要前提。有人认为建筑自由设计是不会受制于人类空间存在的法则与空间限制可能性的法则,但是这种观点不再正确了。

现在,我们至少可以发现我们原先的问题是如此重要:如果建筑是关注房屋是如何组织构成的,而这种组构问题又是反省抽象的基础,它使得建筑从文化原型的桎梏中解脱出来，那么建筑的个人创作又是如何把社会内涵通过组构方式表达出来呢？答案是简单而深刻的：建筑艺术的原始材料是各种可能的空间与形式的组构，而社会的内涵正是通过这种组构方式烙印在建筑物上，所以说建筑是社会艺术品。空间构成了社会场所，形式折射了社会意义，于是就形成了我们生活与工作的社会形态背景。在民居中，生活形态与建成形态能良好吻合，这是由于它们都经历了相同的文化发展过程。然而，建筑却没有参与过这种发展过程，但是它还是要遵循这种过程中所确保的社会与建成形态的关系。物质形态与生活之间的关系必须处理好，这不是一个文化习俗的问题。这种关系的处理是基于某种知识的。设计师往往假设这是关于功能与形式的知识，而且自认为这是可以普遍地适用于任何情况的。而设计就只能基于空间形态与生活之间那种假想知识，这就解释了为什么大部分建筑设计想法都在讨论形式与功能，而且也说明了为什么大部分建筑理论都试图诠释它们之间的普遍关系。虽然前者是讨论个别具体案例，而后者是普遍研究，但是它们的核心都是形式与功能的关系，于是，从这个角度而言，建筑与社会紧密相连，也就成为了社会艺术品。也可以说，为了理论的需要，建筑与社会联系起来了。

那么，这就是一个简单的事实：设计过程中的逻辑使得建筑与社会相连。然而，这一过程要么是以社会的话语来表达，要么是以建筑的用语来阐述。这取决于理论指导思想在多大程度上是偏向社会性知识的，或者偏向真正的分析性知识。最差的情形是建筑领域内空想假设完全替代了分析理论，那么建筑就必然走向反面：一种变质的假民居，即缺少民居中文化与形式自然结合的那些建筑物，或者一种精心设计的奇怪建筑。

惟一的替代是理论知识。根据定义，理论知识是试图把不可言的直觉用语言表达出来，也就是力图获得不可言的直觉性知识。当然，任何理论化的过程都是容许犯错误的。但是它们的理想目标是把不可言的直觉性知识完全清晰明确地体现出来，其错误不会像建筑类型化中那么容易被固定下来，而永远延续下去。归根结底，这就是为什么建筑设计与建筑理论研究其实是相同的工作。社会性知识完全主宰了民居设计，也通过类型总结的方式在僵硬化地指导建筑设计，从而不断地威胁着建筑本身，而理论则是把建筑从社会知识的桎梏中解脱了出来。我们知道建筑必须同时考虑理论知识与社会性知识。有时候，我们并不知道它源于哪种知识。然而，这一点是很清楚的：只有通过学习建筑理论，我们才有可能真正地开始明白何时我们在直觉的王国中自由地创造，以及何时我们在盲目地跟随社会的内在规则而翩翩起舞，虽然我们也许没有完全明白这一切。

这就是为什么伟大的建筑即使不是追求普遍的客观实在，也至少相信自身的客观实在。一般的建筑师会宣称自己在创造，而伟大的建筑师会坚信自己在发现。这种差别在于这一点：虽然建筑师根据理论基础进行某种概念的抽象，进而形成了自己特有的思维定势，即自省抽象，但是伟大的建筑师一旦把这种思维定势运用到创造性的实践之中，他们的思维定势必将根据客观实在而被打破，于是思维定势中已有的建筑类型将会升华为未来的建筑。

注释

1　例如, Robin Evans, "Figure, doors and passageways", *Architectural Design*, 4, 1978, pp. 267 – 278; also "Rookeries and model dwellings: English housing reform and the morality of private space", *Architectural Association*. Quarterly, 10, 1, 1978, pp. 25 – 35.

2　Mark Girouard, *Life in the English Country House: A Social and Architectural History*, Yale University Press, 1978; subsequently Penguin, 1980.

3　Tom Markus, *Buildings and Power; Freedom and Control in the Origin of Modern Building Types*, Routledge, 1993.

4　Alison Ravetz 的谈话。

5　Ed. N. Cross, *New Development in Design Methodology*, Wiley, 1984.

6　B. Lawson, *How Designers Thinks: the Design Process Demystified*, Butterworth, 1990; originally Architectural Press, 1980.

7　C. Jones and D. G. Thornley, Conference on Design Methods, Pergamon, Oxford, 1963; eds. Broadbent G. and Ward A., *Design Methods in Architecture*, Lund Humphries, London, 1969; ed. G. T. Moore, *Emerging methods in Environmental Design and Planning*, MIT Press, Cambridge, Mass., 1970; N. Cross & R. Roy, *Design Methods Manual*, The Open University Press, Milton Keynes, 1975; ed. S. A. Gregory, *The Design Method*, Butterworth, London, 1966.

8　H. Simon, *The Sciences of the Artificial*, MIT Press, 1971; and B. Hiller, "The nature of the artificial" in *Geoforum*, vol. 16, no. 2, pp. 163–178, 1985.

9　C. Alexander, Notes on the Synthesis of Form, McGraw Hill, New York, 1964.

10　"设计方法"是如何与现代主义中一个核心哲学目标紧密联系到一起的？这个目标就是采用以分析和社会为基础的建筑去取代以历史和审美来控制的建筑，关于这个问题最好参考 Sir Leslie Martin 的演讲，见 RIBA in April 1967 published as "The Architect's approach to architecture", *RIBA Journal*, May, 1967.

11　R. Descartes, *Discourse on Method*, 1628; edition used: Trans: E. Haldane and G. Ross, *The Philosophical Works of Descartes*, Cambridge University Press, 1970, vol. 1, pp. 92–93.

12　Descartes p. 87.

13　K. Popper, *The Logic of Scientific Discovery*, Hutchinson, 1934; *Conjectures and Refutations*, Hutchinson, 1968; And *Objective Knowledge*, Hutchinson, 1972.

14　I. Hacking, *Representing and Intervening*, Cambridge University, Press, 1983.

15　见 Hillier et al., "Knowledge and design", in eds. Ittlesen and Proshansky, *Environmental Psychology*, 1976; republished in ed N. Cross, above, 1984. Originally EDRA Conference Proceedings, 1972.

16　B. Hillier and A. Leaman "How is design possible?" in *Journal of Architectural Research and Teaching*, 3, 1, 1974.

17　读者也可以参考第二章中这个问题的讨论。

18　Hacking, *Representing and Intervening*, p. 220.

19　Hillier & Leaman, "How is design possible?".

20　在这里，"问题"与"解决"这些术语用得很谨慎。我深知一些理论家质疑设计师"解决问题"，甚至认为这种设计概念可能导致某些设计师没有创新的态度和表现。本章讨论设计分析问题的时候，除了认为设计完全是一种创新行为，而且也可以将它看成是解决问题的行为，这是非常有效的，也许不是因为它是一个解决问题的简单行为，而是因为它包含了这种行为。任务书提出了问题；而设计确实提出了解决方案。本章所关注的关键问题是：是什么类型的问题？是什么类型的解决方案？以及什么类型的知识在此过程中得以运用？

21　T. Kuhn, *Structure of Scientific Revolutions*, University of Chicago Press, Chicago, 1962.

22　更长的论述见 B. Hillier "Against enclosure", in eds. N. Teymur & T. Markus, *Rehumanising Housing*, Butterworth, 1988.

23　很多部分取自 Kirschenmann & Munschalek, *Residential Districts*, Granada Publishing, London, 1980; originally in German as *Quartiere zum Wohnen*, Deutsche Verlags-Anstalt, 1977.

24　J. Hanson, "The architecture of community", *Architecture & Behaviour*, Editions de la Tour, special issue on space syntax research, vol. 3, No. 3, 1987.

25　Great London Council, *Introduction to the Housing Layout*, Architectural Press, London, 1978.

26　早期研究见 J. Hanson, "Deconstructing architects' house", *Environment & Planning B; Planning and Design*, 21, 1994, pp. 675–704.

27 学生：Dickon Irwin, MSc in Advanced Architecture Studies at Bartlett in 1989.
28 关于此研究的另外论述见 B. Hillier, "Specifically architectural theory", *The Harvard Architectural Review*, no. 9, Rizzoli, New York, 1993. Also published as "Specifically architectural knowledge", *Nordic Journal of Architectural Research*, 2, 1993.
29 W. J. Mitchell, *The Logic of Architecture: Design Computation and Cognition*, MIT Press, 1990, p. 239.

索 引*

A

activity 活动，161，163，169–171
adjacency 相邻、比邻
    of lines and spaces 视线和空间，216
    of movement and occupation 移动与占据，207，212
adjacency complexes（a-complexes）相邻的复型（a 复型）180，182，183
aesthetics 美学
    of building appearances 建筑外观、房屋外观，3，4，6，8，124–126，262，268，281
    spatial 空间的，278，279
Alberti, L. B. 列奥·巴蒂斯塔·阿尔伯蒂，28，32，33，41，44
Alexander, Christopher 克利斯托弗·亚历山大，257，263，281
Allen, Tom 汤姆·艾伦，165，166，171，176
allocation processes 分配过程，110，111，135
ambiguity, structured 模糊性，结构化，146
analogue, urban 类比，城市，77
analysis 分析
    all-line 所有线的、所有视线的，71
    configurational 组构的，49，50，51，53，56
    of facades 建筑立面，63–69
    integration 整合度，15，67，71
    of house plans 房屋平面、建筑平面，15–17
    multi-layered 多层次的，63
    overlapping convex 互相重叠的凸空间，69–74
    permeability 可达性，15，17
    of regular shapes 规则形状的，59–60
    of shapes 空间形状的，53–56，58
    of street networks 街道网络的、路网的，76–82
    structuralism 结构主义，48
    three-level 三层，63
    two-level 两层，63
    of urban space 城市空间的，69–74
    of urban system 城市系统的，76–82
    visibility 可视性，15，17
analysis-synthesis 分析与综合
    as design method 作为设计方法，262
    as methodological paradigm 作为方法论范式、范式的想法，262
Andersen, K., 凯尔·安德生，24
Anderson, S., 斯坦福·安德生，257
angles of incidence 入射角度，
    of lines 视线的、轴线的，93，101，142–143，149，150，151，153，154
anomalies 异常
    importance of in theory building 理论上房屋的重要性，89
archaeology 考古学，xviii
Archer, Bruce 布鲁斯·亚契尔，259
architects 建筑师们
    as social actors 作为社会活动者，273–274，276–277
architecture 建筑
    as activity 作为人类活动，4，5，22
    architectural technique 建筑的技术，32–33
    as art and science 作为艺术和科学，xvii，3–4，26，32，43–44，262，278
    autonomy of 的自治性，27
    copy problem in 存在于……之中的复制问题，4–5
    definition 定义，xiv，3–4，21–24，26
    as a discipline 作为一门学科，xiv
    as independent variable and dependent variable 作为自变量与因变量，109
    and language 和语言，xviii，28，183，213，249
    as a phenomenon 作为一种现象，xiv，26
    as the reasoning art 作为理性的艺术，261，268–269
    as social art 作为社会性的艺术，259，280
    as social engineering 作为社会工学，241–242，243–244，248–249
    as a thing 作为一件物品，4–5，22
    as a vernacular art 作为一种民居艺术，3–4
    as theoretical concretion 作为理论的具体化，43
    theories of 的理论，also form-function，xiv，26–34，41–44，240，241，242–243，244，248–249，参见形式与功能
    as universalistic 作为普遍性的，21–23，27–28，31–32，33，44，273–274
    without architects 无需建筑师，4–5，27–29
Aristotle 亚里士多德，239，245–246，250，257

Architectural foundations of philosophy 哲学的建筑基础, 245-246
  on form and purpose 关于形式和目的, 245-246
  methodology 方法论, 269
  on space 关于空间, 239, 245-246
ars combinatoria 组合艺术
  architecture as 建筑作为, 179-180, 212-216
area, configurational definition of 领域, ……的组构定义, 59, 61, 62
artefacts 人造物
  abstract 抽象的, 46-48
  built environment as 建成环境作为, 48-49
  object 客体, 46
  symmetry in 中的对称性, 64
asymmetry, see symmetry 非对称性, 见对称性
  balanced 均衡的, 64-66
attractors 吸引点
  negative 负面的, 150, 154
  positive 正面的, 94, 97, 101-103
axial depth 轴线拓扑深度, 113, 120, 231
axial maps 轴线图, 90, 91-93, 95, 96, 100, 138, 152, 218, 223-224, 235
axiality 轴线性, 142-143, 146, 150, 152
  few step logic 较少拓扑深度逻辑, 145
  instrumental 工具性的, 150
  "just about" "刚好", 91-93, 145, 150
  in strange towns 在奇怪的城镇中, 142-143
  symbolic 符号性的, 142-143, 145, 150
  two line logic 两步逻辑, 91-93, 145, 150
  axis 轴线, 87, 从 138 起
  as instrument 作为工具, 141, 146, 150, 153
  as symbol 作为象征, 141, 146, 150, 153

B

Backhouse, A. 艾伦·贝克郝思, 174, 176
Bacon, F. 弗朗西斯·培根, 34, 44
Balzac, H., de, 奥诺雷·德·巴尔扎克, 247, 257
Banister, D. 戴维·班尼斯特, 107
Bars (partitions as) 隔断(作为分隔), 185-195
  coiled 卷曲状, 193-195
  contiguous 邻近的, 191-195
  linear 线性的, 192-195
  non-contiguous 非连续的, 187-192
barring processes 分隔的过程, 199-204
  depth maximising 拓扑深度最大化, 199-202, 204
  depth minimising 拓扑深度最小化, 202-204
Batty, M. 迈克·柏迪, 107
beady ring settlements 珠链状城镇, 231-232

behaviour, space inherent in 行为, 空间内固有的, 11, 89-90
betweenness, as emergent effect 之间, 作为突现效果, 228-229
Biederman, I. 欧文·比德曼, 83
block 街坊块
  analysis of hypothetical block structures 假设的街坊块结构分析, 224-231, 231-235
  shape ratio 形状比例, 221-222
  urban 城市的, 90, 106, 138, 142, 144-145, 146
  within buildings (cf. wells) 房屋内部(天井), 185, 187, 195-198, 199
Booth map of London 伦敦布斯地图, 98
boundaries 边界, 7-8, 9, 141, 144
Brasilia 巴西利亚(巴西的新首都), 138, 142, 143
Broadben, G. 杰弗瑞·勃罗德彭特, 281
brief (design) 任务书(设计), 262-263, 266, 270, 271, 281
Broadgate 宽门地区, 97
Broadwater Farm 宽水农场, 123-124
Buckley, F. 弗雷德·伯克里, 56, 83
Building 建造、房屋
  as activity 作为一种活动, 4, 5, 22
  in contrast to architecture and dwelling 相对于建筑和住所, 253
  as process 作为一种过程, 19-20, 29-30
buildings 房屋
  as Aristotelisan paradigm for nature, see Aristotle 作为亚里士多德的自然范式, 见亚里士多德
  bodily aspect of ……的物理方面, xiv, 7, 8, 9, 183, 253
  conservative and generative 保守的和创新的, 160-161, 165, 173
  as Darwinian objects 作为达尔文学派中的客体, 250-252
  as dependent and independent variables 作为非独立和独立的变量, 251
  as embodiments of social information 作为社会信息的体现, 250
  entrances 的入口, 92-93, 103, 113, 115, 120, 138, 141, 142, 144, 150, 151, 228, 229-230, 233
  functional and historical definitions 的功能上和历史上的定义, 6
  genotypes and phenotypes of 的基因类型和表象类型, xvii, 15, 22, 42, 44, 141, 161, 162, 167, 171, 173, 213, 214, 271-272, 276-278
  as language-like 如同语言那般, 252
  logical nature of 的逻辑本质, 7

multifunctionality of 的多功能，6
as Newtonian objects 作为牛顿学说中的客体，251–252
as non-discursive objects 作为不可言表的客体，27，252–253，256
as objects 作为客体，6，8
as probabilistic space machines 作为概率空间的机器，249–252
public 公共的，143，145，153–154
relational nature of 关系的本质，7–8
religious 宗教性的，211
as shelter 作为遮蔽物，6，7
as social objects 作为社会性客体，xiv-xv，8，31，240，252–257
social relations and 社会关系及其，7–8
strong and weak programme 强程序与弱程序，162–165
transmission of culture through 通过……来传达文化，12，19–20
types, intuitions of 类型，的直觉，239–241
vernacular 民居的，xiv，4，22–24，259，265–266，267，270，271–272，273，276，278，279
built environments 建成环境
aggregative dynamics of 的动态聚集，49
as artefacts 作为人造物，48–49
configurational nature of 的组构本质，48–49
local-to-global aspects of 从局部到整体的方面，49
as social behaviours 作为社会行为，48，248–249
burglary 入室行窃，96，98

C

Calvino, Italo 伊塔罗·卡尔维诺，217
Cangouihem, G. 乔治·冈格彦，44，245，257
Cassirer, Ernst 恩斯特·卡西尔，43，45
cathedrals 大教堂
space in 的空间，10
St Paul's 圣保罗，146
cause and effect 因果关系，36–38，248
caves 洞穴，6
cell complexes 复形、单元块、方格，11，12，14，180–204，209，214
ceremonial centres 仪式中心，143，149
centrality 中心性
principle of 的原理，187–188，195，198，232，233
paradox of 的悖论，219–222，233
Chicago 芝加哥，233，234
children 儿童
behaviour in space 在空间中的行为，111–112，115，116–118，120
as space explorers 作为空间的探索者，121–124
Chomsky, N. 诺姆·乔姆斯基，47–48，82
churches 教区的教堂，141
circular forms 圆形，59，60
and randomness 和随机性，220
and integration 和整合度，220
pattern of integration in 中的整合模式，220
cities 城市
aggregative processes of 聚合过程，219，220，222，226，230，231–232
Arab 阿拉伯，103，218，228
as artefacts 作为人造物，87
compact shape of 的紧凑形态，218
deep structure of 的深层结构，219
European tradition of 欧洲传统，218
the fundamental 重要的，217
functional 功能性的，87–88
as individuals 作为个体的，217
Islamic tradition of 伊斯兰传统的，218
local and global in 局部和整体的，88
as means-ends systems 作为手段与目的的系统，87–88
as mechanisms for generating contact 作为形成联系的机制，99，102–103
as movement economics 作为出行经济，87–88，99–100
origins of 的起源，106–107
parts and wholes in 中的部分和整体，100–106，232–235
of production and reproduction 生产和再生产的，从138起，217–218
spatial form of 的空间形式，87–88
strange 奇怪的，219
traditional 传统的，88
as types 作为类型，217–219
classes 社会阶层，36
abstract basis of 的抽象基础，35
equivalence 平等的，158
co-awareness 共同感知，111–112
Coleman, A. 艾利斯·柯尔孟，257
colleges 学院
Visible and invisible 可见和不可见的，从156起，从172起
Colquhoun, A. 艾伦·科洪，257
combinatorics 组合学、组合
architecture as 建筑作为，179–180，183–184，211–212
explosion 的数量急剧增加，180
limits of as theory 作为理论上的局限性，180

combinatorial rules 组合规则, 179-180
combinatorial procedure 组合过程, 182
combinatorial formula 组合公式, 182
combinatorial numbers 组合数字, 182
rules restricting 限制性规则, 203-204, 205, 211
pathways through 藉由……的过程, 184, 203-204, 205
light and air as restrictions on 光和空气作为……的限制条件, 183
as meta-theory for architecture 作为建筑学的元理论, 214-216
communication networks 交流网络, 174
communities 社区
  virtual 虚拟的, 111-112, 113-116, 126, 135-136
  pathological 病态的, 135-136
  intention to create through design 通过设计意图创造的, 275-276
  small 小型的, 166-167
compactness 紧凑
  in settlement forms 聚居地形式的, 219, 222, 231-233
  and linearity 和线性, 219, 222, 227, 230, 231-233
competence 能力
  architectural 建筑的, 20
concealment 隐蔽, 141
concepts 概念, 34, 38-39, 151
  in everyday language 日常语言中的, 38-39
  in science 科学中的, 38-41
concept borrowing 借鉴概念, xiv, 26-27
concretion (as opposed to abstraction) 具象（与抽象相对）, xvii, 43, 270-271
configuration 组构, xiii, xiv-xv, 8, 9
  buildings as 房屋作为, 19-20, 30
  built environments as 建成环境作为, 48-49
  of cities 城市的, 88-89
  conjectures 构想的, 267
  deep structures in 中的深层结构, 17
  in definition of architecture 建筑定义中的, 21, 22, 23, 26, 27, 260
  in design 设计中的, 22, 74-76, 267
  facades as 立面作为, 63-69
  formal definitions 正式定义, 14-15, 51-53
  form as 形式作为, 9
  as intervening variable between form and function 作为介入形式与功能之间的变量, 252
  and language 和语言, 47-48
  and modelling 和模拟, 76-82
  and movement 和人车流或者移动, 93-94, 95-97
  non-discursive nature of 的不可言表的本质, xiv, 17-19, 47-48

as object of theory 作为理论对象, 26-27, 40-42, 47-48
of people 人的, 11-12
persistencies in 中的持续性, 254-256
paradigm 范式, xvi-xvii, 249-250
possibility 可能性, 42, 280
regular shapes as 规则形状作为, 59-60
and representation 和再现, 50, 90, 93, 96
shapes as 形状作为, 53-56, 57-58, 63-68
and socio-cultural meaning 和社会文化意义, 19-20
space as 空间作为, 9, 12-13
strategies 的策略, 250-251
connectivity, and intelligibility 连接度, 理解度, 69-76
constructive diagrams 建构图表, 264
contiguity 连续
  of bars 隔断的, 192-195
  of blocks 街区的, 232
  principle of 的原理, 193, 198, 232
convexity 凸空间性
  as property of space 作为空间的属性, 69-74, 90
  as property of forms 作为形式的属性, 67-68
  overlapping 重叠的, 69-74
  convex isovist 凸空间共视域, 90
co-ordinate system 坐标系统, 36
co-presence 共现、共同出现, 11, 92-93, 111-112, 126, 136, 166, 212, 243, 251-252
Cornford, F. 弗朗西斯·麦克唐纳·康福德, 82
correlation 相关性
  between properties of space 空间属性之间的, 74-76
  between space and function 空间和功能之间的, 94-99
corridors 走道, 169-170, 195
  endless 无尽的, 179, 180
courts 院落, 195
  infinite 无穷的, 179, 180
courtrooms 法庭, 163
creativity 创造性
  in design 设计中的, 27, 33, 259, 265
  human 人类的, 38-39
  rule governed 规则主导的, 160
Cross, N. 奈杰尔·克罗斯, 280-281
Cuisenier, J. 让·桂塞涅, 24
culture 文化
  transmission of through buildings 通过房屋传递文化, 14, 19-20
  as parameterisations of "near-invariants" 作为经过"近乎常量"的参数化过程的, 218
  spatial 空间的, 218, 219
cylinder 圆柱体, 185

D

Dalton, N. 尼克·施普·戴尔顿, 107
dance, and space 舞蹈，和空间, 223
Darwin 达尔文, 45, 246-258, 250-251
deformed wheels 变形的车轮
    as structures in grids 作为网格中的结构, 108, 226, 234
density 密度
    of built forms 建成形式的, 80, 93, 96, 99–100, 103, 106, 107
    and moral depravity 和道德的堕落, 107
Denyer, S. 苏姗·丹亚, 24
depth 拓扑深度
    as property of graphs 作为图示的属性, 13, 14–15, 24–25, 52, 53, 93, 94–95, 179, 184, 186–188
    total 总, 15, 24–25, 53, 56, 64, 65, 66, 69, 185–186
    gain 增值、增加的, 186–198, 199–202
    loss 降低的、减少的, 202–204
    minimising processes 最小化过程, 201–203
    maximising processes 最大化过程, 199–202
    of manoeuvres 分隔操作导致的, 199–200
    ratio of to visibility 相对于可见性的比例, 204–205
Descartes, Réne 勒内·笛卡儿, 10, 24, 245, 248, 263, 281
    on the nature of space 关于空间本质, 10–11
    on method 关于方法, 263–264
    res extensa and cogitans 被认知的对象与理性, 248
description 描述
    retrieval 的猜测, 112–113
    of space 空间的, 150–151
design 设计
    bottom-up theories of 自下而上的……理论, xvii, 267
    compared to speaking 对比言语, 267
    configurational analysis in 中的组构分析, 74
    as configurational process 作为组构的过程, xvii
    as configurational thinking 作为组构式的思考, 267
    as conjecture-test 作为假设－检验, 266–267
    creative and predictive phases of 的创造性和预测性阶段, 29–30, 268–269
    defined 界定的, 29
    design process 设计过程, 29–30, 259, 261–262, 263
    empirical knowledge in 中的经验知识, 268–269
    externalities and internalities of 的外在性和内在性, 265–266
    form and function in 中的形式和功能, 263, 270
    generative phases of 的形成阶段, 从269起
    as knowledge-based process 作为基于知识的过程, 265–266，从267起
    non-discursivity in 中的不可言表性, 267, 270–271
    normality, Kuhnian, in 中的，常态，库恩式的, 272
    paradigm 范式, 275
    precedent in 先例, 271–272
    predictive phases of 的预测阶段, 268–269
    principles 原理, 187, 199
    problem as historical concept 作为历史概念的……问题, 272
    reason and intuition in 中的理性和直觉, 261–262
    top-down nature of 的自上而下的本质, xvii, 267
determinism 决定论
    architectural 建筑的, 110–111, 243, 247, 248, 249–252
    environmental 环境的, 246, 252–253
difference factor 差异因子, 25
diffusion, as explanation for similarities 离散，作为对于相似性的解释, 141
discourse, architectural 对话，建筑学的, 273–275
discursivity, see non-discursivity 可说的，见不可言表的、不可言的
dissections, rectangular 矩形分解、矩形, 179, 180
distance 距离
    universal 广义的, 56–59
    specific 特定的, 57
    configurational definition of 的组构定义, 76–82
    metric 米制、实际路程, 58, 76
    Manhattan 曼哈顿, 58
disurbanism 逆城市化, 从103起
doricness 多立克柱式, 9
Drew, P. 保罗·朱尔, 174, 176
Douglas, Mary 玛丽·道格拉斯, 159, 175

E

earthlines 地平线, 67
edge-effect 边缘效应, 95
editorial floor 编辑部平面, 163, 165
Ehrenfest game 埃伦菲斯特游戏（解释熵的定义）, 39, 215
elements 元素, 179–180, 213
    convex 凸空间, 90, 92
    as configurational strategies 作为组构的策略, 195–199, 213, 250
    critique of assumption of 对于……的假设评论, 184, 212–213, 216
    as genotypes 作为基因类型, 213

as local stabilities 作为局部稳定性, 212
the permeable partition as primitive 可通过的隔断作为基本的, 213
reduction to local physical moves 减少为局部的物质变化、变动, 213
as spatial strategies 作为空间策略, 184, 212-213
emergence 突现、涌现
 in cities 城市中的, 88, 222
 effects 效应, 230
 and indeterminacy 和不确定性, 228-230
 invariants 不变量, 228
 logical 逻辑的, 7, 8, 9
 laws of 的法则, 218, 220, 230-231
 link with convergence 与汇聚相关的, 203-204
 in space use 在空间使用中的, 212-213
 spatial 空间的, 203-204, 212-213, 219
 structure 结构, 228
enclaves 飞地, 106, 107
enclosure 围合, 166
 "enclosure, repetition, hierarchy" as paradigm 作为范式的"围合、重复、等级", 275
encounter, as the spatial realisation of the social 相遇, 作为社会性在空间中的体现, 159
environment 环境
 environmental determinism 环境决定论, 246
 origins of idea of……意识的起源, 244-246
enumeration districts 普查区, 80
entropy 熵, 39
estates 住宅小区、现代住宅区
 housing 住宅区, 从109起, 241-242, 248
 as products of social engineering 作为社会工程学的产物, 274-276
Evans, Robin 罗宾·埃文斯, 258, 280
evolution theory 进化理论, 247, 248
extension 外延
 as primary property of objects 作为物质的基本属性, 10-11
 principle of…的原理, 187-188, 191, 195, 199, 226-227, 231-232, 233

F

facades 立面
 as configurations 作为组构, 63, 67-68, 153
 isovists of…的共视域范围, 153-154
 verticality and horizontality 垂直和水平, 67-68
 as oriented shapes 作为定向形状的, 66-67
 as synchronous 作为同步的, 153
facilities 设施

and implements 和工具, 106-107
 the urban grid as 作为……的城市网格, 106-107
feedback 反馈
 positive, between grid structure and movement 正面的, 在网格结构和人车流之间, 99-100
fear 恐惧
 environmentally induced 由环境引发的, 112-113
filters 筛子、筛选
 between architectural possibility and real cases 在建筑的可能性和真实案例之间, 从214起
Flannery, K. 肯特·弗兰纳里, 108
Fletcher, Sir B. 班尼斯特·弗莱切尔爵士, 24, 154
Forde, C. D. 西里尔·达里尔·福特, 24
formality, and space 形式化, 和空间, 159
form-meaning 形式意义, xvii, 241-242
Foster, Sir Norman 诺曼·福斯特爵士, 83
Foucault, M. 米歇尔·福柯, 45
Freeman, H. 休·弗里曼, 137
function 功能, 6-7, 15-17
 generic and specific 普遍和特定, 89, 184, 204, 205-207, 210-211, 214-215, 217, 219, 250-251
 labels 功能名称、标示, 15-17
function and form 功能和形式, 8, 21, 22, 23, 50, 87-88, 从239起, 249-252
 common sense view of 的常识, 239
 as incommensurable domains 作为无法比较的领域, 262
 in space 空间中, 89
 spatial configuration as intervening variable 作为媒介的空间组构, 243, 249, 250
functionality 功能性, 205, 206-211, 219
functional failure 功能失败, 241-242

G

Galileo 伽利略, 245
Gardiner, S. 斯蒂芬·加得纳, 24
genotypes 基因类型
 of buildings (see buildings) 房屋的 (见房屋)
 genotypical invention 基因类型的创新, 22
 of genotypes 基因类型的, 42
 of social behaviour 社会行为的, 256
 of cities 城市的, 229
geographic information systems 地理信息系统, 80
geometry 几何学, 56, 67, 235
 of activity 活动的, 89-90
 geometric deformity in urban plans 在城市平面中的不规则几何形, 71-74, 146, 150
 as model for Cartesian analysis-synthesis 作为笛卡儿

分析-合成的模型, 263-264
 in plans 在平面中的, 62, 93, 151-152, 277
 of spatial configuration 空间组构的, 275
Ghyka, M. 马迪拉·芥卡, 44
Giddens, A. 安东尼·吉登斯, 258
Gillispie, C. C. 查理斯·科斯顿·吉列斯匹, 257
Girouard, Marc 马克·格罗伍德, 281
Glassie, Henry 亨利·格拉塞, 20, 24, 25
Golubitsky, M. 马丁·葛如彼特斯基, 55, 83
Graham, H. 希拉尔·葛瑞汉, 176
grammar, of languages 语法, 语言的, xv, 20
Granovetter, M. 马克·格兰诺维特, 166, 171, 176
graphs 拓扑图
 depth in 在……中的拓扑深度, 12, 14, 15
 rings in 在……中的环, 12, 14, 15
 cut links in 在……中关键连接, 208
 laws of 在……中的法则, 12
 measure of status 状态的度量, 56-57
graphs, justified (j-graphs) 拓扑图, 调整图 (J-图)
 definition 定义, 12-14
 isomorphism and symmetry 同构和对称, 55, 64
 as positional information 作为位置性信息, 55, 64
 as representation of spatial configuration 作为空间组构的再现, 15-17, 52
 as representation of shape 作为形状的再现, 53-56, 59-60
 root of 根空间、出发点, 12-14
 similarity and near-symmetry 相似性和近乎对称, 59-66
Greater London Council 大伦敦政府, 281
Gregory, S. 希尼·格里高利, 281
grids, urban 网格, 城市的
 all degree processes 所有方向的过程, 223-224
 areas as local intensification of 作为……局部强化的地区, 105-106
 deformed 变形的, 69, 105-106, 218-219, 222, 227, 234-235
 discontinuities in 在……中的非连续性, 105-106
 as emergent pattern 作为突现的模式, 从222起
 generic function and 普遍功能和, 218-219
 integration in 的整合度, 69-73, 222, 226
 interrupted 被打断的, 222-223, 227, 235
 intelligibility in ……的理解度, 69-73, 222, 226
 and movement 和人车流, 89, 91, 93, 94, 97, 99-100
 ninety degree processes 90°角的过程, 227
 no such thing as pure 不存在纯粹……的东西, 227-228
 origins of 的起源, 106-107

pile in 在……中一行, 224-226
similarities and differences in 的相似性和相异性, 218-219
structure in 在……中的结构, 69-73, 89, 93-94, 96, 98, 101-103, 222
supergrid 主干网, 100-101
zero-degree processes 零角度过程, 227-228

H

Habermas, J. 尤根·哈贝马斯, 257
Hacking, Ian 伊恩·哈金, 108, 172-173, 176, 269, 281
Hall, P. 彼得·霍尔, 107
Hansell, S. 詹姆斯·汉瑟尔, 176
Hanson, J. 朱莉安·汉森, 24, 25, 83, 155, 281
Harary F. 法兰克·哈利, 56, 83
Heidegger, M. 马丁·海德格尔, 258
Heisenberg, Werner 维尔纳·海森堡, 47, 82
Hellick, Martin 马丁·赫立克, 179, 216
Heraclitus 赫拉克利特, 253-254
history 历史, 43
horizontality, in forms 水平状态, 在形式上, 68
Horwood plan of London 伦敦霍伍德平面, 143, 155
house plans 住宅平面, 15-17, 60-63, 180
housing 住宅区
 grade 等级, 98
 as a physical product 作为物质产物, 109
 as a social process 作为社会过程, 109, 110, 111, 124, 135-136
Hunt Thompson Associates 亨特·汤姆森合伙人事务所, 137

I

ideas 想法
 architectural, source of 建筑的, ……的来源, 269-271
 to think with and of 无意识的想当然与有意识的思考, 17-19, 20-21, 23, 26, 159-161, 260, 270
identification 可识别, 166
induction 归纳, 266
inhabitants 居民、内部人员
 and strangers (in public space) 和陌生人 (在公共空间中), 90, 102-103, 111, 113, 116, 136
 and visitors (in buildings) 和来访者 (在建筑物中), 162
implements, *see* facilities 工具, 见设施
indeterminacy 不可决定性
 elimination of 消除, 230

in emergent outcomes 在突现的结果中, 228-229
and local determinism 和局部决定主义, 229
individuation 个性化, 158
industrialisation, effect on cities 工业化, 对于城市的影响, 106-107
inertia, principle of 惯性, ……的原理, 245-246
inference, from space to people 推论, 从空间到人, 113, 135
integration 整合度, 94, 98, 161, 183
 areas as relation of local to global 从局部到整体的关系来考察地区, 100-106
 construction of patterns of 的构筑模式, 227
 cores 核心, 66, 69, 70, 76, 103-106, 151-152, 218-219, 222, 224, 227-228, 232-235
 definition as normalised measure of depth in a graph 作为拓扑图中标准化的拓扑深度的定义, 15, 24-25
 global (radius-n) 全局的（半径为 n）, 94, 100-106, 138
 interface 界面, 103
 length weighted 长度加权的, 77
 linear, and marginal separation 线性, 和边际隔离, 98
 local (radius 3) 局部的（半径为 3）, 94, 100-106, 138
 and metric area 和实际面积, 77
 radius of 的半径, 94, 95, 100, 218
 radius-radius 有效半径、半径-半径, 95, 218
 strategic value 战略值, 97
 see also i-values 同见 i 值
intelligibility 理解度
 in buildings 在房屋中, 141, 185, 从 204 起
 in cities 在城市中, 89, 138, 145, 153, 219, 222, 227
 in contrast to visibility 与可见性相对, 9, 28
 in design 在设计中, 74
 in space 在空间中, 从 69 起, 90, 141-142
intent, systematic 目的, 系统化的, 21-22
intentions 意图、目的, 259
 architectural 建筑的, 32, 260-261, 273, 275, 278, 280
 as subject of study 作为研究对象, 274, 276
 social ideology in ……中的社会思想意识, 273-274
interaction 互动, 111, 170-171, 174, 175, 242, 255-256
 as basis for definition of society 作为社会定义的基础, 255
 as the elementary social unit 作为基本的社会单位, 111-112, 136
 forced 被迫的, 275

 frequency of 的频率, 165-166
 usefulness of 的使用, 174-175
 work related 与工作相关的, 169-170, 174
interchangeability/ non-interchangeability 可互换/不可互换, 158-159, 163, 165
interfaces 界面, 90-91
 between adults and children 成人与孩子之间, 从 116 起
 between inhabitants and strangers 居民与陌生人之间, 90, 100-103, 111, 113, 115-116, 136
 between inhabitants and visitors 居民与来访者之间, 162, 239-240
 between men and women 男人与女人之间, 116-117
 multiple 多重的, 从 116 起
 probabilistic 可能的、几率, 116, 117
 as programmes 作为程序的, 162
 ruptured 断裂的, 118
 between scales of movement 不同尺度的人车流之间的, 101-103
invariants 不变量
 emergent 突现的, 218, 229-230
 near, in cities 近乎, 在城市中, 218, 219, 222, 228
 underlying 隐藏的, 35
Irwin, D. 蒂肯·艾文, 282
isovist 共视域
 convex 凸空间, 90, 96-97
 façade 立面, 153-154
 tunnel 隧道形的, 154
i-values, see integration i 值, 见整合度

J

j-graphs, see graphs, justified J 型图, 见拓扑图, 调整图
Jones, C. 约翰·克里斯托弗·琼斯, 281

K

Kac, M. 马克·凯克, 44
Karimi, Kayvan 凯文·卡瑞迈, 234
Karweit, N. et al. 南希·卡韦特等, 166, 176
Kierschenmann, J. 荣·克尔申曼, 281
Klein, R. G. 理查德·克莱因, 24
knowledge 知识
 knowledge A (social) and B (analytic) 知识 A（社会的）和 B（分析的）, 159-161, 172-173
 social 社会的, 18, 19-20, 21, 24-23, 26, 159-161, 165
 social versus analytic/ scientific 社会的与分析性的/科

学的对应，18，280
of spatial possibility 空间可能性的，21，24-23，270
Koyre, A. 亚历山大·柯瓦雷，44，257
Kuhn, Thomas 托马斯·库恩，44，281

L

laboratories, research 实验室，研究，167-171
Lakatos, Imre 伊姆雷·拉卡托斯，172，257
land uses 土地利用，97-98，138
　mixed 混合的，97-98
　marginal separation by linear integration 由线性整合度决定的边际隔离，97-98
language 语言，xviii，28，43，46-47，183
　contrast to speech 与言语相对，46-47
　geometric 几何形的，235
Laugier, M. A. 马克·安东·洛吉耶，69，83
laws 法则
　covering 表面的，局限于，42
　of emergence-convergence 突现-汇聚的，204，217，230
　of generic function 普遍功能的，217
　invariant 不变量，42
　limiting 限制的，12
　local-to-global 从局部到全局的，184
　natural 自然的，213
　three types of ……的三种类型，252
Lawson, B. 布赖恩·劳森，281
Leaman, A. 阿瑞德·利曼，257，281
Le Corbusier 勒·柯布西耶，4，27，242，257
Lethaby, William 威廉·莱瑟比，179，216
Lévi-Strauss, Claude 克洛德·列维·施特劳斯，47，82，156-157，157-158，162，171，175
linearity 线性，101-102，193-140，201，207，218，222，227，230
　deflection from 从……偏离，69，231-233
　local 局部的，229
　principle of 的原理，195，198，232
lines 直线
　all line analysis 所有线的分析，71，72，从223起
　all line maps 所有线的图，224
　incidence angle of 的夹角，93
　least line maps, see axial maps 最少线的图，见轴线图
　length 长度，93-94
　line substrate 基本空间的线，223
　matrix 矩阵，224
　superstructures 超级结构，77
　tangent subsets 切线子集，224

linguistics 语言学家，xiv，28
localism 地方主义，166，172
location groups 场所组，110，124，126
London 伦敦
　axial map of ……的轴线图，95（见彩图2）
　Barnsbury 邦斯贝瑞区，95-96
　Bloomsbury 布鲁斯贝利区，101
　City of London 伦敦老金融区，从91起，从143起，141-149，153-154，218，228
　City of Westminster 威斯敏斯特区，146-148
　Covent Garden 科芬园（地名，伦敦中部一个蔬菜花卉市场），101
　integration analyses of 的整合度分析，94-95（见彩图2）
　Kings Cross 国王十字，103-106
　Leadenhall Market 利登霍市场（地名，原伦敦肉类市场），101，102
　Maiden Lane 梅敦巷，从113起
　Soho 索霍区，101
　South Bank area 南岸地区，99
L-shaped problem L形问题，116-120

M

machine 机器
　metaphor of in architecture 建筑学中的比喻，242，247
　paradigm of in architecture 建筑学中的范式，242，245，247，275
manoeuvre 操作
　as sequence of moves in barring process 作为在放置隔断过程中按顺序的移动，199-200
maps, ten minute 地图，10分钟，5
March, Lionel 莱奥纳尔·玛奇，50，14
Markus, Tom 汤姆·马可，176，258，181，182
Martin, Sir L. 赖斯利·马丁爵士，257，281
Masterman, M. 玛格丽特·玛斯特曼，257
Mauss, M. 马塞尔·莫斯，157
Mead, M. 玛格丽特·米德，19，25
meaning 意义
　and aesthetics 和审美，278
　social 社会的，19，277-278
means-ends systems, see cities 手段-目的系统，见城市
meta-theory, see combinatorics 元理论，见组合论
method 方法
　Aristotelian 亚里士多德的，269
　design 设计，263-266
　scientific 科学的，266-267

methodology 方法论, 110-111
microstructure, spatial 微观结构, 空间的, 111
mind-body problem 心身问题, 109-110
    architectural determinism as 作为……的建筑决定论, 从 109 起
Mitchell, W. 威廉·约翰·米切尔, 279, 282
models 模型
    formal 形态的, 47-48
    theories as 作为……的理论, 35-36, 36-38
    urban 城市, 76-82, 88, 89, 107
    configurational in design 在设计中的组构, 74-76
    mechanical and statistical 机械的和统计的, 157, 171
    morphogenetic 形态生成, 157-159
    short and long 短模型和长模型, 从 158 起, 162, 165, 171
    restricted random 受限的随机, 172-173, 231
    structuralist 结构语言学家, 19
    layered 分层的, 76-82
modernism 现代主义, 27
    as "functionalist" 作为"功能主义者", 241-242
monuments 纪念碑, 141-142
Moore, G. T. 盖瑞·莫尔, 281
morphogenesis 形态生成, 47, 158
move 移动
    in barring processes 设置隔断的过程中, 199
movement (人车) 流动、移动、运动
    as aspect of generic function 作为普遍功能, 204, 208-209, 210-211
    by-product of ……的副产品, 从 99 起, 107, 165
    economies 经济, 89, 99-100, 102, 106, 107
    elimination of natural 自然……的消除, 113-116, 166
    lacunas in 中的空隙, 103-106, 120, 121-123
    as linear 线性的, 90
    multiplier effect from 来自……的倍增效应, 99-100, 212-213
    natural 自然的, 94-99, 136, 146, 212, 251
    neutralised 中立的, 212
    overlap and conflict with occupancy 与占据空间相重叠和冲突, 206-207, 210-211, 212
    pedestrian 行人, 从 94 起
    relation to socio-economic factors 与社会经济要素的关系, 98-100
    relation to urban form 与城市形态的关系, 89, 100
    and spatial configuration 和空间组构, 10, 74, 88-90, 91-93, 94-99, 183, 211, 218-219, 220, 231
    and spatial scale 和空间尺度, 94
    trip efficiency 出行效率, 212, 220, 221
    vehicular 车辆, 96-97

multifunctionality 多功能
    in buildings 在建筑中, 6-7
    in cities 在城市中, 88, 99-100
multi-layered analysis 多层次的分析, 63
multiplier effects, see movement 倍增效应, 见人车流,
multipositionality 多位置性, 47
Munschalek, C. 克里斯汀·姆萨拉克, 281
Musgrave, A. 艾伦·马斯格雷夫, 257
Musgrove, J. 约翰·马斯格洛夫, 24

N

names 名字, 35
Newman, O. 奥斯卡·纽曼, 28, 30, 32, 33, 44, 137
Newton, I. 艾萨克·牛顿, 45, 245, 257
non-discursivity 不可言表性, 从 17 起, 19, 20, 21, 23, 26-27, 276
    defined 定义为, 17
    in design 在设计中, xvii
    as general phenomenon 作为普遍的现象, 19-21
    in language 在语言中, 17-18, 19
    non-discursive regularities 不可言表的规则, xv, 41, 从 87 起
    non-discursive technique 不可言表的技术, xv, 41-42, 49, 50
non-interchangeability 非互换性, 158
normalisation, of depth measures in graphs, see integration 标准化、归一划, 拓扑图中的深度值, 见整合度
Nuffield Foundation 纳菲尔德基金, 175

O

Ockham's razor 奥卡姆剃刀, 202
Oliver, P. 波诺·奥利尔, 24
order 秩序, 43, 142, 144
    in facades 立面中的, 153
    geometric 几何的, 227, 260, 277-278
    global 全局的, 228, 233
    local 局部的, 228
    and randomness 和随机, 38-39
    and structure 和结构, 151-152
organisations 组织
    functioning of ……的功能, 162, 240
    interfaces as spatial dimensions of 作为……空间维度的界面, 162, 240
    nonspatial nature of ……的非空间本质, 162, 240
origins and destinations 出发点和目的地, 94, 99, 106-107
Owens, S. 苏珊·欧文斯, 107

P

Paladio 帕拉第奥, 4, 27, 30
paradigms 范式, 243, 276
 of architecture 建筑学的, 250
 configurational 组构的, 250
 of enclosure, repetition, hierarchy 围合、重复、等级的, 274-276
 Kuhnian 库恩式, 34, 272
 of language 语言的, 249
 of the machine 机器的, 242, 256
 organism-environment (*also* man-environment) 有机论-环境论（或者人与环境）, 159, 244, 246-249
paradoxes 悖论
 of centrality (of internal and external integration) 中心化的（内部和外部整合度的）, 220
 creative 创造性的, 259-260
 of spatial growth processes 空间增长过程的, 219, 222
 of visibility (and permeability) 可见的（及可达性）, 220-222
parties, as short model events 多个派对, 作为短模型的事件, 158-159
partitions 分隔
 external boundaries as 作为……的外部边界, 10
 as fundamental elements 作为基本要素的, 213
 permeable 可达的, 从185起
 theory of ……的理论, 185-204
party, as short model event 派对, 作为短模型的事件, 158-159
part-whole problem in cities, *see* cities patterns 城市中的局部-整体问题, 见城市类型
 contrast to configurations 与组构相对, 14
Pelekanos, M. 玛丽尼斯·普勒卡洛斯, 108
Penn, A. 艾伦·佩恩, 107
Peponis, John 约翰·皮泊尼斯, 103, 107, 176
permeability complexes (p-complexes) 可达的复型（p复型）, 180
 and configuration 和组构, 183
 and function 和功能, 183
perpetual night syndrome "长夜"综合症, 136
phenomena 现象, 31, 33, 34, 35
 creation of 的创造, 172-173
 regularities in 在……中的规则, 34, 36-38
 as starting points for theory 作为理论的出发点, 35-36
philosophy, and science 哲学, 和科学, 40-41
places 地方、场所, 88
Plato 柏拉图, 47, 82

political boundaries 政治的边界, 77
polygons 多边形
 cities as contiguous 作为连续……的城市, 80
 cities as non-contiguous 作为非连续……的城市, 77-80
Popper, Karl 卡尔·波普尔, 44, 172, 266, 281
possibility 可能性
 architectural 建筑的, 21, 26, 42, 179-180, 203-204
 integration as limit on 整合度限制……, 184
 limits of 的限制, 180, 183, 214, 224, 239
precedent 前例、先例
 in design 设计中, 30-31, 271-272
 reviews of 的回顾, 271-272
precinctisation 封闭区域, 106
principle 原理
 theoretical 理论的, 30-31
programmes 程序
 of building, in contrast to organisation 房屋的, 相对于组织, 162
 with long and short models 长和短模型的, 157-159
 strong and weak 强和弱, 162-165
propositions, broad and narrow in architectural theory 陈述, 广义和狭义的建筑学理论, 32-33
Prussin, L. 拉贝勒·普欣, 24
puzzle solving, design as 疑问解决, 设计作为, 273
Pythagoras 毕达哥拉斯, 28, 41

Q

questionnaires 问卷调查
 on communication networks 对于交流网络, 173-174
 reversed citation method 反转引用法, 174
Quine, W. van O. 威拉德·冯·奥曼·奎因, 258

R

radials 放射状的, 233, 234
radius of integration, *see* integration 整合度半径, 见整合度
randomness 随机
 in cellular processes 在单元聚集过程中, 220, 227
 in encounter fields 在相遇的领域中, 171
 and morphogenesis 和形态生成, 171
 restricted random processes 受限的随机过程, 158-159, 231
Rapoport, A. 阿莫斯·拉普卜特, 24
rationalism and empiricism 理性主义和经验主义, 248
Ravetz, Alison 艾里逊·瑞维茨, 281

recruitment, as spatial process 补充，作为空间的过程，168

redundancy 多余
    and emergence 和突现, 229, 230

reflective abstraction 自省抽象, 280

regularities 规则, 49, 172
    non-discursive 不可言表的, 41-42, 80-82
    surface 表面的, 35, 36-38

Reichenbach, H. 汉斯·赖欣巴哈, 44

relations 关系
    of adjacency 相邻性的, 14
    objectivity of 的客观性, 144
    of permeability 可达的, 14

relational persistences 相关的持续性, 从 254 起

representations 再现表达
    graphic 图像化, 50
    as key aspect of methodology 作为方法论中的关键方面, 50

resolution 精度,
    level of 水平, 110-111

retail 零售业, 96, 98, 99, 111

reversed citation method, see questionnaires 反转引用法，见问卷调查

Richards, J. M. 詹姆斯·芒德·理查兹, 24

Richardson, D. 丹尼尔·理查德逊, 235

Rickaby, P. 彼德·瑞克比, 107

Ricks, M. 麦克·瑞克斯, 176

rights 权力, 7

riots, spatial background to 骚乱，对于……空间背景, 123

ritual, as long model event 宗教的，作为长模型事件, 158

Rogers, Sir R. 理查德·罗杰斯爵士, 83

Rome, space structure of 罗马，的空间结构, 90

room, as emergent form 房间，作为突现的形式, 193-194, 198

Rothman, D. 戴维德·罗斯曼, 258

Roy, R. 洛宾·罗伊, 281

Rudovsky, B. 伯纳德·鲁道夫斯基, 24

rules, globalising 规则，整体化, 231

Ruskin, J. 约翰·罗斯金, 24

Russell, B. 伯特兰·罗素, 7, 24

S

sacred-profane 神圣与世俗, 141

safety, urban 安全，城市的, 100, 106, 112-116, 166

de Saussure, F. 费尔迪南·德·索绪尔, 35, 44, 46, 82, 216

de Syllas, J. 贾斯丁·德·萨拉斯, 258

scale 尺度
    relation of macro and micro 宏观和微观……的关系, 144-146
    scattergrams 散点图, 101
    as index of intelligibility 作为理解度的指数, 70, 72, 204-205
    L-shaped L 形, 117-118, 122, 123
    of part-whole relations 局部－整体关系的, 100-101, 102, 105
    showing social interfaces in space 在空间中显示社会互动的界面, 116, 122, 123
    of spatial configuration and movement 空间组构和人车流动的……, 96

Simon, H. 赫伯特·西蒙, 46, 82, 281

Scruton, Roger 罗杰·斯克鲁顿, 10, 24, 27, 28, 44

semantic, stage of recognition cf. syntactic 语义学，语法学或者认知阶段, 64

semiology 符号学, xiv

settlement forms 聚居地的形态
    morphogenesis in 在……中的生成形式, 158
    fundamental process of ……的基本过程, 219, 228-231, 231-235

shapes 形状
    changes of envelope shape in buildings 房屋外形变化, 195-196
    as configurations 作为组构，从 60 起
    in everyday life 在日常生活中, 60
    façade isovists as 作为……的立面共视域, 153-154
    oriented 面向的, 66-67
    plans as 作为……的平面, 60-63
    recognition of 的认同, 63-69
    as sets of j-graphs 作为系列 J－图, 55-56
    shape-boundary distinction 形状－边界差别, 185
    as tessellations 作为马赛克，从 60 起
    vertical and horizontal 垂直和水平的, 66-67

Shiraz 设拉子, 218

simulation, use of configurational analysis in 模拟，在……中运用组构分析, 74

sink estates 衰败的住宅小区, 135

socialisation 社会化, 120, 172

social 社会的
    demonisation 妖魔化, 135
    disadvantagement 缺点, 109
    effects of architecture 建筑的效果, 111-112
    identity 身份, 151
    ideology 意识形态, 273
    institutions 机构, 46-47, 240, 253
    malaise 问题，弊端，从 109 起, 111, 112

networks 网络，165-167
pathology 病理学，135
outcomes 结果，109
power 权力，150
production 生产，141，143，150，161
reproduction 再生产，141，143，150，161
sciences 科学，xiv
solidarities, localised 小圈子，局部化，123-124
stigmatisation 社区衰败，135
structure in space 空间中的结构，从116起，136
societies 社会，46-47
　　as things 作为物体，从253起，从255起，
　　and abstract artefacts 和抽象的人造物，47
　　as really existing 作为真实的存在，从255起
solution typologies 类型学的解决方法，271-272
space 空间，3，7
　　a-, b-, c-and d-types a, b, c, 及 d 型，207-209
　　as all possible structures 作为所有可能的结构，222-223
　　asynchrony of……的不同步性，153
　　as configuration 作为组构的，8，9，11-13，43-44
　　creation of larger in a complex 在复杂系统中形成更大的……，69-76，224-227
　　defensible 可防卫，115
　　description of……的描述，150-151
　　as extension 作为外延，10-11
　　Galilean-Cartesian view of 伽利略－笛卡儿对于……的观点，10
　　and human agency 和人类，10
　　ideological 思想意识的，139，145
　　informal use of……的非正式使用，96-97
　　language of……的语言，213
　　as layers 多层次的，从69起
　　as line substrate 作为基本线图……，从223起
　　logical and real 逻辑和真实，252
　　occupation as convex 作为凸空间占据，206-207
　　philosophical problem of 的哲学问题，10-11
　　as projections of mental processes 作为思考过程的折射，156-157
　　property 特性，36
　　relations as objective 作为客观的关系，8
　　syntax 句法，42，159
　　strategic value of……的战略性价值，97
　　structure of language of……的结构语言，213
　　social structures in ……中的社会结构，116-123
　　not a structureless void 不是一个无结构的虚无，从222起
　　substrate 基本，223，229-230
　　synchrony of ……的同步性，150-151
　　as a thing in itself 作为一种自我存在的物体，9-10，11-14
　　urban 城市的，69-76
　　use types ……使用的类型，121，171
　　use pattern ……使用的模式，170
　　use pathology 不正常使用……的分析，121-124
　　as vacancy 作为空的，9，10
spatial cultures 空间文化，218-219
spatial engineering 空间工程学，106，107
spatial technique 空间技术，92-93
squares 广场
　　as basic forms 作为基本形态，224-226（见彩图4）
　　market 市场，69-74
　　as shapes 作为几何形状，66-67
Steadman, Philip 菲力普·史第曼，25，56，83，179，180，183，204，206，216
Stewart, Ian 伊恩·斯图尔特，55，83
strangers, see inhabitants and 陌生人，见居民以及
strategic value, see integration 战略值，见整合度
streets, as basic form 街道，作为基本形态，226，230
structuralism 结构主义，18-19，46-47
structural stabilities 结构的稳定性，35
structure, configurational persistences 结构，组构的持续性，255
style 风格
　　as non-discursive idiolect 作为不可言表的个性，277
　　as genotype of means 作为方法的基因类型，277
　　spatial 空间的，从277起
subject 主体、主观
　　and environment 和环境，246-247
　　human as moving observer 人类作为移动的观察者，70
　　and object 和客体、客观，248
surveillance 监视
　　natural 自然，116
sustainability, urban 可持续性，城市的，76，87，107
symmetry 对称性
　　bilateral 双边，64，142
　　configurational definition of as j-graph isomorphism 作为J-型同构的组构定义，55-56
　　index 指数，63-68
　　in relations 在关系中的，从14起，从51起，55
symptoms 症状
　　as causes 作为原因，135-136
synchrony/asynchrony 同步性/非同步性
　　in space 在空间中，150-151
syntax 句法
　　of space 空间的，xiii
　　stage of recognition 认知的阶段，63-65

system effects 系统效果, 111, 116, 120, 250
  low and high level 低和高的层次, 111-112
systems 系统
  cities as means-ends 作为手段-目的的城市, 87-88
  of transformations 转换的, 157, 179

T

tables, shapes of as configurations 表格, 作为组构的形状, 60-61
Tabor, P. 菲力普·塔波尔, 83
Teklenberg, Jan 简·特克伦贝格, 24
temples, Egyptian 庙宇, 埃及, 141-142
Teotihuacan 特奥蒂瓦坎, 139, 142, 143, 150, 154
territoriality 领域, 9, 28, 33, 160
territorial behaviour 领域性行为, 113
territoriallisation 领土化
  emergent 突现的, 120
  probabilistic 随机的, 120, 121
tessellations 马赛克, 从 59 起
  layered 分层次的, 从 59 起
  shapes as ……的形式, 59-60
  plans as ……的平面, 60-63
  facades as 的立面, 63, 66-69
Teymur, N. 奈希·铁木耳, 176, 257, 281
theory 理论, 172-173
  as abstract machines 作为抽象的机器, 38, 41
  analytic, of architecture 分析性的, 建筑, xiv, xvii, 从 26 起, 从 41 起
  architectural theories as normative analytic complexes 作为规范性和分析性的建筑理论, 28, 30-31, 32, 41-42
  in art 在艺术中, 30-31, 33, 278
  broad and narrow propositions in 在……中广义和狭义的陈述, 32-33
  definition 定义, 从 33 起, 38, 39-40
  in design 在设计中, 28
  as models 作为模型, 38
  normative and analytic 规范的和分析性的, xiv, 从 28 起
  popular and scientific meanings of ……流行的和科学的意义, 34-35
  of possibility ……的可能性, 31-32, 38, 42, 278-279
  in science 在科学中, 28-29, 31-32, 279
  in the strong and weak senses 就强与弱而言, 36
  structure of ……的结构, 从 38 起
  universality of ……的普遍性, 27, 33
thingness 物体性, 253-254, 254-255

things 物体、客体
  problems in definition of 在定义……中的问题, 253-255
  as processes 作为过程的, 254-255
  as configurational persistences 作为组构的持续性, 253-256
  societies as 作为……的社会, 从 255 起
Thom, R. 勒内·托姆, 44, 258
Thornley, D. 丹尼斯·索恩利, 281
ties, strong and weak in social networks 社会网络中的强和弱联系, 165-167, 171
Tikal 蒂卡尔, 138, 143, 149
time, as an aspect of space 时间, 作为空间的一个方面, 从 138 起, 150
Timmermans, H. 哈利·提莫曼, 24
topography 地形学、地形, 217, 218, 219
torus 环面, 185-187
towns 城镇
  strange 奇怪的, 138, 154, 228
  proto 原生态的, 138
  regular, as Cartesian metaphor for reason 规则的, 有理由作为笛卡儿哲学的隐喻, 264
tradition, architectural 传统, 建筑的, 43, 276
transspatial 超越空间, 158-159, 167
Trigueiro, E. 埃佳·崔辜瑞欧, 216
typologies, solution in design 类型学、类型, 设计方案, 271-276

U

Ucko, P. 皮特·阿可, 108
UCL 伦敦大学学院, 50
Ulam, S. 斯坦·犹拉姆, 44
urban 城市的
  models 模型, 76-82, 88, 89-90, 107
  system 系统, 87-88, 94, 99, 106
  design 设计, 87-88, 145
  evolution 演变, 219
urbanism, origins of 城市主义, ……的起源, 从 106 起
  anti-urbanism 去城市主义, 107

V

values, culturally sanctioned 价值, 文学上的认可, 106, 107
vernacular, see building 民居, 见房屋
Versailles 凡尔赛, 149
verticality, in forms 垂直性, 在形式中, 68
virtual community, see community visibility 虚拟社区, 见

社区可视性，106
compared to permeability 对比可达性，17
fields 领域，69，96-97
relation to size of shapes 与形状大小的关系，96-97
Maps, all line 图，所有线，223-231
visual contact 视觉接触，111-113
Vitruvius 维特鲁威，257

Van Wagenberg, A. 安德雷斯·范·魏根博格，24
Wagner, Richard 理查德·瓦格纳，106，108
Ward, A. 安东尼尔·沃德，281
wells 天井，195
Weyl, H. 赫尔曼·魏尔，45，179
Wittgenstein 维特根斯坦，82，259
Woolley, T. 汤姆·伍利，176

W

Waddington, C. H. 拉德·哈尔·沃丁顿，82

X

Xu, Jianming 徐建明，121

---

* 原书作者 Bill Hillier 在索引中采用了主题检索，即索引中的某个词是说明某（些）页中某些段落论述的主题，但是该词未必出现在那（些）页之中；不过仍然有很多词会出现在那（些）页中。

例如：of building appearances 建筑外观、房屋外观，3，4，6，8，124-126，262，268，281。

"建筑外观、房屋外观"说明了 3，4，6，8，124-126，262，268，281 页在分别论述"建筑外观或者房屋外观"这个主题，但是"建筑外观、房屋外观"这两个词语未必出现在这些页中。

如果页码是连续的，如 124-126，这表示从 124 页到 126 页都在一直论述"建筑外观或者房屋外观"这个主题；如果页码是不连续的，假设为 124，125，126，这表示 124 页、125 页、126 页中分别部分地论述了"建筑外观或者房屋外观"这个主题。

此外，如果索引页码表示为"从 124 页起"，这表明从 124 页开始，连续的几页都是论述"建筑外观或者房屋外观"这个主题。——译者注

译后记

历经两年多的精心翻译与校正，著名建筑与城市形态学家比尔·希利尔（Bill Hillier）教授的《空间是机器——建筑组构理论》中文版终于能与中国读者见面了。本书为西方建筑与城市形态的经典理论读物，自1996年剑桥大学出版社发行了英文第一版之后，不久便脱销，1999年得以再版，又告罄，应广大读者的强烈要求，伦敦大学学院与空间句法有限公司于2007年中旬以电子版的形式再版了英文第三版，并更正了第二版中所有图文错误。对照英文第三版，本来已完成的翻译稿件立刻进行相应的修正工作，确保中国读者能看到最新版本。

《空间是机器——建筑组构理论》从空间与社会入手，重新诠释了建筑与城市理论中的一些关键问题，如什么是建筑？建筑学的理论是什么？建筑与城市中形式与功能是如何关联的？建成形式是否导致社会问题？城市形态演变的过程又是如何？设计过程是推理还是直觉？等等，从而它试图建立一种分析性的建筑学理论与研究方法，其中核心概念是空间组构，即一组相互依存的整体空间关系，常常简称为"空间句法"。它是西方少有的关注空间本体的建筑与城市理论，不仅在西方建筑与城市设计实践中得到广泛的认可和应用，而且在地理学、认知学、社会学、考古学、信息科学、交通学等领域也受到了一定的关注。近年来，国内一些期刊和书籍零散地介绍了这套理论的部分内容，比尔·希利尔及其同事们也多次到中国讲座交流，引起了国内建筑与规划界不少学者与专家的关注，少数高校也展开了对该理论的某些应用性研究，但总体而言，国内对该理论以及方法的介绍仍然不够全面。本书翻译的初衷就是希望尽量原汁原味地介绍这套理论以及相关的方法。引入任何建筑学理论与方法时，我们应尽量避免把它们简单地视为建筑学的规范条例，而应分析那些理论与方法形成的过程、背景与机制，本着科学与实证的思想去解读、批评、发展以及应用它们，这也是《空间是机器》中的基本思想。

本书的导言以及第一、二、三章由张佶翻译，第四、五、六、七章由王晓京翻译，第八、九、十、十一章由杨滔翻译。另外，根据中文版清样，杨滔补做了索引，以方便读者检索。申祖烈先生、王晓京和杨滔校核了各个章节。特别感谢王贵祥教授和李晓东教授校译了部分理论性的篇章。翻译与校核过程中也有幸得到作者比尔·希利尔教授的帮助，他耐心地解释了我们对原文某些段落或词句的疑惑，也随时对有分歧的校译作出了肯定的评判。

感谢中国建筑工业出版社的大力支持，特别是责任编辑付出了大量心血，由于本书理论性较强，原文也较为晦涩，她们在校译工作上严格把关，作了无数的咨询工作，并不耐其烦地整理各个阶段的校译稿件以及协调各方工作，在此对她们表示诚挚的感谢。

译者水平有限，翻译过程中一定存在某些失误、疏漏以及词不达意之处，敬请读者谅解与指正。

译者
2008年1月7日